战略性新兴领域"十四五"高等教育系列教材

智能制造的系统工程技术

主编 郑 力 张智海

参编 李乐飞 郭孟宇

知识图谱

机械工业出版社

本书深入探讨了智能制造中的系统工程技术，介绍了相关模式和技术的概念解析、产生背景、发展历程、最新进展以及应用案例。

第 1 章介绍了智能制造新模式的发展，强调了智能制造系统的关键作用。第 2 章通过案例展示了系统工程在高度不确定和风险环境中的适应性和必要性。第 3 章总结了基于模型的系统工程方法论和建模技术的最新发展。第 4 章深入探讨了制造系统的生命周期管理。第 5 章汇总了系统架构与集成的理论方法和技术。第 6 章介绍了体系工程的相关方法，讨论了在复杂制造系统中的应用。第 7 章阐述了数字工程在智能制造中的角色及其创新推动力。第 8 章介绍了数学规划、应用随机模型和智能优化等定量模型和算法，以及在智能制造系统优化中的应用。

本书可作为机械工程、工业工程、管理科学与工程、信息工程等相关专业本科生及研究生的教学及参考用书，同时对智能制造领域的科研和管理人员也具有参考价值。

图书在版编目（CIP）数据

智能制造的系统工程技术／郑力，张智海主编.
北京：机械工业出版社，2024. 9. -- （战略性新兴领域
"十四五"高等教育系列教材）. -- ISBN 978-7-111
-76798-5

Ⅰ. TH166
中国国家版本馆 CIP 数据核字第 2024DM1847 号

机械工业出版社（北京市百万庄大街 22 号　邮政编码 100037）
策划编辑：丁昕祯　　　　　　　责任编辑：丁昕祯　章承林
责任校对：张爱妮　张　薇　　　封面设计：王　旭
责任印制：张　博
天津光之彩印刷有限公司印刷
2024 年 11 月第 1 版第 1 次印刷
184mm×260mm · 22 印张 · 541 千字
标准书号：ISBN 978-7-111-76798-5
定价：69. 80 元

电话服务　　　　　　　　　网络服务
客服电话：010-88361066　　机 工 官 网：www.cmpbook.com
　　　　　010-88379833　　机 工 官 博：weibo.com/cmp1952
　　　　　010-68326294　　金 书 网：www.golden-book.com
封底无防伪标均为盗版　机工教育服务网：www.cmpedu.com

为了深入贯彻教育、科技、人才一体化推进的战略思想，加快发展新质生产力，高质量培养卓越工程师，教育部在新一代信息技术、绿色环保、新材料、国土空间规划、智能网联和新能源汽车、航空航天、高端装备制造、重型燃气轮机、新能源、生物产业、生物育种、未来产业等领域组织编写了一批战略性新兴领域"十四五"高等教育系列教材。本套教材属于高端装备制造领域。

高端装备技术含量高，涉及学科多，资金投入大，风险控制难，服役寿命长，其研发与制造一般需要组织跨部门、跨行业、跨地域的力量才能完成。它可分为基础装备、专用装备和成套装备，例如：高端数控机床、高端成形装备和大规模集成电路制造装备等是基础装备，航空航天装备、高速动车组、海洋工程装备和医疗健康装备等是专用装备，大型冶金装备、石油化工装备等是成套装备。复杂产品的产品构成、产品技术、开发过程、生产过程、管理过程都十分复杂，例如人形机器人、智能网联汽车、生成式人工智能等都是复杂产品。现代高端装备和复杂产品一般都是智能互联产品，既具有用户需求的特异性、产品技术的创新性、产品构成的集成性和开发过程的协同性等产品特征，又具有时代性和永恒性、区域性和全球性、相对性和普遍性等时空特征。高端装备和复杂产品制造业是发展新质生产力的关键，是事关国家经济安全和国防安全的战略性产业，其发展水平是国家科技水平和综合实力的重要标志。

高端装备一般都是复杂产品，而复杂产品并不都是高端装备。高端装备和复杂产品在研发生产运维全生命周期过程中具有很多共性特征。本套教材围绕这些特征，以多类高端装备为主要案例，从培养卓越工程师的战略性思维能力、系统性思维能力、引领性思维能力、创造性思维能力的目标出发，重点论述高端装备智能制造的基础理论、关键技术和创新实践。在论述过程中，力图体现思想性、系统性、科学性、先进性、前瞻性、生动性相统一。通过相关课程学习，希望学生能够掌握高端装备的构造原理、数字化网络化智能化技术、系统工程方法、智能研发生产运维技术、智能工程管理技术、智能工厂设计与运行技术、智能信息平台技术和工程实验技术，更重要的是希望学生能够深刻感悟和认识高端装备智能制造的原生动因、发展规律和思想方法。

1. 高端装备智能制造的原生动因

所有的高端装备都有原始创造的过程。原始创造的动力有的是基于现实需求，有的来自潜在需求，有的是顺势而为，有的则是梦想驱动。下面以光刻机、计算机断层扫描仪（CT）、汽车、飞机为例，分别加以说明。

光刻机的原生创造是由现实需求驱动的。1952 年，美国军方指派杰伊·拉斯罗普（Jay W. Lathrop）和詹姆斯·纳尔（James R. Nall）研究减小电子电路尺寸的技术，以便为炸弹、炮弹设计小型化近炸引信电路。他们创造性地应用摄影和光敏树脂技术，在一片陶瓷基板上沉积了约为 $200\mu m$ 宽的薄膜金属线条，制作出了含有晶体管的平面集成电路，并率先提出了"光刻"概念和原始工艺。在原始光刻技术的基础上，又不断地吸纳更先进的光源技术、高精度自动控制技术、新材料技术、精密制造技术等，推动着光刻机快速演进发展，为实现半导体先进制程节点奠定了基础。

CT 的创造是由潜在需求驱动的。利用伦琴（Wilhelm C. Röntgen）发现的 X 射线可以获得人体内部结构的二维图像，但三维图像更令人期待。塔夫茨大学教授科马克（Allan M. Cormack）研究辐射治疗时，通过射线的出射强度求解出了组织对射线的吸收系数，解决了CT 成像的数学问题。英国电子与音乐工业公司工程师豪斯费尔德（Godfrey N. Hounsfield）在几乎没有任何实验设备的情况下，创造条件研制出了世界上第一台 CT 原型机，并于 1971 年成功应用于疾病诊断。他们也因此获得了 1979 年诺贝尔生理学或医学奖。时至今日，新材料技术、图像处理技术、人工智能技术等诸多先进技术已经广泛地融入 CT 之中，显著提升了 CT 的性能，扩展了 CT 的功能，对保障人民生命健康发挥了重要作用。

汽车的发明是顺势而为的。1765 年瓦特（James Watt）制造出了第一台有实用价值的蒸汽机原型，人们自然想到如何把蒸汽机和马力车融合到一起，制造出用机械力取代畜力的交通工具。1769 年法国工程师居纽（Nicolas-Joseph Cugnot）成功地创造出世界上第一辆由蒸汽机驱动的汽车。这一时期的汽车虽然效率低下、速度缓慢，但它展示了人类对机械动力的追求和变革传统交通方式的渴望。19 世纪末卡尔·本茨（Karl Benz）在蒸汽汽车的基础上又发明了以内燃机为动力源的现代意义上的汽车。经过一个多世纪的技术进步和管理创新，特别是新能源技术和新一代信息技术在汽车产品中的成功应用，使汽车的安全性、可靠性、舒适性、环保性以及智能化水平都产生了质的跃升。

飞机的发明是梦想驱动的。飞行很早就是人类的梦想，然而由于未能掌握升力产生及飞行控制的机理，工业革命之前的飞行尝试都是以失败告终。1799 年乔治·凯利（George Cayley）从空气动力学的角度分析了飞行器产生升力的规律，并提出了现代飞机"固定翼+机身+尾翼"的设计布局。1848 年斯特林费罗（John Stringfellow）使用蒸汽动力无人飞机第一次实现了动力飞行。1903 年莱特兄弟（Orville Wright 和 Wilbur Wright）制造出"飞行者一号"飞机，并首次实现由机械力驱动的持续且受控的载人飞行。随着航空发动机和航空产业的快速发展，飞机已经成为一类既安全又舒适的现代交通工具。

数字化、网络化、智能化技术的快速发展为高端装备的原始创造和智能制造的升级换代创造了历史性机遇。智能人形机器人、通用人工智能、智能卫星通信网络、各类无人驾驶的交通工具、无人值守的全自动化工厂，以及取之不尽的清洁能源的生产装备等都是人类科学精神和聪明才智的迸发，它们也是由于现实需求、潜在需求、情怀梦想和集成创造的驱动而初步形成和快速发展的。这些星星点点的新装备、新产品、新设施及其制造模式一定会深入发展和快速拓展，在不远的将来一定会融合成为一个完整的有机体，从而颠覆人类现有的生产方式和生活方式。

2. 高端装备智能制造的发展规律

在高端装备智能制造的发展过程中，原始科学发现和颠覆性技术创新是最具影响力的科技创新活动。原始科学发现侧重于对自然现象和基本原理的探索，它致力于揭示未知世界，拓展人类的认知边界，这些发现通常来自基础科学领域，如物理学、化学、生物学等，它们为新技术和新装备的研发提供了理论基础和指导原则。颠覆性技术创新则侧重于将科学发现的新理论新方法转化为现实生产力，它致力于创造新产品、新工艺、新模式，是推动高端装备领域高速发展的引擎，它能够打破现有技术路径的桎梏，创造出全新的产品和市场，引领高端装备制造业的转型升级。

高端装备智能制造的发展进化过程有很多共性规律，例如：①通过工程构想拉动新理论构建、新技术发明和集成融合创造，从而推动高端装备智能制造的转型升级，同时还会产生技术溢出效应。②通过不断地吸纳、改进、融合其他领域的新理论新技术，实现高端装备及其制造过程的升级换代，同时还会促进技术再创新。③高端装备进化过程中各供给侧和各需求侧都是互动发展的。

以医学核磁共振成像（MRI）装备为例，这项技术的诞生和发展，正是源于一系列重要的原始科学发现和重大技术创新。MRI 技术的根基在于核磁共振现象，其本质是原子核的自旋特性与外磁场之间的相互作用。1946 年美国科学家布洛赫（Felix Bloch）和珀塞尔（Edward M. Purcell）分别独立发现了核磁共振现象，并因此获得了 1952 年的诺贝尔物理学奖。传统的 MRI 装备使用永磁体或电磁体，磁场强度有限，扫描时间较长，成像质量不高，而超导磁体的应用是 MRI 技术发展史上的一次重大突破，它能够产生强大的磁场，显著提升了 MRI 的成像分辨率和诊断精度，将 MRI 技术推向一个新的高度。快速成像技术的出现，例如回波平面成像（EPI）技术，大大缩短了 MRI 扫描时间，提高了患者的舒适度，拓展了 MRI 技术的应用场景。功能性 MRI（fMRI）的兴起打破了传统的 MRI 主要用于观察人体组织结构的功能制约，它能够检测脑部血氧水平的变化，反映大脑的活动情况，为认知神经科学研究提供了强大的工具，开辟了全新的应用领域。MRI 装备的成功，不仅说明了原始科学发现和颠覆性技术创新是高端装备和智能制造发展的巨大推动力，而且阐释了高端装备智能制造进化过程往往遵循着"实践探索、理论突破、技术创新、工程集成、代际跃升"循环演进的一般发展规律。

高端装备智能制造正处于一个机遇与挑战并存的关键时期。数字化网络化智能化是高端装备智能制造发展的时代要求，它既蕴藏着巨大的发展潜力，又充满着难以预测的安全风险。高端装备智能制造已经呈现出"数据驱动、平台赋能、智能协同和绿色化、服务化、高端化"的诸多发展规律，我们既要向强者学习，与智者并行，吸纳人类先进的科学技术成果，更要持续创新前瞻思维，积极探索前沿技术，不断提升创新能力，着力创造高端产品，走出一条具有特色的高质量发展之路。

3. 高端装备智能制造的思想方法

高端装备智能制造是一类具有高度综合性的现代高技术工程。它的鲜明特点是以高新技术为基础，以创新为动力，将各种资源、新兴技术与创意相融合，向技术密集型、知识密集型方向发展。面对系统性、复杂性不断加强的知识性、技术性造物活动，必须以辩证的思维方式审视工程活动中的问题，从而在工程理论与工程实践的循环推进中，厘清与推动工程理念与工程技术深度融合，工程体系与工程细节协调统一，工程规范与工程创新互相促进，工程队伍与工程制度共同提升，只有这样才能促进和实现工程活动与自然经济社会的和谐发展。

高端装备智能制造是一类十分复杂的系统性实践过程。在制造过程中需要协调人与资源、人与人、人与组织、组织与组织之间的关系，所以系统思维是指导高端装备智能制造发展的重要方法论。系统思维具有研究思路的整体性、研究方法的多样性、运用知识的综合性和应用领域的广泛性等特点，因此在运用系统思维来研究与解决现实问题时，需要从整体出发，充分考虑整体与局部的关系，按照一定的系统目的进行整体设计、合理开发、科学管理与协调控制，以期达到总体效果最优或显著改善系统性能的目标。

高端装备智能制造具有巨大的包容性和与时俱进的创新性。近几年来，数字化网络化智能化的浪潮席卷全球，为高端装备智能制造的发展注入了前所未有的新动能，以人工智能为典型代表的新一代信息技术在高端装备智能制造中具有极其广阔的应用前景。它不仅可以成为高端装备智能制造的一类新技术工具，还有可能成为指导高端装备智能制造发展的一种新的思想方法。作为一种强调数据驱动和智能驱动的思想方法，它能够促进企业更好地利用机器学习、深度学习等技术来分析海量数据、揭示隐藏规律、创造新型制造范式，指导制造过程和决策过程，推动制造业从经验型向预测型转变，从被动式向主动式转变，从根本上提高制造业的效率和效益。

生成式人工智能（AIGC）已初步显现通用人工智能的"星星之火"，正在日新月异地发展，对高端装备智能制造的全生命周期过程以及制造供应链和企业生态系统的构建与演化都会产生极其深刻的影响，并有可能成为一种新的思想启迪和指导原则。例如：①AIGC能够赋予企业更强大的市场洞察力，通过海量数据分析，精准识别用户偏好，预测市场需求趋势，从而指导企业研发出用户未曾预料到的创新产品，提高企业的核心竞争力。②AIGC能够通过分析生产、销售、库存、物流等数据，提出制造流程和资源配置的优化方案，并通过预测市场风险，指导建设高效灵活稳健的运营体系。③AIGC能够将企业与供应商和客户连接起来，实现信息实时共享，提升业务流程协同效率，并实时监测供应链状态，预测潜在风险，指导企业及时调整协同策略，优化合作共赢的生态系统。

高端装备智能制造的原始创造和发展进化过程都是在"科学、技术、工程、产业"四维空间中进行的，特别是近年来从新科学发现、到新技术发明、再到新产品研发和新产业形成的循环发展速度越来越快，科学、技术、工程、产业之间的供求关系明显地表现出供应链的特征。我们称由科学-技术-工程-产业交互发展所构成的供应链为科技战略供应链。深入研究科技战略供应链的形成与发展过程，能够更好地指导我们发展新质生产力，能够帮助我们回答高端装备是如何从无到有的、如何发展演进的、根本动力是什么、有哪些基本规律等核心科学问题，从而促进高端装备的原始创造和创新发展。

本套由合肥工业大学负责的高端装备类教材共有十二本，涵盖了高端装备的构造原理和智能制造的相关技术方法。《智能制造概论》对高端装备智能制造过程进行了简要系统的论述，是本套教材的总论。《工业大数据与人工智能》《工业互联网技术》《智能制造的系统工程技术》论述了高端装备智能制造领域的数字化、网络化、智能化和系统工程技术，是高端装备智能制造的技术与方法基础。《高端装备构造原理》《智能网联汽车构造原理》《智能装备设计生产与运维》《智能制造工程管理》论述了高端装备（复杂产品）的构造原理和智能制造的关键技术，是高端装备智能制造的技术本体。《离散型制造智能工厂的设计与运行》《流程型制造智能工厂的设计与运行》论述了智能工厂和工业循环经济系统的主要理论和技术，是高端装备智能制造的工程载体。《智能制造信息平台技术》论述了产品、制造、工厂、供应链和企业生态的信息系统，是支撑高端装备智能制造过程的信息系统技术。《智能制造实践训练》论述了智能制造实训的基本内容，是培育创新实践能力的关键要素。

编者在教材编写过程中，坚持把培养卓越工程师的创新意识和创新能力的要求贯穿到教材内容之中，着力培养学生的辩证思维、系统思维、科技思维和工程思维。教材中选用了光刻机、航空发动机、智能网联汽车、CT、MRI、高端智能机器人等多种典型装备作为研究对象，围绕其工作原理和制造过程阐述高端装备及其制造的核心理论和关键技术，力图扩大学生的视野，使学生通过学习掌握高端装备及其智能制造的本质规律，激发学生投身高端装备智能制造的热情。在教材编写过程中，一方面紧跟国际科技和产业发展前沿，选择典型高端装备智能制造案例，论述国际智能制造的最新研究成果和最先进的应用实践，充分反映国际前沿科技的最新进展；另一方面，注重从我国高端装备智能制造的产业发展实际出发，以我国自主知识产权的可控技术、产业案例和典型解决方案为基础，重点论述我国高端装备智能制造的科技发展和创新实践，引导学生深入探索高端装备智能制造的中国道路，积极创造高端装备智能制造发展的中国特色，使学生将来能够为我国高端装备智能制造产业的高质量发展做出颠覆性创造性贡献。

在本套教材整体方案设计、知识图谱构建和撰稿审稿直至编审出版的全过程中，有很多令人钦佩的人和事，我要表示最真诚的敬意和由衷的感谢！首先要感谢各位主编和参编学者们，他们倾注心力、废寝忘食，用智慧和汗水挖掘思想深度、拓展知识广度，展现出严谨求实的科学精神，他们是教材的创造者！接着要感谢审稿专家们，他们用深邃的科学眼光指出书稿中的问题，并耐心指导修改，他们认真负责的工作态度和学者风范为我们树立了榜样！再者，要感谢机械工业出版社的领导和编辑团队，他们的辛勤付出和专业指导，为教材的顺利出版提供了坚实的基础！最后，特别要感谢教育部高教司和各主编单位领导以及部门负责人，他们给予的指导和对我们的支持，让我们有了强大的动力和信心去完成这项艰巨任务！

由于编者水平所限和撰稿时间紧迫，教材中一定有不妥之处，敬请读者不吝赐教！

合肥工业大学教授

中国工程院院士

杨善林

2024 年 5 月

　　随着新模式、新技术的不断涌现和应用，智能制造已成为推动企业持续发展的关键驱动力。系统工程作为提升高端复杂产品开发效率和质量的关键学科，能够帮助企业在设计、开发、生产和管理过程中实现跨学科的整合和协同，为智能制造的规划、设计和运行提供全面的理论框架和实施方法。

　　本书是一本既能让读者全面了解智能制造领域系统工程的理论和案例，又能掌握可以在实际生产过程中应用的系统工程方法和技术的教材。在内容组织上以系统思维为指导，以系统工程的最新理论和方法为基础，深入探讨面向智能制造系统的系统工程核心概念和方法，构建了系统全面的智能制造系统工程知识体系，并结合实践案例，帮助读者利用理论知识解决实际问题。

　　本书强调系统思维在智能制造系统的规划、设计和运行中的重要作用，着重介绍了与智能制造系统相关的系统工程的基本概念和方法，例如系统架构、系统集成、产品生命周期管理等，这些体现系统思维的方法都是从整体的角度考虑问题，并关注系统各部分的相互作用和影响。例如，系统架构方法强调从整体的角度去设计系统的结构和功能，并确保子系统之间的协同工作；系统集成方法强调将不同的子系统整合在一起，形成一个整体系统，并实现系统功能的最大化；产品生命周期管理方法强调对产品从设计、开发、制造、使用、维护和最终处置或回收的整个生命周期进行管理，以确保产品的质量和性能。这种系统思维的方法避免了"只见树木，不见森林"的弊端，实现了智能制造系统的整体优化，提高了制造系统的性能和效率，从而提升了制造业的竞争力。

　　本书构建了系统全面的智能制造系统工程知识体系。从智能制造系统的三个关键概念"制造""系统""智能"出发，介绍了制造和系统两个不同视角下的传统和智能制造系统，让读者了解到制造系统的丰富性和多样性，思考系统工程在其中能够发挥的重要作用以及系统工程如何推进行业发展。在本书的知识体系中，系统工程和基于模型的系统工程是基础，广泛应用于复杂的系统设计中，如工厂设计、生产管控和生产网络规划等。产品生命周期管理是将系统工程的原理和方法具体化，通过探索产品从概念到退出各个阶段的管理策略和工具，确保产品功能的实现和生命周期成本的优化。在智能制造的集成过程中，架构理论和方法为框定复杂系统问题、衔接问题域与方案域提供了重要理论基础和技术支撑。体系工程的重点是对体系使命任务和能力、系统成员系统关系、体系生命周期演进的分析和管理，为面向生产网络、众包生产等新型生产系统提供了分析和设计此类生产系统的理论和方法。数字工程是以数据和模型为驱动，通过实现设计数字化、生产数字化和销售数字化，为制造系统数字化、网络化和智能化提供了系统层面的方法工具。生产系统分析、设计和运行时的系统优化理论和技术为制造企业实现降本增效提供了强大的定量分析工具和方法。

本书注重理论与实践相结合，不仅介绍了智能制造系统工程的理论知识，还结合了实际案例进行分析，例如国际空间站、哈勃太空望远镜等。例如，通过对国际空间站的案例分析，读者可以了解如何应用系统工程的方法来设计和管理大型复杂系统；通过对哈勃太空望远镜的案例分析，读者可以了解如何应用系统工程的方法来解决系统运行中的问题。这种案例分析方法有助于读者将抽象的理论知识转化为实际的应用能力，为解决智能制造系统中的实际问题提供了有效的指导。在每章结尾部分还提供了拓展阅读材料和习题，鼓励读者探索和应用所学知识。此外，本书还对高端装备中的系统工程展开了深入分析，反映了智能制造领域面临的挑战和发展趋势。

第1章从布局角度、社会技术系统角度、集成角度介绍了车间系统、制造模式和制造信息化系统，便于读者理解制造和生产系统的丰富性和多样性。第2章探讨了复杂产品的定义与特点，结合复杂产品系统工程的实践案例介绍了系统工程的基本概念和工程流程。第3章介绍了基于模型的系统工程，帮助读者从新一代系统工程的视角理解这一新方法范式的价值。第4章聚焦智能制造系统，探讨了制造系统生命周期管理的共性与特性，展示了产品生命周期管理在智能制造中的实践和价值。第5章介绍了系统架构与集成的背景、发展历程、基本原理和主要技术。第6章总结了智能制造的体系特征以及面临的体系挑战，介绍了体系工程的主要工程流程、相关方法以及建模与仿真技术。第7章阐述了数字工程的背景、方法、范式和特征以及在智能制造中的角色，并综合介绍了数字工程的实际应用案例。第8章探讨了智能制造系统优化的相关内容，主要包括数学规划、应用随机模型以及智能优化算法等方面。最后对全书的内容进行了总结和展望，并提出了一些值得研讨的战略性问题与思考，引导读者结合实践工作进一步深入思考。基于目前在智能制造、系统工程、管理科学、智能决策、人工智能等诸多领域的最新理论进展和实践应用案例，本书希望为读者提供一个全面的视角，有助于理解该领域的复杂性和先进性，并能掌握将系统工程应用于智能制造的方法论和相关技术。

本书总体结构由清华大学郑力规划，第1章由清华大学郑力编写，第2、4、7章由清华大学李乐飞编写，第3、5、6章由清华大学郭孟宇编写，第8章由清华大学张智海编写，张智海对本书进行了统稿。

我们向所有给予帮助的人致以衷心的感谢，特别感谢杨善林院士对本书的整体方案设计以及在撰写过程中给予的指导和支持。对审稿专家们的无私奉献表示敬意，他们凭借敏锐的科学洞察力和严谨的工作态度和学术精神，帮助我们识别并修正了书稿中的不足。最后，衷心感谢机械工业出版社的领导及编辑团队，他们的辛勤工作与专业支持为本书的顺利出版奠定了坚实的保障。

本书得到了国家自然科学基金基础科学中心项目（项目号：72188101）的支持。

由于编者水平及研究工作的局限性，书中难免存在疏漏和不足之处，恳请广大读者批评指正。

编　者

目　录

第1章

概　论

章知识图谱

1.1　智能制造系统

智能制造系统包含三个关键的概念：制造、系统与智能。

制造是将原材料转换为适用产品的过程，制造相关的产业称为制造业，**制造业对国家非常重要**，1991 年美国国家科学院和工程院将制造列为对美国经济增长和国家安全最重要的三个关键之一（另外两个是科学和技术）。科学是发现规律，技术是运用发现的规律发明出改造世界的方法，而制造则是将新的科学技术产业化，形成新的生产力，真实实现对世界的改造，推动经济增长。就这个意义讲，科学技术是创新的源泉，制造则是创新最重要的目的。

智能在这里是人工智能的简写，人工智能是有关研究人类智能活动的规律，构造具有一定智能的人工系统，即让计算机/机器人去完成以往需要人的智力才能胜任的工作。对制造而言，早在 20 世纪 90 年代日本倡导了"智能制造系统"国际合作研究计划，许多发达国家参加该计划，设立 100 多个项目开展对智能制造的前期研究。今天，随着信息和通信技术的快速发展，智能制造从聚焦自动化，扩展到信息化、数字化、网络化和智慧化，特别是近些年来大数据、大模型等技术发展极大扩展了智能制造的内涵和外延，影响了制造业的发展，智能制造是信息化与工业化的融合，是工业化的新阶段，可以说智能化是现代制造提升竞争力的最重要的技术支撑。

对制造业而言，过去一百年来，制造范式从基于手工作坊的单一工厂转变为通过信息系统高度集成的、跨企业的生产网络，因此制造系统的研究越来越重要。早期制造系统比较多指的是"工厂系统"，20 世纪初，泰勒将有关制造和管理的交叉领域（工厂管理）称为"科学管理"，是最早有关制造系统（工厂系统）的研究。现代制造系统的研究强调用系统方法和系统视角研究制造。今天，制造活动的高度动态性、制造网络（供应链）的不确定性以及技术的复杂性，使得整体优化控制制造系统成为挑战，制造系统研究需要借鉴系统科学和系统工程的研究发现，提出解决方案，制造系统已经成为制造研究的重要方向。

本节将概述地介绍制造与生产的概念，并从不同的视角介绍典型的制造系统与生产系统。

1.1.1　制造与生产

生产指人类从事创造社会财富的活动和过程，古代时期，农业、畜牧业、渔业等产业是创造社会财富的唯一来源，这类直接以自然物为对象的生产部门称为第一产业；三百年前，随着工业革命的兴起，制造成为新的社会财富的来源，这类利用基本的生产物资材料进行加工的加工业从产业角度被称为第二产业，一般而言第二产业包含采矿业、制造业、建筑业和公共事业，其中制造专指实体产品的制作，就制造业而言，制造和生产的含义相同（在《大英百科全书》（2008年版）中，将"生产"和"制造"这两个词定义为"将资源转化为有用商品和服务的过程"），如手表制造和手表生产；到19世纪后期，服务业日趋成熟，生产的含义再次扩展到服务业，如电影生产，但一般不会称"电影制造"。因此就产出的对象而言，生产的概念大于制造，"制造"通常指"从原材料到实际产品的物理行为或过程"，也就是产品制作，而生产的产出不仅包含实体产品也可以包含无形的服务。

然而当我们分析一个制造企业的职能时，制造包含从设计、生产规划、物料采购、车间生产、产品配送等不同职能，而生产是制造企业全部职能的一个部分——车间生产，因此，从工作或职能角度看，制造的概念宽于生产。

目前不同的国家和组织未能就它们的定义达成一致，例如，国际生产工程学会定义"生产"是"直接有助于制造商品的所有功能和活动"，将"生产"定义为制造的子集，但同时承认制造系统通常被用作生产系统的子集（CIRP 2004）。许多缩写词和流行语通常将制造系统定义为全部生产功能中的物理制作部分，即车间，也就是生产系统的一个子集，如丰田生产系统（Toyota Production System，TPS）、柔性制造系统（Flexible Manufacturing System，FMS）等。

本书一般将产品的物理制造相关的系统称为车间系统或工厂，而将包含与制造或生产有关的所有职能的系统称为制造系统或生产系统，不再严格区分制造系统或生产系统的不同。智能制造系统则包含各种自动化系统和支持企业运行的各类信息系统。因此智能制造系统是包含人、机、料等物理实体，以及方法、信息、能源和资金等非物理实体的一个综合系统。

1.1.2　制造系统与生产系统

1. 制造视角

从制造业的角度看，不同学者对制造系统与生产系统的关注角度是不同的，图1-1展示了不同角度理解的制造系统与生产系统，中心位置是车间系统，也就是最初意义的制造系统，即车间现场，在这个车间系统中，包含从设备层、现场工业控制、车间管控到企业资源计划等多个层次。从工厂角度看，一个工厂不仅包含工厂运行，而且包含设计、建造和废弃等不同阶段，一个绩效良好的工厂当然要考虑工厂建设的方方面面；从产品角度看，为顾客提供卓越的产品不只是产品制造，还需要产品设计、工艺设计、生产工程、售后服务到产品回收等多个阶段的紧密配合；从物料供给角度看，良好组织的生产当然包含供应网络的协同，如今没有一个企业可以单独生存，工厂的竞争在某种意义上讲是供应链的竞争。

（1）布局与车间系统　生产线或车间是最古典意义的制造系统。人们发现，同样的设备用不同的布局来安排，用不同方式来连接，会形成不同的制造系统。图1-2展示了常见形式的车间布局，这些不同结构的制造系统具有不同的系统属性，以满足不同的产品生产

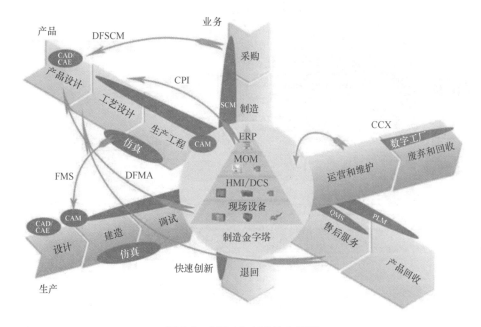

图 1-1 制造/生产系统全景图

注：DFSCM—考虑供应链管理的设计；MOM—制造作业管理；ERP—企业资源计划；CAD/CAE/CAM—计算机辅助设计/分析/制造；PLM—产品生命周期管理；QMS—质量管理系统；DFMA—考虑制造和装配的设计；SCM—供应链管理；FMS—柔性制造系统；CPI—持续流程改进；CCX—持续调试；HMI/DCS—人机交互界面/分布控制系统

 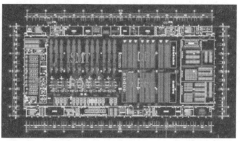

图 1-2 车间布局

需求。

车间系统最基本的结构是工艺（功能）布局和产品布局。工艺布局是将相同工艺聚集在一起形成生产单元，通常被称为作业车间。产品布局则是按照产品进行布局，即按照生产同一产品所需的工艺进行聚集形成生产单元，通常被称为流水线车间。图 1-3 展示了两类基本的生产布局形式，在作业车间中，相同的工艺设备组织在同一车间内，所以车间内设备工艺单一，但从车间之间的角度看，不同产品的流经顺序不同，通常需要仔细安排顺序以保证不会出现物料阻塞。其优点是，当需要生产新的产品时，只要安排不同的车间顺序即可，因此生产具有较高柔性。在流水线车间中，车间按照产品进行组织，生产安排简单高效，但当需要生产新的产品时，则需要重新设计布局，组成新的车间。一般来说，单件小批量生产采用作业车间布局，而大批量生产则较多采用流水线车间布局。

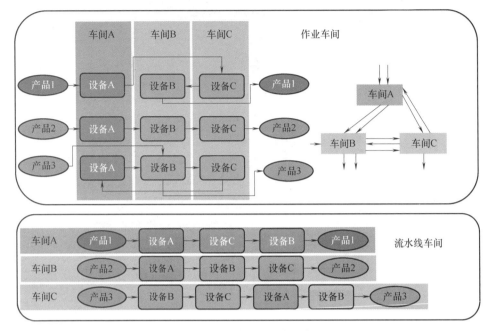

图 1-3　作业车间和流水线车间

在基本结构的基础上，为了满足不同的产品生产需求，工程师设计不同的布局，比如飞机制造大都采用项目布局，这种面向大型产品装配的布局是一种变形的作业车间布局；对于短交期要求的计算机生产，广泛采用延迟布局，这种布局在生产的前半段采用流水线车间布局，实现高效大批量的生产，而生产的后半段则采用作业车间布局，较好地实现用户定制的多品种生产。进入 21 世纪，对生产柔性的要求越来越高，动态布局超越静态布局且越来越受到重视，有些采用新的自动化技术实现柔性的物流，从而在生产时改变布局，在保证适当生产效率的同时大幅增强生产的柔性，这类布局的典型系统是柔性生产单元/系统。另外一类强调制造系统在设计时考虑制造系统重构，这类制造系统被称为可变制造系统或可重构制造系统，通过设备或车间级的可重构，达到让制造系统可以适应未来未知的变化，从而一个制造系统可以适应多个产品生命周期。随机布局是一种可重构的制造系统，在随机布局中，设备被随机分布在车间中，当产品确定后，需要组成一条流水线时，柔性的物流系统将随机分布的设备按照工艺要求连接起来，组成一条线形成流水线车间，这类布局方式通过冗余设备提升系统柔性。1.2 节将较为详细地从布局角度介绍生产系统。

（2）社会技术系统与生产模式　人类社会的发展史也是生产系统的进步史，近现代以来，不同的历史时期都有其代表性的生产模式。工业形态前，手工生产是主流的生产模式，强调师傅带徒弟和工匠精神，作坊式的生产是典型。20 世纪初，福特的流水线生产模式诞生，这在当时是革命性的突破，流水线生产模式结合泰勒的科学管理，大大提升了生产效率，降低了生产成本，使得汽车得以进入寻常百姓家。福特生产系统所代表的大规模生产模式，至今仍发挥着巨大的影响力。20 世纪 50 年代，日本经济开始腾飞，以丰田为代表的日本汽车公司开始进入国际视野。20 世纪 70 年代，丰田公司出口的汽车价格亲民，质量可靠。尤其在 1973 年石油危机后，日本汽车的竞争力更加凸显，国际社会开始将目光转向日本。1990 年，《改变世界的机器》一书将丰田生产模式推向高峰，一时间精益生产模式风靡全球，经久不衰，如图 1-4 所示。福特生产系统和丰田生产系统都是流水线的生产模式，其强调分工细致，工人所从事的劳动大多简单而重复，使得工作内容单调乏味，工人容易像机器一样埋头工作，丧失了工作的乐趣。为了改善这一状况，欧洲的一些企业在生产"人性化"方面进行了积极的探索，其中以沃尔沃汽车公司最为典型，形成了沃尔沃公司的卡尔玛生产模式。这些生产模式可以说都是世界级的，对全球的生产制造型企业影响深远。

图 1-4 丰田生产模式

一个好的生产模式，不仅需要考虑如何设计一个物理的制造系统，同时还要考虑有效地组织生产、运行制造系统。比如流水线生产模式既可以看作一条流水线的硬件，同时也是泰勒主义的生产组织和生产运行（如标准化作业）；而精益生产模式则既是一条柔性生产线同时也是丰田式的生产管理（如持续改善，见图 1-4）。因此，生产模式是在考虑技术，即在设计先进制造系统的同时考虑人和社会的因素，让技术和人和谐相处，从而使生产系统发挥最大效力。1951 年，社会技术系统理论首次提出当一个组织包含技术系统和人的系统时，组织的目标不是优化技术系统让人的系统适应技术系统而达到最优，必须通过同时优化技术与人的系统而达到最优。实际上随着技术特别是信息技术的快速发展，让技术发挥作用需要考虑人的使用因素，无论是敏捷制造还是业务流程再造，都体现了技术与人的系统联合优化的必要性和重要性。1.3 节将详细介绍 4 种不同的制造模式。

（3）信息物理系统与工业 4.0 "工业 4.0"的概念最早出现在德国，2013 年的汉诺威工业博览会上正式推出，其核心目的是提高德国工业的竞争力，同年代，美国提出"工业互联网"的概念，中国提出"中国制造 2025"，本质都是在新一轮工业革命中占领先机。

工业 4.0（Industry 4.0）是基于工业发展的不同阶段做出的划分。按照共识，工业 1.0 是蒸汽机时代，工业 2.0 是电气化时代，工业 3.0 是信息化时代，工业 4.0 则是利用信息化技术促进产业变革的时代，也就是智能化时代。从生产系统的角度，工业 1.0 是手工生产模式，工业 2.0 是流水线生产模式，工业 3.0 是精益生产模式，工业 4.0 的生产模式尚未形成，还在探索阶段。

工业4.0的目标是极大提升制造业的智能化水平，建立具有适应性和资源效率的智慧工厂，在业务流程及价值流程中整合客户及供应链伙伴，其技术基础是物联网，技术关键是信息物理系统（Cyber-Physical System，CPS），通过CPS将生产中的供应、制造和销售信息数字化、智慧化，最后达到快速、有效、定制化的产品供应。

可以说工业4.0是半个世纪制造业信息化发展的结果，更是制造业的发展方向。1952年第一台数控机床诞生，标志着制造数字化进程的开启，之后随着机器人和自动化仓储技术的发展，制造现场数字化方兴未艾，另外，计算机辅助技术（CAX）的发展，以及制造管理信息系统的成熟，使得制造业信息化系统广泛应用，进入21世纪，IT（Information Technology，信息技术）和OT（Operation Technology，操作技术）的进一步融合，3D打印技术、物联网和人工智能技术的快速演进，为新的工业革命提供了坚实的技术基础，今天没有一个生产系统的设计与运行可以离开信息技术，工业化和信息化的两化深度融合是智能制造的主攻方向。图1-5所示为工业4.0环境下的生产系统组成，信息系统成为关键环节，这就要求在设计新的生产系统时，需要综合考虑制造的硬件以及相应的信息系统，这对生产系统的设计提出新挑战。1.4节将详细介绍常见的支持生产的信息系统。

图1-5　工业4.0环境下的生产系统组成

（4）生产网络与供应链　任何一个工厂都需要采购原材料/零部件，并负责将产成品提供给顾客，采购的原材料/零部件就是另外一家工厂的产成品，将所有相关的工厂连接在一起就形成生产网络，生产网络就是由原材料、辅料和设备供应等各个生产节点，以及生产制造、运输和销售等各环节形成的网络。随着经济竞争压力越来越大，劳动分工越来越细，生产网络日益复杂，从企业层面，这种复杂的生产网络管理称为供应链管理，负责有机整合确保生产流程的协同运作，使企业能够更加灵活、高效地应对市场需求；在国家政府层面，这种复杂的生产网络就是产业组织或称为产业链。供应链概念起源于20世纪80年代，当时最重要的目标是提升企业效率，21世纪初美国的"9·11事件"使得越来越多的企业关注供应链的风险和安全，从国家角度，供应链和产业链（见图1-6）安全变得极端重要。

2. 系统视角

由多个要素以特定的方式组合成一个结构，并通过互相联系和相互作用形成具有某个特定功能的整体，我们称之为系统。系统具有超越其组成要素的整体功能，如汽车作为一个整体具有驾驶行走的功能，而其组成元素如轮胎、发动机、底盘等单独并不具备这种功能。系统方法使我们能够用整体的、综合的和跨学科的观念来处理复杂系统。

制造/生产系统可以看作一个复杂的工程系统，其要素包括工人、机器、物料、方法、能源、信息和环境等。这些要素之间存在复杂的关系，可以通过结构或过程等形式进行描述。系统的主要功能是将输入的原材料转化为输出增加价值的产品。系统的绩效指标包括生产数量、生产质量、生产成本等。

图1-7展示了一个抽象的制造/生产系统与系统外部的关系。实际上，制造/生产系统的内部非常复杂，它包含多个层次（工作站-车间-工厂-供应链）。由于生产系统涉及人员，因

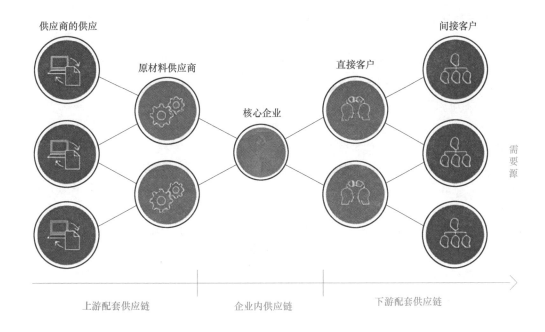

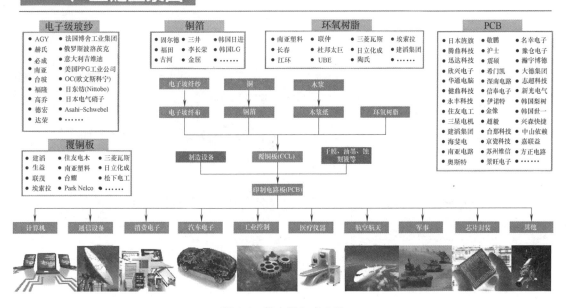

图 1-6　供应链和产业链

此它是一个复杂的自适应系统，既包含技术系统，也包含社会系统，具有自组织和涌现等系统层面的复杂特性。生产系统还是动态的，随着产品或工厂生命周期的变化而不断调整。分析生产系统还需要跨学科的方法，因为制造技术、信息技术等新兴技术不断改变着生产系统

图 1-7　抽象的制造/生产系统与系统外部的关系

的面貌。生产系统也可以看作一个复杂的生产网络，网络中的每个节点常常都是独立的系统（一个企业），因此，这个生产网络是一个体系（系统之系统）。由于生产系统的复杂性，我们需要运用新的系统理论与方法（如 DEF 分析、网络分析、系统动力学等）来更好地理解制造/生产系统的特性，并采用系统工程方法有效地进行分析和设计。

（1）产品生命周期理论　不论是从产品角度还是从工厂角度看，制造/生产系统都有其生命周期。产品生命周期理论将产品的生命周期细分为导入、成长、成熟、衰退等若干阶段。一方面，设计一个制造/生产系统需要考虑不同的生命周期阶段，有针对性地进行设计优化；另一方面，考虑产品设计制造的全生命周期，并将其作为一个整体来优化，如果仅仅在检验环节进行优化，效果可能有限，而将产品设计、制造阶段与检验环节综合考虑，则可以事半功倍。

针对产品的不同生命周期阶段，工厂的设计就需要有不同的考虑，在产品生命周期的早期，要强调生产系统的柔性以应对产品与市场的不确定性；而在产品生命周期的中后期，成本成为生产系统设计的关键性能指标。产品生命周期与生产系统设计如图 1-8 所示。

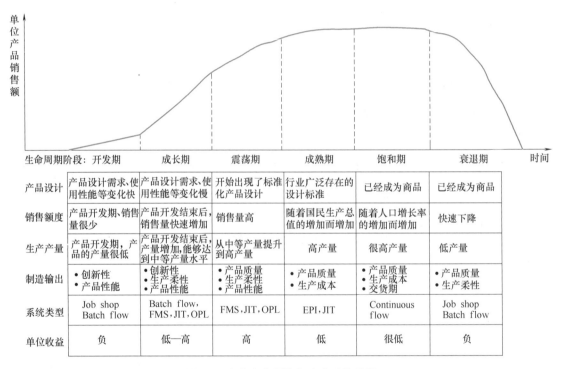

生命周期阶段：开发期	成长期	震荡期	成熟期	饱和期	衰退期
产品设计 产品设计需求、使用性能等变化快	产品设计需求、使用性能等变化慢	开始出现了标准化产品设计	行业广泛存在的设计标准	已经成为商品	已经成为商品
销售额度 产品开发期、销售量很少	产品开发结束后，销售量快速增加	销售量高	随着国民生产总值的增加而增加	随着人口增长率的增加而增加	快速下降
生产产量 产品开发期，产品的产量很低	产品开发结束后，产量增加，能够达到中等产量水平	从中等产量提升到高产量	高产量	很高产量	低产量
制造输出 • 创新性 • 产品性能	• 创新性 • 生产柔性 • 产品性能	• 产品质量 • 生产柔性 • 产品性能	• 产品质量 • 生产成本	• 产品质量 • 生产成本 • 交货期	• 产品质量 • 生产柔性
系统类型 Job shop Batch flow	Batch flow, FMS,JIT,OPL	FMS,JIT,OPL	EPI,JIT	Continuous flow	Job shop Batch flow
单位收益 负	低—高	高	低	很低	负

图 1-8　产品生命周期与生产系统设计

从产品生命周期整体角度，需要平衡好技术、市场和资金，并在探索研究、设计开发、生产制造、使用保障、回收废弃等全生命周期各个阶段中做整体的优化，常见的生命周期方法包括计划驱动方法、渐进迭代方法、精益开发方法和敏捷开发方法等，这些方法通过系统全要素统筹、分层次治理、跨部门协同、全流程闭环的方式保障复杂的设计制造过程全局最优。今天生产的可持续性就需要在设计、制造、使用等全生命周期上做系统优化才能达成。绿色制造如图 1-9 所示，包含设计、制造、供应商和能源供应等多个环节。

（2）企业架构与系统集成　架构可以定义为一个事物内部各个分部的逻辑结构，以及分部之间的连接关系。架构的一个通俗解释是在建筑业，一类建筑会有其特定的架构，比如体育场和办公楼的架构是不同的。架构是一种顶层思维，是自上而下的顶层设计，是"整体理念"的具体化。企业架构是对企业逻辑结构的描述，企业架构起源于信息技术的集成需要，将不同的信息系统集成，将信息系统与企业业务目标统一。今天的企业架构则用于企业数字化转型，将业务战略与信息系统更好融合，实现更好的集成，以更快地响应市场需求和技术变革。最早的企业构架是 Zachman 架构，如图 1-10 所示，Zachman 架构提供不同观点、不同领域的描述方式，为计算机集成制造提供了集成的工具。在这个构架中，自上而下的行是从企业战略目标到业务流程分解，再到详细

图 1-9　绿色制造

的信息流程和系统实现的过程，这个过程保证了选择适当的信息系统来满足企业战略和业务目标的实现。从左至右的列则反映企业目标的多元性和业务职能的多样性，需要综合各个业务职能，比如"何地"列需要考虑地理分布上不同，"何时"列需要考虑不同的时间目标（如交期）。综合考虑各列使得企业信息化是一个整体，而不是局部的优化。

类别＼观点	何事	如何	何地	何人	何时	为何	类别＼模型
高层领导观点 规划者	业务识别 列表：业务类型	过程识别 列表：过程类型	分布识别 列表：分布类型	责任识别 列表：责任类型	时机识别 列表：时机类型	动因识别 列表：动因类型	范围背景 范围识别列表
业务管理观点 所有者	业务定义 业务实体 业务关系	过程定义 业务转变 业务输入/输出	分布定义 业务位置 业务连接	责任定义 业务角色 业务工作产物	时机定义 业务区间 业务瞬间	动因定义 业务结果 业务手段	组织模型 业务概念模型
架构师观点 设计师	业务表达 系统实体 系统关系	过程表达 系统转变 系统输入/输出	分布表达 系统位置 系统连接	责任表达 系统角色 系统工作产物	时机表达 系统区间 系统瞬间	动因表达 系统结果 系统手段	系统逻辑 系统表现模型
工程师观点 工程师	业务规范 技术实体 技术关系	过程规范 技术转变 技术输入/输出	分布规范 技术位置 技术连接	责任规范 技术角色 技术工作产物	时机规范 技术区间 技术瞬间	动因规范 技术结果 技术手段	技术物理 技术规范模型
技术员观点 实施者	业务构型 工具实体 工具关系	过程构型 工具转变 工具输入/输出	分布构型 工具位置 工具连接	责任构型 工具角色 工具工作产物	时机构型 工具区间 工具瞬间	动因构型 工具结果 工具手段	工具组件 工具构型模型
复杂组织体观点 使用者	业务实例化 运行实体 运行关系	过程实例化 运行转变 运行输入/输出	分布实例化 运行位置 运行连接	责任实例化 运行角色 运行工作产物	时机实例化 运行区间 运行瞬间	动因实例化 运行结果 运行手段	运行实例实现 复杂组织体
观点＼复杂组织体	业务集合	过程流动	分布网络	责任分派	时机周期	动因意图	

图 1-10　Zachman 架构

复杂系统集成的关键是基于架构（或体系）的集成，而不是基于信息模块的集成。企业架构使得企业内不同的人对企业现状和愿景有一个整体统一的理解，是实现企业数字化转型和 IT 建设的保障。企业架构一般分为两大部分：业务架构和 IT 架构。业务架构是把企业的业务战略转化为日常运行的方法，业务战略决定业务架构，它包括业务的运营模式、流程

体系、组织结构、地域分布等内容。IT架构是指导IT投资和设计决策的IT框架，是建立企业信息系统的综合蓝图，又可细分为数据架构、应用架构和技术架构三部分。

（3）体系：系统之系统　体系是指各种不同类型的系统动态组成的一个新的、复杂度更高的系统。体系的特性包括：

- 运行独立性。单个系统即使脱离整体仍能独立运行。
- 管理独立性。单个系统具有自治能力，它的独立行为与整体行为并无关联。
- 异地联通性。分布于各个地方，会互相沟通与合作。
- 持续演化性。在运行过程中，它会不断地修正其功能、行为和目标。
- 整合涌现性。一旦连接起来，就会呈现出特定整体行为。

这五个特性中，前三个是单个系统的特性，后两个是整体体系的特性。

未来的工厂需要将机器与人集成、机器与智能集成，以及与供应链集成（见图1-11），作为一个系统之系统（即体系）运行。在车间层面，设备、运输小车、机器人、摄像头和传感器将连网，并能够自主地以最佳方式运行；在企业层面，每个工厂是动态生产网络的一个组成部分，生产设施将在全球生产网络中作为虚拟工厂运营，动态调整工艺路线和生产结构以迅速响应需求。为了有效地运行和管理这个复杂的、集成的、个体自主的未来生产系统，我们必须从体系的角度思考未来工厂。因为供应链中存在多个独立运行的生产系统（企业），未来工厂的结构和行为特性将更多地取决于实体之间的关系，而不是单个企业下的组成部分（生产车间）的管理。未来工厂的设计或许不再采用基于单一企业下的系统体

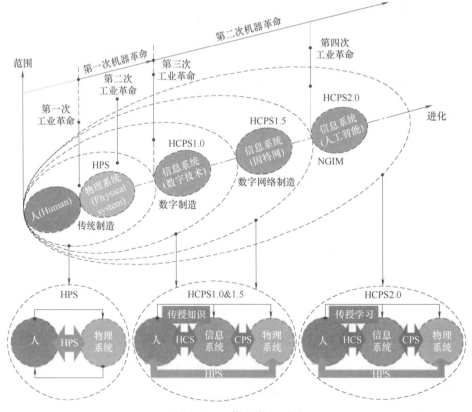

图1-11　人-信息-物理系统

系结构的设计策略，而是考虑到系统之间的集成和互动。未来工厂的设计将是现有基础设施、系统和流程进化的结果，这种进化将包含单个子系统的共同进化。因此，未来工厂的设计需要采用体系工程方法。

1.2 生产系统的布局

1.2.1 生产系统布局概述

生产系统布局是合理安排生产系统内各功能单位及其相关辅助设施的相对位置与面积，以确保生产系统中物流与信息流的畅通。其总体目标是充分利用作业空间，并不断优化生产流程。合理的物理布局方案可以：

1）降低项目投入成本、单位生产成本。

2）提升产品质量。

3）提高系统生产率。由于各台生产设备保持有机联系，可以减少浪费与不合理的地方，便于提高生产率。

4）提升人、设备、空间和能源的利用率。

5）减少在制品。由于物流均衡，减少了生产线上的在制品停留时间，减少了在制品库存。

6）减少物料搬运作业量。减少生产线上在制品数量、停留时间及搬运交叉现象，可以减少搬运作业量，并能确保安全。

7）提高生产柔性。合理的物理布局使生产系统适应产品需求的变化、工艺和设备的更新及扩大生产能力的需要。

8）为员工提供方便、安全以及舒适的作业环境。

生产系统布局设计按层级可分为工厂级、车间级与区域级。工厂级的布局设计主要围绕车间占地面积、位置等内容展开；车间级布局设计主要考虑工艺流程、区域关系、物流强度等因素；区域级布局设计主要考虑功能区域内部作业人员与设施间的合理布置。

生产系统布局规划需要遵循的一些基本原则如下：

1）最小物流距离原则。尽量减少生产过程中的物料运输与物流交叉。

2）空间利用原则。人员、物料、设备以及辅助设施的布局要综合考虑空间的利用率。

3）布局柔性原则。布局方案对未来变化具有敏捷响应能力和充足柔性。

4）相互依存原则。工厂布局要考虑各作业区域之间的相互依赖关系。

5）整体集成原则。对人员、设备、材料辅助服务活动及其他各种因素给予综合考虑及协调。

6）安全性原则。将危险因素与人员作业分离，确保作业环境的安全。

7）流畅性原则。布局要考虑到生产的流畅性。

8）经济性原则。生产布局要能够满足最小批量生产、提高空间利用率、减少物料存放、提高物流效率等经济性要求。

1.2.2　生产系统布局的典型形式

作为最简单的生产系统布局，单机生产系统是工业中最常见的生产系统，可以由人工或自动化操作，常用于加工和装配操作，适用于单型号生产、批量生产、混流生产，具有实施时间短、资本投资少、安装和操作简单、柔性较高等优点。

当工序由一台设备承担时，单台设备的生产能力即为该工序能力。单台设备的生产能力的计算公式为

$$M = F_e / t_i$$

式中，M 为单台设备的生产能力；F_e 为单台设备计划期内的有效工作时间；t_i 为单位产品在该设备上加工的时间定额。

当工序由 S 台设备承担即组成并行机时，工序能力为 $M \times S$。需要特殊说明的是，当企业生产多种产品时，我们可以选取代表企业主要生产方向或最有代表性的产品，以代表产品的生产率定额为基础，计算设备组的生产能力。将其他产品的生产率定额换算为代表产品的公式为

$$K_i = t_i / t_0$$

式中，K_i 为 i 产品的换算系数；t_i 为 i 产品的时间定额；t_0 为代表产品的时间定额。

由于实际生产环境存在干扰和质量损耗，因此实际产能与理论产能之间存在偏差，需要通过全局设备效率（Overall Equipment Effectiveness，OEE）进行评估。OEE 是一种简单实用的生产管理工具，由日本人 Seiichi Nakajima 在 20 世纪 60 年代提出，用来表示制造系统整体的利用效率，在欧美的制造业和中国的跨国企业中已得到广泛的应用，全局设备效率指数已成为衡量企业生产效率的重要标准。计算全局设备效率基于三个因素：设备可用性（Availability，A）、性能表现（Performance，P）、质量表现（Quality，Q）。设备可用性主要考虑在计划生产时间内，是否存在非计划和计划停机及相应时间，即设备可用性 = 实际运行时间/计划运行时间；性能表现主要考虑是否存在较慢生产周期时间（即稍慢于理想周期时间）的情况和短暂停机，即性能表现 = 理想周期时间/实际周期时间 = 理想周期时间/（实际总时间/总产量）；质量表现主要考虑产品缺陷率（包括需要返工的产品比率），即质量表现 = 良品/总产量。三者各自上限为 100%。由此得出：OEE = A×P×Q。

单机或并行机通常为生产系统的基本单元，不同的基本单元可以组合布局形成生产系统，常见的生产系统布局方式包含固定位置布局、产品布局、工艺布局、单元式布局、混合布局等基本类型。下文将详细展开介绍。

1. 固定位置布局

固定位置布局如图 1-12 所示，所有的工序都是在原材料（在加工情况下）或主要部件（在装配情况下）固定在一个地方的情况下完成的，生产所需的设备、人员、物料等均围绕产品布置。保持产品在固定位置的原因是产品体积大、质量大，在车间内难以运输，将加工设备移动到产品比将产品移动到设备更容易。这种布局方式一般用于生产小批量、定制化且结构较为复杂的大型设备，如船舶、

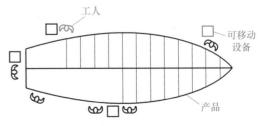

图 1-12　固定位置布局

大型飞机、铁路机车和重型机械等。

在固定位置布局中制造的产品通常包括大量的装配操作。组件部件通常在其他地方制造，然后运送到产品的最终装配地点进行最终装配。由于装配内容多，产品数量少，固定位置布局需要大量的人工劳动。同时，为适应产品固定的特点，在制造和装配操作中使用的设备类型倾向于是移动或便携式的。

固定位置布局的优点包括：

1）适应性强。能够适应单件生产和小批量生产，尤其是对于那些大型、复杂的定制产品。

2）减少产品损伤风险。由于产品不需要在不同工序间移动，减少了在搬运过程中可能发生的损伤。

3）灵活应对变化。项目需求的变化可以通过重新安排人员和设备来应对，而不需要对生产线进行大的调整。

固定位置布局的缺点包括：

1）空间利用率低。由于产品固定不动，周围必须留出足够的空间供工人和设备操作，这可能导致空间利用率不高。

2）成本较高。需要多技能的工人和可移动的设备，可能会导致劳动力和设备成本较高。

3）协调复杂。由于生产资源（如人员、设备、材料）需要围绕产品移动，因此需要更复杂的现场管理和协调。固定位置布局的选择和应用需要综合考虑产品特性、生产规模、成本和空间等因素，以实现生产效率和成本效益的最优平衡。

2. 产品布局

产品布局是一种按照产品的生产流程和步骤来组织生产设施和设备位置的布局方式。这种布局适用于生产单一产品或一类相似产品的制造场所，通常会按照生产线或者流水线的方式进行布局，如图1-13所示。

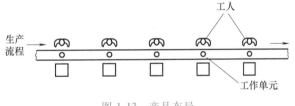

图1-13 产品布局

图1-13中，工作站和设备通常被布置在一条直线或曲线上，按照产品的生产流程顺序排列。生产线上的每个工作站负责完成产品生产流程中的一个或多个步骤，并将产品传递到下一个工作站。

在每个工作站，完成产品总工作内容的一部分。因此，使用产品布局的一个必要条件是必须能够将总工作内容分解为相对较小的任务（工作元素的集合），这些任务可以分配给每个工作站。产品布局在生产线和装配线中被广泛使用。如果工作站的数量相对较少，那么布局可能由一条直线组成；如果工作站的数量很多，如在汽车最终装配工厂中，那么布局将被安排成一系列连接的线段。

产品布局能够实现高效的生产流程和生产效率。由于每个工作站只需要完成特定的工作，因此可以进行专业化设计，开发专门的设备和工具，以减少作业循环时间。工作站之间通过传送带等机械化运输装置，实现产品的快速流转，减少物料和人员在生产过程中的移动和等待时间。

产品布局的优点包括：

1）生产效率高。产品布局使得生产流程连续、顺畅，减少了物料和人员在生产过程中的移动和等待时间，提高了生产效率。

2）生产周期短。由于生产线上各个工作站专注于各自的工序，产品的生产周期会大大缩短。

3）生产质量可控。产品布局通过规定清晰的生产流程，可以更容易地控制生产过程和确保产品质量。

4）生产成本降低。通过优化生产线布局和流程，可以减少资源浪费，降低生产成本。

然而，产品布局存在适用范围有限、柔性差的缺点。产品布局的投资成本高昂，工作单元的机械化运输和工作站的专业化都需要高昂的成本。产品布局专门用于生产一种产品，不能轻易地改为生产其他产品。因此，当产品需求减少时，其专门化设备和布置可能会过时。为适应其他类型的产品生产，产品布局需要重新设计和投资。为保障生产线的正常运行，需要做好生产线平衡，合理安排工作站的工作量，否则可能导致瓶颈和生产效率降低。

因此，产品布局适用于少品种、大批量的生产方式。

产品原则布局模式对比如图 1-14 所示，常见的基于产品原则布局的产线形态包括直线形、U 形、环形、S 形等。

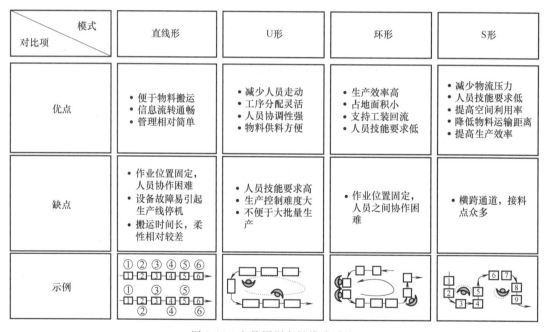

模式 对比项	直线形	U形	环形	S形
优点	• 便于物料搬运 • 信息流转通畅 • 管理相对简单	• 减少人员走动 • 工序分配灵活 • 人员协调性强 • 物料供料方便	• 生产效率高 • 占地面积小 • 支持工装回流 • 人员技能要求低	• 减少物流压力 • 人员技能要求低 • 提高空间利用率 • 降低物料运输距离 • 提高生产效率
缺点	• 作业位置固定，人员协作困难 • 设备故障易引起生产线停机 • 搬运时间长，柔性相对较差	• 人员技能要求高 • 生产控制难度大 • 不便于大批量生产	• 作业位置固定，人员之间协作困难	• 横跨通道，接料点众多
示例				

图 1-14 产品原则布局模式对比

1）直线形生产线。直线形生产线是最常见的生产线形态，工作站按照产品生产流程的顺序排列在一条直线上。产品从一个工作站传递到下一个工作站，沿着直线依次完成各个生产步骤。这种形态适用于生产流程简单、生产规模大的情况。

2）U 形生产线。U 形生产线将工作站按照产品生产流程的顺序排列成一个 U 字形状。在 U 形生产线中，产品从一个端点开始进入生产线，然后依次经过各个工作站进行加工或组装，最终在另一个端点完成生产并输出。U 形生产线适合中小规模的生产场所和单一产品或者少量产品的生产需求。

3）环形生产线。环形生产线是将工作站按照产品生产流程的顺序排列成一个闭环形式。产品在环形生产线上一直流动，完成各个生产步骤，直到最终产出。这种形态适用于需要循环生产的情况，可以实现持续生产和循环生产。

3）S形生产线。其工作站按照产品生产流程的顺序排列成一个S形状。在S形生产线中，产品从一个端点开始进入生产线，然后依次经过各个工作站进行加工或组装，最终在另一个端点完成生产并输出。S形生产线能有效提高空间利用率，降低物料运输距离，提高生产效率。

为了保证产线的顺畅运行，需要计算生产节拍（Takt Time）。生产节拍是总有效生产时间与客户需求数量的比值，是单件产品生产的必需时间。基于节拍化生产的企业可以更快识别生产线上影响生产速度的瓶颈或生产性能不佳的工位。

工位是产线最基本的生产单位，理论最少工位数取决于产线的生产节拍与单件产品的工时定额或生产某个产品全部工序的总时间，具体计算方式为工时定额（加工周期）/产线生产需求节拍，计算出的工位数需要结合实际工艺情况进行调整。对于产线生产多种产品的场景，可分别计算每种产品所需的理论最少工位数，取其中的最大值并向上取整，即得到理论最少工位数。

在确定了所需作业工位数量之后，接下来需要结合产品工艺路线分析产线加工任务（需拆分为最小工作要素，即不能被继续分割的工作），整理出工作任务明细表；关联紧前紧后任务关系，绘制优先图，制定出各个工作任务的后续任务表。然后使用线平衡算法（最常使用的线平衡方法包括数学建模求解、遗传算法等元启发式算法、启发式算法等）来尽可能将总工作量均匀地分配给每个人/工位。一些产线平衡的量化指标及计算方法如下：

（1）产线平衡率与损失率　平衡率可以直接反映生产线上每个工位的作业分配是否合理，是衡量生产线是否顺畅平稳高效运行的重要指标。损失率是指单件在制品在产线上总空闲时间与总流转时间的百分比。相关计算公式为

$$P = \frac{\sum_{i=1}^{n} T_{ei}}{n \times T} \times 100\%$$

$$D = 1 - P$$

式中，P 为产线平衡率；D 为产线平衡损失率；T_{ei} 为单个工序时间；n 为工位数量；T 为产线节拍。一般来说，产线平衡率应保持在85%以上，P 越大，产线平衡效果越好。

（2）产线平滑指数　产线平滑指数是表明产线上各工位作业时间离散状况的衡量指标。指数越大表明各工位作业时间差异越大，工位分布越不均匀，产线越不平衡；反之，差异越小，工位分布越均匀，产线越平衡。计算公式为

$$S = \sqrt{\frac{\sum_{i=1}^{n} (C - T_{ei})^2}{n}}$$

式中，S 为产线平滑指数；C 为瓶颈工时；T_{ei} 为单个工序时间；n 为工位数量。

（3）工序负荷率　工序负荷率是生产作业时间与产线节拍的百分比。工序负荷率计算公式为

$$L = \frac{T_{ei}}{T} \times 100\%$$

式中，L 为工序负荷率；T 为产线节拍；T_{ei} 为单个工序时间。L 越大，即工序负荷率越高，工位作业时间越接近生产节拍，产线平衡效果越好。

通过计算产线平衡指标，可判断当前产线的运行情况，如需进一步提升产线平衡率，可以从耗时较长与耗时较短的工位两个维度进行改善。

（1）对耗时较长的工位　分割作业，分配一部分作业内容到耗时较短的工位；利用工具或机械改善作业，缩短工时；增加作业人员；提高作业人员效率或技能；通过工序流程分析，改进作业流程；通过人因分析，消除动作浪费；通过 5S 和定置管理改善作业环境。

（2）对耗时较短的工位　分割作业，分配到其他耗时较短的工位，并取消本工位；从耗时长的工位分配一部分作业过来；合并耗时短的工位；对合并后的工位进行工序流程分析，优化作业流程。

3. 工艺布局

工艺布局下，生产设备被按照功能和类型安排在同一生产工段或工作区内，产品按工艺过程通过各生产工段或工作区，如图 1-15 所示。不同的产品按照其工艺要求的加工顺序，以批量的形式在各个工段内进行加工。工厂中没有所有产品都遵循的通用工艺流程，每种零件类型必须按照自己独特的顺序从一道工序运输到下一道工序。这种布置方式便于调整设备和人员，容易适应产品的变化，大大增加了生产系统的柔性，但存在较多的物料搬运，在制品的数量较高。

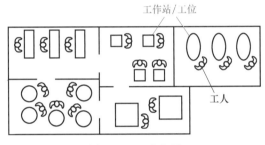

图 1-15　工艺布局

工艺布局的优点包括：

1）设备分组。根据产品加工过程的相似性将设备分组安排，使得同类生产活动能够集中在一起进行。

2）灵活性。可以处理来自各种零件和产品的工艺和工艺顺序。过程布局中的设备是通用的，可以适应各种不同的操作和设置。

3）专业化。每个部门内的设备和人员可以实现专门化，提高了生产效率和质量控制的可能性。

4）设备利用率。通过合理安排设备的位置和流程，可以最大限度地提高设备的利用率，减少物料搬运时间。

工艺布局的缺点包括：

1）物料流动。因为产品在生产过程中需要在不同的部门之间流动，因此可能会增加物料搬运和处理时间。

2）协调复杂性。不同部门之间的协调与沟通需要更加紧密，以确保整体生产流程的顺利进行。

3）成本。由于需要在不同部门之间进行物料搬运和处理，可能会增加一定的生产成本。在工艺布局中，可以采用系统布局规划、经验布局法等工具进行设计。其中，系统布局规划（System Layout Planning，SLP）是一套具有系统性、规范性、适用性的布局设计方法。它通过分析不同层级规划对象之间的相关性来确定其相对位置，将物流关系和非物流关系联合考虑，从各对象之间的综合相关关系出发，实现各个对象的合理布置。SLP 方法具有严格的设计流程，需要确保规范执行，以提高最终方案的准确性。其实施步骤流程如图 1-16 所示。

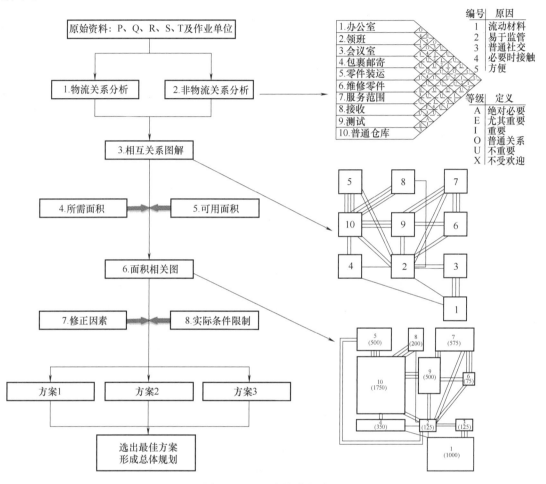

图 1-16　SLP 实施步骤流程

总的来说，工艺布局适用于单件生产及多品种中小批量生产模式，具有较强的灵活性和专业化优势，但也需要注意协调复杂性和成本控制。

4. 单元式布局

单元式布局有时也被称为成组原则布局，在产品品种较多、每种产品的产量又是中等程度的情况下，将工件按其产品结构与加工工艺的相似性进行编码分组，同时用相似的工艺过程加工零件，然后将设备成组布置，即把使用频率高的机器群按工艺过程顺序布置，组合成成组制造单元，整个生产系统由数个成组制造单元构成，如图 1-17 所示。在单元式布局下，生产设备和工作人员被组织成一个独立的单元，负责完成特定产品或产品组件的加工和装配。

单元式布局的优点包括：

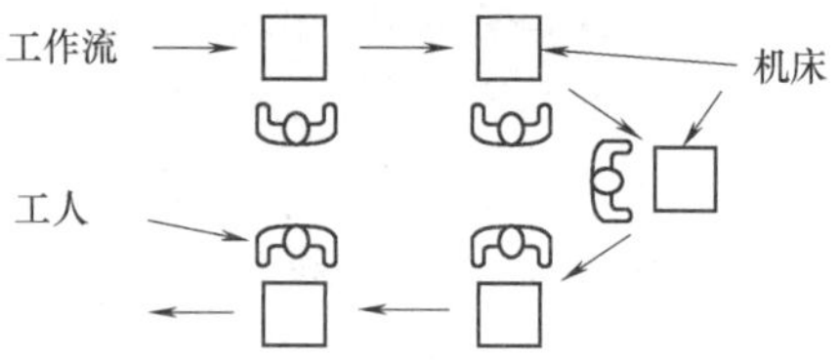

1）小团队制造。设备、工人和资源被组合成一个小团队，可以快速协作完成产品加工和装配任务。

2）灵活性。每个单元可以独立运作，有利于应对不同产品需求和生产变化，提高了生产线的灵活性和适应性。

图 1-17 单元式布局

3）快速反应。由于单元负责全面生产任务，因此可以更快地响应市场需求的变化，缩短交付周期。

4）质量控制。单元内部的质量控制更容易实施，可以及时发现和解决生产过程中的问题，提高产品质量。

5）员工参与。员工在单元内具有更多的自主权和参与度，可以激发其工作积极性和创造力。

单元式布局的缺点包括：

1）设备利用率。可能会出现一些设备利用率低下的情况，因为每个单元只负责特定产品或产品组件的生产。

2）协调复杂性。需要确保各个单元之间的协调和沟通，以保证整体生产流程的顺利进行。

3）成本。一些单元需要重复使用相似的设备或资源，可能会增加生产成本。这种单元式布置方式适用于多品种、中小批量生产。

采用成组原则的思想，柔性制造系统由自动导引车（Automated Guided Vehicle，AGV）、计算机数控（Computer Numerical Control，CNC）机床、机器人和其他复杂的计算机控制的设备组成。系统设备统一连接到自动化的物料运输系统，并由中央控制器进行控制。在这种细胞单元化布局的系统中，按照成组技术的原理，不同类型的设备组织在同一细胞单元中，从而可以使同一产品族在同一单元内进行生产。自动化程度高是柔性制造系统的显著特征。

5. 混合布局

混合布局是一种将不同生产布局方式结合使用的布局策略。它融合了产品布局、工艺布局等多种布局的特点，以适应复杂多变的生产需求。混合布局旨在提高生产效率、降低成本，并提升空间利用率和灵活性。比如有些企业有多种产品需要生产，工厂可以根据每种产品的不同批量，大批量产品用产品布局进行生产，而中小批量产品通过工艺布局生产。

有些工厂产品种类繁多且有些部件需自制，整个生产过程复杂程度较高，此时不同产品或者不同生产阶段所采用的布局原则可能有所不同，可以采用混合布局进行设计。此类布局通常将工艺布局模式与产品布局模式相结合。在混合布局中，各类产品相似工艺阶段采用工艺布局布置生产设备；部分工艺阶段产量较大，采用产品布局布置生产设备。混合布局继承了工艺布局与产品布局模式的优势，适用于多种复杂产品的情况。

1.2.3 典型布局模式间的对比

1. 布局模式的优缺点

四种布局方式在成本、效率、柔性等方面的特性见表 1-1，对应的优缺点见表 1-2。

表 1-1 不同布局方式的特性

布局方式	成本	效率	柔性	适用生产方式
固定位置布局	低	低	高	单件生产,常见于飞机、轮船厂
产品布局	建设成本高;单件生产成本低	高	低	少品种、大批量
工艺布局	中	低	高	单件生产;多品种、中小批量
单元式布局	中	中	中	多品种、中小批量

表 1-2 不同布局类型优缺点

类型	优点	缺点	行业
固定位置布局	适应性强,减少产品损伤风险,灵活应对变化	以产品为中心、不考虑物流和制造成本	批量小、体积大,如飞机、轮船、火车等生产
产品布局	产量高,单位费用低,在制品库存少,减少培训费用和时间,单位物料运输费用低,工人和设备的利用率高	工作重复单调;系统对产量变化以及产品或工艺设计变化的适应性差;个别设备故障或工人缺席率高对整个生产系统的影响极大;预防性维修、迅速修理的能力和备用件库存都是必不可少的;与个人产量相联系的激励计划是不可行的	大批量、流水作业、产品需求稳定,如汽车装配线
工艺布局	可进行多品种、小批量生产,柔性较高,产量弹性较大,固定成本低	管理成本等变动成本较大,机床利用率较低,物流路径复杂,在制品数量较大	生产设备密集型企业、产品多、需求不稳定,如机加工行业
单元式布局	产品成组,设备利用率高;流程通畅,运输距离较短,搬运量少;有利于发挥班组合作精神;有利于扩大员工作业技能;兼有产品布局和工艺布局的优点	需要较高的生产控制水平以平衡各单元之间的生产流程;若单元间流程不平衡,需中间存储,增加了物料搬运;班组成员需掌握所有作业技能;减少了使用专用设备机会;兼有产品布局和工艺布局的缺点	小批量生产

2. 布局模式与生产需求特点的对应关系

生产需求的多样性造成了布局模式的多样性。区分生产需求最重要的两个因素是产品种类（Product Variety）和产品产量（Production Quantity）。

产品种类指的是工厂生产的产品类型数量。不同产品具有不同的形状、大小和功能,不同的产品面向不同的市场,有些产品比其他产品拥有更多的零部件等。当工厂生产的产品类型数量很多时,这表明产品种类很丰富。

尽管产品种类被确定为一个定量参数,但这个参数与产品产量相比,并不是那么精确,因为设计差异的具体细节并不仅仅由不同设计的数量来确定。产品可以是不同的,但差异的程度可大可小。空调和汽车之间的差异远大于空调和热泵之间的差异。例如,汽车公司在同一装配工厂生产两到三种不同的车型,尽管车身风格和其他设计特点几乎相同;而在不同的工厂,同一汽车公司制造重型卡车,这些卡车的设计与轿车有很大的不同。对于产品种类众多的情况,通常可以用产品-工艺分析技术、产品结构分析技术进行产品分族。

产品产量是指工厂每年生产的特定零件或产品的数量。通常可以区分三种生产数量范围：①小批量，年产量在 1~100 个单位之间；②中等批量，年产量在 100~10000 个单位之间；③大批量，年产量在 10000 到数百万个单位之间。这三个范围之间的界限在某种程度上是任意的，可能会因行业和产品类型的不同而有所不同。

在工厂运营方面，产品种类和生产数量之间往往存在一种反向相关性。当产品种类很多时，生产数量往往较低；反之亦然。制造工厂往往专注于生产数量和产品种类的一种组合，如单件生产、多品种小批量、流水线等。

不同生产方式所适用的布局方式如图 1-18 所示。固定位置布局适用于单件小批生产，用以生产定制化且结构较为复杂、难以搬运的大型设备；工艺布局适用范围较为广泛，既可以用于单件生产和成批生产，也可以用于大规模批量生产；单元式布局适用于单元化生产，用以生产多品种、中小批量的产品；产品布局适应于大规模流水线生产，用以生产产品单一、年产量巨大的产品。

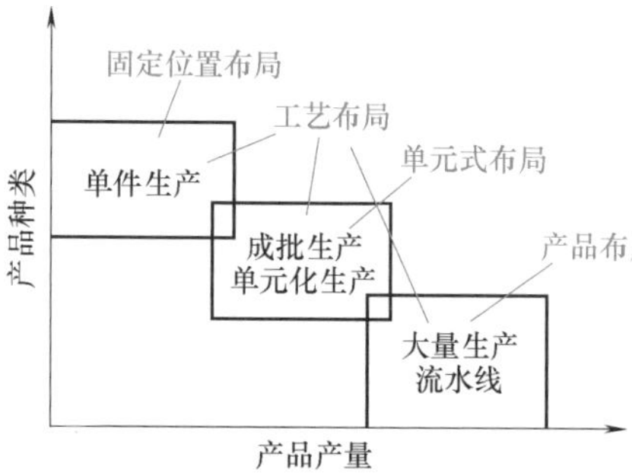

图 1-18　不同生产方式所适用的布局方式

1.2.4　作业空间布置

作业空间，是指人在操作机器时所需的活动空间，以及机器、设备、工具和操作对象所占空间的总和。广义的作业空间设计是指按照作业者的操作范围、视觉范围和操作姿势等生理、心理因素对作业对象、机器、设备和工具进行合理空间布局，给人、物等确定最佳的流通路线和占有区域，以提高系统总体可靠性、舒适性和经济性。狭义的作业空间设计就是设计合理的工作岗位，以保证作业者安全、舒适、高效地工作。

根据人机工程学的布置原则，在有限的空间内定位和安排作业（包括机器、设备及其显示器、控制器等）。在作业空间的布置中，不仅要考虑人机的关系，还要考虑机器、元器件之间的关系。从大的范围来说，就是如何把所需要的机器、设备和工具按照人的操作要求进行空间布置。对单个人机系统而言，是如何合理安排控制器、显示器问题。

1. 总体布置原则

根据人的作业要求，先考虑总体布置，再考虑局部设计；先考虑人，后考虑设备；操纵设备应按使用频率和操作顺序进行布置；把常用控制器、显示器放在最佳作业范围内；要考虑安全、人流、物流的合理组织。

2. 机器、设备的布置原则

按作业顺序布置：机器、设备一般按作业顺序布置。这类作业场所要求制造和装配是连续性的。它所生产的产品可以在生产线上以最短的时间完成加工和装配，避免了无谓的原材料和半成品的搬运，使生产路线达到最经济的要求。它特别适合专业化工厂成批大量生产的加工和装配作业。

按设备功能布置：将机器、设备按其功能分类，同一功能的设备被编作一组，共同完成某一产品的同一道工序。优点：机器设备的利用率高，且某一台设备或作业者出现故障，对全局不会造成太大影响。缺点：从一组设备到另一组设备需搬运原材料和半成品，增加了搬运时间和费用。我国机械加工车间常见到此布置方式。

3. 工作台的布置原则

按重要程度布置：当工作台上有显示器、扫描枪、拧紧枪、物料盒、呼叫按钮等时，应按照各器件对完成作业起作用的重要程度来布置，即最重要的器件应布置在人的最佳操作范围和视觉范围内。

按作业顺序布置：它是指在完成某一作业的过程中所使用的显示器、扫描枪、拧紧枪、物料盒、呼叫按钮等是有一定顺序的，在配置这些器件时也应按照使用顺序布置。布置时要按照从左到右，由上而下的顺序排列。

按使用频率的高低布置：对于经常使用的器件，应放在人的最佳操作范围和最佳视觉范围内。如：对于使用频繁的显示器，在垂直面上应布置在作业者水平视线偏 30° 的范围内；在水平面上应布置在正中矢状面偏 30° 的范围内。

按功能对应性原则排列：它是指当工作台上的显示器、扫描枪、拧紧枪、物料盒、呼叫按钮较多时，要成组排列，将功能相关的器件放在一起，或在位置上相互对应。

1.2.5 其他类型布局

就像不同的工厂布局用于不同类型的生产一样，还有用于除生产以外的其他操作的布局类型。下面简要介绍这些布局类型。

1. 仓库布局

仓库是用于存储商品或其他物品的设施。仓库的布局必须根据仓库的主要功能进行规划，这个主要功能就是存储。然而，存储并不是唯一的功能，我们还必须考虑到仓库设施的其他功能。仓库的四个主要功能是接收、存储、拣货和发货。这些功能在所有的存储设施，包括配送中心、工厂库房和工具柜中都会发生。除了这四个功能，仓库设施可能还需要执行其他服务，如准备特殊的标签和包装以满足特定的客户需求。

虽然存储设施的大部分空间都用于存储，但其他功能的区域也必须进行规划。仓库布局设计中的一个重要决策是接收和发货功能的位置。显而易见的答案是它们必须位于建筑物的外墙边，且必须提供对交通基础设施（如公路、铁路、海港、机场）的访问。但是，这两个功能应该在一个位置合并还是分开？图 1-19 说明了这两种选择。将接收和发货集中在一个位置的优点包括：①人员和物料处理设备的共享；②码头和停靠空间的共享，例如，如果在一天的某个特定时间，进货的卡车比离开的卡车多，那么通常用于发货的一些码头可以用于接收；③促进交叉对接，这是指将接收的材料立即转运到发货，而不是进入存储，从供应商接收的材料被直接运送给客户，而不需要存储和拣货的步骤。将接收和发货这两个功能分开或分散的优点包括：①减少码头区域的拥堵；②减少将进货与出货材料混淆的风险；③布局可以设计为从接收到存储再到发货的物料流通。

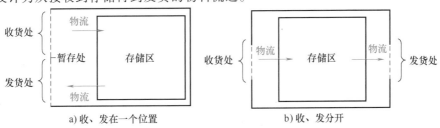

图 1-19 仓库布局

2. 项目布局

项目布局通常适用于建筑项目，其中适用于该类型项目的适当工作团队和设备已被带到施工现场。布局是临时的，因为项目有预定的完成日期。项目的产品（如结构）将保留在现场，但工人和设备将在项目完成后离开。项目布局与固定位置布局有相似之处。在固定位置布局中，产品大而重，难以移动；在项目布局中，产品大而重，不能移动。在这两种布局中，工人和设备被带到产品所在的地方。它们之间的区别在于：在固定位置布局中，当产品完成后，它被运输离开现场，工人和设备留下；而在项目布局中，当产品完成后，工人和设备被运输离开现场，产品留下。

3. 服务布局

服务布局大部分基于工艺布局（功能布局）。对于在同一设施中完成多个功能的组织，人员和设备根据功能或部门进行组织。百货商店是零售服务运营中过程布局的一个很好的例子。虽然在制造业设计过程布局的目标是最小化物料流动，但在服务组织中，类似的目标与信息和人员（如工人和顾客）的流动有关。在大多数情况下，目标是最小化文件（信息）和人员的行程。然而，在零售商品陈列中，目标是最大化顾客对展示物品的接触，以促进更大的销售。因此，设计到商店布局中供顾客行走的过道，不一定是最短的距离，而是旨在展示尽可能多的商品。

服务组织中设施设计的另一个方面是美学。虽然在制造或仓库设施中，这不是一个重要的考虑因素，但服务设施的一般外观和氛围必须令在其中工作的人和顾客愉悦。服务的一个重要方面是顾客的体验。愉悦的环境促进了更令人满意的顾客体验。

4. 办公室布局

办公室布局通常是对工艺布局的一种近似，因为人员通常根据功能或部门进行分组。例如，会计部门的人员通常在办公楼的一个区域，采购部门的人员在另一个区域，依此类推，具体取决于哪些功能占据了建筑物。在每个部门内，通常存在工作流程模式，可以用来确定人员及其办公室或桌子的适当位置。例如，副总裁的执行秘书应该位于副总裁的办公室附近，而不是在走廊尽头。部门之间的工作流程也应该用来决定它们在建筑物中的位置。例如，数据处理和会计部门应该靠近，因为它们之间需要进行工作对接和沟通。制造噪声的部门（如印刷和复印）应该靠近，但需要远离需要无噪声环境的部门（如完成创意工作的部门）。由于地位问题，组织的高管应该位于交通量较大的区域之外，一般在建筑物较隐蔽的区域，比如多层办公楼的上层。

在规划办公大楼的初期阶段，必须做出的办公室布局决策之一是使用传统的有墙办公室布局还是开放式办公概念。有墙办公室布局的特点是有许多私人办公室，每个办公室的永久墙壁定义了建筑物的平面图。办公室的布置和位置是基于组织的等级结构的，外部的办公室反映了比内部办公室更高的等级或职位。办公室的大小也表明了职位和重要性。

办公室布局设计的趋势倾向于开放式办公概念，今天有更多的办公楼是基于这种设计方法进行建造或翻新的。开放式办公概念意味着办公室布局由大型开放区域组成，使用模块化家具和隔断来指定和分隔工作站，而不是使用永久墙壁。每个区域的工作者都被组织起来从而高效地开展工作。在开放式办公室中，通常使用面向功能的工作站，而不是传统的桌子。相对于永久有墙的办公室，开放式办公概念有以下优点：①基于开放式办公概念的建筑的建设成本更低；②更容易监督员工；③可以灵活地进行办公室布局的定期更改；④更好地控制供暖、制冷和照明；⑤改善员工之间的沟通。

1.3 制造模式

从技术过程的角度来讲，制造被定义为应用物理、化学工艺来改变原材料的几何形状、特性及/或外观以获得零部件或产品的过程，也包括将多个零部件组装成产品的过程，制造过程是设备、工具、能源及劳动力的组合。从经济观点来看，制造过程的关键是通过改变原材料的形状、特性或将该材料与其他简单加工过的材料进行组合来实现增值。价值的制造在包括有形产品的同时也包括无形的服务。

从历史角度来讲，人类的进化史同时也是制造的演进史。社会条件的变化，人的内生性需求满足条件的变化促使生产的供给类型和方式发生变化，进而导致制造模式发生变化。从最初的手工作坊式到福特式生产、精益生产、敏捷制造、智能制造等阶段，每一次制造模式的变化适应时代需求的同时大大推动了社会的进步。本节重点介绍制造演化历史中几种重要的制造模式。

1.3.1 流水线生产

1. 流水线生产的起源

福特汽车公司成立于 1903 年并于 1908 年研制并生产出世界上第一辆普通大众型的汽车——T 型车，如图 1-20 所示。当时的生产模式仍旧停留在手工作坊的方式，汽车的生产基本由工匠手工作业完成，其产量远远无法满足持续快速增长的市场需求。在此种背景下，福特于 1913 年成功研制出世界上第一条流水生产线，这种制造技术大大提高了 T 型车的生产率，使汽车真正成为一种大众产品。

图 1-20　福特的 T 型车

流水线生产建立在两大基本原理上。第一是劳动分工，亚当·斯密在 1776 年出版的《国富论》中首次论述 10 个工人每次专门完成一项制作钉子所需的任务的生产率远远高于每个工人完成做钉子所需的全部任务对应的生产率。他虽然并没有发明"分工"这个词，但首次论述了分工对生产的重要影响。零件的互换性是流水线生产得以实现的第二大原理。这一原理源于19 世纪初美国的一名发明家艾利·惠特尼（Eli Whitney）。1797 年，惠特尼与美国政府签订了生产 10000 支步枪的协议。此前步枪的生产基于传统的生产方式，需将零件分别制造出来后通过归类来手工试装，因此每把枪都是独一无二的。为此，惠特尼专门在自己的工厂中开发专用的机器、卡具和量具以提高零件的精确性，在步枪的装配中实现了未进行任何归类试装仍能保持高质量的目标。这种零件互换原理恰是装配线实现大规模生产的先决条件。

T 型车的专用流水线的出现标志着"少品种大批量生产"制造模式的诞生，又称为

"底特律式自动化"。这种模式在提高生产率的同时显著地降低了成本，成为当时各国纷纷效仿的先进制造模式，对当时的市场环境进行了很好的改善，提高了多个产业的生产效率，福特公司的流水线生产模式实施前后生产效率的比较见表1-3。这同时也标志着人类实现了制造模式的第一次大转换，即从单件小批量生产模式发展成为以标准化、通用化、集中化为主要特征的大批量制造（Mass Manufacturing）模式。

表1-3　福特公司的流水线生产效率与手工作坊方式生产效率的比较　　　　　　（单位：min）

	1913 年秋后期 手工作坊生产模式	1914 年春 流水线生产模式	工时节约（%）
发动机	594	226	62
电机	20	5	75
车桥	150	26.5	83
总装	750	93	88

2. 流水线生产的定义和特点

流水线生产指的是多台工作站按顺序排列，零部件或装配件按顺序沿着装配线移动，直至完成生产。工作站由机床和/或配备专门工具的工人组成，所有工作站的集合是专为产品而设计的，以实现生产效率的最大化。不同工作站之间的工件传输一般通过动力传送带实现。每个工作站完成产品制造任务的一部分。

相较于传统的生产方式，流水线生产的生产效率更高，主要因为以下几个特点：

1）劳动的专业化。亚当·斯密指出，当一项大的工作被细分为许多小任务并分配给工人时，每个工人在这项单独的小任务中的熟练度将得到很大提升，每位工人都成为专家。学习曲线效应很好地解释了这种现象。

2）产品结构的标准化，以及零件的通用化和互换性。生产所需的每个零部件标准化后都在足够相似的公差范围之内，保证了指定零件之间可以互换，以至于某一类型的任何部件都可以选择与其配套部件进行组装，从而提升生产效率。

3）工作流原则。该原则涉及将工作转移给工人，保证每个工作单元在生产线上流畅地流动，且在工位之间移动的距离最小。

4）线节拍。装配线上的工人通常需要在一定的周期时间内完成分配给他们的每个工作单元上的任务，以此使生产线保持在特定的生产率水平。这个周期决定了生产线的节拍，节拍通常通过机械传送带来实现。

3. 流水线分类

（1）生产线节拍　为了达到目标产量，流水线通常设定为按照一个周期运行。一般来讲，工人必须在该周期内完成分配到自己工位的任务，否则将无法满足目标生产率。工人的生产节拍是流水线成功的一个重要原因。生产节拍或多或少地为装配线提供了保证生产率的纪律要求，以满足管理层的需求。

生产线节拍可以分为三个类型：固定生产节拍、有富余的生产节拍、无节拍。

在固定生产节拍下，工人被要求必须在固定时间内完成自己工站的工作，这个固定时间通常等于生产线的工作周期。这种类型的节拍通常在同步传输系统中采用。固定节拍在保证生产线纪律要求的同时也存在一些不足。首先，严格的节拍可能会给员工带来情绪和身体上的压力，尤其是在流水线上连续工作8h甚至更长时间的快节奏可能会对工人产生有害影响。此外，在固定节拍下，如果有工作未在固定的时间内完成，可能会对下游工作站的后续工作产生影响。不管一个工件在当前工位是如何的不完整，都需要额外的人手来完成装配以变成成品。

在富余的生产节拍下，工人需要在规定的时间范围内完成工作，该时间范围长于生产线的周期，因此在出现问题或一个特定的工件需要额外时间时，工人可以有更多的时间来工作（一般出现在生产不同产品的生产线中）。这种类型的生产节拍有三种方法可以实现。第一种方法允许工件在工位之间堆积，这样可以保证工人不会因为缺件而处于等待状态，也可以为某些零件增加或减少工作时间。第二种方法是设计生产线时使得每个工位的加工时间长于生产线周期，该方法适用于工件固定在连续移动的传送带上。因为传送带移动速度为常量，通过使工作台长度长于一般的工人正常工作时生产线的移动距离，即可保证工件在工位的停留时间长于生产线周期。第三种方法允许工人向上游或下游工位移动，即可实现有富余的生产节拍。

在无节拍的要求下，每个工人都将按照自己的节拍工作。这种情况一般发生在：①生产线上存在人工搬运；②工件可以从传送带上取下，即允许工人按照自己希望的时间工作；③使用了异步传送带且工人可以控制每个工件离开当前工位的时间。这种节拍情况下虽然没有机械化意义上达到一个节拍标准的要求，但为了达到目标生产率，通常鼓励工人努力达到某一生产节拍，这可以通过建立激励体制来实现。

（2）对产品种类的处理 根据对产品种类处理的方式不同，流水线又可以分为三种类型：单一流水线、批量流水线和混合流水线。

单一流水线（Single-model Line）用于生产单一的同一种产品，每个产品都是一样的，因此这些产品的工序及加工任务都是相同的，这种流水线很适合需求量大的产品，且不需要改变生产线的设置。

批量流水线（Batch-model Line）和混合流水线（Mixed-model Line）都适用于生产两种或两种以上产品。批量流水线是按批次进行生产，每个工作站被设置为生产一种产品，待成批生产结束后，再对工位重新设定来生产下一种产品，依此类推。这种生产方式很适合中等需求的产品，而且一条生产线生产多种产品通常比为每种产品单独建一条生产线更为经济。

混合流水线的产品不是按批生产的，而是在一条生产线上连续生产的。当一个产品在一个工位生产时，另外一种不同的产品正在下一工位生产。与前两种不同的是，这种类型的生产线通过合理的设计可以保证每个工位都可以生成多种产品。与批量流水线相比，混合流水线在每种产品的转换之间没有生产时间的流失，可以避免成批生产时的高库存问题，而且可以根据产品的需求量调整产品的生产率。但同时，混合流水线的整体复杂度也变得更高。

（3）工件搬运系统 工件在工位之间移动通常有两种方式：手工搬运和使用机械化搬运系统。这两种方式都提供了固定的路径（所有工件都按照相同的顺序经过各个工位），这也是生产线的一个特征。

1）手工搬运。在手工搬运系统中，工件由工人自己从一个工位传递到另一个工位。这种操作方式会产生饥饿和阻塞两个问题。饥饿是指工人已经在当前工位完成了分配到的工作，但因为下一个工件没有到达工站而产生饥饿。阻塞则是工人在当前工位完成了分配到的工作，但因为工件无法传递到下游工位而对本工位的工人产生阻塞。为减轻这些问题的影响，有时需要在工位之间建立存储缓冲区。缓冲区的存在可以很好地改善饥饿和阻塞的情况，但它可能产生大量的在制品，在经济上不可取。此外，依靠手工搬运的生产线，工人的生产没有节拍，生产率往往较低。

2）使用机械化搬运系统。工位之间的零件转移一般有三种方式：连续传输（Continuous Transfer）、同步传输（Synchronous Transfer）和异步传输（Asynchronous Transfer）。这三种系统的具体示意图如图1-21所示。动力传送带和其他机械化的搬运设备为零件的转移提供了基础。和这三种搬运系统相关的一些典型物料搬运设备见表1-4。

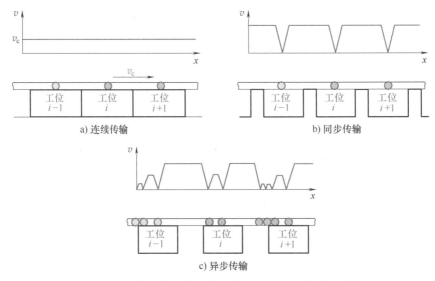

图1-21　生产线中使用的3种机械化搬运系统的速-距图和实际布局图

表1-4　常用物料搬运设备

工件搬运系统	物料搬运设备	工件搬运系统	物料搬运设备
连续传输	高空吊运输送机	异步传输	积放式悬挂输送机
	带式输送机		有轨推车输送机
	辊式输送机		动力辊式输送机
	拖链输送机		自动导引车
同步传输	步进梁传输设备		单轨系统
	回转分度装置		链式转盘传送系统

在连续传输系统中，零件以恒定的速度连续运动，通常采用连续匀速的传送带来实现。大而沉的工件（如汽车、洗衣机等）通常被固定在传送带上，小而轻的工件可以从传送带上取下以方便工人操作。在同步传输系统中，所有工件通过快速而间断性的运动，在工位之间同时进行移动，然后定位在各自的工位上。在异步传输系统中，工件只有完成所在工位的任务且工人让它离开时，它才能离开这个工位。各个工件独立异步地运动，在任一时刻，都有一些工件在工位之间移动，同时有另外一些工件停留在工位上。

4. 约束理论

约束理论（Theory of Constraints，ToC）将流水线概念扩展到更加广泛的领域，由以色列物理学家及企业管理大师高德拉特（Eli Goldratt）于 20 世纪 80 年代中期开发，由 OPT（Optimized Production Timetable，优化生产时间表）系统演变而来，后来以商业软件"优化生产技术"（Optimized Production Technology，OPT）为人所知。作为 OPT 系统管理营销工具的一部分，他以小说的形式阐述了 OPT 的概念，通过日常生产情境逐步揭示了 OPT 的理论。高德拉特将 ToC 视为"组织运行的整体理论"，认为大多数组织的主要制约因素可能不是物理因素，而是与管理政策相关的因素，并据此开发了一种名为思维过程（Thinking Process）的方法。他的软件使得很多企业的整体生产能力得到提高，大多数企业增产达 30%，期末库存降低了 50%。

简单来讲，约束理论是关于管理活动中如何进行改进以及如何最佳实施这些改进的一套管理理念和原则。它帮助企业或组织识别在实现目标过程中存在的制约因素，将其视为约束或瓶颈，并提出如何实施必要的改进来逐一消除这些约束和瓶颈，从而更有效地实现企业目标。

ToC 方法的基本框架包含以下五大步骤：

（1）识别系统约束　首先要确定制约因素，即影响组织或系统达成目标的主要瓶颈。这些因素可能是物理性的，如材料、机器、人员等，也可能是以政策、程序、规则和方法等为形式的管理制约因素。通过分析系统，找出导致效率低下或目标未能实现的关键因素。

（2）决定如何应对系统的制约因素　确定如何应对已识别的约束，以消除或减轻其影响。这可能包括重新分配资源、优化流程、提高产能、减少浪费等手段。选择应对措施时需要考虑其成本、效益以及对整个系统的影响。

（3）调整非约束资源　一旦约束得到处理，就需要调整非约束资源以配合系统的变化。这意味着确保其他部分的运作不会成为新的瓶颈，并且能够更好地支持系统的整体目标。

（4）衡量约束的影响　跟踪和监控约束的效果，并评估对整个系统绩效的影响。这需要建立有效的指标和测量机制，以便及时发现问题并做出调整。

（5）重复优化循环　约束理论是一个持续改进的过程。一旦完成一轮优化，就需要不断回到第一步，重新评估系统，发现新的约束并采取相应措施，以不断提高系统的绩效和效率。

1.3.2　精益生产

1. 精益生产的背景

精益生产（Lean Production，LP）模式来源于日本的丰田生产系统。在丰田公司建立初期，即 20 世纪的 30—40 年代，日本在第二次世界大战后转入了战后经济恢复期，大部分产业都被摧毁，原料奇缺，通货膨胀，国民购物力极为低下。与美国相对更为发达的汽车制造业相比，日本汽车制造业劳动生产率差不多是美国的 1/10。面对如此严峻的现实，丰田生产系统的创始人大野耐一指出不是美国人付出了日本人 10 倍的体力，一定是因为日本人在生产中存在着严重的浪费和不合理现象。这一理念奠定了丰田生产方式的基石：杜绝浪费。大野耐一把生产现场中的浪费归纳为以下七种：①生产过剩的浪费；②停工等待的浪费；③搬运的浪费；④加工过程本身的浪费；⑤库存的浪费；⑥动作的浪费；⑦制造不良的浪费。在这七种浪费中，大野耐一认为第一种浪费，即生产过剩的浪费为最严重的浪费，只要消除、杜绝了这些浪费，即可增加公司效益。

为减少各个工序之间半成品的库存，在生产过程中，丰田公司一改前工序给后工序供应零部件的"送件制"为后工序根据需要到前工序领取零部件的"取件制"。1948 年，开始实行"反向搬运"，将传统的"推进方式"转变为"拉动方式"，实现了生产方式的巨大创新并于 1949 年废除半成品仓库，为准时制生产（Just in Time，JIT）奠定了基础。

总的来讲，丰田生产系统并不是通过扩大生产规模来获得效益，而是以准时制生产为手段，靠节约资源、减少投入、降低成本来增加效益。市场实际情况表明，丰田公司的产品质量非常优良，对市场的适应性也更好。1973 年第一次石油危机后，丰田汽车公司在几乎所有的日本企业都被逼到亏损境地的时候，仍然获得了较高的利润，从此丰田生产方式开始为世人瞩目。而这种准时制生产也得到了国际汽车计划研究组织的肯定，认为其不仅仅是种技术手段，更是消除了大量生产中库存积压过剩的问题以及通过不断地改善消除了隐藏在生产过程中的各种浪费现象，而这恰是大量生产体系中最严重的缺陷。

丰田汽车公司起源于战后日本经济窘迫的时段，面临日本当时消费水平低下且市场需求多样的情况，这种现实同时也迫使丰田公司不得不摒弃以大量生产、大量销售为主要特征的福特生产方式，采取"多品种、小批量"的方式进行生产。随着汽车市场国际化和需求个性化、多元化的发展，20 世纪 80 年代初，世界汽车市场明显向"多品种、小批量"化的趋势发展。在这种背景下，丰田生产方式更是得到了广泛的认可。

《改变世界的机器》一书中提到，产生于丰田的这种准时制生产体系是一种更节省、更精细化管理的生产模式，并将其称为精益生产模式。精益生产的概念一提出就得到了广泛的认同，同时也进一步推进了对准时制生产体系的学习与应用。丰田生产模式、准时制生产模式、精益生产模式三个名词的核心技术和方式并没有什么实质的不同，精益生产的概念主要是从更深入、更实质性的角度分析，更多地提炼准时制生产体系中共性的技术与方法，将产生于一个具体企业的管理思想、技术与方法理论化、通用化，从而具有更广泛的意义。

2. 精益思想

精益思想的核心是消除浪费，以较少的人力、较少的设备、较短的时间等创造尽可能多的价值；同时也越来越接近用户，提供他们确实需要的东西。《精益思想》一书中提出了如下的精益步骤：

（1）确定价值 精益思想认为产品或服务的价值由顾客决定，只有满足顾客需求的产品或服务才是有价值的。它颠覆了传统的大量制造的观念，重新定义了企业原则和价值观。精益思想将价值分为有价值、无价值但必要和无价值三种，强调以顾客为中心审视企业生产全过程中每个环节的各种活动，减少无价值但必要的动作，消除无价值的动作，在提高客户满意度的同时降低企业自身的生产成本。

（2）识别价值流 价值流是指产品或服务从原材料或初始阶段经过一系列的流程，最终以满足客户需求的形式交付给客户的整个流程。简单来说，它是产品或服务的价值创造过程中所经历的一系列步骤和活动的总和。识别价值流是精益思想中发现问题的基础，同时价值流分析也是实施精益思想最重要的基础工具之一。通过对企业价值流进行识别和分析，可以更好地区分价值流中的增值活动和非增值活动，从而采取相应的措施来优化流程，提高价值创造效率，并最大限度地减少浪费。

（3）形成流动 该步骤是指通过优化价值流程，使产品或服务能够顺畅、连续地流动，以实现更高效的生产或服务提供。这个概念强调消除生产或服务过程中的障碍和阻碍，确保产品或服务能够在生产过程中顺利流动，从而减少等待时间，提高生产效率和降低成本。比如可以通过设计合理的生产或服务布局，使得产品或服务能够以最短的路径和最少的运输来完成，从而减少不必要的运输时间和成本。

（4）拉动价值流 与传统的推动式生产不同，拉动式生产以客户为起点，根据客户实际需求来触发生产或服务活动，而不是按照预定的计划或生成节奏进行生产。拉动原则实现了需求与生产过程的对应，可以减少和消除过早、过量的投入，从而减少库存浪费和过量生产浪费，同时也可以大大压缩生产周期。

（5）尽善尽美 尽善尽美强调不断追求卓越和完美，通过持续改进不断寻找和解决问题，追求不断进步和提高，从而提高效率、降低成本、提升质量，并在生产和服务过程中消除一切不必要的浪费。这个过程需要鼓励员工参与进来，因为他们通常更了解实际情况，可以提供宝贵的反馈和改进意见，进一步更好地推动尽善尽美的实现。尽善尽美是精益思想的最终目标，持续地追求尽善尽美将造就一个永远充满活力、不断进步的企业。

3. 精益生产要素

看板技术、5S 管理方法等工具确实是精益生产的重要组成部分。然而，精益生产不仅仅是技术系统，它还与一些管理思想、制度体系等社会系统密切相关。具体来说，精益生产体现在流程、人员、方法三个要素的结合上，它们相互作用以实现生产目标，如图 1-22 所示。

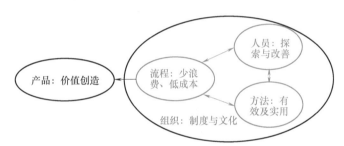

图 1-22　精益生产方式的理念模型

流程是实现精益思想的关键工具，它扮演着核心角色。在丰田体系中，持续地发现和改善流程中的问题是其最大的优势。精益生产与传统的大量生产模式的最大不同在于，它能够以更少的资源投入和更低的成本生产出满足顾客需求的产品。在这个过程中，消除流程中的浪费是至关重要的。丰田体系注重多品种、小批量的生产，这种灵活性使得其能够在流水线生产中实现，但这也要求流程具备足够的柔性。因此，流程的组织与改善是实现精益生产的先决条件。

精益思想涵盖了多种方法和技术，这些方法和技术相互结合，帮助组织实现更高效、更灵活和更具竞争力的生产或服务流程，从而提高客户满意度并降低成本。以 5S 管理法为例，5S 分别取用了日语中整理（Seiri）、整顿（Seiton）、清扫（Seiso）、清洁（Seiketsu）、素养（Shitsuke）五个词的开头，以期通过这五个步骤保证工作场所的干净，做到能在需要的时候，仅按需要的数量使用所需要的物品。除了提高工作效率和质量外，5S 还可以帮助企业减少浪费，降低成本，增强团队合作和企业形象。

人员指的是所有员工，特别是那些参与现场作业的员工。丰田公司特别强调全体员工参与现场改善，不断发现问题，不断改进，永无止境。这种持续改进的反复循环过程恰好是丰田体系中许多方法形成和完善的关键。而作为更了解实际情况，能持续探索新技术和方法的员工们更是持续改进过程中的重中之重。

此外，精益生产模式还与组织密切相关，具体体现在制度和文化方面。传统的金字塔式管理结构是一种层级分明、权力集中的组织形式，顶层领导者向下发布指令，底层员工负责执行。决策和信息通常由顶层向底层传递，而底层员工的反馈较少被重视。而丰田公司特别强调现场主义，认为对一件事情最有发言权的是做这件事情的人，他们很重视培养员工的自发改善意识，并积极培养员工参与改善活动的能力。比如丰田公司一直采用的稳定就业制度保障了员工可以长期在企业工作，有利于员工积极参与改善活动。

1.3.3 柔性自动化与敏捷制造

1. 自动化制造技术的起源与发展

自从 18 世纪中叶蒸汽机的发明引发了工业革命以来，自动化制造技术就随着机械化开始迅速发展。从其发展历程来看，自动化制造技术大致经历了四个发展阶段，如图 1-23 所示。

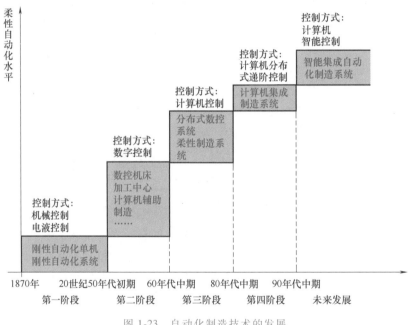

图 1-23　自动化制造技术的发展

第一阶段：1870—1950 年是自动化制造技术发展的重要阶段，在这段时间内，由纯机械控制和电液控制的刚性自动化加工单机和系统得到了长足发展。比如 1870 年发明的自动制造螺钉的机器和 1895 年的多轴自动车床都属于纯机械控制的单机刚性自动化系统。1924年，英国莫里斯（Morris）汽车公司首次采用流水作业的机械加工自动线，自动化制造技术开始转向更高级形式的自动化系统。该技术在福特汽车公司得到了大量使用，大幅度提高了汽车生产效率，降低了成本，而且显著提高了产品质量。自此，自动化制造技术逐渐在制造业中被广泛使用，尽管这种形式的自动化制造系统仅适合在大批量和大规模生产中使用，但对制造业带来了巨大的变革和提升。

第二阶段：20 世纪 50 年代到 60 年代中期，数控技术（Numerical Control，NC）得到了飞速发展。1952 年，美国麻省理工学院研制出第一台数控机床，即三轴数控立式铣床。1953 年，麻省理工学院又研制出著名的数控加工自动编程语言（Automatically Programmed Tool，APT），这一里程碑式的成就奠定了数控技术的基础，为后来数控技术的广泛应用和发展打下了重要基础。1956 年，美国工业工程师乔治·迪沃（George Devol）和约瑟夫·恩格尔贝格（Joseph F. Englberger）合作开发了世界第一台工业机器人"尤尼梅特"（Unimate），这一发明标志着工业机器人技术的开端。1958 年，第一台具有自动换刀装置的数控机床即加工中心（Machine Centre，MC）在美国研制成功，进一步提高了数控机床的自动化程度。1961 年，美国首次出现了一种计算机控制的碳电阻自动化制造系统，可视为计算机辅助制造（Computer-Aided Manufacturing，CAM）的雏形。此后两年内，美国相继推出了圆柱坐标式工业机器人和计算机辅助设计（Computer-Aided Design，CAD）及绘图系统。后者为自动化设计以及设计与制造之间的集成奠定了基础。随后在 1965 年，计算机数控的问世进一步消除了实现更高级别自动化制造系统的技术障碍。

第三阶段：20 世纪 60 年代中期到 80 年代中期是以数控机床和工业机器人组成的柔性自动化制造系统的飞速发展时期。1967 年，英国的 Molins 公司成功研制出一种名为 Molin-24 的可变制造系统，该系统采用计算机控制了 6 台数控机床。这一创新被视为分布式数控系统（Distributed Numerical Control，DNC）的雏形，也被公认为世界上第一条柔性制造系统。随着工业机器人技术和数控技术的发展和成熟，20 世纪 70 年代初出现了柔性制造单元（Flexible Manufacturing Cell，FMC），继而又出现了柔性制造系统，大大提升了生产线的柔性和自动化水平，进而提高了生产效率。

第四阶段：从 20 世纪 80 年代至今，制造自动化系统的主要发展是计算机集成制造系统（Computer-Integrated Manufacturing System，CIMS）。计算机集成制造（Computer-Integrated Manufacturing，CIM）最早由美国的约瑟夫·哈林顿（J. Harrington）博士于 1974 年在《计算机集成制造》（*Computer Integrated Manufacturing*）一书中提出。他基于整体观点和信息观点，提出了通过计算机技术整合生产过程中的各个环节，实现生产全过程自动化和信息化的概念。这一理念强调了在制造过程中集成计算机技术的重要性，开始出现一些集成 CAD/CAM、CNC 等系统的应用实践。此后，随着计算机技术和网络技术的不断发展，CIMS 开始逐步实现生产过程中各个环节的信息化和自动化集成。20 世纪 90 年代，以人为中心的 CIMS 思想进一步提出。目前，随着互联网和物联网技术的发展，CIMS 正逐渐变得更加智能、灵活和高效。

2. 计算机集成制造系统

随着计算机技术在生产中的广泛应用，各种计算机辅助的自动化系统（如 CAD、CNC 等）相继发展。然而，这些系统通常是独立建立的，缺乏整体规划，只注重单项功能的改进和效益。虽然每个功能子系统能带来一定效益，但由于缺乏紧密耦合关系，企业的整体效率并不高。在这样的背景下，美国约瑟夫·哈林顿博士提出了计算机集成制造的概念，以期将这些计算机化的"自动化孤岛""集成"起来，来实现生产过程的无缝连接和信息流畅，从而提高生产效率和质量。

CIM 运用系统工程的整体化观点，将现代信息技术和生产技术结合起来综合应用。通过计算机网络和数据库技术，将生产的全过程连接起来，以提高企业对市场需求的响应能力和劳动生产率，从而获得最大的经济效益，保持企业的持续发展和生存能力。CIMS 则是一种制造系统，是 CIM 的具体实施，是 CIM 理念的一种具体实现方式，CIMS 一般由四个应用分系统和两个支撑分系统组成，如图 1-24 所示。

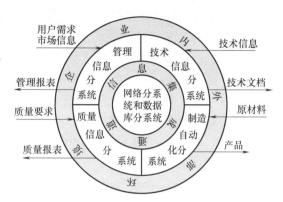

图 1-24 计算机集成制造系统的组成

用户需求和市场信息进入管理信息分系统（Management Information System，MIS），经过决策确定产品策略和产品设计要求。产品设计要求通过网络进入技术信息分系统（Technological Information System，TIS），进行产品设计、工艺设计和生产准备，并产生数控代码，经网络分系统将有关信息送给制造自动化分系统（Manufacturing Automation System，MAS）。MAS 接受原材料、能源等经加工和装配形成产品并投放给市场。在整个过程中，质量信息分系统（Quality Information System，QIS）收集质量信息并加以分析，根据分析结果控制设计和制造质量。在这些过程中，网络分系统（Network System，NES）和数据库分系统（Data Base System，DBS）两个支撑分系统工作以有效地存储和管理数据并实现信息的传递和共享。

3. 敏捷制造

针对 20 世纪 70 年代至 80 年代美国制造业的衰退和来自日本、德国和世界许多其他国家和地区的激烈挑战，为巩固自己在世界经济中的霸主地位，美国国防部资助美国里海大学（Lehigh University）组织了百余家公司，花费巨大的时间和精力后于 1994 年底正式发表了著名的研究报告《21 世纪制造企业战略》。下面是这份报告中两个重要的结论：

1）企业生存、发展面临的共性问题是，目前竞争环境变化太快而企业自我调整、适应的速度跟不上。

2）依靠对现有大规模生产模式和系统的逐步改进和完善不可能实现重振美国制造业雄风的目标。

结论 1）指出了 21 世纪市场竞争的主要态势和企业面临的基本挑战。结论 2）进一步指出需要重新寻求新的制造模式。这份报告也明确提出了新制造模式的答案，即敏捷制造（Agile Manufacturing，AM）。这种模式强调企业在无法预测的、持续快速变化的竞争环境中生存、发展并扩大竞争优势；强调通过联合来赢得竞争；强调通过产品制造、信息处理和现代通信技术的集成，来实现人、知识、资金和设备（包括企业内部的和分布在全球各地合作企业的）的集中管理和优化利用。敏捷制造是不断采用最新的标准化和专业化的网络及专业手段，以高素质、协同良好的工作人员为核心，在信息集成及共享的基础上，以分布式结构动态联合各类组织，构成优化的敏捷制造环境，快速高效地实现企业内外部资源合理集成及生产符合用户要求的产品。

敏捷制造与其他制造模式相比，不仅强调如何适应当下市场的挑战，更注重于对未来市场的适应和占有。它着重于企业驾驭市场变化的能力，因此被视为一种战略竞争能力，是众多因素的综合表现。尽管战略竞争能力可以通过局部调整改善，但其根本提升需要企业不断地调整各种综合能力。

影响企业敏捷化竞争能力的主要因素包括：

（1）客户要求变化的响应能力 企业需要能够快速理解和满足客户不断变化的需求。

（2）新产品开发能力 企业需要具备快速开发和推出新产品的能力，以应对市场变化和客户需求。

（3）柔性生产能力 企业需要灵活调整生产流程和资源配置，以适应不同产品类型和生产规模的变化。

（4）知识管理能力 企业需要有效地管理和利用内部和外部的知识资源，以支持创新和决策制定。

（5）人力资源对变化的响应能力 企业需要具备灵活的人力资源管理机制，以适应组织结构和人员配备的变化。

（6）创新能力 企业需要不断推动创新，包括产品、技术、业务模式等方面的创新，以保持竞争力。

（7）企业内外的合作能力 企业需要与供应商、合作伙伴和其他利益相关者建立良好的合作关系，共同应对市场变化。

（8）全球化市场变化的响应能力 企业需要及时了解和应对全球市场的变化和竞争态势，以保持市场竞争优势。

（9）信息系统对环境变化的适应能力 企业需要建立健全信息系统，能够快速获取、分析和应用市场信息，支持决策和业务运营的需求。

4. 大规模定制

20世纪90年代后期，随着生产力水平和顾客消费水平的提高，在经济向全球化、信息化转变的同时，出现了消费者价值多元化和生活类型多样化的趋势。为了满足顾客需求和适应市场环境的新变化，各种新的管理方法与管理模式不断出现，基本上可以分为两类：第一类为基于单个企业的管理模式，如CIMS等通过加速原有过程来实现快速且准确地响应需要，如OPT、LP等通过重新规划原有流程，运用新管理思路提高企业系统的响应能力；第二类为基于多个企业的管理模式，如AM等在培养企业自己独有核心竞争力基础上，借助现代信息技术和网络通信技术的支持，通过整合不同企业的资源，依靠优势互补来快速响应市场需求，提供竞争力。事实表明，此时大批量生产方式已不能满足消费者的需求，大规模定制（Mass Customization，MC）正逐渐成为新的主流生产方式。

1970年，美国著名的未来学者阿尔文·托夫勒（Alvin Toffle）首次在《未来的冲击》（*Future Shock*）一书中提出一种以类似于标准化或大批量生产的成本和时间来提供满足顾客特定需求的产品和服务的生产方式的设想，这对大规模定制模式做出了预告。1987年，斯坦·戴维斯（Stan Davis）基于托夫勒的观点和概念，提出"大规模按顾客要求定制"（简称大规模定制）。大规模定制是一种集企业、客户、供应商、员工和环境于一体，在系统思想指导下，用整体优化的观点，充分利用企业已有的各种资源，在标准技术、现代设计方法、信息技术和先进制造技术的支持下，根据客户的个性化需求，以大批量生产的低成本、高质量和高效率提供定制产品和服务的生产方式。它具有以下特征：

（1）以顾客需求为导向 注重根据客户需求进行生产，强调客户定制和个性化服务。

（2）以敏捷为标志 灵活应对市场变化，快速调整生产计划和供应链，以满足客户需求。

（3）以质量为前提 追求高品质产品，通过质量管理和持续改进确保产品质量。

（4）以信息技术为支持　利用信息技术和数字化工具来优化生产流程和管理系统。

（5）以模块化、标准化为基础　采用模块化设计和标准化工艺减少定制成分，以提高生产效率和灵活性。

（6）以合作为手段　强调供应链合作和伙伴关系，实现资源共享和互利共赢。

（7）以管理创新为关键　注重管理创新，不断探索和引入新的管理方法和工具，以提高效率和竞争力。

敏捷制造和大规模定制都是应对市场变化和多样化需求的重要策略，但它们在生产模式和目标实现方式等方面有所不同。相较于敏捷制造，大规模定制对网络技术的要求较低，更注重产品和过程的模块化和通用性，以期在较低成本下实现个性化生产。敏捷制造则更加关注时间效率，通过公共信息网络快速找到竞争力强和愿意合作的伙伴，以实现客户需求的定制化。

大规模定制在一定程度上被视为实现敏捷制造的基础，因为只有在产品和企业良好的模块化后，敏捷制造才能得以有效实施。在公共信息网络尚未充分发展的情况下，采用大规模定制模式能有效提升企业竞争力，并为实施敏捷制造做好准备。此外，敏捷制造的一些理念（如组织的灵活性和可重组性），对实施大规模定制的企业具有借鉴意义。在某种程度上，大规模定制可被视为企业内部的敏捷制造，而敏捷制造则更多涉及跨企业层面。

1.3.4　工业 4.0 与智能制造新模式

1. 工业 4.0

工业革命是人类社会漫长发展进程中的重要组成部分，其历史可以追溯到 18 世纪的第一次工业革命。第一次工业革命以机器、蒸汽动力和工厂系统的发展为特征，极大地改变了人类生产和生活方式。第二次工业革命紧接第一次革命的浪潮，带来了电力、内燃机和大规模生产的发展。在信息技术、计算机和互联网等新技术的发展背景下，工业界迎来了第三次工业革命。这一阶段的变革加速了生产方式和经济结构的转变，为生产领域带来了数字化、智能化和网络化的新机遇。在这一背景下，人们开始思考如何进一步推动生产方式的智能化和数字化，加强机器之间、机器与人之间的互联互通。这种追求智能化制造和生产的趋势最终引发了工业界的探索和实践，产生了"工业 4.0"的概念。

"工业 4.0"是以物联网及务联网（服务联网技术）为基础的第四次工业革命，它通过互联网等通信网络将工厂与工厂内外的事物和服务连接起来，创造前所未有的价值，构建新的商业模式，实现工业制造业的智能化转型。在全球日益激烈的竞争环境下，世界各大主要经济体纷纷推出发展智能制造的新举措，并且制定了适应自身国情的制造业转型升级战略。这些战略旨在帮助各国在竞争中占据有利位置，并推动制造业朝着更智能化、更高效率的方向发展，如德国工业 4.0、美国先进制造计划 2.0（AMP2.0）、中国制造 2025 等。

德国在 2013 年发布了《保障德国制造业的未来：关于实施工业 4.0 战略的建议》，这标志着工业 4.0 战略的首次提出。该战略强调了"传统制造+互联网"的理念，旨在实现从硬件向软件的转型。其核心内容是发展基于信息物理系统的智能制造，以此保障德国制造业的未来发展。美国联盟政府、行业组织和企业共同推动智能制造发展，提出了工业互联网和先进制造业 2.0 战略，即"互联网+传统制造"。该战略侧重于从软件出发，打通硬件，旨在以互联网激活传统制造，充分发挥科技创新优势，以此占据世界制造业价值链的高端地位。日本在发布机器人新战略的基础上，进一步提出了工业价值链参考架构，这意味着日本智能制造战略的正式实施。该参考架构旨在指导日本制造业向智能化和高效化发展，从而提升整个产业的竞争力和创新能力。通过制定这一框架，日本政府和相关产业部门将更好地引导和支持制造业企业，促进技术创新和生产方式的转型升级，以适应日益激烈的全球竞争环境。中国以 2015 年发布的《中国制造 2025》和《关于积极推进"互联网+"行动的指导意见》为标志，提出了中国的战略部署和发展路径。这标志着中国加快建设制造强国的决心，强调以信息化与工业化深度融合为主线，以推进智能制造为主攻方向。国家"十三五"规划从核心技术突破、新兴产业发展和生产方式转变三个方面给予了战略定位和明确部署，以此引领中国制造业的转型升级和创新发展。

2. 智能制造新模式

随着智能制造技术的飞速进步和发展，互联网迎来了更加强劲的发展动能和更加广阔的发展空间。一些全新的制造模式（或称新业态），正逐渐崭露头角。在这其中，平台经济作为一种基于网络平台的各种经济活动和经济关系的总和，正在以一种前所未有的方式改变着人类生活。平台经济不仅代表着更高水平的生产力，更作为一种全新的生产组织方式和生产关系，为整个社会带来巨大的价值。其中，众包（Crowdsourcing）和零工经济（Gig Economy）是两种典型的平台经济新模式。

众包的来源和发展是一个与互联网技术紧密相连的过程，随着越来越多的"数字原住民"（即从出生开始就生活在有互联网的一代人）的涌现，消费者越来越不甘于只做单纯的消费者、产品的接受者，更希望加入产品的创新、设计、制作等创造性的过程中，拥有与众不同的个性化产品。众包这一概念最早由美国《连线》杂志的记者杰夫·豪（Jeff Howe）在 2006 年提出，他指出众包是"一个公司或机构把过去由员工执行的工作任务，以自由自愿的形式，外包给非特定的（通常是大型的）大众网络的做法"。Chanal 指出众包是一种企业的开放式创新生产模式，它通过网络平台，汇聚外界众多离散的资源。这些资源既可以是创意人员、科学家或工程师等个体，也可以是开源软件社区等团队。

从流程上来讲，众包模式的主体维度可以分为发包方、接包方和平台方这三个主体。

（1）发包方 发包方作为任务的发布者，通常需要清楚自身的定位和需求，在定义好任务的具体要求、标准和预期结果后，通过在公司的网站发布任务或者借助网络社区等第三方平台来吸引大众来解决问题。

（2）接包方 接包方是在互联网平台上看到发包方发布需求的潜在参与者。他们可以是个人或团队，动机多种多样，包括获得报酬、实现个人价值或提升技能等。

（3）平台方 平台方是连接发包方和接包方的中介，以网站或者应用程序的形式呈现，为项目的顺利进行提供技术支持和运营管理。他们负责的任务包括项目发布、参与者招募、成果提交和评价、报酬支付等。平台方通过提供这些服务，为发包方和接包方创造了一个高效、透明的交易环境，而平台方也会从中赚取相应的中介费用。

众包模式通过这三个主体的相互作用，实现了一种分布式的问题解决和创新过程，使得大量的人群能够参与到各种项目和任务中来，共同创造和分享价值。例如，维基百科依赖全球用户的贡献和编辑，共同创造和分享知识。另一个例子是美团众包，用户可以注册成为骑手，为美团提供外卖配送服务。这些众包模式的应用不仅提高了效率和创造力，还为大量的人群提供了参与和创造价值的机会，这些价值也不仅仅是传统意义上有形的产品，还以一种无形的服务呈现在公众视野。随着互联网技术的不断进步，预计众包模式的应用和影响力将进一步扩大。

零工经济的发展也与互联网的普及以及移动应用程序的兴起密不可分，数字平台的出现推动了劳动力供求双方的高效配置，随着传统的雇佣模式逐渐失去吸引力，越来越多的人开始寻求灵活、临时性的工作方式。作为一种经济新业态，零工经济是以数字平台为载体、将劳动的供给与需求有效匹配的用工模式，其中个人通过临时性、短期的雇佣关系完成任务或提供服务，而非通过长期的雇佣关系。这些任务通常是基于项目的，而不是固定的全职工作。与传统经济相比，零工经济的显著特点体现在数字平台、零工劳动者以及平台用工企业这三个方面。

（1）数字平台　数字平台在零工经济中为企业和劳动者提供了信息交流的物质媒介，通过打破时间和空间的限制，促成劳动者与企业之间形成雇佣关系，帮助劳动者能够更轻松地找到工作机会，同时为企业提供更灵活和高效的劳动力招募渠道。

（2）零工劳动者　数字平台重塑了传统的雇佣模式，将劳动者视为企业的"在线资源"。与在职员工相比，零工劳动者不受时间和空间的限制，可自主选择工作地点和时间，享有更大的灵活性。此外，他们能够根据自身技能水平接受不同岗位、不同企业的工作任务。同时，劳动者技能水平的高低也直接决定了其劳务报酬水平。

（3）平台用工企业　平台用工企业是指那些通过数字平台雇佣零工的企业，在数字平台的支持下，用工企业的工作任务呈碎片化的特点，其用工时间也不再固定，通常以临时的"项目"形式进行派代，且在用工地点上也呈现远程化的特点。这种灵活用工的模式也为企业管理带来了极大的困难。

与众包不同，零工经济侧重于个体临时性雇佣关系。在零工经济中，个体通过完成特定的任务或提供服务来获取报酬，这些任务通常是基于项目的，而不是在一个固定的群体中协作完成。相比之下，众包更强调集体的智慧和合作，通过向大量参与者分发任务并汇总他们的贡献来解决问题或完成任务。因此，尽管这两种模式都代表了现代劳动力市场的灵活性和数字化趋势，但它们的重点和运作方式存在显著差异。

新业态下，智能制造系统将演变为复杂的"大系统"，制造过程由集中生产向网络化异地协同生产转变，企业之间的边界逐渐变得模糊，制造生态系统显得更为重要，单个企业必须融入智能制造生态系统才能生存和发展。

1.4 智能制造：支持生产的信息系统

在当今快速变化的市场环境中，智能制造已成为推动企业持续发展的关键驱动力。支持生产的信息系统在智能制造中扮演着极为重要的角色。信息系统在智能制造中的作用主要表现在以下几个方面：实时收集和分析来自生产线的数据，使得企业能够快速响应市场变化和客户需求，同时优化生产计划和资源分配，减少浪费；通过对生产过程的深入监控和分析，信息系统可以预测和识别潜在的生产问题，从而提前采取措施避免停机和产品缺陷，确保生产质量；信息系统还促进了跨部门和跨组织的协作，通过共享实时数据和洞察，帮助企业形成更为紧密和高效的协作网络。

　　本节将聚焦于智能制造的信息系统，这是实现生产自动化和智能化不可或缺的技术基础。随着信息技术的不断进步，制造业的发展也呈现数字化、网络化和智能化的特点，深刻影响着制造业的未来。我们将概述这一变革背后的关键技术和理念，包括数字化研发、数字化车间的建设、数字化工厂管理以及数字化维修服务的实践。通过探讨这些内容，我们旨在揭示信息系统在智能制造中的核心作用，以及如何通过技术创新推动制造业的效率和质量向前发展。

1.4.1　智能制造系统的演进

　　数字化、网络化、智能化构成了制造业新发展的三大里程碑，分别标志着产业进步的不同阶段。本小节将简述这三个概念，并通过回顾制造业的发展轨迹，探讨这些理念如何促进行业的革新。同时着重介绍在这个过程中涌现的关键技术革新，展现制造业如何实现从传统制造到智能制造的跨越。最后简要探讨企业的数字化转型是如何利用智能制造系统实现智能生产。

1. 数字化

　　数字化是将复杂的信息转换成计算机可处理的二进制数据，这一过程基于先进的计算机软硬件、通信协议和网络技术，实现信息的离散化表达和量化处理。这种技术不仅提高了信息处理的精度和速度，还便于数据的存储、检索和综合利用。在制造领域，这种技术与制造科学的深度结合催生了数字化制造技术，一个跨学科的技术领域涵盖从产品设计到生产、销售乃至回收的全生命周期。

　　20世纪50年代，麻省理工学院成功设计和制造了世界上第一台数控铣床，并开发了一种革命性的自动编程语言。这种编程语言的突破之处在于其能够详细描述工具沿着预定轨迹移动的过程，为以后的计算机辅助制造（CAM）奠定了基础。此时，数控技术的应用（即通过电子方式控制机床的运动）开始替代了传统的手动操作，使得制造过程更为精准、高效。

　　进入20世纪60年代到70年代，计算机辅助设计（CAD）和计算机辅助制造技术的迅猛发展标志着数字化制造进入一个新的阶段。CAD技术让设计师能够利用计算机软件进行精确的三维设计，极大提高了设计的效率和质量。同时，CAM技术的发展使得这些设计能够直接转换成制造指令，实现了设计到制造的无缝对接。

　　到了20世纪80年代中期，计算机集成制造系统（CIMS）的出现将数字化制造提升到一个新的层次。CIMS不仅包括了CAD和CAM，还整合了企业资源计划、制造执行系统和质量管理系统等多个系统，实现了制造过程的全面自动化和信息化。美国波音公司的应用案例尤为显著，他们利用CIMS技术成功将飞机的设计、制造和管理流程紧密集成，将原需8年的定型生产时间缩短至3年，极大提升了生产效率和竞争力。

　　如今，数字化制造技术的内涵已经变得极为广泛，覆盖了从数字化设计、工艺、加工、装配、检测到管理等全方位的领域。这一技术体系是建立在计算机建模与仿真、图形处理、网络技术、数据库管理、虚拟现实、逆向工程以及快速原型制作等跨学科技术的基础之上的。它旨在对产品的整个生命周期（即从开发设计阶段到制造生产，乃至销售使用和最终的报废回收阶段），实施全面的数字化管理和应用。数字化的核心目标是通过深入分析和精准规划产品、工艺流程和资源配置的信息，实现企业运营的优化。这一过程不仅提升了生产效率和产品质量，同时也降低了生产成本，使企业能够更快速地响应市场变化，满足客户需求。

2. 网络化

网络化制造是一种应对全球化和知识经济挑战的先进制造模式，它利用信息技术和网络技术实现资源、信息、技术和知识的全球共享与集成。这一模式的核心在于快速响应市场变化，通过构建基于网络的制造系统，突破地理限制，实现产品全生命周期的高效管理和协同作业。网络化制造强调企业间的合作，以及与客户的紧密联系，提供全生命周期的优质服务和技术支持。它涵盖了从产品设计、制造到销售、采购和管理等各个环节，并通过技术创新实现高速度、高质量、低成本的生产。

网络化制造的兴起得益于计算机网络技术的迅猛发展。以互联网为核心的第三次产业革命不仅深刻地改变了人类的生产和生活方式，也重塑了全球经济形态。信息产业和基于信息技术的服务业逐渐成为全球多个国家的主导产业，打破了地理界限，将技术、资源、产品和市场紧密连接，推动了经济全球化的加速发展，引领我们进入了网络经济时代。

在网络经济时代，消费者的需求变得更加个性化和多样化，市场环境也变得更加动态和不可预测。这些变化对全球制造环境产生了根本性的影响，制造企业不仅需要关注产品的价格和质量，还必须能够快速适应市场的变化。为了应对这些挑战，制造企业开始从以生产和产品为中心的模式转向以客户为中心的模式，通过网络与客户建立联系，提供全生命周期的优质服务和技术支持。

网络化制造的理念在20世纪90年代得到快速发展，成为多个工业发达国家的国家级战略，并在全球范围内得到广泛应用和研究。敏捷制造是在这一背景下产生的一个重要概念。1991年，美国里海大学在其《美国21世纪制造企业战略》报告中首次提出了敏捷制造的概念，强调制造系统需要通过建立动态联盟来适应快速变化的市场，实现异地资源的动态集成。随后，美国开展了一系列相关项目研究，如"敏捷制造使能技术""下一代制造"模式等，旨在通过技术创新提高制造系统的灵活性和响应速度。许多国家和地区也在同一时期提出了类似的战略，如欧盟的"第五框架计划"、日本的"智能制造系统"、韩国的"网络化韩国21世纪"计划等。我国也在同一时期进行了大量网络化制造技术的研究，如列入国家"九五"科技攻关项目的"分散网络化制造系统"和列入国家"863"计划的"现代集成制造系统网络"和"区域性网络化制造系统"。

3. 智能化

20世纪80年代，随着制造过程自动化的发展，人们开始意识到尽管体力劳动得到了极大的解放，制造效率得到了提高，但脑力劳动的自动化程度还很低。生产系统日益复杂，需要更多的决策支持，而这些决策大多依赖于人的知识和智能。随着市场需求的变化，产品更新换代速度加快，企业对生产柔性的需求增高，传统的信息处理方式和决策过程面临挑战。为应对这些挑战，学者们提出了智能制造技术（Intelligent Manufacturing Technology，IMT），这是一种集成了传统制造技术、计算机技术、科学和人工智能的新型制造技术。

智能制造的初步研究集中在应用人工智能技术自动化制造过程。1988年，美国学者P. K. Wright 和 D. A. Bourne 合作撰写了《制造智能》（*Manufacturing Intelligence*），探讨了机器视觉和专家系统在制造管理中的应用。20世纪90年代，工业发达国家纷纷实施智能制造的发展计划，推动了全世界范围的制造集成化和智能化。

进入21世纪，人工智能、物联网、大数据和云计算等新兴技术蓬勃发展，促进了智能制造的升级。2012年，美国通用电气发布了《工业互联网：突破智慧和机器的界限》白皮书，提出了"工业互联网"的概念，旨在通过连接人、数据和机器建立一个开放的全球工业网络，覆盖航空、能源、交通、医疗等多个领域。工业互联网依托于智能机器、大数据分析和人的实时互联，促进智能设计、操作、维护和安全保障。紧随其后的2013年，德国推出"工业4.0"项目，旨在利用信息通信技术和信息物理系统实现制造业的智能化转型，涉及3D打印、虚拟现实、人工智能等核心技术。工业4.0的目标是构建智能工厂和实现智能生产，通过信息物理系统整合工厂、机器、生产资料等，建立一个实时、动态控制的生产系统，从而提升生产效率和灵活性。

我国对智能制造的探索始于20世纪90年代，学者们从技术支持、功能特征到制造系统的柔性和自组织能力等多角度定义智能制造。2015年，《中国制造2025》标志着智能制造成为国家制造业发展的核心战略。2016年，《智能制造发展规划（2016—2020年）》进一步明确了智能制造的概念，将其定义为新一代信息通信技术与先进制造技术的深度融合，实现自感知、自学习、自决策等功能，旨在全面提升设计、生产、管理和服务的智能化水平。该规划提出了包括加速智能装备发展、技术创新、标准体系建设、工业互联网基础构筑等10项重点任务，以推动智能制造领域的综合进步和转型。

4. 企业的数字化转型

前文已经深入探讨了智能制造系统演进的三个核心趋势：数字化、网络化和智能化。这些趋势不仅标志着技术的飞跃，更代表着企业战略发展的新方向。企业通过数字化转型，经历着生产和运营方式的根本性变革。数字化转型的核心，在于利用先进技术对企业的生产流程进行深度优化和改进。这一过程涉及从数据收集、分析到应用的全链条革新，使企业能够实现生产的高度灵活性和市场的快速响应能力。智能制造系统的应用让企业在提升效率的同时，也增强了生产的可持续性，这对于企业的长期发展至关重要。

企业的数字化转型意味着构建一个全面的信息系统，该系统是数字化、网络化和智能化三个趋势融合的体现。通过数字化，企业能够精确地监控生产过程，实现资源的最优配置和浪费的最小化。网络化则打破了信息孤岛，促进了供应链的高效协同，提升了整个生产网络的响应速度和市场适应性。而智能化的实现，更是赋予了机器以自主学习和决策的能力，极大地提高了生产的自动化水平和产品质量。这个信息系统将集成企业的关键业务流程，实现数据的无缝流动和实时分析，从而提升决策的质量。通过这个系统，企业能够实现生产过程的数字化监控，供应链的网络化协同，以及制造活动的智能化管理。它将支持企业从设计、生产到销售的每一个环节，确保信息的透明度和流程的高效性。此外，这个系统还将促进企业内部的跨部门合作，加强与外部合作伙伴的联系，推动企业向服务型制造转型，最终实现生产效率的最大化和市场响应速度的最快化。

许多制造业公司的数字化转型实践已经证明对企业的经营绩效产生了显著的正面影响。研究表明，实施数字化转型的公司与未实施的公司相比普遍有更高的全要素生产率和利润率，而成本费用率则相对较低，这表明数字化转型对提升企业效率和盈利能力起到了关键作用。此外，进行数字化转型的企业在研发投入和专利产出方面也有更强的表现。这反映了数字化转型增强了企业的创新能力和市场竞争力。总体而言，数字化转型的企业通常具有以下特点：运营效率更高，成本控制更优，盈利能力更强，研发创新更为活跃，资产运营更为高效。这些特点共同构成了数字化企业在当今市场竞争中的核心竞争力。

1.4.2 数字化研发

在智能制造概念深入人心的今天，数字化研发已成为推动产品创新和提升竞争力的关键手段。通过高效地利用数字技术，企业能够在设计、分析、生产和管理各个环节实现前所未有的精确度和效率，从而加速产品从概念到市场的整个过程。数字化研发系统的构成如图1-25所示，在产品生命周期的初期，数字化研发起着至关重要的作用，其中，计算机辅助设计、计算机辅助工程（Computer-Aided Engineering，CAE）、计算机辅助工艺规划（Computer-Aided Process Planning，CAPP）、计算机辅助制造以及产品生命周期管理（Product Lifecycle Management，PLM）等系统是其核心构成，这些系统在产品生命周期的不同阶段各自发挥着独特的作用，共同推动着产品开发过程的高效和创新。

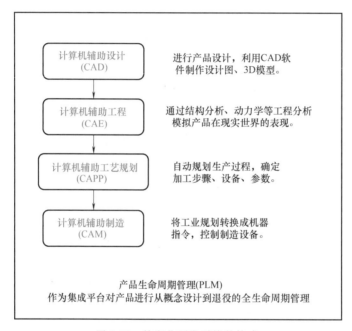

图 1-25　数字化研发系统的构成

计算机辅助设计（CAD）是一种利用计算机技术进行设计和文档制作的技术，它改变了传统的手绘设计方式，极大地提高了设计的效率和质量。CAD的出现是工程和设计领域的一次革命，它不仅加快了设计过程，还通过高精度的模拟和分析，提升了设计的准确性和可靠性。

CAD的概念最早可以追溯到20世纪50年代末到60年代初。1963年，麻省理工学院的Douglas T. Ross提出了"计算机辅助设计"的概念，这被视为CAD技术正式诞生的标志。在那个时期，计算机技术正处于起步阶段，而Ross的这一概念开启了利用计算机进行复杂设计工作的可能性。从最初的二维绘图到后来的三维建模，CAD技术经历了快速的发展。20世纪70年代，随着个人计算机的普及，CAD软件开始向更广泛的用户群体扩展，使得更多的设计师能够利用这一技术进行设计工作。到了20世纪80年代和90年代，三维建模技术的发展使得 CAD 软件的功能得到了极大的扩展，不仅可以进行图形设计，还能进行复杂的工程计算和分析。随后，随着计算机技术的迅猛发展和图形显示技术的进步，CAD 系统开始在航空航天、汽车制造、建筑设计等诸多制造领域得到应用。波音 777 就是世界上第一个完全利用 CAD 技术设计出来的大型商用喷气飞机。借助三维 CAD 软件 CATIA，波音公司能够完全在虚拟环境中进行飞机设计和测试，极大地缩短了开发周期，降低了成本，同时提高了飞机的设计质量和安全性。波音 777 的成功不仅证明了 CAD 技术在复杂产品开发中的价值，也标志着航空制造业进入了一个新的时代。

计算机辅助工程是应用计算机软件来支持工程分析任务的技术。它包括多种分析和模拟过程，如有限元分析、计算流体动力学、多体动力学和优化。CAE 技术使工程师能够在数字环境中测试和验证产品设计的性能，从而在物理原型制作之前预测可能的问题和失败点。这不仅可以加快产品开发周期，还能大幅降低成本和物料浪费。

CAE 的概念在 20 世纪 60 年代随着计算机技术的发展而诞生。最初，CAE 主要用于航空航天和汽车行业，这两个行业需要对复杂产品进行精确的工程分析。随着计算机处理能力的提升和软件技术的进步，CAE 开始普及到机械工程、电子工程、建筑工程等更广泛的领域。20 世纪 80 年代，有限元分析技术的发展为 CAE 的广泛应用奠定了基础。有限元分析使得工程师可以对复杂的物理行为进行模拟和分析，如材料的应力、应变、热传导等。此外，计算流体动力学的进步使得流体流动和传热过程的模拟成为可能，这对于设计涉及流体流动的产品（如管道、发动机和飞机）至关重要。随着个人计算机的普及和互联网的发展，CAE 软件变得对用户更加友好，且价格更加亲民，这使得更多的中小型企业和教育机构能够利用 CAE 技术。到了 21 世纪，集成 CAE 软件平台的出现进一步促进了 CAE 技术的应用，这些平台提供了从几何建模到分析、优化乃至处理的一体化解决方案。

计算机辅助工艺规划（CAPP）是制造领域中一个革命性的概念，它利用计算机技术来辅助工程师和技术人员制定、规划和控制生产过程。CAPP 系统架设在计算机辅助设计和计算机辅助制造之间，形成一个将设计信息转化为生产制造指令的关键环节。通过自动化地生成制造过程计划，CAPP 能够优化生产流程，减少生产成本，提高产品质量和生产效率。

CAPP 的概念源于 20 世纪 70 年代，随着计算机技术的发展及其在设计和制造中的应用，人们开始探索如何将计算机应用于生产过程的规划与管理。早期的 CAPP 系统主要是基于规则的，依赖于经验和预定义的逻辑来生成制造计划。这些系统虽然简化了一些生产计划任务，但依然需要大量的人工干预，且灵活性和适应性有限。随着技术的进步，CAPP 系统经历了从基于规则到基于知识的演变。20 世纪 80 年代到 90 年代，随着人工智能技术的发展，CAPP 开始集成更复杂的算法和模型，能够处理更多变量和更复杂的制造场景。这一时期，CAPP 系统不仅能够为传统制造过程提供支持，也开始适应新兴的制造技术，如数控加工、快速原型制造等。如今，CAPP 系统的发展得到了进一步加速：一方面，计算能力的大幅提升使得 CAPP 系统能够运行更复杂的模拟和优化算法；另一方面，CAPP 与 CAD 和 CAM 系统的集成更加紧密，实现了从设计到制造的无缝连接。此外，CAPP 开始利用云计算和大数据技术，实现跨地域、跨平台的生产过程规划和管理，进一步提升了其灵活性和效率。

计算机辅助制造是一种利用计算机软件和系统来控制机床和相关的制造处理过程的技术。CAM 系统使得制造过程自动化，提高了生产效率，减少了成本，同时也提升了产品的质量和一致性。CAM 与 CAD 紧密相关，通常被视为 CAD/CAM 系统的一个组成部分，其中 CAD 负责产品的设计和建模，而 CAM 则将这些设计转换为实际的制造指令。

作为 20 世纪 50 年代计算机技术应用探索的产物，CAM 迅速在 20 世纪 60 年代随数控机床的发展而获得实际应用。初期的 CAM 系统主要关注简单的数控编程，使机床能够执行基本的切割和铣削操作。然而，随着 20 世纪 70 年代至 80 年代个人计算机的普及和图形用户界面的进步，CAM 技术经历了质的飞跃，开始支持更加复杂的制造任务，包括多轴加工。这一时期，CAM 软件的用户界面变得更加友好，同时 CAD 和 CAM 之间的集成也日趋紧密，实现了从设计到制造的无缝转换。进入 21 世纪，CAM 技术的发展步入新纪元，不仅涵盖了 3D 打印、激光切割等先进制造技术，还开始融合物联网（Internet of Things，IoT）和大数据分析，进一步推动了智能制造和过程优化。这些进步不仅增强了 CAM 系统的功能，还为制造过程带来了前所未有的智能化和自动化水平，大大提高了生产效率和产品质量。

CAM 技术的应用范围广泛，从航空航天到个性化医疗器械制造，其影响深远。在航空航天领域，CAM 系统凭借能够自动生成加工路径的能力，支持复杂零件的精确制造，如涡轮叶片的多轴加工。而在个性化医疗器械的制造上，CAM 技术则能够依据患者的具体情况，指导 3D 打印机精准生产出定制化的植入物，显著提高了手术的成功率和患者的康复效率。在现代制造业中，CAM 技术对提升制造精度和效率有着巨大贡献。

产品生命周期管理（PLM）是一种业务策略，旨在管理企业中产品的整个生命周期，从概念构想、设计、制造、服务到产品退役。PLM 整合了人员、数据、流程和业务系统，提供了产品信息的中心知识库，以促进企业在全球范围内的协作。通过 PLM，企业能够提高产品质量，缩短上市时间，提升生产效率，从而增强竞争力。

PLM 的概念在 20 世纪 90 年代初期开始形成，当时市场对快速响应消费者需求、提高产品质量和缩短产品开发周期的需求日益增长。这一时期，企业正面临着全球化竞争的压力，需要寻找新的方法来管理日益复杂的产品开发过程。最初，PLM 是作为 CAD 和 ERP（Enterprise Resource Planning，企业资源计划）之间的桥梁而提出的，其目的是更好地管理设计数据并优化产品开发过程。随着信息技术的迅猛发展，PLM 逐渐演变成一个更为全面的解决方案，不仅包括产品设计和开发，还扩展到了供应链管理、制造过程管理、产品维护和最终的退役处理。21 世纪初，随着互联网技术的普及和企业对协同工作需求的增加，PLM 开始集成更多的功能，如项目管理、质量管理、成本管理等，使企业能够在全球范围内实时协作，有效管理产品数据和流程。同时，PLM 系统开始采用更加开放和灵活的架构，支持与其他企业系统的集成，如企业资源计划、供应链管理和客户关系管理系统，以实现数据和流程的无缝对接。这一时期，PLM 不仅被大型企业广泛采用，中小型企业也开始实现 PLM 策略，以提升自身的竞争力。

通过对 CAD、CAE、CAPP、CAM 和 PLM 这五个系统的介绍，我们可以看到它们在现代制造业的数字化研发中发挥着不可或缺的作用。从产品的概念设计到最终的生产与退役，这些系统相互协作，不仅极大地提高了设计和生产的效率，还确保了产品质量和市场竞争力。其中，CAD 和 CAE 促进了创新的设计思路和准确的工程分析，为产品的初始阶段打下了坚实的基础。CAPP 和 CAM 系统则将这些设计理念转化为实际的生产行动，通过优化生产过程和提高制造效率，降低了成本并缩短了产品上市时间。PLM 系统将整个产品生命周期的每个环节紧密联系起来，确保信息的流畅交换和过程的高效管理，从而实现了产品开发和生产过程的全面优化。未来，我们期待看到数字化研发系统进一步推动制造业的数字化和智能化转型，为世界带来更多高质量、高效率的产品。

1.4.3 数字化车间

数字化车间是制造业在数字化和智能化浪潮中的具体体现，它通过集成先进的信息技术、自动化技术和智能装备，实现生产过程的高效、灵活和智能管理。在数字化车间中，各种智能装备和系统——如智能数控机床、工业机器人、物流与仓储系统以及计算机信息系统等——协同工作，能够实时监控生产流程，自动调整生产计划，并优化资源分配，从而大幅提升生产效率和产品质量，降低生产成本。

数字化车间的概念起源于20世纪的自动化生产线和早期的计算机集成制造系统。随着信息技术的发展和智能制造理念的提出，数字化车间开始向更加开放、灵活和智能的方向发展。21世纪初，随着云计算、大数据、物联网和人工智能技术的兴起，数字化车间得到了快速的发展和广泛的应用，成为智能制造和工业4.0战略中的关键组成部分。

在数字化车间的生产环境中，智能制造装备发挥着至关重要的作用。智能制造装备代表着制造装备的高级形态，集成了先进制造技术、信息技术以及智能技术，赋予了装备感知、分析、推理、决策和执行的能力。下面将对典型的智能制造装备以及它们在数字化车间中的作用进行简要的介绍。

1. 高档数控机床

机床作为制造各类机器的母机，构成了装备制造业的核心基础。其独特之处在于，机床不仅仅是生产工具，更是推动其他装备制造的根本平台。机床的技术性能（包括其加工能力、精度和可靠性）直接决定了工程机械、军事装备、电力装备以及汽车、船舶和铁路机车等关键行业产品的质量。因此，在推进国民经济现代化建设的过程中，机床起着至关重要的作用，其技术进步和创新对于提升整个制造业的水平和竞争力具有决定性影响。数控机床通过计算机编程控制机床的动作，能自动完成复杂的加工任务。与传统机床相比，数控机床提高了加工效率、精度和重复性，减少了人工操作错误，满足了中高批量生产的需求。

高档数控机床代表了数控机床技术的尖端，融合了高速、精密加工、多轴联动、复合加工等先进功能，满足了高端制造业对复杂、精细加工任务的需求。这类机床在航空航天、模具制造、精密医疗器械等领域尤为关键，能够处理极为复杂的设计图纸，实现材料的极限加工精度。在2015年发布的《中国制造2025》中，数控机床及基础制造装备被明确列为"加快突破的战略必争领域"，提出要加强前瞻部署和关键技术突破，积极谋划抢占未来科技和产业竞争制高点，提高国际分工层次和话语权。

智能数控机床作为高档数控机床的发展方向，集成了先进的智能技术，实现了机床的自我感知、自我学习和自我优化。根据美国国家标准与技术研究院（National Institute of Standards and Technology，NIST）的定义，这类机床能够自主感知工作状态和加工能力，监测并优化加工过程，评估加工质量，并具备自我学习能力以不断提升性能。瑞士Mikron公司进一步强调了智能数控机床与操作人员之间的互动沟通，能够提供必要的加工信息，协助操作人员优化加工流程。智能数控机床的核心在于其智能数控系统，该系统的智能化程度决定了机床的整体智能化水平。这些系统能执行复杂的加工任务，智能选取加工参数，监测和诊断加工过程，管理刀具寿命，并实现高效的人机交互。智能数控系统的这些能力基于先进的软硬件技术，包括智能传感器、网络通信、现场总线技术以及强大的数据处理和分析算法。通过这些技术，智能数控机床不仅能够提高加工效率和质量，还能够降低生产成本，提升制造业的整体竞争力。

2. 工业机器人

工业机器人是专为工业应用设计的自动化机械设备，它集成了多关节机械手或多自由度机器装置，能够独立执行各种复杂的工作任务。这些机器人既可以接收人类的指令，也能根据预设程序自主运行，甚至通过人工智能技术按照既定原则自动做出响应。自 1958 年世界首台工业机器人出现以来，经过六十多年的技术演进，工业机器人现已广泛应用于焊接、搬运、码垛、装配和涂装等多种工作场景，成为汽车制造、机械加工、电子电气、橡胶塑料以及食品工业等多个领域的关键设备。

工业机器人的核心组成包括机械结构、驱动与控制系统、感知系统等多个部分。机械结构由末端操纵器、腕部、臂部以及机身和机座等复杂结构组成，支持机器人在工作空间内的精确移动和操作。驱动与控制系统则负责将控制指令转化为具体的机械动作，依据动力源不同，可分为电动、气动和液压驱动。感知系统（包括各种传感器和视觉系统）赋予机器人感知外部环境的能力，确保其能够接收并处理内部或外部的信息，支持决策和控制系统的运作。此外，随着技术的发展，软件系统、网络通信、遥控监控以及人机交互系统等也成为工业机器人不可或缺的组成部分，极大地扩展了机器人的功能和应用范围。

自 1958 年世界首台工业机器人诞生以来，工业机器人经历了从初代的示教再现型到现代智能机器人的三代发展历程。最初的工业机器人主要依赖人工示教的路径和操作进行简单的重复作业，这种示教再现型机器人虽然提高了生产效率，但其应用范围受限于固定且重复的任务。随后，第二代工业机器人引入了环境感知装置（如焊缝跟踪技术等），通过传感器反馈控制实现对环境变化的适应，扩展了工业机器人的应用领域。第三代工业智能机器人的出现标志着工业机器人技术的飞跃。这类机器人配备了多种感知功能和人工智能技术，能够进行复杂的逻辑判断、决策，甚至独立解决问题。核心技术包括语音图像识别、运动规划、自动避障等，如日本 FANUC 公司的 R-2000iC 机器人就具备了学习、拾取、力觉和视觉追踪等高级功能，如图 1-26 所示。工业智能机器人的发展不仅提升了操作的灵活性和效率，还为复杂和变化的作业环境提供了高效解决方案。

图 1-26 日本 FANUC 公司的 R-2000iC 机器人

随着工业机器人产业的蓬勃发展，瑞典的 ABB、日本的 FANUC 和 Yaskawa、德国的 KUKA 等企业成为国际市场的主导者，占据了大部分市场份额。中国也涌现出了沈阳新松、南京埃斯顿、安徽埃夫特、武汉华中数控、广州数控设备等领先企业。虽然国内产业在核心技术上仍需突破，如具有完全自主知识产权的高精度减速机、伺服电动机、控制器等关键部件，但政府的大力支持正推动着工业机器人产业向中高端迈进。2016 年 3 月，工业和信息化部、发展改革委、财政部联合印发《机器人产业发展规划（2016—2020 年）》，计划在五年内显著提高国产工业机器人的速度、载荷、精度和自重比等主要技术指标，同时力求实现自主品牌工业机器人年产量的突破，以促进国内工业机器人产业的整体发展和国际竞争力的提升。

3. 智能物流系统

物流是运用现代信息技术和先进设备，通过精确、及时、安全以及质量保障的服务模式和流程，实现物品从起始点至目的地的全程管理。物流主要指物品从供应地到接收地的移动过程，这一过程整合了运输、存储、装卸、搬运、包装、流通加工、配送以及信息处理等多种基本活动。物流不仅关系到物品的物理运输，更是一个包含广泛工业活动、涵盖丰富内涵的系统。物流技术是物流活动中应用的技术基础，它涵盖了设施、设备、工具以及各种物质手段和由科学知识及劳动经验演化而来的技能、方法和工作程序。现代物流技术根据其形态，可以划分为硬技术和软技术两大类。硬技术主要涉及物流活动中所使用的机械设备、运输工具以及服务于物流的通信网络设备等，而软技术则关注物流系统的理论研究、系统工程技术、集成技术等，旨在提升物流系统的整体效益。

物流设施与装备是实现现代物流技术的物质基础，它们横贯物流活动的全过程，对提高物流运作效率、确保物流服务质量具有决定性作用。这些装备根据物流活动环节的不同需求，大致可分为运输装备、装卸搬运装备、仓储装备、包装装备、流通加工装备、信息采集与处理装备以及集装单元化装备七大类。每一类装备都在物流系统中扮演着不可或缺的角色，共同构成了现代物流系统的物质和技术支撑，是推动物流服务高效、安全和高质量完成的关键。

智能化也是物流系统发展的主要趋势。智能物流系统是在信息化和自动化技术基础上发展起来的，通过集成自动识别、数据挖掘、人工智能和地理信息系统等先进技术，实现对物流环境的智能感知、分析和决策。这种系统能模仿人类智能行为，自动解决物流过程中遇到的大量控制和决策问题，显著提高物流效率和服务质量。自动导引车（AGV）便是智能物流装备的典型代表，它能沿预定路径独立运行，完成货物的自动搬运。AGV的核心技术包括微处理器控制系统、各类传感器、动力驱动和定位系统、通信系统等，综合应用了计算机技术、自动控制、信息通信和机械电子等多学科技术，能够在自动化仓库、物流中心、制造和装配线中执行精确的搬运任务。随着计算机视觉技术和人工智能的兴起，AGV系统引入了计算机视觉、任务调度和路径规划等智能技术，显著提升了其自主性和灵活性。美国的亚马逊公司（Amazon）的Kiva系统便是AGV应用的标杆案例。Kiva仓储机器人可以自动装载货物，根据指令将不同货物运送到不同的包装站。Kiva仓储机器人还能自主执行货架挑选、商品分拣等操作，与后台的智能调度系统协同工作，以数据驱动的方式优化仓库管理和物流运送流程。

近年来，智能物流系统在"最后一公里"配送领域也取得了显著进展。2018年2月，京东引领行业创新，启动了全球首个"无人配送站"。"无人配送站"作为无人机和无人配送车之间的枢纽，能够接收无人机运送的包裹并自动完成包裹的中转和分发，最终通过无人配送车将货物安全送达顾客手中。此外，"无人配送站"还能主动与收货人沟通，根据需要提供智能化的售后与退货服务。京东无人配送车（见图1-27）装备了先进的激光雷达、摄像头和差分GPS等技术，能够一次性搭载数十件包裹，自动规划最优配送路线，实现精准导航和障碍物避让。京东无人配送车的运行基于深度的技术集成，包括自动驾驶、精确地图构建、定位系统以及传感器和图像识别技术，确保了高效和安全的配送过程。这些无人车不

仅能够通过用户界面提供实时信息，还能够
使用人脸识别或验证码来确保快件安全交
付。它们还具备自我学习的能力，能根据实
时路况等信息调整配送路径。

1.4.4 数字化工厂管理

数字化工厂管理是现代制造业中一种革
命性的管理模式，它依托于信息技术的广泛
应用，通过对生产过程的数字化、网络化和
智能化改造，实现生产资源的最优配置和生
产流程的高效运作。在这一管理模式下，工
厂能够实现从设计、生产、管理到服务全过

图 1-27 京东无人配送车

程的信息化集成，极大提高生产效率、降低运营成本，同时增强产品质量和加快市场响应速
度。数字化工厂管理不仅是技术的变革，更是管理理念和业务流程的创新，它代表了制造业
发展的新方向。

本小节将简要介绍数字化工厂管理的核心组成部分，包括制造执行、质量管理和企业资
源计划等关键系统。制造执行系统作为连接企业层面计划与工厂地面操作的关键桥梁，能够
实时监控生产过程，优化生产调度。质量管理系统则通过全过程质量控制和反馈，确保产品
质量满足标准要求。而企业资源计划系统则负责资源的有效规划与管理，支持企业做出更加
精准的决策。这三个系统并非孤立地运作，而是可以被整合成为一个整体，实现更加高效的
工厂管理。

1. 制造执行系统

在早期的制造业信息化旅程中，企业管理的信息化与生产控制的自动化往往是两条平行
线，缺乏有效的交流和整合。这种分离导致了"信息孤岛"的现象，各个部门使用不同的
信息系统，彼此之间缺乏必要的数据共享和通信机制，从而降低了信息化的整体效益。同
时，"信息断层"问题也十分突出，即企业的高层管理系统与车间层面的生产控制系统之间
脱节，使得生产信息无法实时反馈给决策层，同样，生产层也难以及时获悉上层的指令和计
划。这种情况严重制约了制造业信息化的深入发展，促使业界开始寻求有效的解决方案。

制造执行系统（Manufacturing Execution System，MES）的提出，正是为了解决上述问
题。MES 最早由 AMR Research 公司在 1990 年提出，目的是强化制造资源计划的执行力度，
将企业层面的计划与车间的实际操作紧密连接起来。MES 被定义为位于企业计划管理系统
与底层工业控制系统之间的车间层级管理信息系统，它通过提供实时、准确的生产数据和信
息，帮助管理者和操作人员实现生产过程的有效监控、调度和优化。到了 1997 年，国际制
造执行系统协会（Manufacturing Execution System Association，MESA）进一步细化了 MES 的
功能，强调 MES 通过优化订单到成品的生产流程，实现工厂运作的高效性，同时提升企业
运营资产回报率、准时交货率和库存周转率等关键绩效指标。

MES 的核心在于它不仅关注车间层面的生产过程，还架起了企业管理与生产控制之间
的桥梁，实现了数据和信息的双向流动。这一系统的引入，有效地克服了信息孤岛和断层的
问题，确保了信息在企业内部的无缝传递和整合。通过对生产管理数据的及时传达、精确收

集、反馈及分析，MES 成为推动制造业向更高效率和质量迈进的关键工具。随着技术的进步和市场的需求变化，MES 也在不断地演进和优化，越来越多地集成了先进的信息技术，如大数据、云计算和人工智能，以适应智能制造和工业 4.0 的新趋势。

2. 质量管理系统

质量管理系统（Quality Management System，QMS）是制造业用于保证产品和服务质量的一套标准化的管理框架。QMS 通过整合组织内部的过程、资源、程序和流程，帮助企业确保其产品或服务能够满足客户需求及适用的法规和标准。通过实施 QMS，组织可以有效地监控、管理和记录其质量过程，从而确保产品在公差范围内制造，符合所有适用标准。

QMS 的概念可追溯至 20 世纪初期的质量控制（Quality Control，QC）和 20 世纪 50 年代的全面质量管理（Total Quality Management，TQM）。然而，直到 1987 年国际标准化组织（ISO）发布 ISO 9000 系列标准，QMS 才得到广泛应用和认可。这一系列标准定义了质量管理体系的基本原则和要求，为全球范围内的组织提供了一个通用的质量管理框架。随着时间的推移，ISO 9000 标准经历了多次更新，以适应不断变化的市场和技术发展。

由国际标准化组织制定的 ISO 9001：2015 是在世界范围内被广泛认可和实施的 QMS 标准，规定了一个质量管理体系应达到的要求。该标准不仅关注产品和服务的最终质量，更强调了持续改进和客户满意度的重要性。如果一个企业获得了 ISO 9001 的认证，则说明其承诺提供高质量的产品和服务，并将持续改进其业务流程以更好地满足客户需求。

总的来看，QMS 的功能体现在以下几个方面：首先，通过实施标准化的流程和程序，QMS 使企业能够保证其产品或服务持续地符合客户需求和相关法规标准，从而确保质量的一致性；其次，通过深入了解客户需求并持续优化业务流程，QMS 有效提升了客户满意度和忠诚度；再次，QMS 通过对企业流程的持续审视和改进，帮助企业降低浪费、提升生产效率及减少成本，从而提高操作效率；最后，QMS 鼓励企业系统性地收集反馈和监控绩效，实施必要的改进措施，促使企业在提高整体业绩方面实现持续进步。

随着信息技术的飞速发展，现代 QMS 正在向更加自动化、智能化的方向发展。今天的 QMS 软件不仅支持传统的质量管理功能，还集成了先进的数据分析、云计算、移动技术和人工智能等技术，使得质量管理更加高效和灵活。通过实时数据收集和分析，现代 QMS 能够帮助组织更快地识别风险和机会，实现主动的质量控制和改进。

3. 企业资源计划系统

制造业是将各种资源转化为工具和消费品的行业，对社会发展至关重要。随着经济和市场的变化，制造业面临满足客户需求、应对市场波动、保持生产平衡、提高生产灵活性、避免物料短缺和库存积压、提升质量、降低成本等复杂挑战。为解决这些问题，自 20 世纪 30 年代起，研究者和从业者发展了多种理论和实践方法，其中企业资源计划（Enterprise Resources Planning，ERP）系统集成了众多理论和实践成果的系统性的生产管理问题解决方案，它经历了 20 世纪 60 年代的物料需求计划（Material Requirement Planning，MRP）、70 年代的闭环 MRP、80 年代的制造资源计划（Manufacturing Resource Planning，MRP Ⅱ）到 90 年代至今的 ERP 等发展阶段。

早期生产管理面临着库存积压或短缺等问题，20 世纪初西方学者提出经济订货批量模型作为解决方案，标志着科学库存管理模型的开始。该模型通过设定订货点和批量来控制库存，至今仍在一些行业得到应用。然而，这一模型存在局限性，如假设需求稳定且未考虑物料间的相互关系和实际需求时间。20 世纪 60 年代，IBM 的 Joseph Orlicky 提出物料需求计划，区分独立需求与相关需求物料，并利用物料清单（Bill of Material，BOM）描述产品物料的层级关系。MRP 的核心在于根据主生产计划，结合 BOM 和库存信息，通过倒排计划方法，计算出未来某时期内的物料需求量、种类及需求时间，以指导采购和生产计划。MRP 强化了库存管理的精细度和响应性，克服了早期模型的一些缺陷。

20 世纪 70 年代，人们认识到尽管 MRP 能预测物料需求，但它忽略了生产和采购执行中的资源限制和实际偏差问题，如设备、工具和人力资源的支持。为解决这一不足，闭环 MRP 系统应运而生，它不仅包括原有的物料需求计算，还考虑生产能力约束，并引入了粗产能计划（Rough-Cut Capacity Planning，RCCP）和能力需求计划（Capacity Requirement Planning，CRP）以确保生产计划的可行性和生产能力的平衡。闭环 MRP 通过实施评价和反馈机制，允许根据生产和采购执行情况对计划进行动态调整，形成了"计划—实施—评价—反馈—再计划"的循环流程，增强了生产管理的灵活性和响应能力。

20 世纪 80 年代，企业面对着生产管理与财务管理融合的新需求。传统上闭环 MRP 和财务系统是分离的，不仅容易导致信息的重复或冲突，还难以处理物料流与资金流的关联问题。为满足生产与财务一体化的需求，美国著名的生产管理学家 Oliver Wight 提出了制造资源计划Ⅱ（MRPⅡ），它不仅包括了 MRP 的所有要素，还集成了财务、销售、采购等管理功能，实现物料信息和财务信息的整合。MRPⅡ 的核心在于通过两种关系连接物料与资金：静态关系是指为每个物料定义标准成本和会计科目；而动态关系是指为事务处理（如物料采购入库）定义会计科目和借贷关系，使企业能直观理解计划制订与执行的经济影响。

随着 20 世纪 90 年代全球化的影响，MRPⅡ 开始显露出不足，特别是在处理企业间的跨地域合作和应对客户为中心的市场需求方面。企业需要更广泛地管理供应链而非仅仅是内部运营，从而更灵活地响应市场变化。1990 年，Gartner Group 公司首次提出 ERP 的概念，旨在通过整合企业的全部资源，如人、财、物、产、供、销等来实现资源的充分调配和平衡，使企业更好地应对激烈的市场竞争。ERP 的核心管理思想包括：①管理整个供应链资源而非仅限于企业内部；②通过围绕主生产计划和相关计划进行全面的事前规划、事中控制和事后分析；③重视 ERP 与业务流程重组之间的相互作用，从而帮助企业全面提升竞争力，取得更好的经济效益。

1.4.5 数字化维修服务

数字化维修服务的概念随着 20 世纪 90 年代信息技术的进步而诞生，最初用于简化和优化企业内部的维修管理过程。这种服务利用早期的计算机系统记录和跟踪维修信息。随着时间的推移，互联网、移动通信和物联网的发展极大地扩展了其功能和应用范围。具体而言，数字化维修服务指的是应用数字化技术，如在线故障诊断、远程监控、数据分析以及预测性维护等，来管理和执行产品和设备的维护和修理工作。这种服务模式不仅针对即时修复需求，也覆盖了全生命周期，旨在提高可靠性的同时降低维护成本。

一般的数字化维修流程开始于设备故障的即时报告，该报告可以通过智能传感器自动生成或由操作人员通过数字化平台手动提交。接着，维修管理系统会自动分析故障原因并指派最合适的维修技术人员进行处理，技术人员可能会利用远程监控和诊断工具预先了解问题，以减少现场诊断时间。在维修过程中，进度会在数字化平台上实时更新，以确保维修信息的及时性。维修完成后，系统记录维修历史，为未来的维护和管理决策提供参考。

企业资产管理（Enterprise Asset Management，EAM）系统在数字化维修服务中扮演着关键角色。EAM 的发展始于 20 世纪 90 年代，当时的目的是帮助企业更有效地管理其物理资产的维护和运营。随着时间的推移，EAM 不仅关注于维护任务的执行和维修历史的记录，而且开始涉及资产的整个生命周期，包括采购、安装、运营、维护、更新改造和处置。这一演进标志着从单纯的维护管理向全面的资产性能管理的转变，以提高资产利用率并降低拥有成本。

EAM 中涉及资产的全生命周期管理，这一概念萌发于 20 世纪末的经济学领域。1950 年，美国经济学家 Dean 首次提出了"产品生命周期"概念，分析了新产品进入市场后在不同阶段的定价策略。20 世纪 60 至 70 年代，产品生命周期管理（PLM）在经济学界得到了广泛的关注并日趋成熟。经典的产品生命周期理论将产品市场演化过程划分为导入期、成长期、成熟期和衰退期四个阶段。到了 20 世纪 80 年代，产品生命周期的概念从经济管理领域延伸至工程领域，在工业界的研究和实践中得到进一步扩展。这一扩展使得产品生命周期涵盖了从初始概念、需求分析、设计、开发、制造、销售到售后服务的全过程。如今，研究和实践领域的专家正致力于探索如何实施真正全面的产品生命周期管理，从而让企业能够有效地整合产品需求分析、设计、开发、制造、销售到售后服务等各个阶段的信息、资源和业务流程。

随着 PLM 的发展，预测性维护作为一种革命性的维护策略，开始在各个行业获得重视。预测性维护是一种利用数据分析和监测技术提前识别设备或产品潜在故障的策略，目的是预防故障发生以减少意外停机时间，降低维护成本，并延长设备和产品的寿命。这种方法通过收集和分析从设备操作过程中获得的数据，如温度、振动、压力等指标，或是产品使用过程中的性能参数等，利用机器学习和人工智能算法来预测可能的故障和维护需求。

在 PLM 体系内，预测性维护不仅关注设备本身的维护需求，也融入了对产品从设计到售后服务全阶段的深度整合。它使企业能够在产品设计和开发阶段就考虑到维护的便利性和可靠性，从而在产品制造、销售及其使用过程中减少潜在的问题。预测性维护的实施有助于形成闭环反馈机制，即将使用阶段收集的性能数据反馈给设计和生产环节，实现产品持续改进和优化。随着物联网技术的发展，预测性维护在设备和产品管理中的作用变得更加显著。物联网设备可以实时监控和传输设备状态数据，为预测性维护提供了大量实时信息。这些信息不仅可以用于即时维护决策，还能够支持长期的产品优化策略，提高企业的运营效率和市场竞争力。

1.5 总结

制造业对人民富裕和国家安全极为重要，本章在介绍与制造相关的几个容易混淆的概念（制造与生产、制造系统与生产系统）之后，主要从制造和系统两个角度介绍不同视角下的制造和生产系统，并用较多篇幅介绍了三个典型的制造/生产系统，即：从布局角度看的车间系统、从社会技术系统角度看的制造模式、从集成角度看的制造信息系统。希望通过这些不同视角的制造和生产系统的介绍，能够让读者看到制造和生产系统的丰富性和多样性。

在本书的后面几章中，系统工程和基于模型的系统工程是系统方法的基础，应用于工厂设计、生产管控和生产网络规划等复杂系统的设计中。全生命周期管理是系统工程基本原理和方法在工程实践中的具体化，通过探索生命周期各阶段的管理方法和工具，实现制造的高效、可持续发展。构架理论和方法是在智能制造集成的理论基础，通过架构方法实现智能制造系统的有效集成。数字工程是指制造业企业以数据和模型为驱动，全方位优化生产制造流程及其产品全生命周期，数字工程为制造系统数字化、网络化和智能化提供系统层面的方法工具。体系工程则面向生产网络、众包生产等新型生产系统，提供了分析和设计这类生产系统的理论和方法。最后一章概述介绍了生产系统分析、设计和运行时的定量理论，这部分内容非常丰富，更加详细的内容需要参阅更多的教材。

本书在介绍系统工程基本原理的同时，也介绍了一些案例，以及在实际制造中的应用。

1.6 拓展阅读材料

1）*Manufacturing Systems Engineering* by Katsundo Hitomi，1996.

2）*Automation，Production Systems，and Computer-Integrated Manufacturing* by Mikell P. Groover，2015.

3）郑力，莫莉. 智能制造：技术前沿与探索应用［M］. 北京：清华大学出版社，2021.

习题

1）制造工艺（流程）是有关制作步骤的，请选择一类制造业并列出这类制造业中最常用到的制造工艺。

2）请选择一类制造业，概述其发展历史，并从系统布局的角度论述布局的特点和演变。

3）请选择三类制造业，从制造或生产系统角度比较它们的异同。

4）从工业1.0到工业4.0，请概述在系统层面有什么不同。

5）请比较精益生产和敏捷制造的异同。

参 考 文 献

［1］ HITOM I K. Manufacturing systems engineering ［M］. 2nd ed. Oxford：Taylor &Francis Group，1996.

［2］ 郑力，陈垦，张伯鹏. 制造系统［M］. 北京：清华大学出版社，2001.

［3］ 沃麦克，琼斯，鲁斯. 改变世界的机器［M］. 余锋，张冬，陶建刚，译. 北京：商务印书馆，2015.

［4］ GROOVER M P. Automation，production systems，and computer-integrated manufacturing［M］. 4th ed. Upper Saddle River：Pearson Prentice Hall，2015.

［5］ 马靖. 数智化转型战略与智能工厂规划设计［M］. 北京：化学工业出版社，2023.

［6］ GROOVER M P. Work systems and the methods，measurement，and management of work ［M］. Upper Saddle River：Pearson Prentice Hall，2007.

［7］ 江志斌. 未来制造新模式：理论、模式及实践 ［M］. 北京：清华大学出版社，2020.

［8］ RAHMAN S. Theory of constraints：a review of the philosophy and its applications ［J］. International Journal of Operations & Production Management，1998，18（4）：336-355.

［9］ 李全喜. 运营管理 ［M］. 4 版. 北京：北京大学出版社，2023.

［10］ 吴迪. 精益生产 ［M］. 北京：清华大学出版社，2016.

［11］ 门田安弘，王瑞珠. 新丰田生产方式 ［M］. 4 版. 保定：河北大学出版社，2012.

［12］ 张根保. 自动化制造系统 ［M］. 4 版. 北京：机械工业出版社，2017.

［13］ 张申生. 敏捷制造的理论、技术与实践 ［M］. 上海：上海交通大学出版社，2000.

［14］ 郑力，莫莉. 智能制造：技术前沿与探索应用 ［M］. 北京：清华大学出版社，2021.

［15］ 《中国智能制造绿皮书》编委会. 中国智能制造绿皮书：2017 ［M］. 北京：中国工信出版集团，2017.

［16］ 徐航宇. 互联网众包模式研究 ［D］. 北京：北京理工大学，2020.

［17］ 刘苹，熊子悦，张一，等. 基于数字平台的零工经济研究：多学科多视角的文献评述 ［J］. 西部论坛，2023，33 .（1）：59-75.

［18］ 赵宸宇，王文春，李雪松. 数字化转型如何影响企业全要素生产率 ［J］. 财贸经济，2021，42（7）：114-129.

［19］ 刘强. 智能制造理论体系架构研究 ［J］. 中国机械工程，2020，31（1）：24-36.

［20］ ZHOU Ji，ZHOU Yanhong，WANG Baicun，et al. Human-Cyber-Physical Systems（HCPSs）in the context of new-generation intelligent manufacturing ［J］. Engineering，2019，5（4）：624-636.

第 2 章

高端装备中的系统工程

章知识图谱

导学视频

2.1 引言

在当今日益全球化和技术进步迅速的时代，高端装备的发展已成为衡量一个国家工业水平和技术实力的重要标志。其中，系统工程作为确保复杂产品开发效率和质量的关键学科，对于推动高端装备创新与优化具有举足轻重的作用。

本章关注高端装备中系统工程的理论与实践，旨在提供一种系统的视角，以理解和解决复杂产品从概念到实现的全过程问题。首先探讨复杂产品的定义与特点，包括它们为何成为现代制造领域中最具挑战性的项目。然后介绍系统工程的基本概念，涵盖系统工程的概览、起源和价值，这些基本概念构成了理解复杂产品系统工程流程的基石。其次详细阐述复杂产品系统工程流程，从技术流程、技术管理流程、协议流程到使能流程，以及剪裁流程。为了将理论与实际相结合，最后展示复杂产品系统工程实践案例，包括国际空间站和哈勃太空望远镜，希望通过深入分析这些案例获得宝贵的实践经验和启发，以便更好地应对现实世界中的挑战。

2.2 复杂产品的定义与特点

在现代商业环境中，项目的规模和复杂性已经达到了前所未有的水平。从规模角度来看，无论是在人力资源方面，还是在零件数量方面，都达到了前所未有的规模，也因此带来了前所未有的复杂性挑战。从系统层级来看，其复杂性也不容忽视，一个产品往往包含多个复杂的子系统，并且有些系统还需要在极其严酷的条件下运行。更为复杂的是，这些产品通常只是更大系统的一部分，如飞机是航空运输系统的一部分，汽车是公路交通运输系统的一部分。此外，项目管理的复杂性也不可忽视。与传统项目相比，复杂产品的研制生产是更加动态的过程，不仅在项目开始时存在未知因素，在项目执行过程中也会经常出现新的未知因素。因此，处理这些未知因素以及如何在已经非常复杂的研制环境中进行有效的沟通和决策，成了复杂产品项目管理的重要挑战。

2.2.1 复杂产品的定义

复杂产品系统的概念出现于 20 世纪 90 年代中期，最先由以 Hobday 为代表的英国苏塞克斯大学科技政策研究所、布雷顿大学创新管理研究中心以及两者联合创办的复杂产品系统创新中心的学者较为全面系统地提出。简言之，复杂产品系统包括那些大型、高成本、系统复杂、技术含量高、项目周期长的产品、系统和基础设施建设项目。

复杂产品是指研发成本高、规模大、技术含量高、单件或小批量生产的大型产品、系统或基础设施。复杂产品系统的复杂性在于其对技术深度与宽度、新知识运用程度及客户化程度的要求高。复杂产品系统通常由许多不同技术领域的元件、次系统集成而成，因此，复杂产品系统其本质特征是不同技术在系统不同层次水平上相互作用的多技术系统（Multi-Technological System）。

高度发达的现代社会对分工的要求越来越细，过去更多的是强调企业生产劳动的社会化分工，但今天的现代化企业需要对其技术研究进行分工，尤其是对复杂产品系统，由于资源和能力的限制，企业很难在所有的技术领域同时开展研究。企业在研制复杂产品系统过程中需要根据自身研究开发能力及其相应的资源能力来选择有效的技术开发和生产模式。

2.2.2 复杂产品的特点

复杂产品已经成为各行各业的重要支柱，从航空航天、高速列车到智能电子产品，再到大型软件系统，这些复杂产品不仅展示了人类智慧和技术的辉煌成就，同时也带来了前所未有的管理挑战。项目规模的庞大性体现在其涵盖的技术领域广泛，涉及的研发人员众多，以及需要投入的资金和资源巨大。系统的复杂性则表现在产品结构的多层次、组件之间的高度交互以及对外部环境的敏感性等方面。而项目管理的复杂性则源于如何在有限的时间和资源下，协调各方利益，确保项目按照既定目标高效推进。

1. 项目规模的复杂

在当今的商业环境中，为了按时、按质、按预算将复杂产品交付，需要成千上万的人共同工作。比如波音公司，波音 777 项目投入了大约 6500 名员工。空中客车公司为了制造出超大型的 A380 飞机，动用了约 6000 名员工，据估计，在供应商方面另外还有 34000 名员工直接参加了该项目。

此外，尽管产品大小与零件数量之间不是正比的关系，但产品的大小还是能很好地反映出所包含的零件的多少。一辆汽车大概有 7000 个零件，而一架飞机的零件数量就可能高达 600 万个。波音新型喷气飞机含有 75000 张图样，450 万个零件，219km 的导线，5 个起落架支柱，4 套液压系统和 1000 万个工时。即使不把紧固件包含在零件数目以内，在飞机上用各种材料制造的零件也有几十万个。从人数和零件个数两个方面表征了项目的复杂性。如何协调管理好如此众多的人员，如何从物流和生产角度管理好如此庞大数量的零件，这本身就是一项重大难题。

2. 系统的复杂

通常将系统定义为一个单元，它是由具有各自功能的、能够协调工作的不同的零件构成的。一般复杂产品是由许多不同的子系统组成的，以飞机为例，结构（通常称为机体）、飞行控制系统、液压系统、电气和气动系统、航空电子系统等，这些子系统不仅本身已经非常复杂，而且它们必须相互共存在相对狭窄的空间内。此外，飞机还必须适应高低温极限、振动、潮湿、液体污染等非常严酷的条件。

另外，系统的装配过程也需要进行复杂的设计。在装配设计过程中，工艺设计师必须认真对待各个系统专家提出的装配要求，这极大地增加了复杂性。在飞机上的一些拥挤的区域情况更是如此，如机头段、中央机身或舱顶区域，在这些区域里有很多不同系统的部件共处一个空间，每一个部件都有自己的特殊要求。

复杂产品不仅要容纳各个复杂系统，更复杂的情况是，这些产品往往只是更大的系统中的一个要素，比如飞机系统也是航空运输系统的组成部分，航空运输系统包括机场、空中交通管理部门、适航当局、导航和通信卫星、维护设施等；再如汽车也是公路交通运输系统的一部分，交通运输系统还包括公路与桥梁、城市交通系统，所有这些成员起着同等重要的作用。

3. 项目管理的复杂

传统项目在开始时会存在一些高层次的未知因素，它们可以在早期得以解决，在项目执行期间不会出现太多新的未知因素。

与此相比，复杂产品的研制生产是更加动态的项目，开始时有高层次的未知因素，而在整个项目过程中也会经常出现新的未知因素。新的未知因素的一个来源是当今广泛使用的并行工程方法，比如在设计生产飞机时，允许机头、机身、机翼、夹具和工具等的并行研制或并行生产。但是，并行就意味着在给定的时间点上要平衡不同组件的设计成熟度，因为某些组件的设计成熟度较高，而另一些设计成熟度较低。要进行正确的平衡，就要不断地做出一些假设，这些假设就意味着新的未知因素，在以后可能被证明是不正确的。采用新材料会产生新的未知因素，例如，A380 飞机首次采用了 GLARE 材料，波音 787 飞机的机身首次使用了碳纤维复合材料。采用新的项目组织形式或新的供应链结构也会产生新的未知因素。

因此，在动态项目中学习速度是保证项目成功的关键，要求在已经非常复杂的研制环境中进行最有效的沟通和决策，这使得复杂产品的项目管理变得更加复杂。

因为新的未知因素在项目开始时还是不知道的，所以此时在项目组织上采用的管理控制措施必须相当灵活，以便处理好"未知的未知因素"。一些新的未知情况会以意外突发的形式出现，而且往往出现在人们经过协商一致已经更新了项目计划之后，应对这样的局面也需要足够的灵活性。

2.3 系统工程的基本概念

系统工程是一种跨学科的方法，旨在确保复杂系统从概念到实施都能成功实现。它强调在项目早期定义需求和功能，同时全面考虑成本、进度和技术因素，以提供高质量的最终产品。系统思维是其背后的底层逻辑，强调对系统各部分及其相互关系的全面理解，从而实现整体优化。系统工程起源于第二次世界大战期间的技术创新，已发展成一门独立学科，对现代工程实践至关重要。

2.3.1 系统工程的概览

1. 系统工程的定义

系统工程是一个视角、一个流程、一门专业，它有以下三种代表性的定义：

1）系统工程是一种使系统能成功实现的跨学科的方法和手段。在开发周期的早期阶段定义客户需要与所要求的功能性，将需求文件化，然后再进行设计综合和系统确认，并同时考虑完整问题，即运行、成本、进度、性能、培训、支持、试验、制造和退出问题时，进行设计综合和系统确认。系统工程把所有学科和专业群体综合为一种团队的努力，形成从概念到生产再到运行的结构化开发流程。系统工程以提供满足用户需要的高质量产品为目的，同时考虑所有客户的业务和技术需要。

2）系统工程是一种自上而下的综合、开发和运行一个真实系统的迭代过程，以接近于最优的方式满足系统的全部需求。

3）系统工程是一门专注于整体（系统）设计和应用的学科而不是各个部分，这涉及从问题的整体性来审视，将问题的所有方面和所有变量都考虑在内，并将社会与技术方面相关联。

2. 系统思维

系统思维（System Thinking）提供了一种全局的视角，帮助工程师或管理者识别系统中的各个组成部分以及它们之间的关系，从而更好地设计和优化系统。系统思维要求使用"框架"对系统构成元素以及元素间的有机联系进行简化体现，要求系统由分散变成交互作用，由线性变成循环反馈，由部分变成整体思维等。

系统思维要求视角不再仅仅聚焦于一个个系统元素，而是将它们根据有层次的规则和逻辑组合起来变成系统，也可再向上综合成为系统之系统（System of Systems，SoS）。

系统思维是一种思维方式，具体的用法和表达具有多种形式，其中一种最重要的核心思想就是全局思维（Holistic Thinking Perspectives，HTP），全局思维是一种十分常用且有效的思维模式，经过 HTP 全部视角考察和验证过的系统会确保系统性和全面性。

系统思维的其他思想和方法均可以划分到全局思维的不同视角中，每种不同的视角也可以使用很多不同的工具，全局思维结构应用如图 2-1 所示。全局思维可以分为外部视角、内

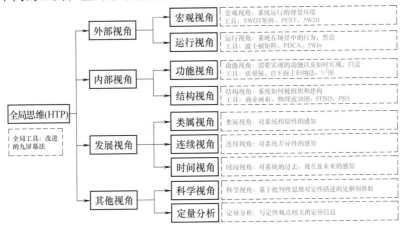

图 2-1 全局思维结构应用

部视角、发展视角和其他视角。

（1）外部视角 外部视角是系统思维的着重体现，外部视角分为宏观视角和运行视角。

1）宏观视角需要考虑系统运行的背景环境。需要使用者具有"直升机视角"，可以在高度上纵览全貌，也可以近距离针对分析。宏观视角可以使用的工具有 SWOT 矩阵、PEST、5W2H、商业画布等，见表 2-1。

表 2-1 宏观视角方法汇总

方法	优势	应用
SWOT 矩阵	分析跨度大，考虑自身和外部，较为全面	分析企业或项目的外部环境及自身处境
PEST	对外部环境分析全面	用于分析外部环境
5W2H	视角多样	用于对问题进行基本的定义和分析，或制订计划
商业画布	商业问题中有较好的应用	用于与市场和财务等相关的分析

SWOT 矩阵：基于对内外部竞争环境和竞争条件的分析，得出研究对象相关的主要内部优势、劣势和外部的机会和威胁，并依照矩阵形式排列，如图 2-2 所示。

PEST 框架：对企业所处宏观环境进行分析，从政治（Politics）、经济（Economy）、社会（Society）、技术（Technology）四个方面考虑，具体可考虑细节与思路，如图 2-3 所示。

图 2-2 SWOT 矩阵

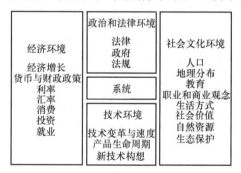

图 2-3 PEST 框架

5W2H 框架：5W2H 框架是定义一个问题的基本模型，也可以用于定义公司所处状态和环境，Why（问题的环境原因）、What（企业商业模式）、When（项目用多少时间，何时开始，何时结束，或时代特点）、Who（利益攸关者）、Where（国家环境、地理环境）、How（企业资源、商业渠道）、How much（项目预算），如图 2-4 所示。

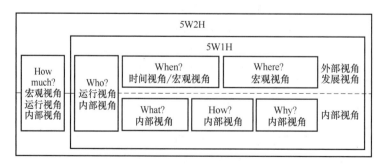

图 2-4 5W2H 框架

2）运行视角强调系统在场景中的行为。仅考虑系统整体的行为，不聚焦系统内部，属于黑盒视角。运行视角可用的工具有波士顿矩阵、PDCA、5Why，见表2-2。

表2-2　运行视角方法汇总

方法	优势	应用
波士顿矩阵	可以针对不同类型产品有不同的分析侧重点	对产品项目进行分类分析
PDCA	具有流程化	可以以标准流程分析系统与外部的交互过程
5Why	将问题探究分为几个阶段,使得问题分析深入	重点分析某一问题

波士顿矩阵：绘制市场增长率-相对市场份额图，以不同的市场增长率和相对市场份额将公司的产品分为四类：明星产品（都高）、问题产品（市场占有率低）、金牛产品（市场增长率低）、瘦狗产品（都低），可用来区别分析公司的某产品或业务，如图2-5所示。

PDCA框架：PDCA框架分为四个部分：计划（Plan）、执行（Do）、评价（Check）和改善（Action），在探究系统运行的过程中，可以将流程化的问题抽象成四个阶段，如图2-6所示。

5Why分析法：在运行视角中可以使用5Why分析法探究系统面临问题的外部原因，对一个问题连续以5个或多个"为什么"自问，来探究其根本原因，由问题表象探究到直接原因，再到中间原因，最后得出根本原因，如图2-7所示。

图2-5　波士顿矩阵

图2-6　PDCA框架

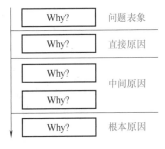

图2-7　5Why分析法

（2）内部视角　内部视角主要用于分析系统，内部视角分为功能视角和结构视角。

1）功能视角聚焦系统需要实现的功能以及如何实现这些功能，强调系统内部，属于白盒视角。功能视角可以使用的工具有质量屋、自下而上归纳法、N^2图，见表2-3。

表2-3　功能视角方法汇总

方法	优势	应用
质量屋	分析细致全面,量化分析	探究功能与需求的匹配程度,功能之间的交互等
自下而上归纳法	思维发散性好,不容易遗漏灵感	创造体系化的功能设计
N^2图	接口明确,结构清晰	探究功能之间的关系

质量屋：从质量保证的角度出发，采用矩阵图将顾客需求分解到产品的各个功能中，确保产品功能设计满足需求，如图2-8所示。

自下而上归纳法：首先，借助思维导图工具罗列要点，列出所有能想到的想法。例如，对于公司产品分析现存的全部路由器产品种类；或个人收入分析所有能提高收入的方法。其

- ● 正相关关系
- × 负相关关系
- 9 正强相关
- 3 正中相关
- 1 正弱相关
- 9 负强相关
- 3 负中相关
- 1 负弱相关

需求	权重	司机				App			后台数据库				配送人员			车辆		收据			短信
		工作简易性	信息反馈速度	信息准确度	驾驶安全性	使用便利性	数据更新速度	信息透明度	数据更新速度	数据完整性	数据准确度	使用便利性	服务态度	签收速度	工作效率	安全可靠性	整洁度	使用便利性	信息完整度	信息准确度	时效性
我希望了解司机信息	3							3		1									1		
我希望随时了解货物位置	2	3	9	1		1			9												9
我希望订单快速到达	5	3			3			1						3							
我希望随时联系到司机	3		9																		
我希望配送员穿着得体	1																3				
我希望配送员服务态度良好	3												9								
我希望可以选择配送时间	2										3										
我希望包裹完好无损	4				3											9					
我希望个人信息不被泄露	4							3					3		3				3		
我希望完整地检查货物	5													9					3	1	
我希望签收流程简洁	2											1	9	1				3			
得分		21	45	1	27	2	6	21	18	3	6	14	42	75	2	36	3	6	30	5	18
排名		7	2	20	6	18	14	7	9	16	12	11	3	1	18	4	16	12	5	15	9

图 2-8　质量屋示例

次，连线归类并逐步向上形成逻辑树。例如，将路由器产品分为宽带路由器、模块化路由器、非模块化路由器等；将收入类型分为主动收入和被动收入等。继而再向上归类形成逻辑树，往往需要通过一定的逻辑顺序来分类。可以通过时间的逻辑顺序、结构的逻辑顺序、重要性的逻辑顺序以及演绎推理来进行逻辑分类。最后，进行框架的完善和检查。有了逻辑树以后，还可以把逻辑树转化成更为直观的图表显示，比如二维矩阵或其他模型框架。

N^2 图：N^2 图探究不同功能之间的接口及其关系，从而与产品结构相结合，如图 2-9 所示。

2）结构视角需要考虑系统如何被组织和建构，与功能视角相互补充。结构视角可以使用的工具有商业画布、产品分解结构。

商业画布：商业模式画布由九个方格组成，分别是客户细分、价值定位、用户获取渠道、客户关系、收益流、核心资源、催生价值的核心活动、重要合伙人、成本架构，每一个方格都代表着成千上万种可能性和替代方案，需要使用者寻找最佳方案。

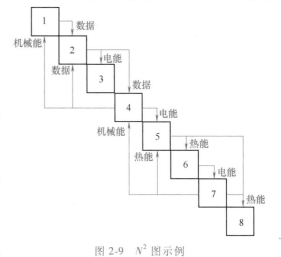

图 2-9　N^2 图示例

产品分解结构（Product Breakdown Structure，PBS）：将产品系统拆分成各个层级的组件。

（3）发展视角　发展视角主要跳出系统内部考察发展的时间和空间上的系统，包含类属视角、连续视角、时间视角。

1）类属视角是对系统相似性的感知。系统是否属于某一类型的相似系统，从而能够继承某些性质。

2）连续视角是对系统差异性的感知。聚焦这一系统与其他备选系统的差异性体现。

3）时间视角是对系统的过去、现在及未来的感知。从时间维度上考察系统过去的表现、现在的发展状况和阶段、未来的发展预测。

（4）其他视角　其他视角是对 HTP 框架的补充，在基本分析的基础上提高精确度、辩证性等。

1）科学视角是基于批判性思维对定性描述的见解和推断。系统的实际应用发展需要依靠科学研发，系统必须具有科学支撑，必须经过批判性思维的推断和检验。

2）定量分析要求系统分析不只停留于定性，还要增加与定性观点相关的定量信息，达到更高的精确度，用数据说话具有更好的可信度。

2.3.2　系统工程的起源

承认系统工程是一项独特的活动常被认为与第二次世界大战的影响有关，特别是在 20 世纪 50 年代和 60 年代，当时出版了一些教科书，首次将系统工程确定为一门独立的学科，并确定了它在工程体系中的地位。普遍认为系统工程是一项独特的活动，这是技术迅速发展及其在 20 世纪下半叶主要军事和商业行动中应用的必然结果。例如，高性能飞机、军用雷达、近炸引信，特别是原子弹的发展，使材料和信息应用方面取得了革命性的进展。此外，由于战时的需求，开发时间被压缩，因此需要在项目规划、技术协调和工程管理中采用新方法提升组织效率水平。

在 20 世纪 50 年代至 70 年代，军事需求继续推动喷气推进、控制系统和材料技术的发展。然而，半导体集成电路的发展对技术增长产生了更深远的影响。这在很大程度上使仍在发展中的"信息时代"成为可能，在这个时代，计算、网络和通信使得系统的能力和覆盖范围远远超出它们以前的极限。在这方面尤为重要的是数字计算机及其相关软件技术，正导致人类对系统的控制被自动化所取代。

现代系统工程与其起源的关系可以从以下三个方面来理解：

第一，先进的技术为提高系统能力提供了机会，但也带来了需求系统工程管理的开发风险，在自动化领域更为突出。人机界面、机器人技术和软件技术的进步使这一特定领域成为影响系统设计的发展最快的技术之一。

第二，竞争，其各种形式要求通过在各种替代方法之间使用系统级权衡来寻求更优的系统解决方案。

第三，专业化，它要求将系统划分为与特定产品类型相对应的构建块，这些产品类型可以由专家设计和构建，并严格管理它们的接口和交互。

而在中国，系统思想源远流长。公元前 1000 多年前，古代朴素的系统思想就已产生，并形成了都江堰、万里长城等经典案例。新中国成立后，钱学森领导科技人员在工程实践中形成中国航天系统工程方法的雏形，并将这套方法推广到电子、船舶等其他军工行业。华罗庚在全国各地推广"双法"的群众运动，取得了巨大的经济效益。

从 20 世纪 70 年代后期开始，钱学森、许国志等专家开始探索建立系统工程理论方法，组织开展"系统学讨论班"活动，提出了"开放的复杂巨系统"和"从定性的到定量的综合集成法"等。中国掀起了研究和应用系统工程的高潮，推广到军事、经济、社会等各领域。从 1979 年开始，钱学森提出了建立系统科学体系的任务，逐步发展完善系统科学体系。

20 世纪 90 年代，中国航天结合新的任务形势，提出了"归零双五条"、技术更改五条原则等方法措施。1997 年，中国航天局颁布了"72 条"和"28 条"等文件，进一步发展了航天系统工程方法，这些方法在军工行业得到推广应用。

从国际系统工程角度看，INCOSE (International Council on Systems Engineering，国际系统工程协会) 作为系统工程的权威组织，推动了国际系统工程知识体的建设和演化、ISO 15288 等相关国际标准的发布以及一系列向 MBSE (Model-Based Systems Engineering，基于模型的系统工程) 方向的方法和工具的发展。

2.3.3　系统工程的价值

由于产品、服务和社会的复杂性和变化都在不断上升，减少新系统或复杂系统更新升级的风险是系统工程师的主要目标。根据美国国防采办大学所报告的美国国防部项目统计分析，如图 2-10 所示，沿着时间轴的百分数表示随时间累积的实际生命周期成本（Life Cycle Cost，LCC），一个新系统的概念阶段平均占 LCC 总成本的 8%，可确定成本曲线表示由于项目决策所确定的 LCC 的总和，当累计的实际成本达到 20% 时，80% 的 LCC 总成本已经可以被确认。由此可见，在生命周期中极早地消除差错所需要的费用并不高。然而，在没有良好的信息和分析之下而做出早期决策所带来的成本高，为了减少未经充分研究所带来的风险，系统工程拓展了在概念探索中需要的活动。图 2-10 中所示的各个阶段是线性的，但在实际应用中，与现代产品开发相关的生命周期各个不同阶段的执行却是递归的。尽管如此，在整个生命周期内做出的不必要的决策带来的后果是相同的。

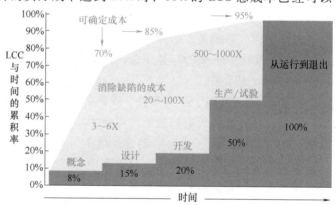

图 2-10　可确定的生产成本与时间的对比

需要系统工程的另一个驱动因素是复杂性对创新的影响在前所未有地增加。很少有新产品能具有众多颠覆式发明；相反，如今市场上的多数产品和服务都是逐渐改善的，这意味着如今的产品和服务的生命周期长。因此，需要一个定义明确的系统工程流程，它对于在现代化市场中建立和保持竞争优势是至关重要的。

2.4　复杂产品系统工程流程

ISO/IEC/IEEE 15288：2015《系统和软件工程——系统生命周期流程》是一个提供通

用的顶层流程描述和需求的国际标准，针对复杂产品的流程包括技术流程、技术管理流程、协议流程和使能流程，如图 2-11 所示。另外，并不是每个流程都普遍适用于所有系统，因此要配合剪裁流程来使用。

技术流程		技术管理流程	协议流程	使能流程
任务分析流程	综合流程	项目规划流程	采办流程	生命周期模型管理流程
利益攸关者需要和需求定义流程	验证流程	项目评估和控制流程	供应流程	基础设施管理流程
系统需求定义流程	转移流程	决策管理流程		项目群管理流程
架构定义流程	确认流程	风险管理流程		人力资源管理流程
设计定义流程	运行流程	构型配置管理流程		质量管理流程
系统分析流程	维护流程	信息管理流程		知识管理流程
实施流程	处置流程	测度流程		
		质量保证流程		

图 2-11　系统生命周期流程

2.4.1　技术流程

技术流程用于定义系统需求，将需求转换成有效的系统、子系统、组件等产品，必要时允许产品进行一致的复制，使用产品提供所要求服务，持续提供这些服务并且在产品推出时处置产品。ISO/IEC/IEEE 15288 中指出系统工程技术流程包括 14 个流程，其中前 4 个流程的角色如图 2-12 所示，技术流程从需要和需求的开发开始，当满足一个需要做出决策时，该需要会转换成一个对应的需求或需求的集合。

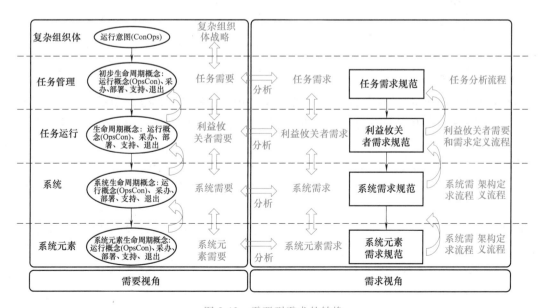

图 2-12　需要到需求的转换

系统工程的 14 个技术流程见表 2-4。

表 2-4　系统工程的 14 个技术流程

序号	流程	内容
1	任务分析流程	需要定义开始于系统的使命愿景、ConOps(运行意图)及其他的组织战略目标和目的,使命管理据此任务需要进行定义。这些需要由初步的生命周期概念、采办概念、部署概念、OpsCon(运行概念)、支持概念和退出概念来支持。然后,详细说明使命需要并正式化为使命需求,这些需求往往在使命需求规范(Business Requirements Specification,BRS)中获取
2	利益攸关者需要和需求定义流程	使用采办复杂组织体中的复杂组织体级 ConOps 和开发复杂组织体中的系统级初步 OpsCon 作为指南,需求工程师通过结构化的流程促使任务运行中的利益攸关者引出利益攸关者需要(以细化的系统级 OpsCon 及其他生命周期概念的形式)。然后,需求工程师将利益攸关者需要转换成正式的利益攸关者需求集合,这些利益攸关者需求通常在利益攸关者需求规范(Stakeholder Requirements Specification,STRS)中获取
3	系统需求定义流程	需求工程师将 STRS 中的利益攸关者需求转换成系统需求,这些系统需求通常包含在系统需求规范(System Requirements Specification,SYRS)中
4	架构定义流程	定义备选的架构并从中选择一个体系架构
5	设计定义流程	充分详细地定义系统元素,使实现与选定的架构一致
6	系统分析流程	使用数学分析、建模和仿真来支持其他技术流程
7	实施流程	实现系统元素以满足系统需求、架构和设计
8	综合流程	将系统元素组合到已实现的系统中
9	验证流程	提供证据证明生命周期内的系统、系统元素和工作产物满足制订的需求
10	转移流程	系统以计划的有序方式投入运行
11	确认流程	提供证据证明生命周期内的系统、系统元素和工作产品将实现意图运行环境中的意图使用
12	运行流程	使用系统
13	维护流程	在运行期间维持系统
14	处置流程	系统或系统元素被停用、拆解和从运行中移除

1. 任务分析流程

定义任务问题或机会,特征化解决方案空间并确定能够解决问题或利用机会的潜在解决方案类集。任务分析开启体系的生命周期,主要步骤为定义问题域,识别系统的主要利益攸关者,识别限制解决方案的环境条件和约束,为采办、运行、部署、支持和退出开发初步生命周期概念,以及开发业务需求和确认准则。图 2-13 所示是任务分析流程的 IPO 图。

1)准备任务分析是一个重要的步骤,它包括建立任务分析策略,以涵盖任何使能系统、产品或服务的需求。在定义问题或机会空间时,需要评审与期望的组织目标或目的相关的组织战略中已识别到的差距,并跨越权衡空间分析这些差距,这涉及描述差距底层的问题或机会,并在问题或机会的描述上达成共识。

2)描述解决方案空间是关键,这包括指定主要利益攸关者(个人或集团),由任务所有者指定将要参与解决方案的采办、运行、保障和退出的主要利益攸关者。此外,定义初步的 OpsCon 是必要的,它描述了系统用户和运行者群体的需要、目的和特征。OpsCon 还识别

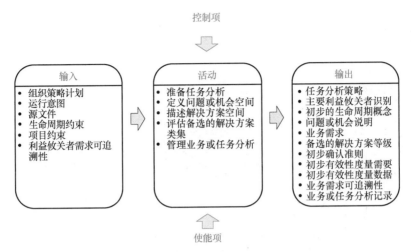

图 2-13　任务分析流程的 IPO 图

了系统背景环境和系统接口（即运行环境）。同时，还需要定义其他初步的生命周期概念，任务所有者在他们希望审视解决方案的采办、部署、支持和退出的任何方面的范畴内，识别初步的生命周期概念。最后，建立备选解决方案的全面集合。

在任务分析过程中，评估备选的解决方案类集是一个关键环节。这一步骤需要对备选的解决方案集合进行深入评价，并从中选择出最优的方案类。为了确保所选方案的可行性和价值，可以运用适当的建模、仿真和分析技术。在这个过程中，需要确保所选的备选解决方案类与已提出的业务或使命战略相一致。同时，还需要关注可行性、市场因素和其他备选方案的反馈，以便为组织战略的完善和后续行动提供有力支持。

管理业务或任务分析确保了整个分析过程的顺利展开。这一环节着重于建立并保持对需求和初步生命周期概念等分析结果的可追溯性，这对于后续的验证和更新至关重要。同时，为了维护整个任务分析的有效性和一致性，还必须提供关于系统构型和配置的详细基线信息。这些信息是实现有效管理和控制的关键，它们支持了整个任务分析过程的严密性和可靠性。细致的管理任务分析能够为项目的后续实施和管理阶段打下坚实的基础，确保所有相关方面都得到妥善处理。

2. 利益攸关者需要和需求定义流程

利益攸关者需要和需求定义流程的目的是在一个定义明确的环境中，为一个能够提供用户和其他利益攸关者所需能力的系统定义利益攸关者需求。

在识别了利益攸关者之后，这一过程引出与新出现的或改变的能力，或者新出现的机会相应的利益攸关者需要。这些需要经过分析转换为利益攸关者需求集合，用于解决方案的运行和影响，以及其与运行环境和使能环境的交互。利益攸关者需求是确定运行能力的主要依据，它指导着系统的开发，并且是进一步定义或明确开发项目范围的基本要素。如果一个组织正在进行采办，该流程在协议中为可交付物的技术描述提供基准，通常是采用系统级规范和系统边界定义接口的形式。图 2-14 所示是利益攸关者需要和需求定义流程的 IPO 图。

在系统工程的全生命周期中，首先着手准备利益攸关者需要和需求定义。这一过程包括开发和界定那些将参与各个阶段的利益攸关者的需求，并将这些需求转化为系统需求。所有

控制项

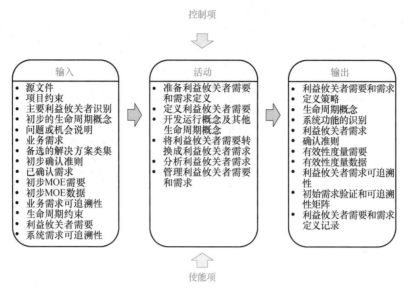

输入
- 源文件
- 项目约束
- 主要利益攸关者识别
- 初步的生命周期概念
- 问题或机会说明
- 业务需求
- 备选的解决方案类集
- 初步确认准则
- 已确认需求
- 初步MOE需要
- 初步MOE数据
- 业务需求可追溯性
- 生命周期约束
- 利益攸关者需要
- 系统需求可追溯性

活动
- 准备利益攸关者需要和需求定义
- 定义利益攸关者需要
- 开发运行概念及其他生命周期概念
- 将利益攸关者需要转换成利益攸关者需求
- 分析利益攸关者需求
- 管理利益攸关者需要和需求

输出
- 利益攸关者需要和需求
- 定义策略
- 生命周期概念
- 系统功能的识别
- 利益攸关者需求
- 确认准则
- 有效性度量需要
- 有效性度量数据
- 利益攸关者需求可追溯性
- 初始需求验证和可追溯性矩阵
- 利益攸关者需要和需求定义记录

使能项

图 2-14　利益攸关者需要和需求定义流程的 IPO 图

这些成果都将在 ConOps 中得到体现，并明确对任何使能系统、产品或服务的特定需求。

接下来，从已识别的利益攸关者中提炼出具体的需要，对这些需要进行优先级排序以识别重点关注的需要，并据此定义利益攸关者的需要。

此外，还需开发运行概念和其他生命周期概念。这涉及在采购、部署、运行、支持和退出的整个生命周期中，识别一系列运行场景以及系统的相关能力、行为和相应的解决方案与环境。通过构建这些场景，需求工程师能够定义出生命周期概念文件，描绘出系统产品的预期使用范围、预期的运行环境及系统对环境的影响，以及与其他系统、平台或产品的接口。利用场景分析有助于揭示那些可能在其他环境下被忽视的需求，并显现出社会和组织层面的影响。同时，也需要定义出系统或解决方案与用户、运行环境、支持环境和使能环境之间的互动关系。

然后，将利益攸关者的需要转换成利益攸关者需求，包括识别解决方案所面临的约束条件，这些约束可能来自具有遗留系统或操作系统的协议或接口。需要持续监控这些约束，确保及时识别任何可能导致约束本质改变的接口变化。此外，STRS 还规定了健康、安全、安保、环境、保证以及其他关键质量相关的利益攸关者的要求和功能，确保它们与场景、交互、约束和关键品质保持一致。

在分析利益攸关者需求时，STRS 定义了一系列确认准则。这些准则包括有效性测度（Measures of Effectiveness，MOE）和适用性测度（Measures of Suitability，MOS），它们旨在衡量在特定条件下意图的运行环境中成功"运行"的程度，这与被评估的任务或运行目标的完成程度密切相关。这些度量反映了客户或用户的总体满意度，包括性能、安全性、可靠性、可用性、可维护性和工作负荷需求等方面。需求工程师还会分析需求集合的清晰性、完整性和一致性，并审查使用的利益攸关者的分析需求，以确保需求真实反映他们的需求和期望。对于无法实现或不切实际的需求，会通过协商来进行修改。

最后，管理利益攸关者需要和需求，确保与利益攸关者沟通，确保他们的需求得到准确的表达和记录。在系统的整个生命周期内，在适宜的形式下记录利益攸关者的要求，并在生命周期中建立和维护需要和需求的可追溯性，如追溯到利益攸关者、其他来源、组织战略以及业务或任务分析结果。此外，还应提供配置管理的基线信息，为整个系统的发展提供坚实的基础。

3. 系统需求定义流程

系统需求定义流程的目的在于将面向利益攸关者和用户所期望的能力视角转换为满足用户运行需要的解决方案的技术视角，系统需求定义流程使用作为基础反映用户视角的利益攸关者需求，从供应商的视角生成系统需求集合。系统需求明确规定满足利益攸关者需求的系统特征、属性、功能和性能。在用于驱动架构设计流程之前，不引入实施偏见的情况下，必须比较该流程的输出与利益攸关者需求的可追溯性和一致性。系统需求定义流程为定义明确的系统需求增加验证准则。图 2-15 所示是系统需求定义流程的 IPO 图。

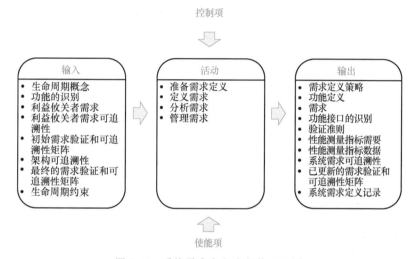

图 2-15 系统需求定义流程的 IPO 图

准备需求定义过程有一套实施途径，包括采用特定的系统需求方法、工具，以及对任何启动系统、产品或服务的需求进行深入分析。需要结合架构定义流程确定系统的边界，这涉及考虑运行场景和期望的系统行为，并描绘出相应的接口。此项任务还包括根据要求的接口控制文件（Interface Control Documents，ICD）来界定系统与外界系统之间的预期互动。

在定义需求时，识别并定义了系统需要执行的各个功能。这些功能设计上应保持通用性，避免与具体实施细节绑定，也不应带来额外的设计限制。还确定了促进效率和成本效益的生命周期功能的条件或设计因素，这涵盖了系统的行为特征。同时，识别了利益攸关者需求或组织限制对系统所施加的不可避免的约束，并将这些约束记录下来。此外，还需识别与系统相关的关键质量特性，如安全性、可靠性和可支持性，并明确在系统需求中阐述的技术风险。最终，明确规定了与利益攸关者需求、功能边界、功能、约束、关键性能衡量指标、关键质量特性和风险一致的系统需求。

在分析需求时，需确保每个需求或需求集合的整体完整性。需要将分析结果呈现给适当的利益攸关者，以确保明确规定的系统需求能够充分反映利益攸关者的需求。若在需求中发现任何问题，需要与利益攸关者协商并进行修改。同时，需要定义验证准则，这是可以评估技术成果的关键性能测度。

在管理需求时，需确保关键利益攸关者就"需求是否充分反映了利益攸关者的意图"达成一致意见，建立并维护系统需求与系统定义的相关元素之间的可追溯性，包括利益攸关者需求、架构元素、接口定义、分析结构、验证方法或技术以及分配的、分解的和导出的需求。最后，生成用于构型配置管理的基线信息。

4. 架构定义流程

架构定义流程的目的是生成架构备选方案，选择出框定利益攸关者满足系统需求的一个或多个备选方案，并以一系列一致的视图对备选方案进行表达。在打造解决方案的架构和设计时，目标是尽可能地满足系统需求集合，这些需求不仅可追溯至特定的任务和利益攸关者的需求，而且与生命周期概念中所表达的问题或机会紧密相连，包括运行、支持等方面。方案具有独有的特征、特性和特点，旨在通过多种技术手段来实现，包括但不限于机械、电子、液压、软件、服务和程序，致力于将这些技术融合和实施，以确保解决方案的全面性和有效性。图 2-16 所示是架构定义流程的 IPO 图。

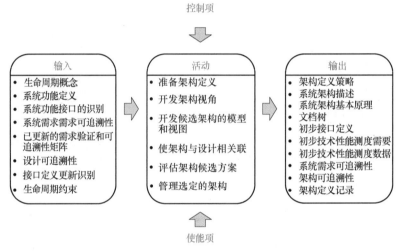

图 2-16　架构定义流程的 IPO 图

在准备架构定义时，要深入识别和分析相关市场、行业、利益相关方、组织、业务、运营、任务、法律以及其他各类信息。这些信息对于指导开发架构视角和模型具有重要价值，通过这些信息能够构建出一个全面理解所需解决方案环境的视角，进而深刻洞察利益相关方的关注点。与架构相关的关注事项通常集中在一个或多个系统生命周期阶段的期望或约束上，并涉及那些阶段相关的关键品质特征。

此外，应建立一套定义架构的实施路径，包括架构战略和路线图，相应的方法、建模技术和工具，以及对任何激活系统、产品或服务的需求。实施路径还涵盖了流程需求（如测量实施路径和方法）、评估（如评审和准则）以及必要的协调工作。还要确定评价标准，确保所需的激活元素或服务是可获得的，并对需要进行规划，为激活项识别出需求。

在开发架构视角时，基于已识别的利益攸关者的关注点，建立或识别了相关的架构视角和支持性模型，这些模型促进了视角分析和理解，同时也支持模型和视图的开发，以及相关的架构框架。

接着，选择或开发支持建模的技术和工具，结合系统需求定义流程，确定系统的环境背景和边界。这包括反映运行场景和期望的系统行为的接口，并涉及按照商定的接口控制文件定义的系统与外界系统的交互。同时，应优先考虑最重要的利益攸关者关注点、关键品质特征及其他关键需求，并为这些需求分配概念、特性、特征、行为、功能和约束。开发候选架构的模型和视图，如逻辑和物理模型，并确定由必须增加的架构实体和结构安排所诱发而导出的系统需求的需要。

在使架构与设计相关联时，确定了反映架构实体的系统元素，并将系统需求和架构实体向系统元素进行分配、对准和区划。为系统设计和演变建立了指导原则，并使用架构实体之间的关系来建立分配矩阵。同时，定义了细节层级和架构理解所必需的接口，包括内部接口和与其他系统的外部接口。

在评估架构候选方案时，使用了架构评价准则，并通过应用系统分析、测量和风险管理流程来评估候选架构。

最后，在管理选定的架构时，捕获并维持了所有备选方案之间选择的理由依据，以及对架构、架构框架、视角、模型种类和架构模型的决策。管理了架构的维护和演进，包括架构实体及其特征、模型和视图。还建立了架构治理的方法，包括角色、职责、权限和其他控制功能，并协调了架构评审以达成利益攸关者的协议。利益攸关者需求和系统需求可作为参考。

5. 设计定义流程

设计定义流程的目的是提供关于系统及其元素的充分详细的数据和信息，使实现能够与架构实体一致。系统架构聚焦于表达高层次的原则、概念和特征，通常通过通用的视图或模型来阐述，而不涉及具体的细节。系统设计则作为系统架构的补充，提供了对系统元素实施至关重要的信息和数据。这些信息和数据细致地描述了分配给每个系统元素的期望特性，以及那些能够转移到实际实现的特性。

设计过程通过一系列设计特征的完整集合来开发、表达、记录和沟通系统架构，这些设计特征以适合实施的形式进行描述。设计工作重点关注每个系统元素，这些元素是特定工程流程所需的，可能涉及多种实现技术，如机械、电子、软件、化学、人员操作和服务等。设计定义流程提供了实现特定系统元素所需的详细信息和数据。这一流程向母系统的架构提供反馈，加强或确认架构实体到系统元素的分配和分区。因此，设计定义流程为实施工作提供了必要的设计特征和设计启用项的描述。设计特征可能包括维护策略、形状、材料选择和数据处理结构。设计启用项可能包括验证表达式或方程、图样、图表、带有具体数值和度量的指标表、特征模式、算法和启发式方法。图2-17所示是设计定义流程的IPO图。

在准备设计定义的过程中进行技术管理的规划，识别实现系统及其元素设计目标所需的各项技术。技术管理还包括对之前技术的监控，确定哪些技术和系统元素存在过时的风险，并为它们制订潜在的替换计划，包括对潜在演进技术的识别。同时，考虑将要应用的技术，为每个系统元素确定合适类型的设计特征，并定期评估这些特征，以适应系统架构的演进。还需要定义和记录设计定义策略，涵盖了任何激活系统、产品或服务的需要和需求。

在建立与每个系统元素有关的设计特征和设计使能项时，将系统需求分配给系统元素，主要针对在架构定义流程中未全面阐述的需求。为架构实体定义了与架构特征相关的设计特征，并确保这些特征是可行的。利用设计使能项，如模型（包括物理模型和解析模型）、设计启发法等，如果发现某些特征不可行，需要评估其他设计备选方案或对其他系统定义元素

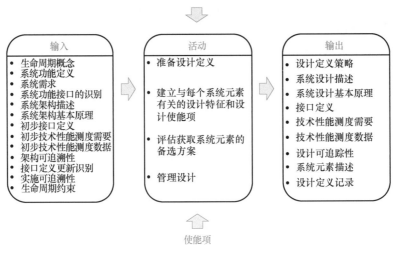

图 2-17　设计定义流程的 IPO 图

进行权衡。同时，也需要进行接口定义，以便对架构定义流程未定义的或需要随设计细节演进的接口进行定义，包括系统之间的内部接口以及与其他系统的外部接口。还要捕获每个系统元素的设计特征，并提供关于主要实现选项和使能项选择的理由依据。

在评估获取系统元素的备选方案时，识别已实施的现有元素，包括通过商业渠道获得的元素、已复用元素或其他未开发的系统元素，并研究待开发的新系统元素的备选方案。

在管理设计时，捕获并维护所有选择的理由依据，包括设计、架构特征、设计激活项和系统元素来源的备选方案和决策。对设计的维护和演进进行管理，包括与架构对准，并评估和控制设计特征的演进。还要建立并维持架构实体（包括视图、模型和视角）之间到利益攸关者需求和关切点、系统需求和约束、系统分析、权衡和理由依据、验证准则与结果，以及设计元素之间的双向可追溯性。设计特征与架构实体之间的可追溯性还有助于确保架构的遵从性。此外，要提供构型配置管理的基线信息，并维护设计基线和设计定义策略。

6. 系统分析流程

系统分析流程的目的是为技术理解提供严格的数据和信息基础，以辅助跨生命周期的决策。

在这一流程中，采用基于分析的方法来进行定量评估和估计，这些分析包括成本分析、经济可承受性分析、技术风险分析、可行性分析、有效性分析以及其他关键品质特征的分析。主要利用定量建模技术、分析模型以及相关仿真，根据所需的逼真度在各个严格性和复杂性层级上进行应用。这些分析的结果被用作各种技术决策的输入，为实现合适的系统平衡提供对系统定义的适当性和完整性的信心。图 2-18 所示是系统分析流程的 IPO 图。

在准备系统分析阶段，首先明确分析的范围、类型和目标，以及所需分析的精确度等级，并评估这些因素对系统利益攸关者的重要性。还要定义或选择评价准则，包括运行条件、环境条件、性能、可靠性、成本类型和风险类型等。同时，确定待分析的候选元素、将采用的方法和程序，并阐述它们的必要性。此外，确定进行系统分析所必需的使能系统、产品或服务的需要和需求，并获得或确保使用权。根据模型的可用性、工程数据（如运营概念、业务模型、利益攸关者需求、系统需求、设计特征、验证和确认措施）以及技能人员

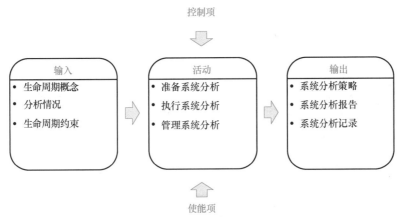

图 2-18　系统分析流程的 IPO 图

和程序的安排，对分析进度进行规划，并对相应的系统分析策略进行文档化。

在执行系统分析时，收集所需的数据和输入，并明确指出所有假设。按照既定的进度，使用已定义的成本、风险、有效性和假设确认的方法和程序来执行分析。在流程中，与适当的主题专家进行同行评审，以评估系统的有效性、品质及其与利益攸关者目标和之前分析的一致性。还需记录和报告流程中的结果。

在管理系统分析时，采用构型配置管理流程来对分析结果或报告进行基线化。维护从利益攸关者需求定义到最终系统退役的系统演进的工程历史，使得项目团队能够在系统生命周期期间或之后的任何时候都能够进行双向追溯。

7. 实施流程

实施流程的目的是实现特定的系统元素。

在实施流程中，着手创建或构建与详细描述相符的系统元素，包括需求、架构和设计，以及相关的接口，采用当前技术和行业最佳实践来构建这些元素。在这一过程中，工程师严格按照分配给系统元素的需求进行工作，使用详细的图样或其他设计文件中概述的特定材料、工艺流程、物理或逻辑布局、标准、技术和/或信息流来构造、编码或搭建每一个单独的元素。在构建过程中，验证系统需求并确认利益攸关者的需求。如果后续的配置审计揭示了任何不符合项，将根据需要对之前的活动或流程进行递归性的互动，以便进行纠正。这样的递归性交互确保了系统的完整性和一致性，同时满足了所有相关方的需求和期望。图 2-19 所示是实施流程的 IPO 图。

在准备实施阶段，定义构造/编码程序、要使用的工具和设备、实现允差以及针对详细设计文件产生的元素进行配置审计的手段和准则。对于重复的系统元素实现，如批量制造或替换的元素，定义或细化实现策略，以确保一致且可重复的元素生产，并将实施策略保存在项目决策数据库中，以备将来参考。从利益攸关者、开发者和团队中识别由实现技术、计划或使能系统施加的任何约束，并记录在需求、架构和设计定义中需要考虑的约束。还要对实施期间所需资源的使用权的获取或获取计划进行文档化，包括对使能系统的需求和接口的识别。

在执行实施时，开发用于培训用户关于运行和维护元素的正确和安全程序的数据，这些数据作为单独的最终项或是更大系统的一部分。完成详细的产品、流程、资料规范（"按构

控制项

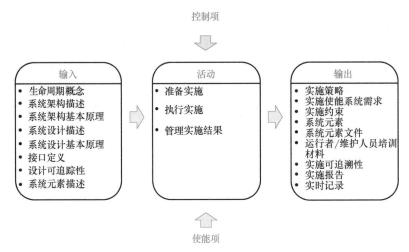

图 2-19　实施流程的 IPO 图

建"或"按编码"的文件化）以及相应的分析。确保按照详细的产品、流程、资料规范实现系统元素，并产生证明实施一致性的文件化证据。

在管理实施结果时，识别并记录实施结果，并按照组织的方针维护记录。记录实施过程中遇到的任何异常，并使用质量保证流程来分析和解决这些异常（包括财务措施或改进）。建立并保持所实施的系统元素与系统架构、设计以及积极实施所需的系统和接口需求的可追溯性，提供配置管理的基线信息。

8. 综合流程

综合流程的目的是将系统元素的集合综合成为满足系统需求、架构和设计实现的系统（产品或服务）中。在综合过程中，逐步地集成已实现的构成系统的元素（包括硬件、软件和操作资源），并验证这些元素之间接口的静态和动态方面的正确性。这一过程与验证和确认（Verification and Validation，V&V）流程紧密协作，并根据需要与之迭代。随着系统元素的综合进行，启动验证流程以检查架构特征和设计特征是否正确实现。同时，确认流程也会被启动以确保单个系统元素提供了预期的功能。

此外，该流程确保了系统元素之间的所有边界都被正确识别和描述，包括物理的、逻辑的以及人员与系统的接口和交互（生理的、感知的、认知的）。还需检查所有系统元素的功能、性能和设计需求与约束是否得到满足。这些细致的检查确保了系统的完整性和一致性，同时也确保了系统能够满足所有预定的需求和标准。图 2-20 所示是综合流程的 IPO 图。

在为综合做准备的阶段，定义关键检查点，以确保接口的正确行为和系统元素功能的提供。激励使综合时间、成本和风险最小化的综合策略，基于系统架构定义和适当的综合路径与技术，对由系统元素所构成的集合定义了一种优化的顺序。定义待构建和验证的聚合体的构型配置（这取决于参数集），还定义了汇集程序和相关使能项。识别综合策略产生的将要纳入系统需求、架构和设计中的对目标系统的综合约束（包括可达性、综合者的安全以及所实施的系统元素集与使能项的所需互连方面的要求）。使能项的采办可以通过各种不同的方式来完成，如租赁、采购、开发、复用和转包。使能项可能是作为与目标系统项目独立的项目而被开发的完整使能系统。

在执行综合时，依次综合系统元素构型配置，直到完整的系统被集成。使用定义的汇集

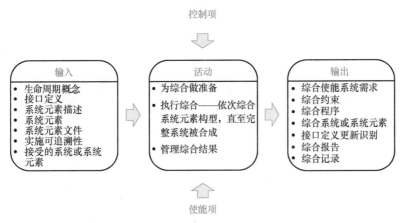

图 2-20 综合流程的 IPO 图

程序、相关的综合使能系统和接口控制定义来汇集经验证和确认的系统元素，以形成逐步的聚合。根据需要，调用系统 V&V 流程以检查架构特征和设计特征的正确实现，并检查单个系统元素是否提供了预期的功能。

在管理综合结果时，识别并记录综合的结果。保持更新的综合系统元素与更新的系统架构、设计及系统与接口需求的双向可追溯性。按照组织的方针保持记录，包括构型配置的更新。记录综合流程中所观察到的异常（并识别了纠正措施或改进），并使用质量保证流程来解决这些异常。

应按照项目进展更新综合策略和进度，特别是当出现了非预期的时间或计划的系统元素不可用时，可以对系统元素的汇集顺序进行重新定义或重新安排。与项目经理（如时间安排、使能项的采办、合格人员的雇佣）、架构师或设计者（如对架构、错误、缺陷、不符合性报告的理解）以及配置管理员（如已提交元素的版本、架构和设计基线、使能项、汇集程序）协调综合活动。

9. 验证流程

验证流程的目的是提供证明系统或系统元素满足其特定需求和特征的客观证据。

该流程作为一个范例，旨在适用于目标系统或构成该系统的任何元素，以确认它们已经按照预定标准"正确地构建"。这个验证流程可以应用于多种工程元素，这些元素对系统的定义和实现起到辅助作用，包括系统需求、功能、输入/输出流、系统元素、接口以及设计特征等的验证。

验证流程的核心目标是提供确凿的证据，证明在从输入到输出的转换过程中没有产生误差、缺陷或错误。它根据既定的需求以及选择的方法、技术、标准或规则来确认这种转换是"正确的"。通常情况下，验证的目的是确保"产品被正确地构建"，而确认的目的是确保构建的是"正确的产品"。在系统的每个生命周期阶段，验证都是一项贯穿始终的活动。特别是在系统开发期间，验证不仅适用于各种活动，还适用于这些活动产生的所有产品。这一过程确保了系统及其组成元素在整个开发周期内的质量与准确性，从而为最终用户提供了符合预期的高质量系统。图 2-21 所示是验证流程的 IPO 图。

准备验证阶段涉及制定一种策略，该策略对验证措施进行优先级排序，以在最大化系统行为覆盖范围的同时最小化成本和风险。创建一个需要考虑的验证约束列表，这些约束可能

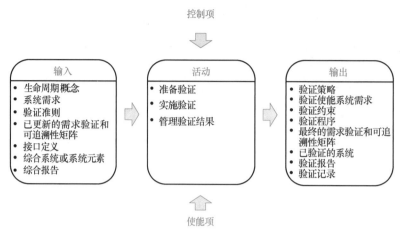

图 2-21　验证流程的 IPO 图

影响验证措施的实施，包括合同条款、监管要求、成本、进度、执行功能的可行性、安全考虑、物理配置以及可达性等。还定义了验证的范围，因为验证会消耗资源，包括时间、劳动力、设施和资金。根据系统类型、项目目标以及可接受的风险水平，做出关于必须验证内容的选择。开发支持验证措施的程序，并识别与特定系统需求、架构元素或设计元素相关的验证约束，如性能特性、可达性和接口特征。在系统需求、架构和设计定义流程中，提供需要考虑的约束信息，并确保必要的使能系统、产品或服务在需要时可用。这包括使能项的需求和接口识别，其采办可以通过租赁、采购、开发、复用和转包等多种方式完成。

在实施验证阶段，执行前一阶段制订的验证计划，该计划详细描述了选定的验证措施，包括待验证项、期望结果和成功标准、选定的验证方法和技术、所需数据及相关使能系统、产品或服务。使用验证程序来执行验证措施并记录结果，然后根据既定的预期和成功标准分析这些结果，以确定所验证的元素是否符合要求。

在管理验证结果阶段，识别并记录验证结果，并将数据输入需求验证和可追溯性矩阵（Requirements Verification and Traceability Matrix，RVTM）中。按照组织的方针维护记录，并记录验证过程中观察到的任何异常情况，然后利用质量保证流程来分析和解决这些异常。建立所验证系统元素与系统架构、设计以及所需的系统和接口需求之间的双向可追溯性，并为配置管理提供基线信息。随着项目的进展，更新验证策略和进度，特别是可以根据需要对计划的验证措施重新定义或重新安排进度。与项目经理、架构师或设计者以及配置管理员协调验证活动，以确保所有相关方面都得到妥善处理。

10. 转移流程

转移流程的目的在于为系统建立能够在运行环境中提供由利益攸关者需求所规定的服务的能力。此流程使得组织实体能够将系统的监管和支持职责顺利地移交给另一组织实体，这涵盖了从开发团队到后续将操作和维护系统的组织的监护权转移。这一转移的成功完成往往预示着系统进入其使用阶段的起点。在实施转移流程时，在运行环境中部署一个经过验证的系统，以及如协议所述的相关辅助系统、产品或服务，如用户培训系统。利用之前验证过程中的成功结果，采购方在允许更改控制、所有权和/或监管权之前确认系统在预期的操作环境中符合既定的系统需求。尽管这个流程本身是相对短暂的，但为了避免任何可能的误解和双方之间的相互指责，仍需要仔细规划和执行。

此外，为了确保所有活动都能让双方满意地完成，需要跟踪并监控整个转移计划，包括对转移期间出现的任何问题进行解决。这种细致的准备和跟踪确保了系统的顺畅过渡，并为新运营阶段的顺利开始奠定了基础。图 2-22 所示是转移流程的 IPO 图。

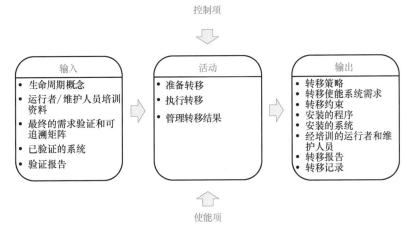

图 2-22　转移流程的 IPO 图

在准备转移阶段，要制定转换策略。该策略包括操作人员的培训、后勤支持、交付策略以及问题的纠正和解决方案。开发相应的安装程序，并确保所有必要的辅助系统、产品或服务均可用，以支持转移过程。还需规划包括辅助项目的需求和接口识别在内的细节，辅助项目的采购可以通过租赁、购买、开发、复用或者外包等多种途径完成，并且辅助项目可能是作为与主项目独立的项目而开发的完整系统。

在执行转移阶段，使用安装程序来安装系统，并对用户进行适当的培训，以确保他们具备正确使用系统以及进行运行和维护活动所必需的知识和技能。在适用的情况下，还要对操作手册和维护手册进行彻底审查与转换。确认最终的接收条件，即安装的系统能够提供其所需的功能，并且能够由辅助系统和服务维持运行，所有已知问题和行动项均已解决，且与系统开发和交付有关的全部协议已完全满足或得到裁决。在运行场地进行功能预演和运行准备评审之后，将系统投入实际运行。

在管理转移结果阶段，记录实施后的事件和问题，这些可能引发对需求的纠正措施或变更。质量保证流程被用来处理在执行转移过程中报告的事件和问题。还需要记录在转移期间观察到的任何异常情况，这些异常提供了关于结果、处理异常所需信息以及历史记录。异常可能源于转移策略、辅助系统、接口等方面。利用项目评估和控制流程分析异常，并确定需要采取的行动。同时，维护与转移策略、系统架构、设计及系统需求相关的已转移系统元素的双向可追溯性，并为配置管理提供基线信息。

11. 确认流程

确认流程的目的在于提供客观证据，证明系统在适用时符合其使命任务目标及利益攸关者的需求，从而在其意向的运行环境中实现其意向的使用。确认流程在系统生命周期的关键节点上被应用于目标系统或组成该系统的任何系统元素，旨在确保系统的正确构建并符合利益攸关者的需求。这一流程的执行有助于保障系统或任何系统元素在整个生命周期中满足利益攸关者的期望，即通过工程流程和输入转换得出预期的成果，也就是"正确的"结果。

确认作为一项横向活动，贯穿系统的每个生命周期阶段。特别是在系统开发期间，确认工作不仅适用于所有流程和活动，还涵盖了这些流程和活动产生的各种产品。确认流程与其他生命周期流程紧密协作。例如，任务分析流程确定了目标运行能力，而运行能力（如任务或业务概况及操作场景）是通过利益攸关者需求定义流程转换为具体的用户需要和需求的。确认流程与这些流程并行运行，以在生命周期内定义适当的确认措施和程序，从而确保系统的演进方式能够高度符合运行能力，正如利益攸关者的需求所详细描述的那样。图 2-23 所示是确认流程的 IPO 图。

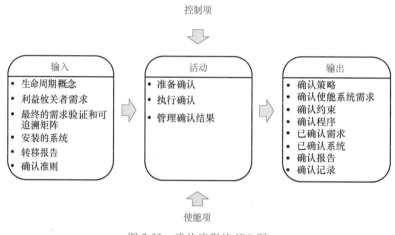

图 2-23　确认流程的 IPO 图

准备确认阶段涉及建立确认策略，这通常是确认计划的一部分，其目的是在使成本和风险最小化的同时优化确认措施的数量与类型。识别将参与确认活动的利益攸关者，并定义他们的角色与职责，这可能包括采购方、供应商和第三方代表。确认计划的范围取决于生命周期阶段及该阶段内的进展。确认不仅适用于所交付的系统，还可能适用于系统、系统元素或制品，如操作概念或原型。建立一个需要考虑的确认约束列表，这些约束可能影响确认措施的实施，包括合同约束、监管需求产生的限制、成本、进度、实现某些功能的可行性（如在某些法规中）、安全考虑因素、物理配置构型、可达性等。通过适当考虑这些约束，选择适当的确认方法，如检验、分析、演示或测试，这取决于生命周期阶段。还要识别所需的任何辅助项目，并对确认措施进行优先级排序，这可能是必要的。根据约束、风险、系统类型、项目目标其他相关标准对确认措施进行优先级排序和评估。确定是否存在任何确认差距，以及系统或系统元素是否将满足已识别的需求。通过项目规划流程，为满足适用项目步骤中的确认措施执行要求进行适当的进度安排。在定义确认措施的提交项的配置时，识别由确认策略产生的系统确认约束，这些约束被纳入利益攸关者需求中。其包括确认辅助项目所施加的实际限制，如精确度、不确定性、可重复性、相关测量方法以及可用性和辅助项目的相互连接。确保在需要时确认措施所需的必要辅助系统、产品或服务是可用的。规划包括辅助项目的需求和接口识别。辅助项目可能是作为感兴趣的系统（System of Interest，SOI）项目中的独立项目开发的完整辅助系统。

在执行确认过程中，开发支持确认措施的确认程序。确保实施确认的准备就绪，确认系统或项目的可用性和配置状态,确认辅助项目的可用性、合格的人员或操作者、资源等。按照程序执行确认措施,包括在运行环境或尽可能接近运行环境的某一环境中采取行动。在进行确认措施期间,随着行动的实施记录结果。

在管理确认的结果时,识别并记录确认结果,并将数据输入确认报告中(包括必要的需求验证与追踪矩阵更新)。按照组织的方针维护记录,并记录确认流程期间观察到的任何异常情况,应用质量保证流程来分析和解决这些异常(纠正措施或改进)。确保应用项目评估和控制流程对结果、异常和符合程度进行分析。将获得的结果与期望的结果进行比较,推断出提交项的符合程度(即提供利益攸关者所期望的服务),并决定该符合程度是否可接受。问题的解决是通过质量保证流程与项目评估和控制流程来处理的。在其他技术流程内,执行系统或系统元素定义(即需求、架构、设计或接口)及相关工程制品的变更。获得采办方(或其他经授权的利益攸关者)对确认结果的验收。维护确认的系统元素与确认策略、业务/任务分析、利益攸关者需求、系统架构、设计及系统需求的双向可追溯性,并为配置管理提供基线信息。按照项目进展更新确认策略和进度,特别是可以根据需要对已计划的确认措施重新定义或重新安排。

12. 运行流程

运行流程的目的是使用系统来交付服务。

此流程常常与维护流程并行进行。在运行流程中,通过准备系统投入运营、提供操作该系统的人员、监控操作者与系统性能以及持续追踪系统表现来保持服务的稳定性。若该系统取代了既有系统,那么可能需要管理两个系统之间的过渡,以确保对利益攸关者的不间断服务不受影响。一个系统的使用及保障阶段往往占据其全生命周期成本的绝大部分。如果系统性能超出了可接受的范围,这就意味着可能需要根据保障计划和相关协议采取纠正措施。当一个系统或其组成部分达到了预定的生命周期尽头或使用期限时,该系统将进入退出阶段。图 2-24 所示是运行流程的 IPO 图。

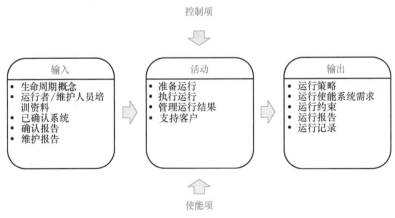

图 2-24 运行流程的 IPO 图

准备运行阶段是制订运行计划的关键环节,包括开发策略、确保设备与服务可用性以及人员和性能追踪系统的建立。需确认验证人员调度和设施的时间安排是否合适,必要时采用轮班制度。此外,需定义并维持与现有或增强服务修改相关的业务规则,实施 OpsCon 和环境政策,并审查运行性能指标、阈值和准则。确保所有参与人员都接受适用的安全培训,并向系统需求、架构和设计定义流程反馈任何运行约束。规划中还包括识别使能项的需求和接口，使能项的采购可以通过租赁、购买、开发、复用或转包等多种方式完成。还要确定操作者的技能集合，并对他们进行系统运行的培训。

执行运行阶段涉及根据 OpsCon 执行系统运行，并跟踪系统性能，以运行可用性为依据来解释各项指标。这包括以安全的方式运行系统，并实施运行分析以确定任何不符合性。在异常运行条件出现时，应采取应急计划行动，并在必要时实施系统应急运行。

在管理运行结果阶段，将运行结果进行文件化记录，并在运行过程中观察到的任何异常情况使用质量保证流程进行分析和解决（采取纠正措施或改进）。遵循程序将运行恢复到安全状态，并维护运行元素与运行策略、业务/任务分析、操作概念、OpsCon 以及利益攸关者需求的双向可追溯性。

在支持客户阶段，执行响应客户请求所需的任务，确保客户的需求得到及时的处理和满足。

13. 维护流程

维护流程的目的是保持系统提供某种服务的能力。维护涵盖了一系列活动，包括提供运行支持、后勤服务以及资料的管理工作。通过持续监测运行环境中得到的反馈，能够识别存在的问题并采取相应的纠正措施、补救措施或预防性措施，以恢复系统的全部功能。在生命周期后期阶段，当新的约束条件被引入并对系统需求、架构和设计产生影响时，维护流程将辅助系统需求定义、架构定义和设计定义的相应流程，确保系统适应性和功能的持续性。图2-25 所示是维护流程的 IPO 图。

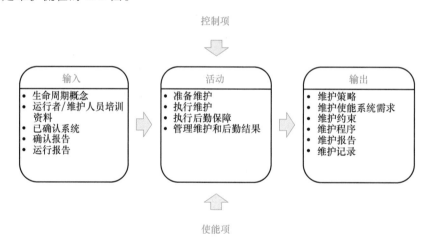

图 2-25　维护流程的 IPO 图

准备维护阶段涉及制订全面的维护计划，包括开发策略和确保服务贯穿整个生命周期，以满足客户需求并使客户满意。策略中明确定义了不同类型（预防性、纠正性、改善性）的维护行动以及相应的维护层级（如操作者或现场级别）。此外，计划考虑最小化运营停机时间，并涵盖了各种类型的维护活动，比如应对故障的纠正性维护、适应系统发展变化的适应性维护、进行系统增强的完善性维护，以及防止设备故障的计划性预防维护。

在执行维护时，开发预防性和纠正性的维护程序，识别、记录并解决系统中的异常情况，并在发生故障后迅速恢复系统运行。通过评审异常报告，规划未来的维护工作，并启动分析和纠正措施来弥补之前未检测到的设计缺陷。按照既定进度，使用既定的维护程序执行预防性维护，并确定对适应性或完善性维护的需求。

在执行后勤保障时可采取采购后勤措施，如执行权衡研究和分析以确定整个生命周期中最经济的保障系统方式。设计考虑影响系统内在可靠性和维护性的特征，并将其与其他保障选项的经济可承受性对比。这些设计因素通常受到可用性需求、供应链管理、人力限制和系统经济可承受性的影响。采购后勤与系统需求定义并行地规划和开发系统生命周期的可保障性策略。还可采取运行后勤措施，这在系统的运行生命周期内不断调整，以确保系统能力的有效和高效交付。运行后勤措施使系统能够达到所需的运行准备度，包括人员配备、维护管理、供应保障、支持设备、技术数据需求（如手册、操作指南、清单）、培训支持、维持工程、计算资源和设施等。

在管理维护和后勤结果时，对维护流程的结果进行文件化处理，记录了在维护过程中观察到的任何异常情况，并采用质量保证流程进行分析和解决（采取纠正措施或改进）。识别和记录了维护及后勤行动的趋势，并保持了维护行动与适用的系统元素和系统定义产品的双向可追溯性。通过客户反馈，了解客户对维护和后勤保障的满意度水平。

14. 处置流程

处置流程的目的是结束系统元素或体系的存在以用于特定的预期使用，恰当地处理被替代或退出的元素，以及恰当地处理所识别的关键处置需要。在产品或项目从开始到结束的整个生命周期中，其处置流程需要根据相应的指导手册、政策、法律和规定进行。在开发阶段，不仅需要考虑到产品的制造和设计，同时还需考虑处置过程中可能出现的需求和限制。这些需求和限制需要与明确定义的利益攸关者的需求以及其他设计因素相协调，因此，处置流程是一个贯穿产品或项目生命周期的支持流程。另外，环境问题也促使设计师思考如何回收材料，或者如何在新的系统中实现材料的重复使用。图 2-26 所示是处置流程的 IPO 图。

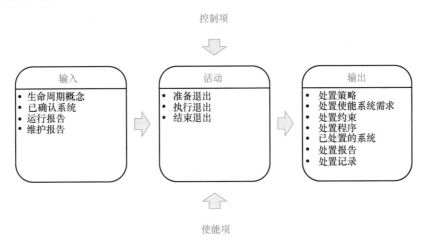

图 2-26 处置流程的 IPO 图

在整个产品或项目的生命周期中，处置流程是一个至关重要的环节，它包括了所有将环境恢复到可接受状态所必需的步骤。这个流程需要遵循适用的法规、组织的约束以及利益相关者的协议，以对环境无害的方式处理所有系统元素和废弃产品。同时，根据外部监督机构或管理机构的监测要求，还需要记录并保存所有的处置活动。

在准备退出阶段，需要评估退出概念，这被称为处置概念，包括任何可能存在的危险物料以及在退出期间可能会遇到的其他环境影响。需要制订处置计划，包括策略的开发，并对系统需求施加相关的约束。同时，需要确保在需要时处置所需的必要的使能系统、产品或服务是可用的。规划包括使能项的需求和接口的识别。使能项的获取可以通过各种不同的方式来完成，如租赁、采购、开发、复用和转包。使能项可能是被开发为 SOI 项目中的独立项目的完整使能系统。在这个过程中，需要识别哪些元素可以被复用，哪些不能。需要实施一些方法，以防止在供应链中复用危险物料。如果需要存储系统，则需规定防范设施、存储位置、检验准则和存储期。

在执行退出阶段，需要停用将要被终结的系统元素。需要分解元素以便于处理，包括可复用元素的识别和处理，还要提取不再需要的所有元素和废料，包括从存储场地移除物料、将元素和废弃产品销毁或永久性存储，以及确保废品不会返回供应链中。并且需要按照处置程序退出已停用的系统元素，使受影响的人员离开并获取隐性知识供未来之需。

在结束退出阶段，需要确认处置活动中没有不利影响并使环境返回为初始状态，保存所有处置活动和残留危险物的文件。

2.4.2 技术管理流程

在产品生命周期内，产品和服务的创建或升级是通过项目的实施来管理的。技术管理流程用于建立和演进计划、执行计划、按计划评估实际的成果和进度，以及对计划的执行进行控制，直至完成。单独的技术管理流程可在生命周期的任何时候和任何层级被引用。

技术管理流程包括项目规划流程、项目评估和控制流程、决策管理流程、风险管理流程、构型配置管理流程、信息管理流程、测度流程和质量保证（Quality Assurance，QA）流程。这些流程对于系统管理实践而言是必要的，且在项目背景环境的内部和外部均适用，它们贯穿于整个组织中。

1. 项目规划流程

项目规划流程的目的在于产生并协调有效且切实可行的系统规划。系统项目规划开始于对新的潜在项目的识别，并在项目的授权和激活后继续，直至项目终止。项目规划流程在组织的背景环境中被实施。生命周期模型管理流程建立并识别关于管理和执行技术工作的相关方针和程序，识别技术任务、相关依赖关系、风险和机会，并提供对所需资源和预算的估计。规划包括在项目期间确定对专业化设备、设施及专家的需要，以提高效率和有效性并减少成本超支，这要求跨流程集的协调。例如，在项目中需求定义流程、架构定义流程和设计定义流程的实施中不同学科共同工作，以按照产品性能来评估参数，如可制造性、可测试性、可运行性、可维护性和可持续性。为达到最佳效果，项目任务可以是并行的。项目规划建立能够评估和控制项目进度所必需的指导和基础设施，并使用组织内外所需资源的进度表来识别工作细节以及人员、技能和设施的正确集合。图 2-27 所示是项目规划流程的 IPO 图。

项目的定义开始于对项目建议书和相关协议的分析，以明确项目的目的、范围和限制。然后建立组织程序和实践的剪裁，以便开展计划的工作。基于演进的系统架构，建立工作分解架构（Work Breakdown Structure，WBS）。同时，从组织已定义的生命周期模型中定义并维护一个经过剪裁的生命周期模型，包括对主要里程碑、决策门和项目评审的识别。

在计划项目和技术管理时，为项目权限建立角色和职责。对于已识别的每个任务和活

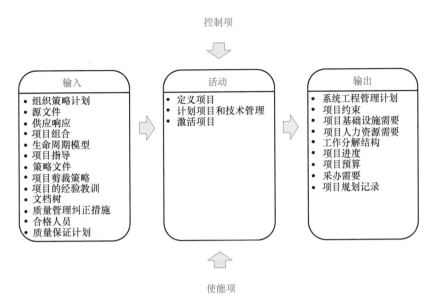

图 2-27 项目规划流程的 IPO 图

动，定义了顶层工作包。每个工作包都受到所需资源（包括采购策略）的限制。基于目标和工作预估，开发一个项目进度安排表，并定义所需的基础设施和服务，确定成本并估算项目预算。同时，计划资料、物品和使能系统服务的采办，并准备系统工程管理计划（Systems Engineering Management Plan，SEMP）或系统工程计划（Systems Engineering Plan，SEP），这包括将在生命周期中实施的评审。为满足项目的需求，生成或剪裁质量管理计划、构型配置管理计划、风险管理计划、信息管理计划和测度计划（对于较小的项目来说，可能是 SEMP 或 SEP）。最后，建立用于主要里程碑、决策门和内部评审的准则。

在激活项目阶段，获得项目授权，提供项目执行所需资源的请求书，并获得授命，最后执行项目计划。

2. 项目评估和控制流程

项目评估和控制流程的目的是评估计划是否协调一致且切实可行，确定项目、技术和流程性能的状态，以及指导执行以确保在预计的预算内性能符合计划和进度安排，以便满足技术目标定期地安排评估并用于所有里程碑和决策门。其意图在于，保持项目团队内以及与利益攸关者的良好沟通。项目评估和控制流程的严格性直接依赖于 SOI 的复杂性。项目控制涉及所采取的纠正措施和预防措施，以确保项目按照计划和进度在预计的预算内执行。项目评估和控制流程可能触发其他流程域的活动。图 2-28 所示是项目评估和控制流程的 IPO 图。

在计划项目评估和控制时，为系统开发项目设定一套评估和控制的策略。这涉及对项目的深入评估，其中包含了审视与项目相关的各项测度结果。对照预算来比较实际的成本与预期的成本，对照进度表来比较实际的时间与预计的时间，同时检查项目的质量和预设标准之间的偏差。此外，还要对项目活动的绩效效率和成果进行仔细的评价，并评估项目基础设施和资源的适宜性与充足性。

在评估项目时，将之与既定的准则和里程碑进行对比，并实施必要的评审、审计和检验，以确认项目是否准备就绪，以便迈向下一个关键的里程碑。还要密切监控关键任务和技术，并对评估结果进行分析。基于这些分析，提出项目计划调整的建议，并将这些建议纳入

79

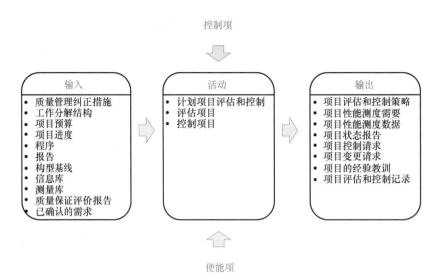

控制项

输入	活动	输出
• 质量管理纠正措施 • 工作分解结构 • 项目预算 • 项目进度 • 程序 • 报告 • 构型基线 • 信息库 • 测量库 • 质量保证评价报告 • 已确认的需求	• 计划项目评估和控制 • 评估项目 • 控制项目	• 项目评估和控制策略 • 项目性能测度需要 • 项目性能测度数据 • 项目状态报告 • 项目控制请求 • 项目变更请求 • 项目的经验教训 • 项目评估和控制记录

使能项

图 2-28　项目评估和控制流程的 IPO 图

项目控制流程和其他相关的决策流程中。所有这些信息都按照约定、政策和程序的规定，及时向相关方沟通。

当控制项目时，如果评估结果显示有偏离趋势，会启动预防措施。若评估结果表明性能未达到成功的标准，会采取问题解决措施。而当评估显示与已批准的计划有偏差时，会启动纠正措施。会相应地建立工作项和进度变更，以反映所采取的行动。同时，还会与供应商协商，对于需要从组织外部采购的商品或服务进行谈判。当评估支持到达决策门或里程碑事件时，会基于综合评估做出是继续推进还是暂停的决定。

3. 决策管理流程

决策管理流程的目的是提供结构化的分析框架，以便在生命周期的任意时刻客观地识别、描述和评价决策的备选方案集合，并选择最有益的行动路线。贯穿于系统的生命周期通常遇到的决策情景（机会）的部分列表见表 2-5。

表 2-5　贯穿于生命周期内的决策情景（机会）的部分列表

生命周期阶段	决策情景(机会)
概念/方案	评估技术机会/最初的业务案例 制定一个技术开发策略 提供依据、生成并细化最初的能力文件 提供依据、生成并细化能力开发文件 对支持计划启动决策的备选方案进行分析
开发	选择系统架构 选择系统元素 选择较低层级的元素 选择测试和评估方法
实现	制定自制或外购决策
使用、保障、退役	选择生产流程和场所 选择维护方法 选择处置方法

在技术开发策略的制定、初步能力文档的生成、系统架构的选择、详细设计的聚焦、测试及评估计划的构建、生产自制或外购的决策、生产提升计划的创建、维护计划的制订以及退出策略的定义等各个环节中，都涉及数量众多的决策。新产品开发过程中这些环环相扣的决策要求系统工程学科提供一个全面的视角来指导。

为了将大致勾勒出的决策情景转换为推荐的行动方案及相关计划，一个正式的决策管理流程显得尤为关键。这个流程通常由一个资源充沛的决策团队来执行，该团队包括对即将做出的决策拥有完整职责、权限和责任的决策者，配备推理工具的决策分析师，精通性能模型的主题专家，以及最终用户和其他利益攸关者的代表。所有这些角色都在项目发起人建立的政策和指南框架内执行决策流程，确保了决策的结构化和连续性。图 2-29 所示是决策管理流程的 IPO 图。

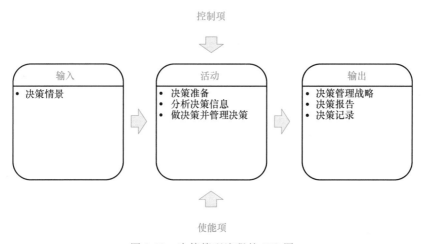

图 2-29　决策管理流程的 IPO 图

首先，在决策准备阶段为系统定义一个决策管理策略，这涉及建立和挑战决策说明，并明确指出即将做出的决策。这个步骤至关重要，因为一个不完善或不准确的决策说明可能会不适当地限制所考虑的选择，甚至可能导致团队沿着错误的路径发展。

然后，在分析决策信息的过程中，框定、剪裁并构建了决策框架。开发目标和测度，生产创造性的备选方案，并通过确定性分析来评估这些备选方案。综合分析结果，识别存在的不确定性，并在适当的时候进行概率分析，以评估不确定性的影响。对备选方案进行改进沟通权衡，提出建议并制订实施计划。

最后，在做决策并管理决策的阶段，记录决策及其相关数据和支持性文件，并沟通决策中的新方向，确保所有相关方都对决策有清晰的理解和共识。

4. 风险管理流程

风险管理流程的目的是连续地识别、分析、处理和监控风险。本流程用于理解和避免系统的潜在成本、进度和性能（即技术）风险，采取积极的结构化方法预见负面结果，并在产生负面结果之前对其做出响应。组织管理多种形式的风险，与系统开发有关的风险采用与组织策略一致的方式来管理。

每个新系统或现有系统的完善都是基于对机会的追求。风险始终存在于系统的生命周期内，并且根据所追求的机会来评估风险管理措施。

外部风险在项目管理中经常被忽略。外部风险是由项目的周围环境所引起或产生的风险。项目参与者通常无法控制或影响外部风险因素，但他们可以学习观察外部环境并最终采取主动措施，以使外部风险对项目的影响最小化。

应对风险的典型策略包括转移、规避、接受或采取行动以降低该情景下预期的负面影响。大多数风险管理流程包括一个优先级排序方案，据此负面影响最大且发生概率最高的风险能够在负面结果较小且发生概率较低的风险前被处理。风险管理的目标在于平衡资源配置，从而使最少量的资源实现最大的风险缓解（或机会实现）效益。图 2-30 所示是风险管理流程的 IPO 图。

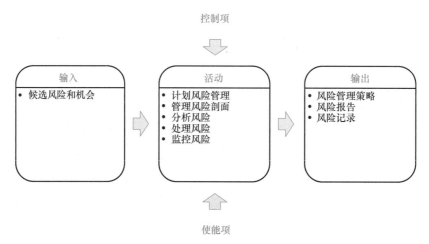

控制项

输入	活动	输出
• 候选风险和机会	• 计划风险管理 • 管理风险剖面 • 分析风险 • 处理风险 • 监控风险	• 风险管理策略 • 风险报告 • 风险记录

使能项

图 2-30　风险管理流程的 IPO 图

在探讨的关键活动中，首先涉及的是计划风险管理，这一过程要求明确界定风险应对策略，并将其详细记录。紧接着，管理风险剖面成为核心任务，包括建立和持续更新风险档案，涵盖风险背景、可能性、后果、容忍度、优先级以及相关行动请求的处理进度。在此过程中，还需设定并记录风险管理的阈值标准，区分哪些风险可接受，哪些不可接受，并与所有关键利益相关者保持定期沟通。

接下来是分析风险，这需要定义各种可能的风险场景，识别出潜在风险点，并对这些风险的发生概率及其潜在影响进行评估，以判断风险的严重程度和处理的紧迫性。每种风险都需配备一套应对方案和必要的资源，同时指派责任人来持续监控风险状态的变化。

处理风险则依据既定的可接受与不可接受风险准则，当风险水平超出容忍范围时，考虑实施备选的风险应对措施，并制订行动计划。最终，监控风险确保所有风险项和相应处理措施得到适当记录，并通过透明的沟通方式，让风险管理信息对相关方开放并易于理解。

5. 构型配置管理流程

在追求有效管理生命周期中不断演变的配置构型中，构型配置管理流程扮演了关键角色。这个流程的核心在于建立、监管和维护软件与硬件的基线，这些基线作为保持开发和控制过程中业务、预算、功能、性能和物理属性的关键参照点。通过详细审查需求以及认可设计和产品规格文件，这些基准得以确立，并且通常与项目的关键里程碑或决策时点同步设置。随着系统的成熟以及在生命周期各个阶段的进展，将软件或硬件的基线保持在严格的构型控制之下变得至关重要。在整个系统开发周期，包括使用和维持阶段，面对持续的变化是一项必要的挑战，构型配置管理确保了对产品的功能性、性能和物理特征进行适当的识别、记录、确认和验证，以此确立产品的完整性。同时，它确保了对这些产品特征的任何更改都经过恰当的标识、评估、批准、记录和执行过程，确保最终产品符合一套既定的、明确的文档标准。图 2-31 所示是构型配置管理流程的 IPO 图。

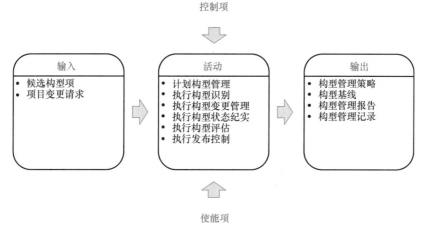

图 2-31 构型配置管理流程的 IPO 图

在落实构型管理的过程中，首要任务是计划构型管理，包含工程变更请求（Engineering Change Requests，ECRs）的评估、批准、确认和验证的完整构型控制周期。接下来，必须执行构型识别，这意味着要确定哪些系统元素和信息项需要作为配置项（Configuration Items，CI）纳入构型配置控制中，并为每个 CI 分配一个独一无二的标识符。在系统生命周期中的适当时机为各个 CI 建立基线，这可能包括采购方和供应商之间达成的基线协议。

此外，执行构型变更管理是至关重要的，它涉及在整个生命周期中控制基线的变更。这包括对变更请求（Requests For Change，RFC）和偏差请求（Requests For Variance，RFV）进行识别、记录、评审、审批、跟踪和处理。同时，执行构型状态纪实是为了确保构型控制文档和构型管理数据的开发和维护，并与项目团队沟通受控项的最新状态。

为了确保构型管理的有效性，执行构型评估是必不可少的，这包括执行构型审计和管理监督评审，这些活动通常与项目的里程碑和决策节点相关联，以确认是否遵守了既定的基线。最后，执行发布控制涉及对变更进行优先级排序、跟踪、时间安排和关闭，确保所有相关的支持文档都得到妥善处理。

6. 信息管理流程

信息管理流程的核心宗旨在于为特定的利益相关者生成、获取、验证、转换、保存、检索、传播和处置信息。这一流程确保提供给相关方的信息是明确无误、完整、有效的，并在需要时能够保密。信息管理的范畴广泛，涵盖了技术信息、项目信息、组织信息、合同信息以及用户信息等多个领域。它保障了信息被妥善地存储、维护和保密，同时也保证了需要这些信息的人员能够及时获取，从而维护和建立系统生命周期产品的完整性。

信息以多种形式存在，不同类型的信息在组织内的价值也各不相同。在现代组织中，无论是有形的还是无形的信息资产都变得极为普遍且不可或缺。信息安全访问、保密性、完整性和可用性面临的威胁可能会破坏完成工作的能力。随着信息系统之间的互联性日益增强，潜在的风险也随之增加。

信息管理贯穿整个系统生命周期，为信息的管理和处置提供了坚实的基础。所管理的信息包括组织信息、项目信息、合同信息、技术信息和用户信息等。图 2-32 所示是信息管理流程的 IPO 图。

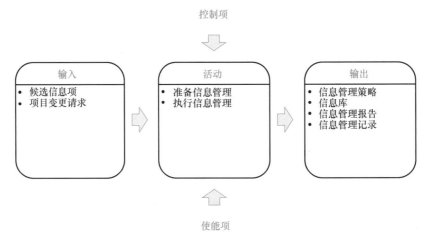

图 2-32　信息管理流程的 IPO 图

在准备信息管理时，支持建立和维护一个系统的数据字典是至关重要的，这一过程涉及定义与系统相关的信息、存储需求、访问权限以及维护周期。同时，它还包括确定信息获取、保留、传递和检索的具体格式和媒介，识别有效的信息源，并且按照构型管理流程，指定有关信息的来源、生成、获取、归档和处置的权限和责任。

在执行信息管理时，定期获取或转换信息制品是必要的。根据信息的完整性、安全性和隐私性需求对其进行维护。按照预定的时间表或定义的条件，以适当的形式检索信息并分发给指定的相关方。对特定的信息进行归档处理，以满足法律、审计、知识保存和项目结束的需求。最后，根据组织的策略、安全和隐私需求，对那些不再需要的、无效的或者无法验证的信息进行妥善处置。

7. 测度流程

测度流程的核心目标是搜集、分析和汇报客观数据及信息，验证产品、服务和流程的品质。此流程助力于界定支持项目管理决策和系统工程最佳实践所需的信息类型，以便持续提升绩效。系统工程的关键测量目的在于评估与系统开发和组织需求相关的系统工程流程和成果，包括及时性、满足性能要求和质量属性、产品与标准的一致性、资源的高效使用，以及在降低成本和缩短周期中不断进行流程改进。

特定的度量标准建立在对信息的需求之上，以及这些信息如何被用于支持决策过程和驱动行动。因此，测度是整个管理流程的一个重要部分，它不仅涉及项目经理，还涉及系统工程师、分析师、设计师、开发者、整合者和后勤支持人员等。需要做出的决策会催生多种类型的信息，基于这些信息进行度量。图 2-33 所示是测度流程的 IPO 图。

在准备测度阶段，首先要确定测度的利益相关者及其需求，并制定相应的策略来满足这些需求。接下来，识别并选择与项目群的管理和技术性绩效相关的优先级测度指标。此外，还要定义基础测度、衍生测度、指标、数据采集方式、测量的频率、测量数据库、报告的方法和频率、触发点或阈值，以及审查的权限。

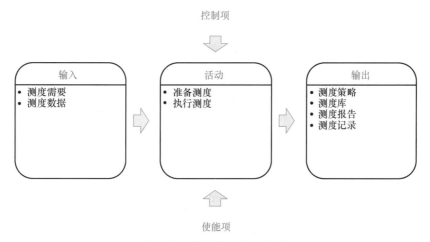

图 2-33 测度流程的 IPO 图

在执行测度阶段，为了获得测度结果即信息产品，需要收集、处理、存储、验证和分析数据。根据这些结果，将与测度相关的利益相关者和建议的行动方案相关的测度信息产品进行文档化和评审。

8. 质量保证流程

质量保证流程的宗旨在于确保组织的质量管理流程在项目中有效地运用。它明确了质量管理和保证活动的一个子集，这些活动旨在独立评估开发和系统工程流程的结果是否能够满足既定需求，以及这些流程是否得到了准确、精确的执行，并且符合所有适用的规定和文件。

此外，质量保证为组织（包括其分包商）遵循既定程序提供了信心。在开发过程中，需要控制差异减少成果的变异性。因此，质量保证流程引入了检查与平衡机制，以确保在开发流程中，无论是误差还是成本或进度的压力都不会导致流程失控或程序上的变动。

质量保证通过一系列程序来实施，这些程序监控开发和生产流程，并保证活动对于降低产品或服务成果缺陷的有效性。同时，质量保证还负责识别、分析和控制生命周期活动中发现的异常或错误。质量保证的严格程度必须与正在开发的系统的产品或服务需求相匹配。图 2-34 所示是质量保证流程的 IPO 图。

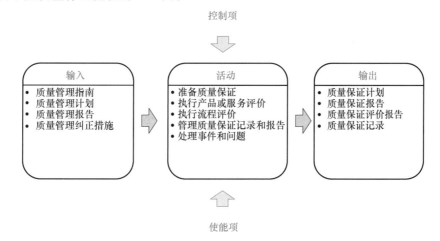

图 2-34 质量保证流程的 IPO 图

质量保证流程的关键活动融入整个系统的开发和维护过程中。首先，在准备质量保证时要求构建并持续更新一个全面的质量保证策略，这通常体现在详细的质量保证计划中，同时还需要建立一系列的质量保证指南，包括政策、标准和程序，并明确各参与者的职责和权限。

在执行产品或服务评价的过程中，按照预设的质量保证计划进行周期性的评估，以确保每一个生命周期阶段的输出都经过了严格的验证与确认。这些评估必须在设计、开发、验证、确认以及生产过程中进行，以便从质量保证的角度出发，对产品进行适当的表征，并将产品验证结果用作证明质量保证工作成效的依据。

执行流程评价则是通过对流程实施规定监控来进行的，目的是提供一个独立的评估，以确定开发组织是否真正遵循既定的程序。这还包括对使用的工具和环境的适用性及有效性进行评估，确保项目供应链中的每个环节都符合相应的程序要求，并对分包商的流程执行是否符合分配给他们的需求进行评估。

此外，管理质量保证记录和报告是另一项关键活动。需要根据适用的要求来创建、维护和存储相关的记录和报告，并识别出与产品和流程评估相关联的任何事件和问题。

最后，对于出现的任何事件和问题，必须采取一系列行动进行处理：将它们文档化、分类、报告并彻底分析。进行根本原因分析，留意问题的趋势，并提出适当的解决方案，以便在必要时解决异常和错误。所有这些事件和问题的处理过程都需要被跟踪，直到它们被完全解决。

2.4.3　协议流程

协议流程定义两个组织间建立协议所必需的活动，协议流程的独特活动与合同和管理业务有关。协议流程涵盖两个核心组成部分：采办流程和供应流程。它们紧密相连，可以比喻成一枚硬币的正反两面。这两个流程共同构建了一个框架，为执行其他系统生命周期流程提供了必要的背景和限制条件，无论这些协议是正式还是非正式的。由于这两个流程涉及与所研究的系统相关的组织的基本业务活动，它们在建立组织间关于产品和服务的采购与供应关系方面发挥着关键作用。

1. 采办流程

采办流程的核心目标是根据需求方的具体要求获取产品或服务。这一流程的激活是为了确立两个组织之间的协议，其中一方基于该协议从另一方获得产品或服务。这个过程从识别用户需求并就相关条款达成一致开始，其最终目的是确定能够提供所需服务的供应商。

在采办过程中，需求方必须对技术规格、项目要求以及组织的运作流程有深入了解，因为这些信息是供应商履行协议的基础。在选择供应商的过程中，需求方需要进行充分的调查，以确保所选供应商能够满足预定的质量标准，从而避免对组织的预算和进度造成重大的负面影响。图 2-35 所示是采办流程的 IPO 图。

采办流程是组织获取所需产品或服务的关键环节，它包括一系列详细的步骤。首先，在准备采办阶段，组织会制订和维护采办计划、策略、方针和程序，这确保了采办活动能够满足组织的目标以及项目管理和系统工程团队的具体需求。在此阶段，还需要通过技术流程（如系统需求定义）来确定构成未来协议基础的技术信息需求，并列出潜在的供应商名单。

接下来，在公布采办并选择供应商阶段，组织将分发招标文件或报价申请书等供应申请

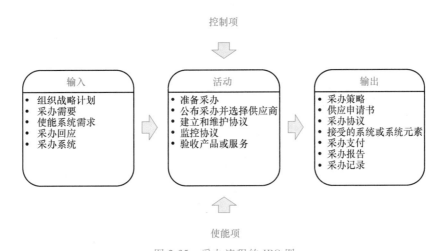

图 2-35 采办流程的 IPO 图

文件,并根据供应商满足整体需求的能力进行排序,以确定最合适的供应商。这个过程要求供应商愿意进行符合道德规范的协商,能够满足技术要求,并在采办流程中保持开放的沟通。评估供应商的响应不仅需要确保它们满足采办方的需求,还必须符合行业标准。此外,项目群管理和质量管理流程中的评估以及请求组织的建议,对于确定每个响应的适用性及供应商履行承诺的能力至关重要。

在建立和维护协议阶段,供应商和采办方将协商协议内容,确保双方同意提供和接收满足特定需求和验收标准的产品或服务。这包括参与验证、确认和验收活动的共识,以及按照进度支付款项的协议。双方都必须同意参与例外和变更控制程序,并确保风险管理流程的透明度。

监控协议是采办流程的另一个重要环节,它涉及管理采办流程活动,包括决策、关系的建立和维护、与组织管理的互动、开发计划和进度的责任,以及对供应商交付物的最终审批。与项目相关的供应商、利益攸关者和其他组织保持沟通,以确保按照商定的进度跟踪进展,并识别风险和问题。

最后,在验收产品或服务阶段,组织将按照所有协议和相关法律法规验收产品和服务的交付,并进行支付。这一步骤完成后,组织会对整个采办流程进行最终评审,吸取经验教训,以便在未来的采办活动中实现持续改进。

2. 供应流程

供应流程的核心目标是确保向采办方交付的产品或服务完全符合双方达成的协议要求。这一流程启动于两个组织间建立起一种合作关系,其中一方同意向另一方提供产品或服务。在供应商的组织内部,实施项目的主旨在于确保所提供的产品或服务严格遵照合同条款来满足采办方的需求。对于那些涉及大规模生产的产品或服务来说,市场营销的功能显得尤为关键,因为它不仅代表供应商的利益,同时也确保客户的需求得到满足和期望得以实现。

供应流程的实施在很大程度上依赖于技术、项目以及组织的项目使能流程的有效运作,因为正是这些流程提供了完成合同执行工作所需的支持和结构。因此,可以说供应流程为其他流程提供了一个应用的背景环境,这些流程根据合同的规定被具体实施。这意味着供应流程并不是孤立存在的,而是与其他流程紧密相连,共同确保产品和服务按照既定的合同要求被生产和交付。图 2-36 所示是供应流程的 IPO 图。

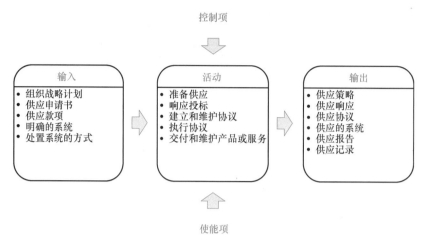

图 2-36　供应流程的 IPO 图

供应流程涵盖了一系列关键活动，它们共同确保供应商能够满足采办方的需求。首先是准备供应阶段，其中涉及制订和维护策略计划、方针和程序，这不仅是为了适应潜在采办方组织的需要，也是为了满足供应商内部组织的目的和目标。此阶段还包括积极地识别与项目管理和系统工程技术组织相关的机会。

在响应投标阶段，供应商会选择符合其道德规范、能满足财务要求且愿意保持开放沟通的合适采办方。供应商评估来自采办方的请求，并提出能够符合其需求并达到行业标准的系统方案。通过项目组合管理、人力资源管理、质量管理以及业务或任务分析流程中的评估，确定响应的适用性及组织履行承诺的能力。

建立和维护协议阶段要求供应商承诺满足经过协商的系统需求，包括交付里程碑、验证、确认和验收条件，同时按照进度进行验收和支付。此外，供应商还需执行例外和变更控制程序，并维护透明的风险管理流程。协议中应明确最终交付进度的评估准则。

在执行协议阶段，项目正式启动，并与其他流程协同工作。这一阶段包括管理供应流程活动，如决策、关系的建立和维护、与组织管理的互动、制订计划和进度的职责以及对采办方交付品的最终审批。供应商需要与采办方、下游供应商、利益攸关者及其他组织保持沟通，以评估执行中的协议、识别风险和问题、衡量风险缓解的进展和交付进度的充分性，并进行成本和进度的绩效评估，从而确定潜在的非期望结果。

在交付和维护产品或服务阶段，供应商在验收和转移最终产品和服务后，根据所有协议、进度和相关法律法规，由采办方提供款项或其他交易因素。在供应流程周期结束时进行绩效的最终评审，以吸取经验教训，用于改进后续的流程执行。

2.4.4　使能流程

使能流程有助于确保组织通过启动、支持和控制项目来获得并提供产品或服务的组织能力。这些流程提供支持项目所需的资源和基础设施，并确保满足组织目标和达成的协议。

在组织内部，不同部门协同工作，以开发、实施、部署、运营、维护乃至最终淘汰那些与它们的利益相关的系统。为了适应新系统的需求，启用系统可能还需要进行相应的调整。

在系统工程的流程中，已经识别出六个关键的组织级项目启用流程，包括生命周期模型管理流程、基础设施管理流程、项目群管理流程、人力资源管理流程、质量管理流程和知识管理流程。组织可以根据特定的战略和沟通目标对这些流程及其接口进行定制。

1. 生命周期模型管理流程

生命周期模型管理流程的核心目标在于确立、维护并保障组织所遵循的方针、生命周期流程、模型以及程序的可用性和一致性。这一流程通过制订和实施组织范围内项目使用的通用流程来实现其目的，从而能够预测并提升组织在多个项目中的表现。这种可预测性不仅有助于组织进行未来项目的规划和评估，还能向客户展现组织的可靠性和稳定性。该流程还促进了成功项目实践的识别和传播，使其得以在组织的其他项目中复制和采纳，从而实现跨组织流程的持续改进。随着员工角色的明确和流程的顺畅运作，跨项目的人员调动也变得更为高效。从个别项目中获得的经验和教训可以推广到其他项目中，提高新项目的启动效率，避免相似问题的发生，以节约成本。

该流程还负责建立和维护一系列支持组织采购和供应产品与服务能力的组织层级方针和程序。它提供了一个综合的系统生命周期模型，以满足所有项目和所有系统生命周期阶段的组织策略计划、方针、目的和目标的需求。通过对这些流程的定义、调整和维护，能支持组织、单个项目和人员的需求，确保组织的整体战略目标得以实现。图 2-37 所示是生命周期模型管理流程的 IPO 图。

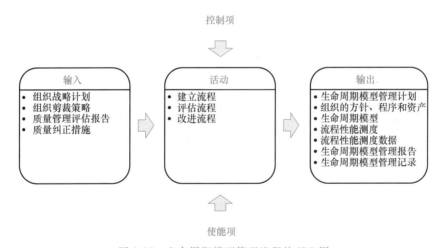

图 2-37　生命周期模型管理流程的 IPO 图

生命周期模型管理流程涵盖了一系列关键活动，旨在确保组织的生命周期模型与业务目标和基础设施保持同步，并有效地指导项目的实施。

在建立流程阶段，首先需要识别和整合来自多个渠道的信息，以形成一套适用于组织的生命周期模型。这套模型应与组织及业务域的规划和基础设施保持一致。接着，制订包括计划、方针、程序、定制指南、模型以及方法和工具在内的生命周期模型管理指南，这些指南将用于控制和指导生命周期模型的应用。基于这些指南，明确定义生命周期模型中的角色、职责、权限、需求、评估标准和绩效指标，并为决策节点建立入口和出口标准，这些都将贯穿于组织传播的方针、程序和指令之中。

在评估流程阶段，通过定期对生命周期模型进行评估和审查来验证管理流程的充分性和有效性。从单个项目的评估、反馈以及组织战略规划的变化中，识别出改进组织生命周期模型管理指南的机会。同时，将从项目流程绩效中获得的经验和测量结果作为改进的重要来源。

最后，在改进流程阶段，对已识别的改进机会进行优先级排序，并实施相应的改进措施。对于生命周期模型管理指南的任何创建和变更，都应与所有相关组织进行沟通，确保所有利益攸关者都能理解并参与到改进过程中。通过这样的循环过程，组织能够不断提升其生命周期模型的成熟度和适应性，从而更好地支持项目的实施。

2. 基础设施管理流程

基础设施管理流程贯穿于生命周期中，其目的是为项目提供基础设施和服务，支持组织和项目目标。通过在基础设施环境的背景环境内进行的项目来完成组织的工作，该基础设施需要在组织和项目内被定义，确保工作单元与整体组织策略目标的达成协调一致。该流程的存在是用于建立、沟通和持续改进系统生命周期的流程环境。图 2-38 所示是基础设施管理流程的 IPO 图。

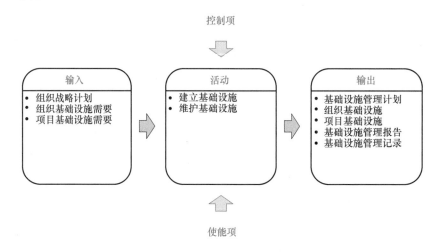

图 2-38　基础设施管理流程的 IPO 图

基础设施管理流程是确保组织能够有效地支持其项目和日常运营的关键，它包括以下核心活动。

在建立基础设施阶段，首先要进行的是收集并协商与组织和项目相关的基础设施资源需求。这涉及与各方利益攸关者的沟通，以确保所建立的基础设施资源和服务能够满足组织的战略目标和目的。在此过程中，需要逐步管理资源和服务的分配，以解决可能出现的问题，并确保资源的有效利用。

维护基础设施阶段则关注基础设施资源的可用性，以便持续满足组织的目标和需求。这包括对冲突和资源不足的情况进行分析和管理，确保所有项目都能获得所需的基础设施资源和服务。同时，还需要控制跨多个项目的基础设施资源管理沟通，以便更好地分配资源，识别潜在的问题，并提出相应的建议。通过这些活动，基础设施管理流程能够确保组织的基础设施资源得到合理规划、有效分配和充分利用，从而支持组织的各项业务和项目目标的实现。

3. 项目群管理流程

项目群管理流程的核心目标是启动并维护一系列必要、充分且适当的项目，这些项目应与组织的战略目标保持一致。此外，项目群管理还负责向外部利益攸关者（包括集团、投资者或资金来源等）提供有关组织项目、系统和技术投资整体情况的信息和成果。

项目作为为组织创造收益的产品和服务的源泉，其成功实施不仅需要资金和资源的合理分配，还需要相应的授权，以确保项目能够高效地部署并实现既定目标。为了有效管理财务，许多商业组织都采用了明确定义且受到严格监控的流程。项目群管理流程也应当对其范围内的各个项目和系统进行持续的评价，以确保它们能够为组织带来最大的价值。通过这样的管理和评价，项目群管理流程能够确保资源得到最有效的利用，同时提高组织的运营效率和项目成功率，从而支持组织的整体战略发展。图 2-39 所示是项目群管理流程的 IPO 图。

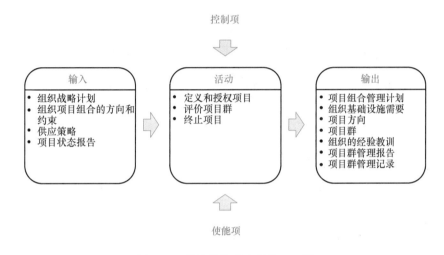

图 2-39 项目群管理流程的 IPO 图

项目群管理流程涉及一系列关键活动，旨在确保组织能够有效地执行和管理其项目组合。

在定义和授权项目的阶段，首先，组织需要识别和评估与战略计划相符的投资机会，并根据优先级进行排序。接着，制订业务域计划，利用组织的战略目标挑选出合适的候选项目并准备实施。此外，还需建立项目的范围，明确项目管理的职责和权限，并明确预期的项目成果。同时，组织应根据产品线的核心特征及其适当的可变性来界定产品线的领域范围，并分配必要的资金和其他资源，识别多个项目之间的协同作用和机会。最后，在项目治理流程中包括组织状态的报告和评审，以及授权项目执行的相关程序。

评价项目群阶段为项目的持续、重新定向或终止提供决策依据。这一评价过程是确保项目群能够适应组织战略变化和市场动态的关键。

当项目完成或达到某个特定阶段，或者当项目不再符合组织的目标和战略时，进入终止项目阶段，组织可能需要结束、取消或暂停这些项目。这一阶段的活动确保了组织资源的合理分配，避免在不再具有价值的项目上浪费资源。

通过这些活动，项目群管理流程帮助组织确保其项目投资与长期战略保持一致，并能够灵活调整以应对不断变化的市场和环境。

4. 人力资源管理流程

人力资源管理流程的目的是为组织提供必要的人力资源并维持其能力与业务需要相一致。每个项目的成功实施都离不开资源的支撑。项目规划者通过预测当前和未来的资源需求，来确定项目所需的人力资源。人力资源管理流程为组织管理层提供了一个框架，使其能够了解项目的人才需求，并在需要时迅速调配人员。它涉及解决人员配置的冲突、提供必要的培训，以及处理员工的休假和离岗时间。

人力资源管理部门负责收集各部门的人员需求，进行协调以解决潜在的冲突，并确保提供所需人员。没有合适的人力资源，任何任务都无法顺利完成。同时，合格人才的薪资和相关费用也必须在投资决策中予以考虑。图 2-40 所示是人力资源管理流程的 IPO 图。

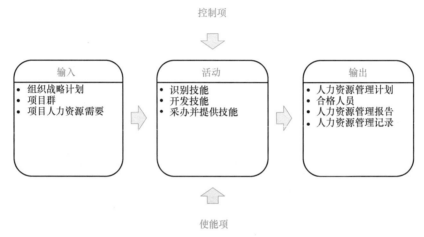

图 2-40　人力资源管理流程的 IPO 图

人力资源管理流程涉及一系列关键活动，以确保组织能够有效地利用和发展其人力资源。识别技能意味着要评估现有员工的技能库，以建立一个"技能储备"。同时，需要审查当前和未来的项目，以确定整个项目群所需的技能。通过对现有人员的技能进行评估，可以确定是否需要进行培训或招聘活动来填补技能缺口。开发技能是人力资源管理流程的一个重要部分。这包括提供培训来弥补已识别的项目人员技能缺口，并识别可能的职业发展机会，以便为员工分配合适的任务。采办并提供技能是确保所有项目都有足够的人力资源支持的关键活动。当现有人员无法满足技能需求时，组织需要培训或雇佣合格的人员。同时，跨项目的沟通对于有效分配人力资源至关重要，这也有助于识别潜在的问题并提出解决方案。此外，还需要将其他相关资产纳入计划，或在必要时进行采购。

5. 质量管理流程

质量管理流程的目的是确保产品、服务和质量管理流程的实施满足组织的和项目的质量目标并使客户满意。

质量管理流程在确保组织目标的明确性方面发挥着关键作用，尤其是在追求客户满意度这一核心目标上。鉴于时间、成本和质量是项目成功的三大关键驱动因素，将质量管理流程纳入每个组织的运作中显得至关重要。在系统生命周期的各个阶段，质量问题都是不可忽视的，这也是组织需要在建立这些流程时投入时间、资金和精力的重要原因。质量管理流程的核心在于其建立、执行和持续改进，这些都是为了提高客户满意度以及组织目标的实现。管理质量不仅带来收益，也涉及成本。然而，投入到管理质量的工作和时间应该是合理的，不应超过从该流程中获得的整体价值。这意味着组织需要找到正确的平衡点，以确保质量管理既有效又高效。图 2-41 所示是质量管理流程的 IPO 图。

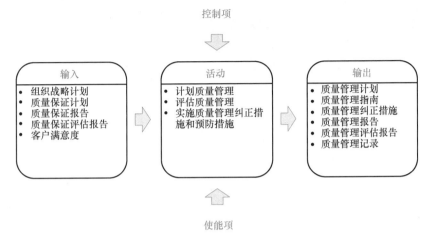

图 2-41　质量管理流程的 IPO 图

在计划质量管理时，首先需要识别与组织的战略计划相对应的质量标准，并对这些标准进行优先级排序。这一步骤涉及创建包含策略、标准和程序的质量管理指南。此外，还需要为组织和项目设定具体的质量管理目标，并明确相关的职责和权限。在评估质量管理时，应该根据需求和目标的符合程度来衡量客户满意度，并在此基础上持续优化质量管理指南。当出现指定的质量问题时，必须实施质量管理纠正措施和预防措施，这要求所有利益攸关者之间保持开放的沟通渠道，以确保问题能够得到及时且有效的解决。

6. 知识管理流程

知识管理流程的目的是创建出使组织能够利用机会再次应用现有知识的能力和资产。

知识管理是一个涵盖系统工程和项目管理之外的广泛领域，它包括对知识的识别、获取、创造、表达、传播和交换，这些过程跨越了各个利益攸关者的目标群体。知识管理的核心在于从个人或组织的深入理解和经验中提取知识。知识可以分为显性知识和隐性知识，显性知识是已经意识到并且可以通过文档等形式明确传达的知识，而隐性知识则是无意识中的理解，通常是通过个人的经验积累的。在组织中，显性知识通常可以从组织的培训、流程、实践、方法、策略和程序中获得，而隐性知识则存在于组织的成员中，如果要在组织内部传递这种知识，就需要通过特定的技术来识别和获取。知识管理的工作通常都是围绕着组织的目标进行的，比如提高绩效、获得竞争优势、创新、分享和整合经验教训以及持续改进组织。因此，对于组织来说，采取一种包括构建框架、资产和基础设施的知识管理方法来支持知识管理是非常有利的。图 2-42 所示知识管理流程的 IPO 图。

在计划知识管理时，组织首先必须精心策划一套策略，这套策略将指导组织及其内部项目如何相互协作，确保收集到的知识水平足以支撑有价值的知识资产。策略的制定需要注重成本效益，并据此对相关活动进行优先级排序，同时明确哪些特定的知识信息是关键性的，以及确定哪些项目最适于采用知识管理流程。这一步骤至关重要，因为如果项目不利用知识资产，那么所有努力都将是徒劳的。

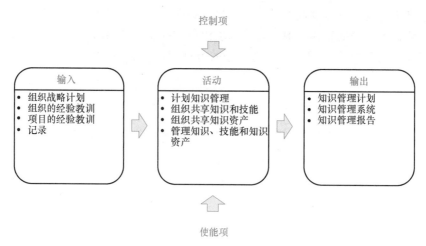

图 2-42　知识管理流程的 IPO 图

随后，组织需要根据策略来获取、维护和共享知识和技能。这要求建立必要的基础设施，以便能够轻松识别和访问知识资产，并评估这些资产在不同项目中的适用性。此外，组织还需要建立一个系统化的分类法，以促进知识的再利用，包括创建领域模型和架构，这有助于理解特定领域，并有助于识别和管理公共系统元素及其表达形式，如设计模式、参考架构和公共需求。同时，组织应定义或采购适合该领域的知识资产，并在组织范围内共享知识资产。

最后，随着领域的演进，进入管理知识、技能和知识资产阶段，组织必须确保相关的知识资产得到适时的更新或替换，以反映最新的信息。这可能涉及对现有领域模型和架构的修改。同时，组织应评估和跟踪知识资产的使用情况，以确保它们被应用于正确的场合，并保持与技术进步和市场趋势同步。通过这样的管理，组织能够确保其知识资产持续提供价值，支持组织的长期发展。

2.4.5　剪裁流程

剪裁流程的原则是在满足项目需要的前提下，保证流程缩减后可以按照可承受风险等级执行系统生命周期活动。剪裁流程的目的是满足特殊的情况或因素，调整系统工程流程。

在组织层级上，剪裁流程调整组织流程背景环境中的外部标准以满足组织的需要。在项目层级上，剪裁流程调整组织流程以满足项目的独特需要。图 2-43 所示是剪裁流程的 IPO 图。

在项目管理和系统工程中，剪裁流程是至关重要的一环，它涉及对项目成果、活动和任务的精细调整，旨在确保项目流程能够灵活地适应组织的特定需求和环境条件。首先，剪裁流程需要识别和记录影响剪裁的外部环境，这包括为项目的各个阶段确定剪裁标准，并建立一套准则用以评估哪些流程适用于项目的每个阶段。这些标准应适当考虑标准建议或规定的生命周期结构。接下来，剪裁流程涉及从受剪裁决策影响的各方获取输入，包括评估与成本、进度和风险相关的流程，以及与系统整体性相关的流程。在收集了所有必要信息后，剪裁流程进入做出剪裁决策阶段。这一步骤是整个剪裁流程的核心，需要综合考虑项目的需求、组织的目标以及外部环境的影响。最后，剪裁流程需要选择要求剪裁的生命周期流程，

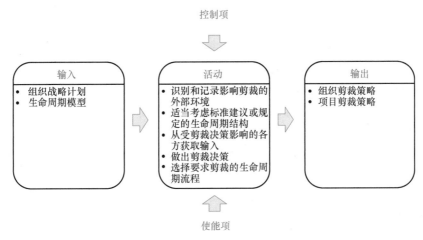

图 2-43　剪裁流程的 IPO 图

并确定除了剪裁之外，还需要对流程进行哪些其他更改，以满足组织或项目的具体需求。这一步骤确保了剪裁后的流程能够有效地支持项目的实施，同时也保证了项目能够顺利地达成其既定目标。

2.5　复杂产品系统工程实践案例分析

在探索复杂产品系统工程的实践中，国际空间站（International Space Station，ISS）和哈勃太空望远镜（Hubble Space Telescope，HST）提供了两个独特的案例研究。这些项目不仅展示了跨国家、跨文化合作的巨大能力，还彰显了系统工程在高度不确定和风险中的适应性和必要性。通过这两个例子，我们看到了系统工程如何应对延长的开发周期、全球制造挑战、分阶段部署，以及如何在压力之下进行关键决策。尤其值得注意的是，这些项目都强调了利益攸关者早期参与和持续验证的重要性，并展现了通过集成风险管理策略来确保复杂系统的成功部署和长期运行的至关重要性。

2.5.1　国际空间站系统工程实践案例

1. 案例背景

20 世纪后半叶，美国对于太空探索和军事太空利用的兴趣逐渐增强。1959 年，美国陆军启动了名为"地平线计划"的研究项目，考虑未来在月球上建立一个永久性的前哨基地以及一个潜在的空间站。随后，美国国防部于 1963 年 12 月着手实施了"载人轨道实验室"（Manned Orbiting Laboratory，MOL）计划，目的是提升空军的侦察能力并建立美国的第一个有人军事太空计划。不幸的是，由于多种原因，MOL 计划在 1969 年被取消了。

进入 1970 年，美国的太空探索工作取得了实质性进展，1973 年成功发射了名为"天空实验室"（Skylab）的空间站，这是美国发射的第一个并且唯一完全独立的空间站。最初设想是通过新一代的航天飞机来支持天空实验室的长期运作，但由于技术挑战和外部环境变化，该空间站在 1979 年结束了其使命，重新进入地球大气层并坠毁。

1981 年，随着航天飞机项目的启动，美国开始执行将实验室设备送入太空的任务，这一项目称为 Spacelab。尽管 Spacelab 不是一个真正的空间站，但它为美国提供了在轨道上开展科学实验和研究的能力，并为未来空间站的开发测试了相关设备。

到了 1990 年，随着冷战结束，美国与俄罗斯之间的太空合作开启新篇章。1992 年，两国达成协议共同进行太空探索，标志着"自由号"空间站向国际空间站的过渡。航天飞机与近地轨道计划成为后来国际空间站计划的初期阶段，它不仅让美国获得了进入近地轨道的能力，参与更长期的太空任务，而且为俄罗斯航天带来了资金的支持。

美俄合作的初步成果包括美国宇航员访问俄罗斯的和平号空间站以及宇航员乘坐航天飞机飞行任务。到了 20 世纪 90 年代中期，美国对国际空间站计划进行了修订和扩展，投资了和平号空间站的建设并集成新的模块，如 Spektr 和 Prirod 舱。这些合作为美国提供了宝贵的数据和经验，尤其是在微重力对人体影响、太空行走、新设备测试、对接操作等方面。

然而，美俄合作过程并非一帆风顺。文化差异、信息共享的限制、语言障碍等都给双方的合作带来了挑战。此外，1997 年和平号空间站上的严重事故进一步突显了太空探索的风险和技术挑战。尽管遇到了许多困难，这段时间积累的经验对于国际空间站的成功建设和运营仍至关重要。

2. 空间站的再设计

1993 年 6 月 17 日成了美国国家航空航天局（National Aeronautics and Space Administration，NASA）历史上的一个重要转折点，这一天，美国总统克林顿宣布接受了一个特别蓝带小组的建议，这些建议涉及缩减原计划中的"自由号"空间站（Space Station Freedom，SSF）的规模，并重新设计以节省成本。总统指示 NASA 与国际伙伴合作，开发一个降低成本且规模更小的版本，以此替代原本的"自由号"空间站。

原先的"自由号"空间站在 1993 年的设计和发射费用估计高达 310 亿美元，而且预计运行 30 年的费用将达到惊人的 1000 亿美元。与此相比，新设计的国际空间站在最初五年的开发和发射成本被压缩至 128 亿美元，而运营成本在部署期间为 165 亿美元，且其预计的寿命缩短为 10 年。当时 SSF 的成本已经达到 90 亿美元，并且有希望将大部分技术和系统在新设计中重复使用。

促使这一转变的原因不仅仅是技术问题或成本增长，还包括政府对于资金分配的指示。特别是，政府要求国际空间站项目在开发过程中的支出情况要基本保持平稳，即每年不超过 21 亿美元。尽管有了总统的支持和重新设计，空间站的未来仍然充满不确定性。在重新设计小组提交报告的几周后，国际空间站在国会的取消投票中侥幸通过，仅以一票之差避免了被终结的命运。此后几年，该计划多次面临取消的风险，虽然每次获胜的票数逐渐增多，但这也极大地消耗了项目的资源。从 1984 年到 1993 年，"自由号"空间站经历了七次重大的重新设计，每一次都导致空间站失去一定的容量和功能。1993 年 1 月，即将卸任的布什总统还在他的年度报告中支持继续开发"自由号"，然而随着新政府的上台，太空探索的优先事项发生了显著变化。新的民主党政府有不同的政策优先级，认为有必要重新分配联邦预算。

为了实现成本削减的目标，同时保留研究能力，总统成立了重新设计咨询委员会，他们被赋予了 90 天的时间来提出新的设计方案。与此同时，NASA 组织了一个由 45 名顶尖工程师和管理人员以及 10 名国际合作伙伴代表组成的团队，负责实际的设计工作。这个团队提出了三个方案（A、B 和 C），每个方案都旨在满足不同的预算目标，提供技术和科学能力，并降低 NASA 的管理和运营成本。最终选择了方案 A 作为最佳解决方案，并以此为基础开始与俄罗斯进行谈判。随着时间的推移和俄罗斯的加入，方案 A 的许多方面被修改，最终形成的国际空间站在很大程度上是"自由号"配置的延续。

综上所述，1993 年 6 月 17 日标志着国际空间站从一个宏大但成本不断上升的项目转变为一个更为精简、国际化的合作项目。这一转变不仅反映了财政的需要，也展示了在多变的政治和经济环境中进行大型科技项目管理的挑战。

3. 系统工程实践

（1）国际空间站合作与运行概述　美国国家航空航天局的任务是领导一个由 16 个国家组成的国际团队完成国际空间站的系统开发、舱体生产、访问飞行器编排和整合、在轨建造以及长期空间站运行。每个机构都签署了详细的机构谅解备忘录（Memorandum of Understanding，MOU），其中规定了合作伙伴的贡献、支持费用和运营责任。整个国际空间站的运行控制将在休斯敦和莫斯科进行，而有效载荷和模块系统的控制则计划在圣休伯特和亨茨维尔等辅助站点进行。

（2）国际空间站的系统工程挑战　美国国家航空航天局在其组织内有 10 个主要中心，从理论上讲，它们在与重大项目有关的系统工程方面是一致的。作为一个机构，美国国家航空航天局在《NASA 系统工程手册》中记录了系统工程流程指南和良好实践。尽管有这套机构级的流程要求，但 NASA 的每个中心都有一个传统的系统工程流程，有时在与机构方法保持一致方面进展缓慢。此外，系统工程流程是由牵头的系统工程人员推动的，他们往往主导驻地项目。根据正在开发和运行的系统，方法也有所不同，这就允许对方法进行调整。就国际空间站而言，国际伙伴的加入加剧了这种情况，因为国际伙伴的系统工程方法大相径庭。

与以往的太空项目相比，国际空间站在预算、进度和技术目标方面的庞大规模令人生畏。这是现代最大的国际项目之一，直接涉及 16 个国家，在空间站完工之前要进行 100 多次发射和近 200 次太空行走。从一开始，团队成员就意识到他们面临着三大系统工程挑战：

1）延长开发周期。美国国家航空航天局的团队早在 1984 年就开始了最初的空间站计划，后来又经历了几次变更，直到 1994 年才成为国际空间站。最初的模块直到 1998 年末才发射升空，计划到 2010 年左右才完成最终组装。空间站的最终寿命不会早于 2016 年。这在处理工程人员、知识库、培训、管理、政府过渡、预算波动、技术成熟和淘汰等方面造成了令人难以置信的负担。

在很长一段时间内，公众和国会的支持可能会减少，这给团队带来了巨大的压力，他们必须确保一切顺利，因为失败往往会被政府终止。如前所述，国际空间站计划在国会面临多次取消计划的投票。核心的分析师和工程师也在寻求其他的工作机会，因此知识管理和经验保留是一个严重的问题。

2）测试和验证。由于开发和建造阶段较长（更不用说国际空间站的结构和尺寸问题），在发射前在地面测试整个国际空间站是不可行的。在后来的舱体完成之前，第一批舱体已经进入轨道。模块和子组件必须具有高可靠性，并且能够立即工作，因为在轨维修条件有限。另外空间站的大多数部件（如太阳能电池板）是为太空使用设计的，因此很难搭建昂贵的空间测试环境在地面进行系统检查。还有一个不小的问题，即国际合作伙伴采用不同的系统工程方法制造了多个模块,其中大多数模块在进入低地球轨道之前从未进行过物理连接。

3)基础设施的规模和复杂性。包含计划办公室、工程人员、生产设施以及集成和测试设施所需的基础设施规模庞大,是一项全球性投资。美国国家航空航天局在肯尼迪航天中心进行了大量投资,安装国际空间站的主要子系统和部件。仅运载火箭及其支持结构的基础设施就耗资数十亿美元。国际空间站最初依靠的是航天飞机和俄罗斯的发射能力,它们本身都是大型项目。最终还利用了欧洲和日本的发射能力。

(3)系统工程流程 国际空间站采用的系统工程流程以经典教科书模式为基础,包含四个关键要素:

1)国际空间站是分阶段开发的。国际空间站组件的建造时间表由发射时间表决定,发射时间表最初计划为五年,后来包括哥伦比亚号事故造成的航天飞机暂缓时间在内,最终耗时 12 年。

2)国际空间站是在太空中进行物理集成的。国际空间站是在轨道上由其 87 个主要部件组装而成的。

3)国际空间站实际上是在世界各地建造的。主要部件在美国、欧洲、日本、加拿大和俄罗斯建造,每个国家的工程方法和文化都大不相同。因此,建立了一个达到或超过流程,允许每个合作伙伴使用自己的流程标准,而不是试图强制采用美国国家航空航天局的流程标准。在这种情况下,对外国(欧空局、意大利航天局、日本宇宙开发事业团和加空局)交付的产品在制造标准方面进行了达到或超过评估,特别是在材料工艺和电子电气部件方面。对于俄罗斯,评估范围扩大到几乎所有航空航天标准,包括断裂控制、人为因素和涂层。

4)国际空间站在组装期间必须发挥航天器的功能。从第三次组装飞行开始,国际空间站的乘员就开始在国际空间站居住,既协助组装,又进行科学研究。

这是 NASA 系统工程方法与波音公司系统工程流程的融合。项目开始时,NASA 项目办公室有 100 多名系统工程师,波音公司则有 300~400 名系统工程师。波音公司带来了大量的系统工程经验,以及 NASA 缺乏的飞机设计和生产经验。波音公司能够充分分享其在数字预组装技术中集成部件和系统,以及计算机辅助设计模型方面的设计经验。

国际空间站成功的一个关键因素是成功地将客户的需求整合到要求和规格中。戴尔·托马斯博士(前 ISS 系统工程和集成经理)将这种方法描述为:系统工程专注于产品的需求定义。需求定义是手段,而不是目的。系统工程包括制定一套有效、有说服力的需求,并根据这些需求对已完成的设计进行验证。因此,系统工程必须确保设计和制造的产品符合客户的既定需求,这是集成过程的一半。

2.5.2 哈勃太空望远镜系统工程实践案例

1. 案例背景

几十年来,天文学家一直梦想着在地球大气层之上的太空中放置一架望远镜,因为大气层是一个复杂的滤光器,对天体的光学研究和观测造成了限制。1923 年,德国科学家赫尔曼·奥伯斯(Hermann Oberth)提出了在太空建立天文台的构想。随后在 1965 年和 1969 年,美国国家科学院的研究报告正式建议将发展大型太空望远镜作为美国新兴太空计划的长期目标。美国国家航空航天局分别于 1968 年和 1972 年成功发射了两个用于观测恒星的轨道天文观测台。这些天文台取得了令人瞩目的科学成果,并激发了公众和研究机构对更大更强的光学太空望远镜的支持。

随着航天飞机计划的批准，以及航天飞机在载人飞行、大型有效载荷、在轨服务、稳定性和控制方面的能力，在太空中安装大型望远镜的概念被认为是切实可行的，尽管要花费巨资，并面临重大的技术和系统工程挑战。1973 年，美国国家航空航天局挑选了一个科学家小组，负责望远镜和仪器的基本设计，国会提供了初始资金。1977 年，一个由来自 38 个机构的 60 名科学家组成的扩大小组开始完善早期的建议、概念和初步设计。

美国国家航空航天局正式将设计、开发和制造该望远镜的系统责任分配给亚拉巴马州亨茨维尔的马歇尔太空飞行中心。马歇尔随后进行了正式竞争，并于 1977 年选出了两家平行的主承包商来建造哈勃太空望远镜。康涅狄格州丹伯里的 PerkinElmer（PE）公司被选中开发光学系统和制导传感器，加利福尼亚州桑尼维尔的 LMSC 公司被选中生产保护性外罩和望远镜的支持系统，以及集成和组装最终产品。科学仪器有效载荷和地面控制任务的设计和开发则交给了马里兰州格林贝尔特的戈达德太空飞行中心。戈达德的科学家被选中开发一种仪器，其他三种仪器则主要由大学的科学家负责。欧洲航天局提供太阳电池阵列和一个科学仪器。

空间望远镜科学研究所（Space Telescope Science Institute，STScI）位于马里兰州巴尔的摩市约翰霍普金斯大学校园内，负责为 HST 进行科学实验规划。STScI 于 1983 年投入使用，由天文学研究大学协会运营，并由戈达德领导。研究所的科学家们负责制定望远镜的研究议程，选择来自世界各地天文学家的观测建议，协调正在进行的研究，并发布研究成果。他们还对研究成果进行存档和分发。1985 年，位于戈达德的太空望远镜运行控制中心（Space Telescope Operations Control Center，STOCC）成立，作为望远镜的地面控制、健康监测和安全监督设施。STOCC 将来自 STScI 的观测议程转换为数字指令，并将其转发给望远镜。反过来，STOCC 接收观测数据，STScI 将其转换成客户可用的格式。

HST 的开发、制造、集成和组装是一个艰巨的过程，历时近 10 年。精密研磨的反射镜于 1981 年完成，科学仪器包于 1983 年交付测试，1984 年，全套光学组件交付集成到卫星中，整个航天器的组装于 1985 年完成。原定于 1986 年发射的 HST 在"挑战者"号事故后的航天飞机返回飞行重新设计和重新认证计划中被推迟。系统工程师利用这段时间进行了大量的测试和评估，以确保系统的高可靠性和计划中的在轨服务维护功能的可行性。

1989 年，HST 从位于加利福尼亚州的洛克希德公司运往佛罗里达州的肯尼迪航天中心，于 1990 年 4 月 24 日搭乘"发现"号航天飞机执行 STS-31 任务。

HST 的预期分辨能力比地球上任何望远镜设备都要强 10 倍左右，即将为天文研究和教育引入一个全新的维度。然而，在最初的实验开始显示出好坏参半的结果后不久，一个重大的性能问题被追溯到主镜上的一个微小缺陷，它大大降低了望远镜正确聚焦的能力。对焦缺陷是由于镜面形状、加工、抛光不正确造成的光学失真。镜面在一个边缘的一小块区域内过于平坦，约为头发宽度的 1/50。这就造成了"光学像差"，使光线无法聚焦成一个锐利的点。相反，收集到的光线会分散到更大的区域，形成模糊的光晕状图像，特别是对于光线微弱或辐射微弱的物体。

尽管如此，相对明亮的物体仍然可以被看到，其程度远远超过了地面望远镜的能力，还可以利用望远镜的能力和受像差影响较小的仪器来完成紫外线和光谱观测等任务。因此，HST 提供了关于宇宙的重要新见解和新发现。在许多人看来，超新星 1987A 的激动人心的图像和其他图像是项目成功的标志。然而，对于其他许多人来说，从整体科学、技术、投资回报和政治角度来看，这还不够好。由于无法将望远镜送回地球或在轨道上进行实际维修，因此决定为 HST 仪器开发和安装校正光学系统，这个想法类似于为矫正视力而佩戴有度数的眼镜或隐形眼镜。经过可行性论证，即使在物理和技术上具有挑战性，该方法也是可行的。项目经理和系统工程师专门为在轨服务而设计了该系统，以便升级仪器和更换部件。

1993 年 12 月 2 日，STS-61 机组乘"奋进"号航天飞机升空，执行为期 11 天的任务，计划进行创纪录的五次太空行走。在全球数百万观众的电视直播下，宇航员们忍受着长时间的艰难太空行走，安装了包含校正光学元件的仪器，并更换了望远镜的太阳能电池阵列、陀螺仪和其他电子元件（见图 2-44）。他们还安装了一个新的计算机协处理器（以提升望远镜的计算机内存和处理速度）、太阳阵列驱动电子装置和戈达德高分辨率摄谱仪套件。经过五周的工程检查、光学校准和仪器校准，当地面接收到空间望远镜的第一批图像时，得到了确认。

图 2-44 显示宇航员 F. Story Musgrave 固定在远程操纵系统（Remote Manipulator System，RMS）臂的末端，准备被提升到高耸的 HST 顶部，为磁强计安装保护罩。宇航员 Jeffrey A. Hoffman（画面下方）协助 Musgrave 完成望远镜的最后维修任务，结束了为期五天的太空行走。

2. 哈勃太空望远镜系统设计

"发现"号航天飞机（STS-31）于 1990 年 4 月 25 日将 2.4m 反射望远镜送入低地球轨道（600km）（见图 2-45）。自诞生之日起，HST 就注定要为 NASA 执行不同类型的任务，一个永久性的天基观测站。为了实现这一目标并保护航天器免受仪器和设备故障的影响，NASA 一直计划执行定期维护任务。因此，哈勃有特殊的抓斗固定装置、76 个手持装置，并在所有三个轴上都有稳定装置。

图 2-44 太空维修 HCT 望远镜

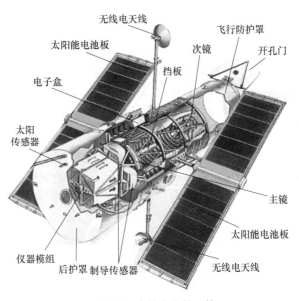

图 2-45 哈勃太空望远镜

HST 目前配备的科学仪器包括两台照相机、两台摄谱仪和精细制导传感器（主要用于天体测量观测）。由于地球静止轨道位于地球大气层之上，这些科学仪器可以生成高分辨率的天体图像。地面望远镜的分辨率很少能超过 1.0″（弧秒），除非是在最佳观测条件下的瞬间观测。而 HST 的分辨率要高出约 10 倍，即 0.1″（弧秒）。

在 1979 年最初规划时，大型太空望远镜计划要求每 5 年返回地球整修和重新发射一次，每 2.5 年进行一次在轨服务。硬件寿命和可靠性要求是根据两次维修任务之间的 2.5 年间隔确定。1985 年，由于担心航天飞机返回地面会造成污染和结构性损伤，该计划取消了地面返回的概念。NASA 决定在轨维修可能足以维持 HST15 年的设计寿命。于是采用了 3 年一周期的在轨服务。1993 年 12 月的首次哈勃太空望远镜维修任务取得了巨大成功，1997 年 2 月、1999 年 12 月和 2002 年 3 月又完成了维修任务。

3. 系统工程实践

哈勃太空望远镜的系统工程实践带来了以下几点重要的启示：

（1）利益攸关者尽早全面参与整个计划是成功的关键　在 HST 计划的早期阶段，客户的参与机制没有得到很好的界定。用户群体最初两极分化，未能有效参与计划的定义和宣传。尽管这种情况在很大程度上受到外部政治和相关国家的影响，最终用户（利益攸关者等）仍参与流程，确保了用户在制订和管理计划需求方面具有代表性和根本的利益作用，本类问题得到了改善。随着时间的推移，用户有效地参与到系统的部署和在轨运行中。

（2）权衡研究　在项目实施前，进行全面的技术概念和备选方案的评估研究是至关重要的。这些活动覆盖了可行性、概念性和替代性方面，最初成本并非主要关注点，但随着研究的深入，成本逐渐变成了主要考量因素。

项目或工程的权衡研究按照不同阶段（A、B、C、D）进行，以解决每个阶段的关键可行性问题。"分阶段计划"方法中，A 阶段主要是解决问题，决定是否要建造这样的大型空间望远镜（此时成本还不是主要考虑因素），以及能否成功建造。B 阶段则进一步完善概念设计，将成本纳入考虑因素，并确定 C 和 D 阶段的要求。C 和 D 阶段以及详细设计、开发和建造，标志着从概念到实施的过渡。此外，美国国家航空航天局和承包商团队负责管理风险、成本、进度和配置的流程，采用独立审查规范小组进行审核，在初始飞行和在轨维修之前通过模拟、实验室和地面测试来验证项目。

系统工程领域的项目在早期阶段常常面临资金和人员不足的问题。尽管由于高度机密的侦察计划和空军自适应光学技术在地面空间监视技术方面取得了进步，但技术挑战依然巨大。B 阶段和 C、D 阶段的研究缩小了许多物理设计问题的范围，并确定了大部分材料公差、制导和稳定性要求、方法和风险。一旦决定设计、开发、建造、发射、托管和维护 HST，某些设计要求就随之确定。早期的研究推测，如果可行的话，3m 口径的望远镜可以满足天文学观测的要求。人们认识到这一可行性面临巨大挑战，并对此展开了辩论。早先甚至有人提出过这样的重大疑问：如果不通过几个循序渐进的步骤来建立信心和积累经验，一跃成为大型望远镜是否是最好的方法？1975 年的成本权衡研究表明，将主镜尺寸减小到 2.4m 以下，收益会逐渐减少，超过这一点，精确定位、支持设备和大多数其他子系统的成本将保持不变。

1975 年美国国家航空航天局的权衡研究最终决定将镜面尺寸减小到 2.4m，这主要是作为一项成本控制措施。缩小后的镜面仍然非常大，但可以简化预期复杂的制造、测试和组装过程，同时还能将望远镜及其支撑结构放入航天飞机的有效载荷舱中，并执行所需的集光、光学精度、指向和稳定性控制功能。然而，分析表明，从 3m 望远镜减少的代价是：望远镜的集光能力减少 1/3，物体成像曝光需要更长的时间，能力受限（无法观测一些遥远或微弱的物体）以及分辨能力降低到 0.1″（弧秒）。从积极的方面看，望远镜的质量预计将从约 25000lb 减少到 17000lb（1lb=0.454kg，不包括科学仪器）。这些研究还对发射、部署和维修（包括在轨与返回地面）的各种操作概念进行了演算，其中成本权衡是一个主要的考虑因素。

（3）高度系统集成 在系统整合的层面上，组装、检测、部署和运营的流程是至关重要的。对于 HST 来说，鉴于其与航天飞机初期的协作关系，NASA 在处理类似的复杂项目（如"阿波罗"计划）方面的丰富经验，以及早期对载人在轨服务的要求，不得不认识到这是一个巨大的系统工程集成挑战。然而，政府工程师、承包商工程师以及客户之间的合作必须在项目初期就得到明确界定和实施，以应对不可避免的集成挑战和突发事件。

关于系统与子系统的详细设计和实施，将主镜从 3m 缩小到 2.4m 的决定对其他主要部件的设计产生了深远影响。支持系统模组（Support System Model，SSM）进行了重新设计，使其能够包覆望远镜光学元件，这影响到了其他组件（防护罩、护罩和设备部分）。这就产生了新的问题，即如何将 SSM 与光学望远镜组件（Optical Telescope Assembly，OTA）连接起来，以避免因昼夜轨道连续变化而产生的大热梯度变形扭曲关键的光学功能，如聚焦。这个问题在系统的多个组件中都存在，最终通过设计和开发一套可运动的接头得到解决。

OTA 带来了额外的系统工程挑战。它将由 PE 公司制造，该公司曾制造过许多大型天文台和气球望远镜，以及一些太空望远镜和反射镜。按照严格的公差对大型主镜进行精密加工将是 PE 公司面临的最大挑战，也是整个项目的重中之重。由于情况十分危急，伊士曼柯达公司（EK）出资建造了备用反射镜。EK 有意采用更传统但更高精度的抛光技术来完成其反射镜，而 PE 则使用一种全新的计算机控制抛光系统。PE 采用了新方法，还使用了特殊的支架来模拟测试期间的零重力状态，从而获得最精确的抛光效果，并补偿重力产生的尺寸变化。由于反射镜的尺寸较大，因此需要在反射镜的背面安装一个由 138 根杆件组成的支撑系统，每根杆件都能单独抵消不同部分的重力。杆向上力的总和与分布正好等于镜子的质量，与质量分布相对应，从而为镜子的加工和测试创造了精确的零重力条件。

（4）生命周期规划与执行 生命周期规划与执行的重要性在项目伊始便凸显其必要性。

在部署和部署后阶段，通过有效载荷闩锁固定组件和一个主动龙骨配件，将 HST 的有效载荷配置安全存放于航天飞机轨道器的有效载荷舱内。此外，提供了复杂的电气接口、接口电源控制和连接/断开脐带，以及必要的设置，以便能够从轨道器飞行甲板进行远程操作。同时，还提供了其他停泊辅助设备和闭路电视系统，以确保操作的顺利进行。

在发射前操作阶段，完成发射前测试后，哈勃太空望远镜在发射台进行了飞行配置。作为这一过程的一部分，关键的电气总线、加热器和关键快门都已通电，为即将到来的太空之旅做好准备。从发射前到部署期间，总线一直由轨道器持续供电，并由轨道器计算机系统进行监控，以便地面人员能够检测基本总线是否自动"故障切换"到内部（电池）供电，确保系统的稳定运行。

在任务操作阶段，按照部署事件的重要顺序描述了复杂的部署行动。结果不言自明，以实际生命周期性能作为设计驱动力的计划将能够更好地投入使用，并有能力应对意外事件，甚至是意外任务中的使用情况。

哈勃太空望远镜可能是建立系统可持续发展（可靠性、可维护性、技术升级、内置冗余等）的基准，同时为人类执行对服务任务至关重要的功能（计划内和计划外）提供保障。

随着四项服务任务的成功完成，包括一项最初未列入计划的任务（主镜维修），可持续性设计或生命周期支持贯穿计划所有阶段的好处变得非常明显。如果没有这种设计方法，就不可能尝试进行意料之外、计划之外的反射镜维修，更不用说完全成功了。

（5）风险评估和管理 在复杂项目的执行中，项目结构的构建必须充分考虑到来自多个公司或组织的合作，以及管理和技术领域内潜在的高风险因素。哈勃太空望远镜项目无疑是一个充满技术和项目管理挑战的典型例子，其成功实施依赖于广泛应用的系统工程和管理工具及流程，以应对项目中的重大风险。在 HST 计划的整个生命周期中，关键的风险因素涉及需求定义、系统结构、系统和子系统设计、系统集成问题、验证和确认、部署和生命周期支持、系统和计划管理等多个方面。

需求定义阶段要进行自主或人工辅助方法可行性的早期研究，并特别关注天文学家的需求。同时，对基本尺寸权衡研究进行审查，比如镜子尺寸与性能和成本之间的平衡。系统结构方面，通过分阶段的研究让学术界、政府和工业界的参与者共同参与，就运行概念达成技术和政治共识，并决策将 HST 与航天飞机集成。在系统和子系统设计上，分工进行主要功能部件的设计、开发和研制，采用新技术解决太空环境带来的特殊挑战，并针对装配和测试需求使用可拆卸且相对独立的连接方式，还研发了零重力支持系统。决定由不同的供应商制造备用主镜，并采取不同的制造和抛光方法。尽管尝试开发替代的精密制导传感器未获成功，但成立了专门小组进行科学和工程方法的独立外部评估和验证。

系统集成问题涉及独特的环境风险，包括物理、电子和光学元素在装配、发射、部署、运行和维修过程中的相互作用。在验证和确认阶段，虽然成功完成了全部功能测试和真空系统测试，但主要的镜像测试程序未能成功实施。此外，使用了独立的审查和技术审计团队，但未能在镜像测试中应用决策树故障预防分析。部署和生命周期支持方面，执行了在轨服务战略，有效利用了挑战者号规定的停机时间来监控宇航员的操作情况，并通过地面练习和测试来准备宇航员。系统和计划管理方面，制定了明确的采购战略，界定了工业界与 NASA 计划管理职能间的研发和技术职责，并采用了计划评审技术（Program Evaluation and Review Technique，PERT）、里程碑和关键路径管理等工具。同时，进行了技术与风险成本之间的评估和权衡，并利用 NASA 和承包商工作组来解决设计、制造和装配问题。

通过这些综合性的风险管理措施，HST 计划能够更好地应对各种挑战，确保了项目的顺利进行，并在面临未知挑战时展现了出色的适应性和灵活性。

2.6 总结

本章主要介绍了高端装备中与系统共成相关的内容，包括复杂产品的定义与特点、系统工程的基本概念、复杂产品系统工程流程以及复杂产品系统工程实践案例分析。在复杂产品的定义与特点中，包括复杂产品的几种权威性定义与理解和复杂产品的基本特点。在系统工程的基本概念部分，包括系统工程的定义以及系统思维，其中介绍了最重要的全局思维，以及系统工程的起源和价值。在复杂产品系统工程流程部分，包括技术流程、技术管理流程、协议流程、使能流程，以及在实施复杂系统工程流程中最不可或缺的剪裁流程。最后，展示了复杂产品系统工程实践案例，包括国际空间站和哈勃太空望远镜，它们是早期实施系统工程的高端复杂装备，通过分析这些案例能够获得宝贵的实践经验和启发，以便更好地应对现实世界中的挑战。

2.7 拓展阅读材料

1）美国国家航空航天局著，《NASA 系统工程手册》，朱一凡，李群，杨峰，等译. 北京：电子工业出版社，2012.

2）阿尔特菲尔德著，《商用飞机项目——复杂高端产品的研发管理》，唐长红，译. 北京：航空工业出版社，2013.

3）乌利齐 T，埃平格 D 著，《产品设计与开发》，杨青，吕佳芮，詹舒琳，等译. 北京：机械工业出版社，2018.

4）钱学森著，《论系统工程（新世纪版)》，上海：上海交通大学出版社，2007.

5）Systems and software engineering—Systems life cycle processes：ISO/IEC/IEEE 15288：2023.

6）BKCASE，Guide to the Systems Engineering Body of Knowledge（SEBoK）https：//sebokwiki. org/wiki/Guide_to_the_Systems_Engineering_Body_of_Knowledge_（SEBoK）.

7）方志刚著，《复杂装备系统数字孪生：赋能基于模型的正向研发和协同创新》，北京：机械工业出版社，2020.

习题

1）系统工程的基本概念是什么？

2）你在学习生活过程中接触过哪些复杂系统？请举例并说明它们的复杂性。

3）系统思维中的全局思维都包括哪些？

4）复杂系统工程的流程主要包含哪几类？

5）ConOps（运行意图）和 OpsCon（运行概念）有什么区别？

6）系统工程技术流程包括哪几个流程？

7）什么是 MOE？它有什么作用？

8）系统工程技术管理流程包括哪些？

9）为什么需要使能流程？使能流程都有哪些？

10）剪裁流程的目的是什么？

参 考 文 献

[1] HOBDAY M. Complex system mass production industries：a new innovation research agenda（second draft）[R]. Brighton，UK：University of Sussex，1995.

［2］　AMBOS B，SCHLEGELMILCH B B. Learning from the automotive industry ［M］. London：Palgrave Mac-millan，2010.

［3］　INCOSE. What is systems engineering? ［EB/OL］. ［2024-06-05］. http：//www. incose. org/about-sys-tems-engineering/what-is-systems-engineering.

［4］　EISNER H. Essentials of project and systems engineering management ［M］. 3rd ed. Hoboken：John Wiley & Sons，Inc. ，2008.

［5］　Federal Aviation Administration. Systems engineering manual：version 2. 1 ［EB/OL］. （2013-11-13） ［2024-05-09］. http：//www. docin. com/p-248913337. html.

［6］　KASSER J E. Perceptions of systems engineering ［M］. New York：CRC Press，2019.

［7］　WEIHRICH H. The tows matrix：a tool for situational analysis ［J］. Long Range Planning，1982，15 （2）：54-66.

［8］　AGUILAR F. Scanning the business environment ［J］. Simulation & Gaming，1967，42 （1）：27-42.

［9］　LITTLER D. BCG matrix ［M］. Hoboken：John Wiley & Sons，Inc. ，2015.

［10］　SHEWHART W A. Statistical method from the viewpoint of quality control ［M］. New York：Dover Publi-cation Inc. ，1986.

［11］　HAUSER J R，CLAUSING D. The house of quality ［J］. Harvard Business Review，1988，66 （3）：63-73.

［12］　GRADY J O. System integration ［M］. Boca Raton：CRC Press，1994.

［13］　薛惠锋，郑新华，王海宁，等. 中国系统工程研究与应用的历史、现状与未来 ［C］//中国系统工程学会. 中国系统工程学会第十八届学术年会论文集——A01 系统工程. 北京：［出版者不详］，2014：4.

［14］　DAU. Committed life cycle cost against time ［D］. Fort Belvoir，VA：DefenseAcquisition University，1993.

［15］　Systems and software engineering—Content of life-cycle information items （documentation）：ISO/IEC/IEEE 15289：2019 ［S/OL］. ［2024-05-07］. http：//www. iso. org/standard/74909. html.

［16］　STOCKMAN B，BOYLE J，BACON J. International space station systems engineering case study ［EB/OL］. http：//www. doc88. com/p-8718494006956. html.

［17］　MATTICE J J. Hubble space telescope systems engineering case study ［D］. Dayton：Air Force Institue of Technology，2005.

第3章

基于模型的系统工程

章知识图谱

导学视频

3.1 引言

随着科学和工程技术的迅猛发展，人类先后经历了机械化、电气化、信息化并正在迈入数字化、智能化工业时代。作为历次工业革命的结晶——高端复杂装备在使人们生活变得更加美好的同时，也面临着装备构思、设计、实现甚至运用等方面的更高挑战。有效管理高端装备复杂性这一主题已经并将长期存在于数字化、智能化工业时代，成为智能制造的核心任务。智能制造代表我国高端装备制造转型升级的强烈需求。随着我国经济由高速增长阶段转向高质量发展阶段，亟须创新发展新质生产力。

系统工程（Systems Engineering, SE）是一门基于系统科学原理的工程学科，是当前国际上公认的应对复杂系统（特别是工程系统）的一种跨学科、跨生命周期阶段、综合集成的方法论。基于模型的系统工程（Model-Based SE, MBSE）是系统工程方法论发展的最新范式，其核心是建模、分析、仿真技术在系统工程框架中的全面、正规化应用。基于模型的系统工程的出现为高端复杂装备这类典型工程系统（Engineered System）的智能制造增添了重要的方法论基石。

本章的目标是阐述基于模型的系统工程的背景、基本概念和原理，介绍基于模型的系统工程方法论和建模技术的最新发展。3.2节以飞机为例概述系统复杂性的一般演进趋势和关键共性特征，论述系统论的启示及其现实困境，概括基于模型的系统工程带来的新机遇；3.3节介绍基于模型的系统工程的基本概念及跨学科原理；3.4节总结介绍当前主流的基于模型的系统工程方法论，提出面向具体领域问题的方法论开发原理；3.5节介绍基于模型的系统工程中的主要建模技术。

3.2 基于模型的系统工程的出现

随着人类工业社会的快速发展，各类由人类设计、开发和管理，为利益攸关方创造价值的工程系统的复杂性呈现出明显的演进趋势，对人们认知和管理复杂工程系统问题提出了思维和方法两个层次的新要求。本节以典型高端复杂装备——飞机为例，概述工程系统复杂性的演进趋势和一般特征，并从系统论的角度阐述系统工程的认识论基础，总结系统工程所面临的现实挑战和基于模型的系统工程的价值。

3.2.1 系统复杂性的演进及特征

历次工业革命不断赋予工程系统新的技术特征，使它们可以更好地服务人类生活。但同时，系统的复杂性也随着新技术的不断发展与叠加而显著提升。以飞机为例，其技术演进的大致规律可以总结为（这一规律可以直观推广到汽车、船舶等装备领域）：

1）早期飞机大都以机械传动、控制为主要技术特征，属于机械产品范畴。

2）随着电子技术的发展，嵌入式系统（Embedded System）开始广泛应用于飞机中并承担了各种类型的功能（航电、导航、雷达等），使得飞机变得更加自动化，这时的飞机主要特征是机械/电子/软件融合。

3）随着数据总线技术的发展和应用，飞机开始大量集成处理各类任务的子系统（航电系统、飞控系统等），子系统间以互联、协作的方式实现飞机整体系统的功能，飞机内部子系统组成和功能交联变得更加复杂，飞机此时具备机械/电子/软件/网络集成的典型特征。

4）近年来，体系这一概念正逐渐被人们认识并接受。体系是由在管理或运行上相独立的系统所组成，以实现单个系统无法实现的目的，例如空中交通管制系统（其中包含飞机、机场、气象系统等）、无人飞行系统（其中包含无人飞行器、地面控制站、通信卫星等）。

与技术复杂性提升相伴随的是装备研发、制造、保障等组织业务活动复杂性的提升。第二次世界大战时期以机械传动为主要特征的 B-24 轰炸机可以实现每 63min 下线一架，高峰期月产量 650 架，其生产制造系统与当时的汽车流水生产线基本无异（事实上正是福特汽车公司建设了当时全球最大的轰炸机组装工厂——B-24 的柳溪飞机厂）。当飞机迈入机电软网集成的时代，其研发制造复杂性不可同日而语。因为这时不仅要考虑飞机复杂的结构关系，还要同时考虑飞机子系统间功能的交联与涌现。此外，现代飞机所包含的子系统往往涉及多个层级的众多供应商，为飞机研制带来全球生产网络协同管理的挑战。

当今科学和工程技术（例如人工智能、赛博物理系统、物联网等）的飞速发展一方面为高端复杂装备智能制造提供了更多可能性，但另一方面也带来智能制造系统中价值—业务—技术相互割裂的困境，装备成本飙升（美国国防部曾预测，如果保持当前战斗机价格的增长趋势，到 2054 年美国全年的国防预算只够买一架战斗机）、技术债务、信息孤岛、模型碎片化等风险不断攀升。下面总结了当前高端复杂装备智能制造所面临的共性挑战：

1. 环境—价值挑战

任何工程系统都以实现利益攸关方所赋予的价值为最终目的，因此工程系统也被称为社会技术系统（Social-Technical System）。高端复杂装备智能制造受内外部利益攸关方的期望和需求驱动，并在社会、法律和政治环境的约束下构建并运行。挑战一方面体现在社会、政治等外部复杂环境因素的影响（例如"贸易战""卡脖子技术"等），另一方面体现在众多利益攸关方（图 3-1 举例说明了与航空系统密切相关的利益攸关方）及其对装备系统期望的日益多样性。

2. 全生命周期挑战

复杂系统是动态的，时间的发展会影响系统组成要素、功能及其为利益攸关方带来的价值。绝大多数高端复杂装备的决策问题（特别是与成本、质量和进度相关的不确定性）都

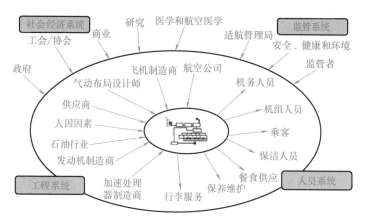

图 3-1　航空装备利益攸关方举例

与其生命周期阶段紧密耦合，并随着生命周期阶段的发展而不断变化。根据美国国防采办大学所报告的美国国防部项目执行成本的统计分析，一个新装备在概念阶段实际发生的成本平均占生命周期成本的 8%，但在这个阶段所承诺（即已基本确定）的成本却占生命周期成本的 70%。这一规律显示了复杂装备生命周期各阶段间的密切关系。类似的现象在装备质量问题中也屡见不鲜，制造甚至运行阶段出现的质量问题往往可以追溯到装备概念阶段需求定义的偏差（典型的例子如波音公司的 737MAX 系列飞机的飞控系统在设计需求定义阶段未能充分考虑飞行员应对失速情况的操作和培训要求，导致严重空难事故的发生）。

3. 组成结构复杂性挑战

系统组成结构反映系统组成元素以及组成元素之间的关系。随着技术的发展，装备系统的组成元素类型、规模、元素间的关系数，以及系统与外部环境间的关系数，总体呈现指数趋势增长，极大加剧了系统复杂性。

1）高端复杂装备呈现多学科综合的趋势（从最初的机械系统发展到今天机/电/软/网/人综合的系统），反映出系统组成元素类型的多样性与异构性。赛博物理系统（Cyber Physical System，CPS）的出现和广泛应用揭开了工业 4.0 的序幕。在赛博物理系统中，系统功能的实现依赖控制组件、执行机构、通信组件、传感器等多学科组成元素在信息域、物理域与能量域的交互。

2）随着物联网技术的发展，当下高端复杂装备往往是广泛互联的，面向用户所提供的价值依赖系统间的紧密协作。这种互联带来装备的研制模式从关注单个系统到关注体系，从关注系统功能到关注体系为用户提供的运行场景，从关注技术实现到关注价值提供的根本性转变。

3）近年来人工智能技术的发展加速了智能、自主系统的大量涌现，人工智能赋予了系统新的、更加智能的功能（例如自动驾驶汽车），但这些功能的涌现机理仍存在可解释、可验证和可信任的风险。同时，人工智能时代人与系统的关系逐渐从人机交互（Human-System Interaction）向人-系统集成（Human-System Integration）的趋势发展，而如何在复杂环境下有效实现复杂系统中人、系统间的一致认知、智能协作仍是一个巨大挑战。

4. 行为涌现性挑战

系统整体具有而其组成元素或组成元素的总和不具有的特征，称为系统的涌现性。系统涌现性是系统组成元素间按照某种方式组合为系统所呈现出来的、一经分解为独立组成元素便不复存在的特征。**系统涌现性主要表现为系统行为的涌现**，这一方面体现在系统各类组成元素间的复杂交互作用，另一方面体现在系统中的闭环反馈作用（即非线性行为关系）。对系统涌现性的理解可以从以下两个维度展开，见表3-1。

表 3-1 电动汽车行为涌现性的分类

	预期的涌现	意外的涌现
令人满意的	加速性能优异 节能环保	静音驾驶体验可以提高驾驶的舒适性
不合人意的	充电时间长 一次充电行驶里程短	火灾隐患高 静音驾驶容易增加与行人、骑行者的碰撞风险

在智能技术的驱动下，未来智能装备的行为在环境感知与反馈学习中存在长期演化甚至进化，表现出自适应、自组织的发展趋势，这为应对行为涌现性提出了更高挑战。

3.2.2 系统论的启示与困境

系统论（Systems Theory）是系统工程的认识论基础，是清晰、准确认知系统复杂性特征，进而选择有效应对方法的认知依据。一般系统思维曾对科学视角下的复杂问题类型给出如下划分，如图3-2所示。

图3-2中，横轴"复杂程度"代表问题整体与个体的关系，即问题整体是否完全等于个体之和；纵轴"随机性"代表问题中个体行为的无序程度或差异化程度。按照上述划分，科学视角下的复杂问题可以分为如下三类：

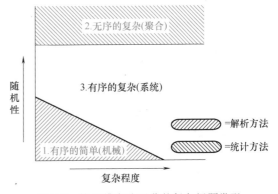

图 3-2 按思维方法区分的复杂问题类型

1. 有序的简单性

泛指具有有限元素类型、数量和交互作用的问题（也被称为小数系统，例如天体运动、机械系统等），通常可以采用以机械力学为代表的分析方法进行简化处理。这类方法以还原论（Reductionism）为指导思想，认为复杂的系统、现象可以通过将其分解为部分的方法来加以理解和描述。还原论的局限显而易见，按照系统的组成结构对系统进行分解丧失了系统的整体功能性，这样简单的分解破坏了系统的整体性，其行为涌现性也更难被认知，因此经常导致"只见树木，不见森林"的困境。

2. 无序的复杂性

泛指具有许多松散耦合的、无组织的、相似的元素的问题（也被称为大数系统，例如分子运动、群体行为等），这些元素具有一定的平均特性，如温度或压力，一般可以采用概率统计方法来进行分析。这类方法以整体论（Holism）为指导思想，强调人们在认识事物时，将事物作为一个整体来考察，在思考和解决问题时，将问题的全局作为出发点和落脚点。整体论同样具有明显的局限。在缺少必要方法和技术的支撑下，整体论往往导致系统整体与局部的割裂，整体无法被细化到更精细的局部，更无法认知各部分之间的相互作用和联系。因此整体论虽然是从"整体"着眼，但容易导致"只见森林，不见树木"的困境。

3. 有序的复杂性

泛指包含许多耦合、不同类型、具有特定目的的元素的问题（也被称为中数系统，复杂工程系统属于这一类问题），这些元素间存在相互依赖和非线性关系，整体具有涌现的现象。工程系统的复杂性可以从以下三个方面进行衡量：

1）系统组成部分的数量——N_P；

2）系统组成部分之间的关系数——N_{PIR}；

3）系统与外部环境之间的关系数——N_{SER}。

其复杂度指数（Complexity Index，CI）为：$CI = N_P + N_{PIR} + N_{SER}$。

国际统计数据显示，机械系统的复杂度指数一般大于 10^3，机械/电子系统的复杂度指数一般大于 10^6，而以机械/电子/软件/网络为特征的系统其复杂度指数一般大于 10^9。因此这类问题既复杂的不适合解析求解，又有序的不适合统计平均化，只有依赖系统方法。

虽然系统论为认知系统复杂性提供了指导思想，即实现整体和部分的有效统一：有效认识系统整体，对系统整体进行全面、准确的描述有助于回答系统整体和各层级组成部分间的相互关系，保证了系统整体（"森林"）的完整性；而对系统组成部分的分解和正确认识则是降低问题复杂性、认识"树木"的必然要求。但摆在复杂工程系统实践面前的一个现实困难是"如何实现整体和部分的有效统一，即如何既见森林，又见树木"？这一问题构成了基于模型的系统工程方法论的核心命题。

3.2.3 系统工程的新发展——基于模型的系统工程

国际系统工程协会将基于模型的系统工程定义为"建模的正规应用，以支持系统需求、设计、分析、验证和确认活动，从概念阶段开始，贯穿系统整个开发和后续的生命周期阶段"。基于模型的系统工程是在基于文档的系统工程流程方法的基础上，随着建模与仿真技术的不断发展而形成的。

1. 基于文档的系统工程

基于文档的系统工程（Document-Based SE，DBSE）是系统工程的早期方法论范式，其特点是以电子文件格式承载各类产品规范和设计文档，然后在客户、用户、开发人员和测试人员之间进行传递。产品需求和设计信息大量存在于基于文档的文本描述、绘图工具生成的图形描述以及各类分析模型或从数据库导出的数据图表中。基于文档的系统工程方法通过文档控制来确保文档的有效、完整和一致，并确认所开发的产品符合文档要求。

基于文档的系统工程的工作流程一般始于运行意图文档（Concept of Operations Document），通过该文档来定义系统如何支持所需的任务及目标。接下来通过功能分析对系统的功能进行分解，并将其分配给系统的各个组件。绘图工具（例如功能流图和系统原理框图等）被用于捕捉系统设计的内容。这些图表被作为单独的文档存储，并包含在系统设计文件中。专业工程的权衡和分析由不同的专业学科开展并记录，以评估和优化设计方案。这些专业工程分析通常需要关于系统性能、可靠性、安全性、物理特性等多个方面的独立分析模型/工具的支持。基于文档的系统工程方法通过追溯文档体系中不同层级设计规范之间的需求来建立和维护需求可追溯性。而需求和设计之间的可追溯性则是通过识别系统或子系统中满足需求的部分和/或用于验证需求的验证程序来实现并维护的，并在需求数据库中加以体现。

基于文档的系统工程方法在其诞生早期曾广泛应用于航空航天领域的工程实践（例如阿波罗登月计划、航天飞机等），取得了显著成绩。但近年来，随着复杂装备更新换代速度不断加快，工程研制任务数量大幅增加，复杂装备子系统及其涉及的学科数量增加，装备性能指标要求不断提升，产生了非常严重的研制成本居高不下、研制周期一拖再拖、装备质量问题频发等显著问题。系统工程面临的这些严峻挑战已成为国际普遍共识，基于文档的系统工程方法的不足也逐渐显现。

1）以自然语言为描述方式、电子文档为信息载体的工程范式无法全面、规范、准确描述系统整体。由于文档数量多、逻辑性和关联性难以维护，基于文档的系统工程方法难以对系统的众多利益攸关方关切（例如性能、成本、质量等）和系统的不同方面（例如功能、结构等）进行有效综合。

2）文档体系作为核心工作制品无法有效集成复杂系统各个层级、各个专业工程学科。基于文档的描述方式存在语义表达不清晰、不规范、不准确等问题，难以实现跨学科、跨团队间对复杂问题的共同理解，导致系统各个层级间设计的一致性和可追溯性难以有效实现，系统所涉及的各个专业工程学科难以在一个共享的系统整体图像下有效集成。

3）基于文档的工作模式难以在设计早期发现问题，潜在的设计问题通常在物理集成和测试期间，甚至在产品交付使用之后才得以浮现，导致工程效率、质量项目成本和进度不可控。同时，文档体系的维护性差、一致性变更困难，造成设计知识和经验在产品快速更新换代中难以维持或重用。

2. 学科级建模与仿真

随着装备复杂度的不断提升以及市场对装备性能、研发周期和成本的更高要求，传统主要依赖物理试验的"设计—试验验证—修改设计—再试验"串行迭代的研制模式已经难以满足高端复杂装备的研制需求，建模与仿真（Modeling & Simulation，M&S）技术逐渐成为装备研制模式变革的重要手段。

建模与仿真技术最先在众多专业工程学科中产生并得到广泛应用。建模与仿真在专业工程学科中的典型应用如下：

1）机械工程。用于开展结构整体布局和机构运动设计的机械系统架构模型；用于结构件的强度、刚度校核分析的结构分析模型；用于结构件内、外流场特性分析的流场分析模型；用于分析结构件疲劳损伤和使用寿命的疲劳分析模型等。

2）电气工程。用于开展电子、电气、网络系统整体布局设计的电子电气系统架构模型；用于电子元器件设计的设计模型；用于高/低频电磁场分析的电磁仿真模型等。

3）软件工程。基于 UML（Unified Modeling Language）、AADL（Architecture Analysis and Design Language）的软件顶层架构设计；软件详细设计模型和代码自动生成技术；用于集成测试或验证嵌入式软件控制策略和逻辑算法的模型在环（Model-in-Loop）/软件在环（Software-in-Loop）/硬件在环（Hardware-in-Loop）模型等。

4）多学科。多物理场耦合模型，用于分析热固耦合、流热耦合、流固耦合特性；可靠性/可用性/维修性/安全性（Reliability/Availability/Maintainability/Safety，RAMS）模型。

随着计算机技术的迅猛发展，各专业工程学科的建模与仿真技术开始面向工程的全生命周期进行整合，出现了基于模型的工程（Model-Based Engineering，MBE）。基于模型的工程被定义为"一种工程设计方法，将模型作为技术基线的组成部分，包括在整个采购生命周期中对能力、系统和/或产品的需求、分析、设计、实施和验证"。基于模型的工程从工程阶段的角度对建模与仿真技术的应用进行了划分,分为基于模型的定义(Model-Based Definition,MBD)、基于模型的制造(Model-Based Manufacturing,MBM)、基于模型的持续保障(Model-Based Sustainability,MBS)。

综上,学科级建模与仿真技术已广泛应用于装备工程研制的各个阶段,支撑基于文档的系统工程中专业工程领域的权衡和分析。但对比系统复杂性挑战可以看出,学科级建模与仿真技术仍存在如下不足:

1)从生命周期角度看,学科级建模与仿真更加关注系统的详细技术方案设计,而缺少对系统问题定义、需求捕获、运行概念构想等阶段的正规建模与仿真方法的支持,从而带来系统在实际运行时发现无法满足真实运行场景下用户需要的风险。

2)从对象角度看,学科级建模与仿真的对象主要是复杂系统内各具体专业领域问题,而缺少对系统整体问题的正规模型表达,造成各专业领域模型难以有效集成从而回答系统整体问题,在一定程度上加剧了数字时代模型碎片化的现象。

3)从形式角度看,学科级建模与仿真更多采用计算分析模型,例如飞行器动力学分析(Simulink 模型)、飞控伺服作动系统的阶跃响应分析(Amesim 模型)、电气系统散热热分析(CFD 模型)等动态分析模型,以及关于装备性能的可靠性预测分析模型、故障树分析模型等静态分析模型。计算分析模型主要适用于物理法则明确的专业学科问题,而难以对装备系统级所面临的利益攸关方意图、运行概念、功能逻辑、系统架构定义等复杂问题进行一体化的正规建模与仿真。

上述学科级建模与仿真的特点及其应用局限也成为系统工程向基于模型的方法范式转型的重要驱动力。

3. 基于模型的系统工程的价值

国际系统工程协会在最新发布的《系统工程愿景 2035》中明确指出"基于模型是系统工程的未来",并对比展望了基于模型的系统工程的愿景:

"当前,越来越多的组织开始运用基于模型的技术来开展系统工程,但基于模型的系统工程在不同的组织、行业的运用并不均衡。定制化的、一次性的建模与仿真被应用于各个项目,模型的可重用性仍然较低,特别是在系统架构开发和设计验证等关键的早期阶段。"

"未来,系统工程师在日常工作中应该能够在本体联通(Ontologically Linked)、基于数字孪生(Digital Twin-Based)的模型资产的基础上面向具体任务构建虚拟模型。这些互联的模型能够与真实世界保持同步实时更新,从而提供一个基于虚拟现实的、沉浸式的设计和探索空间,并通过云端高容量计算基础设施提供建模服务并支持大规模仿真。统一的建模仿真框架(Unified ModSim Frameworks)得以实现,与复杂组织体的数字线索相融合,实现高效的基于模式(Pattern-Based)的模型构建和无缝的全生命周期的虚拟探索,同时基于人工智能/机器学习的智能体将在这一探索中发挥重要作用。"

基于模型的系统工程的显著特征是建模与仿真技术在系统工程全生命周期方法框架中的正规应用,以正规系统模型取代传统的基于自然语言的系统级描述、分析文档,并建立系统模型与专业学科模型间的数字传递与追溯关系。通过正规的系统级建模与仿真,基于模型的系统工程的获取、分析、共享和管理装备研制相关信息的能力得以增强,从而带来以下重要价值:

（1）支撑系统论的有效落地 系统论中"既见森林，又见树木"这一命题对于解决复杂系统问题意义重大，但在实践中面临复杂的工程技术挑战。基于模型的系统工程通过正规的系统级建模与仿真代替自然语言文档描述系统整体图像，为解决系统级认知困难、描述困难与分析困难提供有效途径，进而在系统生命周期（从关注详细技术设计扩展到关注问题定义、概念创新）、系统层级（从关注子系统、技术实现扩展到关注系统整体及背景环境、利益攸关方价值意图）、系统方面（从系统结构、功能、行为的割裂对待到三者的综合分析）三个维度扩展了工程系统的研究边界。具体，系统级建模与仿真具有如下特点：

1）准确表达系统级的抽象概念。与专业工程学科的计算分析模型不同，系统级建模更侧重于描述系统级的抽象概念，支撑系统早期概念开发中利益攸关方想法、意图、需要的正规表达。正规概念建模能让人们的想法得以清晰、无歧义、完整地表达，增强不同利益攸关方对复杂问题的共同理解。

2）正规描述系统级功能、行为、结构间的关系。①系统的功能代表系统的存在目的，即"该系统目的何在"；②系统的行为代表功能实现逻辑，即"该系统做什么"；③系统的结构代表其组成元素及元素间的关系，即"该系统如何构成"。系统级建模与仿真通过正规的数学形式和模型语义定义保证建模过程的一致性和正确性，并通过仿真、分析可靠地理解和预测系统整体功能、行为和结构之间的关系。

3）全面综合系统需求、设计、分析和验证信息。系统级建模与仿真可以有效综合系统各层级需求、相关学科设计、专业工程分析、技术验证和用户确认的关键信息，是建立系统全生命周期关键决策传递性、追溯性的方法基本原理和技术底层机理，为系统众多利益攸关方提供统一、持久、权威的数字真相源。

（2）构建数字工程的底层逻辑 基于数字化工程手段在系统工程实践中的大量应用，美国国防部针对复杂装备采办于2018年提出数字工程（Digital Engineering，DE）战略。数字工程被定义为"一种集成的数字化方法，使用系统的权威模型源和数据源，通过在生命周期内跨学科、跨领域连续传递的模型和数据支撑系统从概念开发到报废处置的所有活动"。数字工程的根本目标是通过装备全生命周期数字化工程技术手段的进一步贯通、融合，实现高端复杂装备更快、更好、更省的研制和使用。基于模型的系统工程是数字工程的底层逻辑，具体体现在：

1）数字技术逻辑。系统级建模与仿真是数字工程的技术基础。在一个复杂系统全生命周期中，系统利益攸关方将生成任务模型、需求模型、系统架构模型、学科设计模型、专业工程模型、制造模型、验证与确认模型、系统使用保障模型等各类数字模型。在数字工程的模型生态中，系统级建模与仿真成为承接系统的上层任务需求、连接集成各专业学科模型的纽带，是系统跨生命周期阶段、跨系统层级和跨学科的权威真相源的枢纽。

2）流程方法逻辑。数字工程强调建立基础设施和环境以支撑众多利益攸关方实施各项工程活动、协作和沟通。这就要求工程流程、方法、工具及IT基础设施进行有效综合。基于模型的系统工程方法论核心就是以模型为中心的系统工程流程方法的应用，是数字工程流程方法的核心组成部分。

（3）推动高端复杂装备研制模式高质量转型 随着高端装备复杂性不断提升，工业界迫切需要从传统的"设计—试验验证—修改设计—再试验"串行迭代的研制模式向"设计—虚拟综合—虚拟试验—数字制造—物理制造"的敏捷研制模式转型，通过设计早期在数字域的充分建模与仿真，提前消除设计缺陷，降低后期物理域可能暴露的风险，实现高端复杂装备的"一次制造成功"。

基于模型的系统工程的有效实践有助于推动高端复杂装备研制模式高质量转型。

1）基于模型的系统工程始于外部对系统的需要和需求，通过条目化、规范化的需求表达作为系统设计和验证的依据，形成对系统问题域的全面表达，是装备正向创新设计的起点。

2）基于模型的系统工程基于系统运行概念对系统功能开展正向推理，并通过正规建模与仿真建立系统满足最终运行概念的内在功能逻辑。

3）基于模型的系统工程通过对系统技术实现方案的多层级抽象，既避免了系统实现方案过早被具体技术绑定而带来的局限和风险，又充分打开了实现方案的创新空间。

4）基于正规系统级建模与仿真，基于模型的系统工程实现在正向设计分解的基础上建立逐层连续验证、传递与追溯线索，从而加快了系统设计的迭代更新速度，提升了一次成功预期。

综上，基于模型的系统工程的出现是系统工程发展的里程碑，为数字时代高端复杂装备高质量研制提供了新的理论方法和技术。

3.3 基于模型的系统工程基本概念与原理

基于模型的系统工程在系统论思想指导下，面向工程实践逐步丰富完善核心概念体系，提出指导工程实践的工程思维与原则，并在此基础上形成一套通用的研究方法模式，用于指导跨领域的应用实践。本节首先定义解释基于模型的系统工程的核心概念，进而介绍其方法原理。

3.3.1 基本概念

与大多数以自然科学为理论基础的工程学科不同，基于模型的系统工程跨学科、跨领域的特征要求其概念应更为抽象，这一方面是系统工程应对跨学科问题复杂性的必然要求，但同时也为正确理解这些抽象概念增加了困难。本节主要针对其中的三个核心概念要素——系统（即对象）、模型（即手段）、架构（即方法）的内涵进行解释。

1. 系统的概念

在系统工程中，系统通常被解释为"一组综合的元素、子系统或组件，以完成一个定义明确的目标（并且这个目标是系统组成部分单独所无法实现的）。这些元素包括产品（硬件、软件和固件）、流程、人员、信息、技术、设施、服务和其他支持元素"。在系统工程知识体（Systems Engineering Body of Knowledge，SEBoK）中，系统根据其特点被进一步区分为以下四类：

（1）产品系统（Product System） 产品系统是一类最直观的工程系统，其生命周期的重点是开发并向采购方交付产品供其在内部或外部使用，以直接支持采购方所需的服务。飞机、汽车等装备是典型的产品系统。

（2）服务系统（Service System） 服务系统是由人类组织创建和维持的一类工程系统，目的是为客户提供服务。产品系统可被视为服务系统的一个特例，在服务系统背景下，一个特定的产品由一个组织建造并整合到一个固定的服务系统中，并被使用以提供一种能力。服务这一概念在智能制造中并不陌生，事实上服务与制造正向着融合的方向发展，从而带来新的制造模式。

（3）复杂组织体（Enterprise System） 复杂组织体被定义为"一个或多个组织或个体共享明确的使命、目的和目标，以提供产品或服务等输出"，或是"相互依赖的资源（例如产品、人员、流程、组织、支持技术以及资金）的有目的的组合，这些资源通过跨地域和时间分布的复杂网络进行相互作用，以协调功能、共享信息、分配资金、创建工作流、做出决策并建立环境以实现业务和运行目标"。从这些定义可以看出，复杂组织体这类系统的主要特征是系统中包含人类意图（例如使命、目的）、人类组织（例如流程）等具有社会属性的元素，属于典型的社会-技术系统。复杂组织体也是高端复杂装备智能制造的重要系统形态，工厂、车间就是其中的经典代表。值得注意的是，系统工程中的"复杂组织体"既可代表企业，也可代表政府、军队、非营利性组织等。

（4）体系 体系是一类由管理上和/或运行上相互独立的成员系统（Constituent System）所组成的系统。这些成员系统的互操作和/或综合集成通常产生成员系统无法单独达成的结果。体系这类系统的主要特征包括：①成员系统的运行独立性；②成员系统的管理独立性；③地理分布；④涌现行为；⑤进化式开发过程。高端复杂装备智能制造具有明显的体系特征，在物联网技术的推动下，装备制造全球分布化、深度协作化成为常态，生产网络的体系规划问题日益凸显。

从上述解释可以看出，高端复杂装备智能制造兼具上述四类系统的特征：高端复杂装备智能制造核心目标是装备及服务的成功实现（智能互联时代服务往往伴随产品共同为客户提供价值，并逐渐成为产品成功的关键甚至决定因素），而这往往依赖多类资源（包括人员、组织、技术、资金等）围绕核心业务流程（例如研发、生产制造、运行维护等）的有效组织，以及大量具有运行独立性、管理独立性的合作方的协同配合。

2. 模型的概念

基于模型的系统工程有别于基于文档的系统工程的重要特征是建模与仿真技术在系统全生命周期的正规应用。针对不同类型的系统和系统的不同方面，有许多不同类型的模型。一般来说，特定类型的模型侧重于表达系统特征的某些子集，如时序、流程行为、性能测度、接口和连接。对模型进行分类有助于全面、正确地理解基于模型的系统工程中模型的概念，进而帮助工程实践选择适合的模型。

最新国际标准中给出了基于模型的系统工程中模型的分类、各类模型的适用范围。

图3-3展示了基于模型的系统工程中模型的一种分类方式，其中：

（1）物理模型（Physical Model） 物理模型采用真实部件表示一个系统（或系统的不同方面）。例如，实物模型、比例模型，以及根据数字模型规格制作的三维打印比例模型（后者可视为数字模型的实物视图）。使用物理模型进行的仿真通常称为测试。

（2）数字模型（Digital Model） 数字模型可以采用不同的方式表达多类对象（例如系统、实体、现象或流程），每种表达方式的正规化程度可能各不相同。因此，数字模型又被分为正规模型和非正规模型。

1）正规模型（Formal Model）采用机器可读语言表达，具有明确的语义定义。建模语言可以是文字形式和/或图的形式，但有且只有一种语义解释方式。正规模型又可进一步分为逻辑模型、定量模型（即数学模型）、几何模型和代理模型等。

① 逻辑模型（Logic Model）也称为描述模型或概念模型，表示系统的逻辑关系，如整体—部分关系、组成元素之间的连接关系，或活动之间的顺序关系等。

② 定量模型（Quantitative Model）表示关于系统或组成元素的定量关系（例如数学公式），并产生数值结果。

③ 几何模型（Geometric Model）表示系统或其组成（物理）元素的几何形状和空间关系。

④ 代理模型（Surrogate Model）是从高逼真度、更详细的模型中通过数据驱动（通常是自动转换）导出的简化模型。其目标是创建一个能充分代表被建模系统某些重要方面的代理，同时大大减少所需的计算资源。这样，代理模型就可以运行大量（参数化）实验，以促进设计探索、优化或验证。

2）非正规模型（Informal Model）依靠人类能理解的约定进行表达，其中的约定未经正规语义定义，因此机器不可读。非正规模型可通过手动或简单工具（例如文字编辑、电子表格、图表、思维导图）创建。虽然这种非正规的表达方式在实际工程实践中被大量采用，但它们往往缺乏严谨性，不能被真正用于复杂系统的建模、分析与仿真。为方便与不熟悉正规模型符号的人交流，非正规模型可作为一种方便易懂的表达形式从正规模型中生成。

（3）混合模型（Mixed Model）混合模型是物理模型和数字模型的结合。

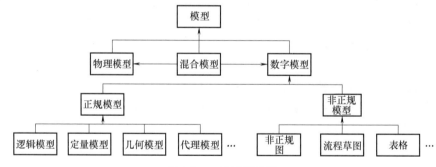

图 3-3　一种模型分类

根据上述分类，基于模型的系统工程中系统级建模与仿真所涉及的主要是正规模型，特别是具有正规语义定义的逻辑模型，用于正规表达系统级概念，描述系统功能、行为和结构间的逻辑关系。专业工程学科建模与仿真则主要涉及定量模型、几何模型和代理模型。因此，基于模型的系统工程在实践中面临的挑战之一就是各类模型的有效集成与综合（详见3.5.3 节）。

图 3-4a 给出了基于模型的系统工程中不同类型模型按照系统层级（系统级、子系统级、组件级等）、技术领域（需求、结构、行为、验证与确认等）和专业工程学科（机械、电子/电气、软件等）三个维度所划分的不同适用范围。

从图中可以看出系统级和学科级建模与仿真在基于模型的系统工程中所处的不同位置。系统级建模与仿真集中在系统级，建立系统不同技术领域的总体图像；学科级建模与仿真主

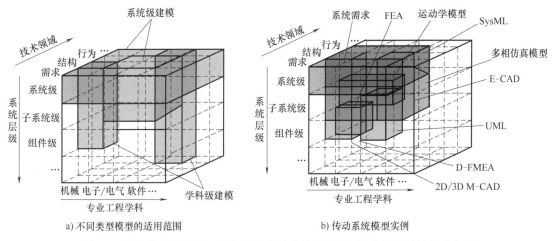

a) 不同类型模型的适用范围　　　　　　b) 传动系统模型实例

图 3-4　基于模型的系统工程中不同类型模型的适用范围及传动系统模型实例

要集中在各个学科内，对象主要是系统下层的子系统或组件，往往只针对系统某一技术领域开展。图 3-4b 展示了一个传动系统设计中所用到的各类模型实例。

3. 架构的概念

架构是应对复杂系统问题的重要方法，是基于模型的系统工程方法论的重要组成部分。最新国际标准对软件、系统和复杂组织体（即包含人类组织）的架构概念进行了统一定义，反映出架构方法对不同类型系统的广泛适用性。

一个对象的架构可以由一个或多个架构描述表示，帮助理解对象的基本概念或属性，涉及其结构、行为，以及演进（设计、开发、使用和退役）的基本概念。架构可用于支持对象全生命周期各类利益攸关方的多类用途，包括（但不限于）设计、开发、分析、评估、维护、风险应对、设计验证、解决方案权衡研究、成本比较和分析等。对一个对象进行架构描述所涉及的核心概念定义如下（图 3-5）：

1）所感兴趣之实体（Entity of Interest）。架构描述的对象，可以是复杂组织体、组织、解决方案、系统（包括软件系统）、子系统、流程、业务、数据、应用、信息技术、任务、产品、服务、产品线、系统族、体系、系统集合、应用集合等。

2）架构（Architecture）。所感兴趣之实体在其环境中的基本概念或属性，体现为所感兴趣之实体的组成元素、元素间关系或交互，所感兴趣之实体的结构和行为，所感兴趣之实体与环境和环境中其他实体间的关系或交互，所感兴趣之实体的设计、使用、运行和演进的治理原则。

3）架构描述（Architecture Description）。用于描述架构的工作制品（由架构开发流程活动产生）。

4）环境（Environment）。某一所感兴趣之实体的周围事物、条件、影响的背景集合，包括可能对实体产生各种影响的外部因素，例如技术、业务、组织、政治、经济、法律、监管、生态和社会影响等，以及外部物理效应，如电磁辐射、引力效应、电场和磁场等。

5）利益攸关方（Stakeholder）。对所感兴趣之实体感兴趣或与之相关的个人、团队或组织，可以是最终用户、运营商、采购方、所有者、供应商、架构师、开发者、建设者、维护者、监管机构、纳税人、认证机构和市场。

6）关切（Concern）。一个或多个利益攸关方感兴趣或重要的问题。例如如何维护系统？系统运行成本是多少？哪些系统行为是安全关键行为？关切基于利益攸关方当前的关注点，因此通常具有主观性。

7）利益攸关方观点（Stakeholder Perspective）。利益攸关方对所感兴趣之实体的思考方式，尤其是与其关切相关的思考方式。对于任何所感兴趣之实体，利益攸关方往往有多种观点，例如运营和财务观点下的工业生产系统；提供者和消费者观点下的医疗服务系统等。每个利益攸关方观点都会产生一个或多个关切。

8）方面（Aspect）。所感兴趣之实体的部分特征或性质。通过对所感兴趣之实体一个或多个方面的分析来回答关切。通过研究所感兴趣之实体的各个方面，可以发现或预测所感兴趣之实体的相关特征或属性。例如飞机架构描述中的方面可能包括飞机的结构、功能、信息等。

9）架构视角（Architecture Viewpoint）。用于创建、解释和使用架构视图的一套约定，以框定一个或多个关切（即利益攸关方感兴趣的问题）。"框架"（Frame）所关注的问题是指"塑造、构成、表达"这些问题。架构视角是架构师所确定的与架构描述相关的利益攸关方关切的参考框架。架构视角的约定一般体现为该视角的规范文件或元模型（基于模型的架构描述），因此有时架构视角也被称为"视图规范"（View Specification）。架构视角的确定往往来自与解决关切问题相关的领域知识、经验信息。

10）架构视图（Architecture View）。架构描述的具体信息载体，一个架构描述包含一个或多个架构视图。例如信息或数据视图回答被信息视角所框定的与信息或数据相关的关切问题。架构视图包含视图组件，例如概念数据模型、数据管理模型和数据访问模型，以及这些组件间的连接对应关系。

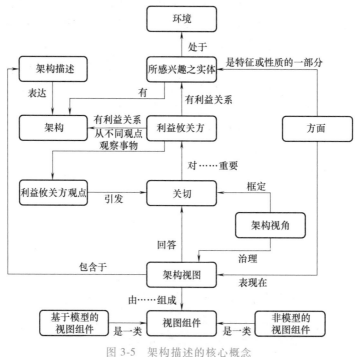

图 3-5 架构描述的核心概念

从架构描述的核心概念及其关系可以看出，架构通过将所感兴趣之实体（可以是产品系统、服务系统、复杂组织体或体系）的不同利益攸关方观点下的关切问题与系统不同方面的特征以视角和视图为桥梁进行有效的综合和分析，实现对复杂系统问题域的完整表达以及与解决方案域的有效连接，有助于保证系统设计的顶层正确性和完整性。而采用正规模型表达的系统架构是系统级建模与仿真的核心，是系统全生命周期决策的依据，是构成系统数字权威真相源的基础，也是数字工程的核心使能要素。

3.3.2 基本原理

前述复杂工程系统所面临的跨学科、跨生命周期阶段等挑战要求基于模型的系统工程方法论具有普遍适用性，而这种普遍适用性来自其方法论背后的工程思维、原则与研究方法模式。

1. 工程思维

为什么工程思维与原则很重要？因为"你怎么想，你就会怎么做，你就是如此。思维方式决定结果。提高结果质量的最有力方法就是改进你的思维方式。"

（1）分析思维（Analytic Thinking） 分析思维从当前系统入手，找出需要解决的问题，应用具体分析技术来了解这些问题并找出可能的解决方案，最后提出基于系统中某些可控维度的解决方案，以改善系统的最终状态。这一思维方式虽然在当前多数专业工程学科中所表现出的具体操作步骤可能有所不同，但确实是现代工程学科教育中的主流思维方式。分析思维在解决"假定系统结构本身可以接受、仅需对某些系统性能指标进行优化调整"这类问题时通常最为成功。因此这类问题也被称为"结构良好"（Well-Structured）的问题。例如提高现有物流网络的效率，增加电信网络的系统可靠性、降低快递系统的运输成本等都是分析思维的成功案例。

（2）系统思维（Systems Thinking） 相比分析思维，系统思维首先并且最为重要的是以系统本身为中心，关注系统作为整体与环境的关系和契合度。对于任何系统问题，系统思维都是从系统的产出（"利益攸关方想要什么？系统应该做什么？"）开始正向确定系统的功能、流程、目标、结构以及实现预期产出所需的组成要素。然后评估系统的现状（"系统目前处于什么状态？"）并提出问题："需要采取什么行动才能将系统从目前的状态提升到期望的状态，从而最大限度地为利益攸关方创造价值？"系统思维这种对产出（即结果、效果）的关注，即以价值目标为导向，有助于形成长期有效的系统级解决方案（System-Level Solutions），而不是短期的症状级解决方案（Symptom-Level Solutions）。采用"对症下药"的方式可以在短期内缓解症状，但不能防止其在未来再次发生，因为产生这些症状的系统基本结构并没有改变。而系统级的现象是持续存在的，这是由系统组成元素的基本结构、元素间的交互方式所决定的。系统级解决方案带来长期的、根本性的系统变化，因为其改变了基本的系统动态行为和系统组成元素之间的关系。系统思维帮助我们不再仅仅看到孤立的事件，而是认识到事件间相互作用的模式以及造成这些模式的潜在系统结构。借助系统思维我们得以明确系统的边界，将系统及其内部与外部环境区分开来。了解了这一边界，我们就能确定系统的关键输入和输出，并直观地反映出系统在其背景环境中的运行情况，进而有助于形成系统级解决方案。

系统思维强调系统工程区别于其他专业工程学科的前提是对系统整体的研究应先于对部

分的研究，首先研究系统层面的行为、交互作用和结构特征，而当系统被分解成各个组成元素时，这些特征将不复存在。在应对现代复杂工程系统时，这一思维已变得不可或缺。随着现代系统的规模和复杂程度急剧提升，只关注单个系统元素往往会忽略系统元素之间或将其作为一个整体时的涌现特性，当系统元素之间的相互作用或相互依存关系被忽视或未得到充分重视时，由此开展分析可能会得到次优的解决方案。

2. 工程原则

原理或原则均来自英文 Principle，词典中解释为"一种基础性思想或规则，可为做出判断或采取行动提供指导"。对于相对客观的问题而言，Principle 一般表示其事物运行背后的基本规则，即客观事物的原理。自然科学中的"牛顿定律""狭义相对论"等，经济学中所说的"经济学十大原理"等均属于此类。由客观事物原理指导所形成的人类主观活动的基础性思想或规则就构成了人类活动的原则。系统工程原则（Principles of Systems Engineering）就是一类典型的人类工程活动所应遵循的、以系统一般原理为基础的工程实践原则。系统工程原则是支持系统思维在不同工程领域有效落地的方法指南。

（1）原则1：确定系统对外展现的价值　复杂工程系统往往具有社会、技术的双重属性。其中社会属性是指任何工程系统均应有其存在的目的或价值。系统价值驱动系统设计，系统对外展现的价值也是回答系统最终成功与否的唯一标准。对于工程系统，其核心价值通常体现为系统利益攸关方对系统在全生命周期不同阶段的需要和关切。因此，正确捕获利益攸关方需要成为基于模型的系统工程的首要原则。

（2）原则2：确定系统边界及系统背景环境　系统边界（System Boundary）是一个物理或概念边界，它涵盖了系统级解决方案所需包含的所有基本要素。除了允许跨系统边界转移的输入和输出外，系统边界能有效地将所感兴趣之系统与其外部环境进行区分。确定系统边界的意义在于帮助我们将有限的精力集中在核心问题上，而做出这个决定可能是因为我们无法应对比当前系统边界更大的问题（这条理由是根据人脑可以同时思考的问题数量"7±2"而得出的），也有可能是我们判断无须把系统边界继续向外延伸（这条理由是根据人类所做的价值判断而得出的）。在定义系统边界的同时，我们需要清晰描述系统背景环境（System Context），即从系统外部视角对系统的黑盒（Black Box）描述，展示与系统相关的外部系统、利益攸关方以及他们之间的交互关系（物质、信息、能量等形式）。

（3）原则3：确定系统生命周期概念　系统生命周期是一个概念模型，用来描述系统如何随着时间发展而演进。通常，工程系统的完整生命周期可以分为系统概念化、开发、生产、使用、维护和退出等阶段。系统生命周期概念（Life Cycle Concepts）就是面向系统生命周期各个阶段描述系统将要做什么（而不是如何做）以及为什么这么做（理由依据）。系统生命周期概念的开发建议采用动态场景的方式，即主要从用户的角度描述系统作为黑盒的运行动态，表达系统的各种模式及模式转换、系统与外部环境的预期交互，概述系统与利益攸关方的交互。

（4）原则4：确定系统功能与结构　系统同时具备功能与结构这两个基本特征。系统的结构描述系统是什么样子，是一种存在或构造的物质载体或信息载体形式。结构具有一定的形状、配置、编排及布局，在某个时间段内是静止而固定的（在这个时间段之外，结构有可能发生变化，被创建或遭到销毁）。系统的功能描述系统能够做什么，是能够引发并展现某种性能，还是对性能有所贡献的活动、操作及转换行为。功能可以由流程（Process）和操作数（Operand）来描述。流程是功能中纯粹表示动作或转换的部分，带来操作数状态的改变，进而向外展现为系统的价值。所有工程系统均需要用某种结构来承载功能，也都具备某一套流程以及与价值相关的操作数。系统存在的意义就体现为系统通过功能（具体就是流程和操作数的变化）向外展现价值。

结构-功能（流程+操作数）是任何系统均具备的基本模式，也是人脑理解任何一种系统的普适思维模式（与人类所有语言的深层模式"主语-谓语-宾语"一致）。承接系统价值定位，确定系统功能与结构一般应先从系统顶层功能（有时也称为用例/Use Case）对外产生的价值开始。这样可以保证系统各个功能的相对完整，避免了直接对系统结构进行分解可能带来的系统功能涌现的丧失，在保证系统整体功能、行为完整的前提下降低了系统分析的复杂性。

（5）原则5：确定系统组成元素　系统是由一组综合的子系统或组件构成，以完成一个定义明确的目标。在对系统级功能与结构进行分析的基础上，应采取分层抽象（Different Level of Abstraction）的方式对系统进行逐层细化直至满意（或易处理）的层级。分层抽象强调根据利益攸关方关切识别不同层级的对象必要特征，采取面向对象（Object-Oriented）的方式对各层级对象特征进行抽象表达。分层抽象有助于将一个或一组对象按不同层级的关切进行逐层分析，从而在简化问题分析的同时释放方案的创新空间，提高设计的可重用性。对于不同类型的系统而言，不同层级的抽象可以表现为：

1）对于产品系统而言，抽象层级一般表现为需求（Requirement）—功能（Functional）—逻辑（Logical）—物理（Physical）。

2）对于企业 IT 系统而言，抽象层级一般表现为战略（Strategy）—业务（Business）—应用（Application）—技术（Technology）—物理（Physical）。

3）对于复杂组织体而言，抽象层级一般表现为战略（Strategy）—运行（Operational）—服务（Service）—资源（Resource）。

（6）原则6：确定系统元素间的关系以及位于系统边界处的关系　系统元素间的关系可以分为功能关系和结构关系。功能关系是指用来完成某项功能的元素之间所具备的关系，可能涉及元素间的操作、传输或交换。功能关系因其动态性也被称为交互关系。结构关系是某段时间内稳定存在或有可能稳定存在的元素之间的关系。结构关系通常表现为连接关系或几何关系。一般来说，功能关系通常需要以结构关系为前提，即结构关系是功能关系的载体。结构关系与功能关系可以通过系统外部接口跨越系统边界，发生在系统内部元素与系统背景环境中的外部系统之间。

（7）原则7：根据系统元素功能及功能交互确定系统的涌现属性　系统的整体功能大于组成元素的功能之和，即系统的功能是通过组成元素间功能涌现产生的。对于工程系统而言，涌现往往发生在功能领域。应基于系统元素的功能及元素间的功能交互来确定系统整体功能的涌现（表现为系统功能正常或故障）。预测涌现一般有四种方式：①经验推断方式；②物理试验方式；③建模仿真方式（如果元素功能及元素间的功能交互可以建成模型，则可根据模型通过仿真预测涌现）；④推理方式（对可能涌现的功能进行正规逻辑推理）。

综上，表 3-2 中将系统复杂性特征与系统工程原则进行了对应，体现出系统工程原则对应对系统复杂性的价值与意义。

表 3-2　系统复杂性特征与系统工程原则的对应关系

系统复杂性特征	系统工程原则
环境—价值挑战	原则1:确定系统对外展现的价值 原则2:确定系统边界及系统背景环境
全生命周期挑战	原则3:确定系统生命周期概念
组成结构复杂性挑战	原则4:确定系统功能与结构 原则5:确定系统组成元素 原则6:确定系统元素间的关系以及位于系统边界处的关系
行为涌现性挑战	原则4:确定系统功能与结构 原则7:根据系统元素功能及功能交互确定系统的涌现属性

3. 方法模式

模式是重复出现的现象,是跨越时间、空间或其他维度观察到的重复的规律性。多数专业工程学科研究方法的一般模式假定将一个问题分解成若干容易理解的组成部分,理解这些组成部分并将其组装还原,就能正确理解最初的问题。而基于模型的系统工程的研究方法模式表现为一个整体的、逻辑的、结构化的认知活动序列,支持系统设计、分析和决策,以最大限度地提高系统为利益攸关方提供的价值为根本目的。

基于模型的系统工程研究方法模式可以分为按逻辑顺序排列的四个主要阶段(即问题定义、方案设计、分析决策、方案实施),其内涵既体现了系统工程思维及原则,同时又丰富了面向实践操作的具体方法技术,可作为面向具体领域问题的方法开发模板。

(1)问题定义　面对复杂系统问题,最首要的任务是认识和定义问题。如果不能识别并充分理解正确的问题,那我们可能会花费大量的时间和精力去创造一个伟大的系统解决方案,但却最终发现解决了错误的问题。表 3-3 从不同维度比较说明了不同复杂程度的系统问题,从中可以看出认识和定义问题的重要性与难度。

表 3-3　问题复杂性维度比较

问题维度	技术问题	复杂问题	棘手问题
边界类型	孤立的,被定义的,与被解决问题相似	相互关联的,被定义的,随时间的推移将出现一些独有的特征和新的约束	无定义的边界,独一无二或前所未有
利益攸关方	少数同质的利益攸关方	具有不同和/或冲突观点和利益	具有相互排斥利益的敌对或疏远的利益攸关方
挑战	技术应用和自然环境要求	新技术发展、自然环境、适应性对抗	技术未知、恶劣的自然环境、持续的威胁
参数	稳定和可预测	参数预测困难或未知	不稳定或不可预测
实验的使用	可进行多次低风险实验	建模和仿真可用于实验	无法进行多次实验
可选方案集	有限集合	大量可选方案	未知集合
方案	单一最优和可测试	可以主客观结合确定和评估	没有最优或可客观测试的解决方案
资源	合理和可预测	大量和动态	在现有约束下不可持续
结束状态	得到最优解决方案	得到可以实施的良好解决方案,但会因动态变化产生额外需求	没有明确的结束状态

问题定义阶段的核心是要说明需要解决的问题是什么以及应实现的目标。在考虑如何解决问题(How)以及如何设计和开发解决方案之前,需要先回答"为什么"(Why)和"是

什么"（What）。问题定义阶段的主要产物是问题陈述。问题陈述应从系统需要或必须做什么（即系统要对外展现的主要价值）的角度出发，而不是从如何做（即系统实现方案）的角度出发描述系统必须实现的顶层功能（或用例）、执行这些功能的背景环境、系统与背景环境中外部系统的交互关系、系统必须满足的所有约束等。

问题定义阶段的主要任务如下：

1）业务或任务分析。审视、分析系统内外部业务或任务输入，进行系统现状描述分析，通过场景构建来描绘系统在生命周期不同阶段的概念。软系统方法论（Soft Systems Methodology，SSM）是对模糊、复杂问题进行剖析、定义的有效方法，其中包括：

① PQR 分析用于对复杂问题进行剖析。在 PQR 分析中，有目的的活动被称为转换（Transformation），P 代表"是什么"，Q 代表"如何"，R 代表"为什么"。进行 PQR 分析就是要回答"通过 Q 做 P，以帮助实现 R"这一问题。

② Root Definition 形成对复杂问题的根本定义。

③ CATWOE 分析是对 PQR 分析的细化，目的是进一步补充描述问题场景所需的信息，形成对问题的更全面的定义。其中，C 代表 Customer（客户），包括主要利益攸关方；A 代表 Actor（行动者），即活动的施行者；T 代表 Transformation（转化），即有目的的活动；W 代表 Worldview（世界观），即从更大的背景环境出发考虑问题；O 代表 Owner（所有者），即活动的所有者，有权阻止、改变活动；E 代表 Environmental Constraints，即环境约束。

④ 有目的的活动模型（Purposeful Activity Model）是软系统方法论的主要产物，通过图形化概念模型的形式将人们对复杂的、无结构的问题场景的理解（一般为自然语言文档）进行显性化表达，从而形成初始的概念模型。在此基础上，基于模型的系统工程通过本体建模、元模型等技术，采用面向问题定制化的正规图形化建模语言对概念模型进行正规化建模表达，为后续详细工程设计和分析提供输入。

2）利益攸关方分析。利益攸关方是与系统具有直接或重要关系的任何实体（个人、团体、组织等）。利益攸关方需要是利益攸关方对系统期望的表达，是对系统"成功"运行的定义，也是系统概念开发、技术需求开发和设计的起点。利益攸关方的分析主要包含识别利益攸关方及其观点，定义不同利益攸关方观点中的重要关切，围绕利益攸关方关切采用结构化的方式捕获利益攸关方的需要，并对需要进行优先级和可追溯性的管理。利益攸关方分析通常采用访谈方法进行需要捕获，一些定性、半定量方法（例如 Kano 模型、利益攸关方影响力/利益矩阵等）可用于对需要进行分析。基于模型的系统工程强调对需求的条目化建模，从而保证需求的可追溯性和可验证性。

3）价值定义。经过系统生命周期概念的开发以及利益攸关方的分析，接下来定义系统价值指标，即有效性测度。利益攸关方需要、需求和有效性测度是确认系统成功运行的主要依据。有效性测度被定义为"在一系列特定条件下的预期运行环境中，与所评价的任务或运行目标的达成紧密相关的成功运行测度，即解决方案达成预期目的的程度"。有效性测度和适用性测度是用于评估系统能力、行为或运行环境变化的准则，与测量最终状态的实现、目标的实现或效果的产生有关。有效性测度对利益攸关方的非功能性需求（主要指性能需求）进行细化，以定量形式捕获系统的可量化特征。

良好的价值定义应该具有"完整性、非冗余性、独立性、可操作性和小规模"。完整性是指由所有目标和价值度量所构成的价值指标体系在范围上必须足以评估系统决策问题中的基本目标。非冗余性是指同一层级的功能或价值衡量标准不应重叠。完整性和非冗余性通常被称为"相互独立，完全穷尽"。价值独立性是指一个价值衡量标准的得分不取决于任何其他价值衡量标准的得分。可操作性是指价值定义易于被所有使用者理解并使用。最后，价值定义应在"相互独立，完全穷尽"原则的基础上包含尽可能少的衡量标准，这有助于将分析重点集中在最重要的价值衡量标准上。价值定义一般分为价值层次定义（图 3-6）和价值定量计算两部分，其中：

价值层次定义包含：①明确问题的根本目标，例如"开发最有效和高效的组织结构以支持组织使命达成"。②确定提供价值的系统功能，系统功能层次结构为价值层次结构提供了基础。③确定价值的目标定义。价值目标是对价值的偏好性陈述，例如希望"效率最大化"或"时间最少化"。④确定价值测度，即定义系统有效性测度。价值测度用于评价备选解决方案在多大程度上实现了目标。价值测度可以是直接测度（可直接测量目标的实现情况）或代理测度（测量相关目标的实现情况）。价值测度的度量标准可以是自然标准或构建的标准。⑤与主要利益攸关方确认价值定义。

价值定量计算：通过定量的价值建模及计算，我们可以确定备选解决方案在多大程度上实现了价值目标。建立多目标决策分析（Multiple Objective Decision Analysis，MODA）的数学模型是计算评估备选解决方案价值的基本方法。基于价值层次结构最低层的价值测度，可以建立多目标分析数学函数对解决方案的多个价值目标进行加权求解，从而反映它们对整个问题的重要性以及测度的变化对决策的影响。

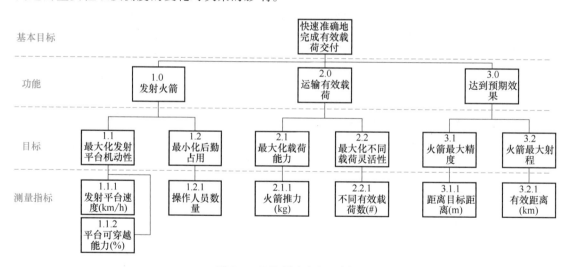

图 3-6　价值层次定义示例

（2）方案设计　一旦确定了利益攸关方的需求，解决方案设计流程就会据此建立一个备选方案库，以期从中找到"最优"解决方案。备选方案库会随着备选方案的增加而不断完善，并根据问题的定义和利益攸关方的需求和价值定义不断进行权衡选择，直到出现最优解决方案。这一过程是动态迭代的，可能会在问题定义、方案设计和分析决策环节中不断重复。

由于系统问题的复杂性特点（见表 3-3），基于模型的系统工程中的方案设计区别于其他专业工程学科的显著特点是对系统问题的正规架构建模定义，通过系统架构模型建立问题空间与解决方案空间的映射，通过建立详细设计（即专业学科设计）方案与问题定义的清晰追溯关系，保证详细设计方案的顶层正确性。

方案设计阶段的关键任务如下：

1）系统架构定义。系统架构定义关注对整个系统保持全面的视野和理解，避免过早地局限在实施细节或任何一个具体领域。在基于模型的系统工程中，系统架构定义采取基于正规系统级建模语言（例如 SysML、ARCADIA、OPM 等）的架构建模与仿真手段。通过建立正规的系统模型取代了基于文档的系统工程中用图表、文本和表格等形式记录的系统信息，包括系统背景环境信息、系统组成元素及其关系、系统功能和行为、系统需求、系统分析所需的关键参数，以及有关系统验证和确认的关键信息。基于模型的系统工程通过创建系统架构模型并使其与相关专业学科模型进行语义集成，实现了模型在系统工程全生命周期的正规应用，为系统需求定义、系统设计、系统分析决策、系统验证确认等系统生命周期关键流程中的关键利益攸关方提供权威的数字真相源。系统架构模型一般包括如下层级：

① 运行架构（Operational Architecture）。运行架构是对系统运行背景环境的表达，将从系统黑盒视角描述系统与背景环境中相关实体的交互关系、系统在背景环境中的运行活动，目的是识别系统顶层用例活动、系统外部接口等，为系统功能架构定义提供输入。

② 功能架构（Functional Architecture）。功能架构是对系统在运行场景中展现出的顶层功能（用例）进行的细化，包括定义功能向下的分解及下级功能交互、识别下级功能接口等。可依据系统功能分析结果识别系统视角下的系统功能需求，牵引性能需求。

③ 逻辑架构（Logical Architecture）。系统逻辑架构是系统形式的一种表现，反映了系统组成元素面向功能的抽象概念，同时构成系统实现的一种逻辑关系，但逻辑架构所表达的系统逻辑组件是对系统功能执行者的抽象，独立于具体实现方式（技术）。例如由网络浏览器实现的人机界面功能，或由传感器实现的环境监控功能。系统逻辑架构是系统工程原则中不同层级抽象和面向对象的具体体现。系统逻辑架构充当黑盒系统需求和系统物理架构之间的中间层，可以帮助设计团队管理需求和技术变化对系统解决方案的影响。此外，系统逻辑架构还可以作为一个系列产品构型（即产品族）的统一参考架构模式，而具体产品根据不同的任务需要，基于参考架构模式以不同的物理形式实现。

④ 物理架构（Physical Architecture）。物理架构通常被定义为系统组成元素的具体实现形式（例如硬件的几何特征、软件的数据结构、人的作业指导、流程的步骤说明等），作为产品、服务或组织的设计解决方案。系统物理架构开发的目的是详细描述系统技术解决方案的模型视图，在系统逻辑架构基础上，确定逻辑组件的具体技术实现以支持其功能、非功能性特征，为详细设计提供输入。

2）详细设计定义。详细设计定义的目的是开发一个整体的系统设计，该设计方案详细程度足以支持其实现，提供有关系统及其元素的详细的数据和信息，从而将系统需求和系统架构定义转化为可实现的系统设计方案。这一过程所产生的关于系统及其元素的详细设计数据应与系统架构定义保持一致。系统架构侧重于系统整体解决方案的基本概念、属性、结构、行为和功能，而系统详细设计最终将捕捉到系统解决方案的详细技术特征，侧重于实现技术方面的考虑，如解决方案的系统元素、它们的接口和特性，以及技术和其他实现方面的考虑，如材料、制造、软件编码等。

详细设计定义一般采用专业学科级的建模、分析与仿真技术。根据系统类型不同，详细设计涉及的专业学科有所区别。例如飞机这类复杂系统，其详细设计所涉及的专业领域包括（但不限于）结构、气动、飞控等，跨越机械、电子、软件等多个学科。在基于模型的系统工程中，不同专业学科设计所用到的建模、分析与仿真技术通过系统架构模型进行集成与协同，保证各学科设计的一致性与正确性（详见 3.5.3 节说明）。

（3）分析决策　分析决策阶段的主要目的是分析和评估候选系统架构和/或系统元素架构和设计空间特征，以权衡选择在技术可行性、成本经济性和关键质量特征（如可靠性、经济性、维护性）等方面的最佳设计方案。

在基于模型的系统工程中，系统架构模型是工程核心制品，是系统级的主要技术基线。系统需求或设计的任何变化都应反映在系统架构模型中，并通过模型制品、视图和其他数字线索传递给受影响的各利益攸关方。因此，在分析决策阶段，系统架构模型为系统规范、设计、分析和验证信息提供了一致的信息来源，保持了关键分析决策的可追溯性和合理性。这些信息为更详细的专业学科设计和系统验证、确认活动提供了背景和关键输入。

分析决策阶段的关键任务如下：

1）系统架构分析权衡。系统架构开发的过程也是架构分析权衡的过程，同时也是系统级分析决策过程。复杂系统的架构分析权衡意义重大，例如飞机的架构决策往往涉及飞机绝大多数的性能指标、实现技术路线，进而决定飞机的生命周期成本、制造和使用维护难度。试想，即便架构早期的 10 个决策每个只有两种选项，设计空间中也会出现 2^{10}，也就是 1024 种可选的架构。因此，系统架构分析权衡是基于模型的系统工程中分析决策的核心内容，充分的架构分析决策也是复杂系统正向设计创新的源泉。

系统架构分析权衡可以选用的方法通常包括实验设计、组合优化（详见本书第 5 章）、设计结构矩阵、启发式方法等。在基于模型的系统工程中，借助正规的系统架构模型表达、逻辑运算和 AI 辅助技术可以实现海量架构的创成与分析权衡。

2）专业学科分析决策。在系统架构分析权衡的基础上，需进一步根据系统类型及质量特征进行相应的专业学科分析及决策，从而为技术实现提供严格的数据和信息基础，以帮助在系统全生命周期内进行决策和技术评估。这些专业学科分析决策也被称为"X 设计"（Design For X）。系统工程中通常考虑的专业学科分析决策内容包括：成本（可承受性）分析、人与系统集成分析、可制造性分析、可靠性分析等，见表 3-4。

表 3-4　典型专业学科分析内容

专业工程分析	目的	典型质量特性
可承受性分析	最大化价值，提供整个生命周期的经济有效能力	可承受性、经济有效（Cost-Effectiveness）、生命周期成本、价值稳健性
敏捷工程	以及时和经济有效的方式进行变更	适应性、敏捷性、可变性、可进化性、可延展性、灵活性、模块化、可重构性、可扩展性
人与系统集成分析	有效地集成技术、组织和人	适宜性、工效学、宜居性、人因、人机交互、人机界面、可用性、用户界面、用户体验
互操作性分析	确保系统有效地与其他系统交互	兼容性、连接性、互操作性
后勤工程	使能对整个生命周期的支持	可支持性

（续）

专业工程分析	目的	典型质量特性
可制造性/可生产性分析	使生产以可靠和经济有效的方式运行	可制造性、可生产性
可靠性、可用性、可维护性工程	使系统能够在不发生故障的情况下运行，在需要时能够运行，并保持或恢复到所需的功能状态	可访问性、可用性、互换性、可维护性、可靠性、可修复性、可测试性
韧性工程	在面对逆境时提供所需的能力	韧性、鲁棒性、生存性
可持续性工程	支持循环经济的整个生命周期	可处置性、环境影响、可持续性
系统安全性工程	减少对人、资产和更广泛环境造成伤害的可能性	安全
系统安保性工程	识别、保护、侦测、响应异常和破坏性事件并从中恢复，包括在网络斗争环境中	网络安全、信息安全、物理安全、可信性

（4）方案实施　详细解决方案设计以及分析决策后，系统进入实施阶段。系统工程在方案实施阶段的核心内容是在系统元素（子系统或部件）根据设计规范（需求、架构、技术规格、接口等）成功创建的基础上，基于系统架构进行系统集成（Integration）、验证（Verification）与确认（Validation）。

因此，方案实施阶段的关键任务如下：

1）系统集成。系统集成的目的是将一组系统元素合成一个满足系统要求的实现系统。集成的重点是系统元素（硬件、软件和运行资源）的组合，以及验证系统元素之间接口和交互的静态和动态方面的正确性。集成流程同验证和确认流程密切配合。集成过程会根据情况与验证、确认过程反复进行，包括对要集成的系统元素的集成成熟度进行评估。

2）系统验证与确认。验证的目的是确保"系统已按正确方法构建"，而确认的目的是确保"将构建或已构建正确的系统"。系统验证的目的是提供客观证据，证明系统、系统元素或人工制品符合其规定的要求和特性。具体如下：

① 人工制品或实体已按其规定的要求和特征正确制造。

② 在将输入转化为输出的过程中没有出现异常（错误/缺陷/故障）。

③ 所选的验证策略、方法和程序将产生适当的证据，表明即使出现异常也会被发现。

确认过程的目的是提供客观证据，证明系统在使用时能够实现其业务或任务目标，满足利益攸关方的需要，在预定的运行环境中实现其预期用途。具体如下：

① 根据利益攸关方的需要，制作出正确的人工制品或实体。

② 人工制品、实体或信息项目在实现后，是否能产生正确的系统，并能在预期用户操作时，证明其在运行环境中能完成预期用途。

③ 系统不会使非预期用户对系统的预期用途产生负面影响，或以非预期方式使用系统。

在基于模型的系统工程中，系统虚拟集成、验证与确认在很大程度上降低了传统工程研制模式中对物理集成、试验的依赖。基于系统架构模型、系统元素数字模型、专业学科分析模型等各类工程模型在虚拟环境下的集成仿真使得系统在物理实现前就具备在计算机中进行虚拟运行的能力。虚拟集成、验证与确认中核心的技术包括可执行架构、虚拟样机、数字孪生等，详见本书第5章。

3.4 基于模型的系统工程方法论

基于模型的系统工程方法论是承接方法基本原理的具体载体，用于具体领域问题的工程实践。基于模型的系统工程作为应对跨学科复杂系统问题的工程方法，其方法论往往具有跨领域的适用性，但在具体领域问题中仍需进行一般方法论的定制化开发，这一点至关重要。本节首先介绍当前主流的方法论，接下来提出面向领域问题的方法论开发原理和方法。

3.4.1 方法论定义

方法论（Methodology）本质上可以被理解为一个"配方"，是相关流程、方法和工具在一类具有一定共性的问题中的应用。因此，基于模型的系统工程方法论可以被理解为相关工程流程、方法和建模与仿真技术工具的集合，其中：

① 流程（Process）是为实现特定目标而执行的一系列任务的逻辑顺序。流程定义的是"做什么"，而不是具体说明每项任务"如何做"。流程的层次结构允许在不同的细节层次上进行分析和定义，以支持不同的决策需求。

② 方法（Method）由执行任务的技巧组成，换句话说，它定义了每项任务"如何做"。（此时，"方法""技巧""实践"和"程序"同义）。在任何层次的流程中，流程任务都是通过方法来执行的。

③ 工具（Tool）应用于特定的方法时，可以提高任务的效率，当然前提是应用得当，并由具备适当知识、技能和能力的人使用。从广义上讲，工具可以增强"做什么"和"如何做"。在基于模型的系统工程中，工具代表特定建模语言、分析仿真技术。

3.4.2 主流方法论介绍

当前国际主流的基于模型的系统工程方法论主要来自复杂工程领域（特别是航空航天领域）的实践总结。我们选取其中典型的方法论进行介绍。

1. OOSEM

面向对象的系统工程方法（Object-Oriented Systems Engineering Method，OOSEM）是一种结合了软件工程中面向对象思想的基于模型的系统工程方法，最初是为应对复杂系统中软件工程与系统工程（当时仍是结构化方法）方法的不兼容问题而提出。

OOSEM利用面向对象概念（例如封装、泛化和继承等）帮助设计灵活、可扩展的系统，以适应不断发展的技术和不断变化的需求，旨在支持面向对象的软件开发、硬件开发和测试过程的集成。OOSEM包括基本的系统工程活动，如利益攸关方需要分析、系统需求分析、架构设计、权衡研究和分析及验证。OOSEM还包括多种建模和分析技术，例如因果分析、黑盒和白盒描述、逻辑分解等。OOSEM包括以下流程：

1）分析利益攸关方需要。此流程捕获As-Is（现状）系统和系统所处的背景环境，包括当前局限和潜在的改进领域。采用因果分析方法得出开发To-Be（未来）系统的相关任务需求。背景环境模型描述了所感兴趣之系统（即要开发或修改的系统）、环境中外部实体。任务需求将根据任务目标、有效性测度和顶层用例来规定，这些用例和场景用于捕获系统的功能。

2）定义系统需求。此流程旨在明确支持任务需求的系统需求。系统被描述为一个与背景环境模型中的外部系统和利益攸关方交互的黑盒模型。系统级的用例和场景反映了系统在背景环境中的运行概念。可以使用带有泳道的活动图对场景进行建模，泳道代表黑盒系统、利益攸关方和外部系统。每个用例的场景均可导出黑盒系统的功能、接口、数据和性能需求。需求管理数据库同时进行更新，以将每个系统需求追溯到顶层用例和任务需求。

3）定义逻辑架构。此流程将系统分解（Decomposition）和分区（Partition）为通过交互以满足系统需求的逻辑组件。分解和分区准则包括内聚、耦合、变更设计、可靠性、性能和其他考虑因素。

4）综合备选物理架构。物理架构描述了系统的物理组件之间的关系，包括硬件、软件、数据和程序。系统节点定义了资源的分配。每个逻辑组件首先被映射到一个系统节点，以回答功能的分布方式。分区准则用于解决功能分布的关注点，例如性能、可靠性和安全性等。逻辑组件随后分配给硬件、软件、数据和人工操作程序等组件。基于组件关系可以导出软件、硬件和数据架构。每个物理组件的需求都可以追溯到系统需求。

5）优化和评估备选方案。此流程在所有其他流程中都会被调用，以优化备选方案，并进行权衡分析以选择首选方案。系统级模型可以用于（部分）描述性能、可靠性、可用性、生命周期成本和其他专业工程问题，以此分析、比较和优化备选方案。用于执行权衡分析的准则和权重可追溯到系统需求和有效性测度。

6）验证和确认系统。此流程旨在验证系统设计是否满足其需求，并确认需求是否满足利益攸关方的需要。它包括开发验证计划、程序和方法（例如检验、演示、分析、测试）。系统级用例、场景和相关需求是测试用例和相关验证程序开发的主要输入。验证系统可以使用与上述运行系统相同的流程和制品来进行建模描述。需求管理数据库在此步骤期间进行更新，将系统需求和设计信息追溯到系统验证方法、测试用例和结果。

OOSEM 使用对象管理组（Object Management Group，OMG）的系统建模语言（Systems Modeling Language，SysML）开发流程中的各类模型制品。

2. MagicGrid

相较 OOSEM，MagicGrid 的显著特征是引入架构思维，这也代表了基于模型的系统工程方法论以架构为中心的发展趋势。

MagicGrid 直观呈现为矩阵风格（图 3-7）。针对所感兴趣之系统，MagicGrid 矩阵的横行分为问题域、方案域、实现域，代表系统利益攸关方的不同观点——问题定义、系统设计和系统实现。问题域又分为黑盒模型和白盒模型两个层次。方案域包括系统级、子系统级和组件级方案，表示系统解决方案的逐层细化。MagicGrid 在实现域只覆盖系统实现的需求规范，除此之外属于专业工程学科的详细设计范畴。MagicGrid 矩阵的列定义了系统的不同方面，即需求、结构、行为、参数，这些方面与 SysML 的建模表达范围一致（与 OOSEM 一样，MagicGrid 采用 SysML 作为系统建模语言）。MagicGrid 矩阵增加了系统安全和可靠性方面，体现出基于模型的系统工程与专业工程领域的结合。矩阵中行和列相交处的单元格表示 MagicGrid 的一个视角，由不同形式（例如模型、图表、矩阵等）定义了相应的视图规范。

领域			方面				
			需求	结构	行为	参数	安全与可靠性
	问题	白盒模型	利益攸关方需求	系统背景环境	用例	有效性测度	概念和功能失效模式及影响分析
		黑盒模型		概念子系统	功能分析	子系统有效性测度	概念子系统失效模式及影响分析
	方案		系统级需求	系统结构	系统行为	系统参数	系统安全与可靠性
			子系统级需求	子系统结构	子系统行为	子系统参数	子系统安全与可靠性
			组件级需求	组件结构	组件行为	组件参数	组件安全与可靠性
	实现		实现需求				

图 3-7　MagicGrid 矩阵

MagicGrid 的具体流程内容包括：

1）问题域。问题域定义的目标是明确利益攸关方的需要，通过场景建模对其进行细化，从而清晰、精准地描述系统的功能。问题域的分析由两个阶段组成，即黑盒与白盒分析。黑盒分析明确系统应该做什么以满足利益攸关方的预期或需要，主要包括了解系统如何与背景环境交互。黑盒分析不涉及系统内部结构和行为，只定义系统的主要输入和输出、系统用例及有效性测度。在白盒分析阶段，需要对系统进行更深入的分析以明确系统的概念子系统（即逻辑组件）。系统所具有的顶层功能应在用例分析中被明确，并在功能分析中进行细化分解。分解后的功能随后被分配给概念子系统。经过问题域分析，利益攸关方对系统的需要就转化为系统的设计需求。

2）方案域。方案域定义了系统的层级结构，并围绕系统、子系统、组件的结构、行为、参数等方面逐层进行方案的定义和设计。注意，此处的解决方案模型以系统逻辑架构为起点，随着设计过程而逐渐细化形成系统的物理架构（具有显著的详细设计特征）并建立与专业工程学科模型（这不属于 MagicGrid 范畴）的有效联系。方案设计的逐层抽象过程有助于针对同一问题定义形成多个解决方案，建立权衡空间，以选择系统的首选实现方案。

3）实现域。在此阶段，MagicGrid 只定义明确系统的实现需求，而将系统的实现细节转移到相关的专业工程学科。系统实现需求基于系统架构（主要是物理架构）定义，包括了系统所有子系统及更详细的组件定义。系统实现需求的规格说明通过模型等形式传递给不同专业工程领域的工程师，基于共同的架构描述从不同学科视角开展设计并实现。

MagicGrid 与 ISO/IEC/IEEE 15288 系统工程生命周期流程中的技术流程存在清晰的映射关系，体现出该方法的普遍适用性。

3. ARCADIA

架构分析和设计集成方法（ARChitecture Analysis and Design Integrated Approach，ARCA-DIA）同样基于架构思维，是一种视角驱动的基于模型的系统工程方法论。但与 MagicGrid 相比，ARCADIA 所采用的建模语言与 SysML 存在一定的语义差异（详见 3.5.2 节）。

ARCADIA 的具体流程内容共分 5 个层级：

1）运行分析（Operational Analysis，OA）。专注于分析用户需求与目标。可承接业务或任务分析设计结果，充分定义实际的运行用户和运行环境。输出的"运行架构"用于描述并构建用户的需要，以及系统应具备的运行能力和活动。

2）系统分析（System Analysis，SA）。定义系统如何满足运行需要并达到期望的行为和质量。系统分析流程需要明确系统功能以及相关交互、功能链路和场景、系统与施动者之间的交互等。

3）逻辑架构（Logical Architecture，LA）。旨在承接系统分析结果，将系统分解为若干个逻辑组件，建立一个粗颗粒的、在后续开发过程中能够保持相对稳定的系统逻辑分解结构。

4）物理架构（Physical Architecture，PA）。与创建逻辑架构内容相似，区别在于这一次定义了系统的"最终"形态，引入架构的样式、新的技术和组件，并且根据实现、技术和工艺的约束选择物理架构。

5）最终产品分解结构（End Product Breakdown Structure，EPBS）。旨在从物理架构中推导出每个物理组件必须满足的实现条件，以符合前面阶段中确定的架构的约束和设计选择。

4. MBSAP

基于模型的系统架构流程（Model-Based System Architecture Process，MBSAP）是近年来比较有代表性的以架构模型为中心的建模与仿真技术融合的基于模型的系统工程方法论。该方法认为，在应对复杂系统挑战的过程中，架构与系统工程方法密不可分，甚至系统工程流程方法必须植根于架构。正规架构模型为系统工程活动提供了核心组织原则，为系统设计的任意时间点提供权威描述和分析素材。MBSAP 方法论顶层概述如图 3-8 所示。

MBSAP 的流程从客户需求开始，经过架构开发和系统实现的各个阶段，最后以交付最终产品或开始后续增量开发而结束。借助数字系统原型，MBSAP 采用敏捷的螺旋开发模式，实现"一边构建，一边测试"的思想，最终实现所需的全部功能。MBSAP 的具体流程内容包括以下几个阶段：

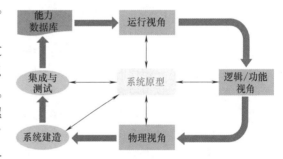

图 3-8　MBSAP 方法论顶层概述

1）MBSAP 流程的起点是业务用例（Business Cases）和由此产生的客户需求，由图 3-8左上角的能力数据库表示。任何重要的系统开发都需要业务用例的支持，以证明其开发的合理性。能力数据库清楚地表明系统开发所期望的结果是得到一套运行能力，开发人员可以通过任何被证明是最佳的设计方案来实现这些能力，而避免受到客户先验设计需求的过分限制。在基于模型的系统工程中，条目化的需求模型往往作为能力数据库的模型载体。

2）客户所需的能力转换、映射为运行视角下的架构背景环境。完整的运行视角应描述系统运行的背景环境。任何外部实体，包括系统运行方和客户、其他系统和网络、设施和公用服务设施、数据存储库、监管机构以及系统背景环境中的许多其他元素，通常在结构图和行为图中表示为参与者。随着运行视角的逐渐完善，可以采用一个或多个可执行模型来表示运行视角，这些模型将整个系统、系统行为和运行背景环境以可视化的方式展现出来。这对于确保需求的完整和正确理解、支持与利益攸关方的对话非常重要。这些仿真有助于发现和解决各种问题和歧义，并在设计和实施花费大量资源之前，在相互冲突、竞争的系统特征和能力之间进行早期权衡。

3）将运行视角转换、映射为逻辑/功能视角。这时设计开始定义系统组成元素、服务、功能、信息交换、数据实体以及从运行视角派生的行为细节。逻辑/功能视角延续了运行视角，通过分解和增加运行视角的内容细节来进行开发。逻辑/功能视角代表了独立于任何特定技术或产品的系统功能定义。在逻辑/功能架构开发阶段，无须做出关于硬件或软件功能分配的决定，但模块化、数据和功能局部化以及松耦合等设计原则仍然非常有效，而且可行的性能、技术风险、安全机制和流程以及其他实际细节等方面的考虑因素也会对设计产生重要影响。利用可执行架构的概念，可使用多种方式（例如活动图仿真、BPMN 等）对系统功能模型进行仿真模拟，以评估甚至量化系统功能行为。

4）将逻辑/概念视角映射到物理视角。物理视角是真实实现整个系统或原型中系统能力增量的基础。逻辑/功能视角定义要构建的内容（What），物理视角定义如何实现（How）。物理视角将重点转移到产品和标准上，因为产品和标准的选择是实现物理节点设计的核心。物理视角所涉及的活动通常包括选择特定的硬件和软件产品、软件编程语言、技术标准、消息传递和网络解决方案、传感器和执行器、电源和散热以及节点设计的所有其他方面。必须根据现有技术、成本、风险、开发进度和其他因素，通过权衡分析，做出将具体功能分配给硬件、软件或人的决策。在 MBSAP 中，物理视角的建模设计在系统原型中构建，并通过集成和测试来评估其是否适合所需的能力。

5. 比较与分析

上述基于模型的系统工程方法论主要诞生于航空航天等复杂装备领域的工程实践，这一特点决定了上述方法论可以较好地适用于复杂装备系统、技术密集型系统的工程研制问题。从方法内容可以看出，上述方法论均基于面向对象的思想，在系统设计分析的逻辑上基本符合需求—功能—逻辑—物理的层次关系，对于系统整体的描述均关注系统的结构、行为以及二者间的关联关系。其中较新的方法论 MagicGrid、ARCADIA、MBSAP 则将架构方法与系统工程流程融合，进一步体现了架构方法在基于模型的系统工程方法论中的核心地位。

结合 3.3 节内容可以看出，上述各个方法论均基于共同的基于模型的系统工程方法原理，例如 MBSAP 明确表明"该方法在应用于不同类型系统时（无论是飞机、工厂、电力公司还是需要更高效流程的政府机构），都具有相同的基本原理"。尽管如此，通用的方法论面向具体领域对象（问题）进行扩展绝非易事，相比建模语言、工具的部署与使用（事实上，基于模型的系统建模语言例如 SysML、OPM、ARCADIA 等早已成为国际开源标准规范，而各式各样的建模工具则在国际国内遍地开花），方法论定制开发的能力甚至是阻碍基于模型的系统工程成功实践的重要绊脚石。下面介绍基于模型的系统工程方法论面向领域问题的定制开发原理和方法。

3.4.3 面向领域问题的方法论开发原理和方法

1. 方法论开发原理

国际标准 ISO/IEC/IEEE 24641 介绍了基于模型的系统工程中模型与方法的关系（图 3-9）。

1）本体（Ontology）：对一个领域内共享的（Shared）知识概念的正规（Formal）、明确（Explicit）的表达。基于模型的系统工程的起点是对人类概念（需要、意图、目的等）的正规模型表达，这就要求对领域知识（领域内基本概念及关系）通过本体建模等正规方式进行描述，实现领域知识的一致共识与明确定义。

2）元模型（Meta-Model）：在领域本体所明确的模型语义基础上，对模型语法表达的进

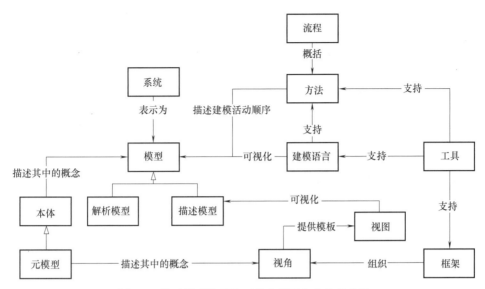

图 3-9 基于模型的系统工程中模型与方法的关系

一步说明。元模型是对模型表达的规范和约束，帮助实现模型间的互认和互操作。

3）方法：描述了在特定建模语言支持下的建模活动的顺序，流程是对方法的抽象组合。

基于模型的系统工程建模方法开发原理如图 3-10 所示，此图进一步说明了基于模型的系统工程中建模语言（Modeling Language）、架构框架（Architecture Framework）和建模定制文件（Modeling Profile）之间的关系，以及建模定制文件、建模模式（Modeling Pattern）和建模模板（Modeling Template）如何被用于开发建模方法。

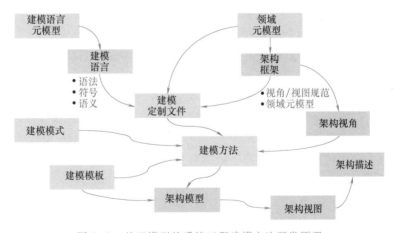

图 3-10 基于模型的系统工程建模方法开发原理

建模定制文件规定如何将某种通用建模语言（例如 UML、SysML）与特定框架配合使用。建模定制文件通常会通过扩展架构框架中提供的基本元模型，或通过添加构造型（Stereotype）来表示特定领域中需要建模描述的某些类型的概念，从而对特定领域的建模元素进行定制化。特定领域可以是国防、航空航天、银行、基础设施等。由于 UML、SysML 等建模语言几乎适用于表达"任何事物"，因此它们在本质上是通用的，因此建模定制文件可以指导面向特定领域的建模。各领域问题通过创建自己特定的建模模式和建模模板，可以减轻重复建模的负担，还有助于鼓励模型重用，帮助模型开发与应用更加快速和敏捷。建模模式广泛存在于软件开发、电子和机械设计、可靠性和可维护性、安保和安全等专业学科中，基于模型的系统工程中使用的建模模式可用于说明系统概念、属性和实体应如何与系统开发和运行过程中使用的专业学科中的概念、属性和实体相关联。

基于对现有研究的总结与分析，我们定义了一套在基于模型的系统工程方法原理指导下，面向特定领域问题中基于模型的系统工程方法有效实践的方法路径（图 3-11）。

	0 领域概念捕获和定义	1 领域架构框架开发	2 领域元模型定义	3 系统工程流程定制化	4 参考架构模型开发
目的	要研究的对象(的概念)是什么	如何框定问题？如何结构化、逻辑化思考问题	如何将人脑中的概念转化为建模语言符号	按照何种流程步骤方法开展工作	领域架构模型的参考模式是什么
内容	1. 概念捕获 2. 概念建模 3. 概念与上层本体对准 4. 领域本体建模	1. 基于利益攸关方定义框架视角 2. 基于对象概念定义框架方面 3. 基于本体模型定义框架视图	1. 基于通用系统建模语言语法符号和本体模型定义，扩展定义领域元模型 2. 开发领域系统建模语言	基于国际系统工程流程标准设计制定化的流程步骤方法，指导工程师开展工作	按照流程步骤方法和领域元模型开发领域模型的参考模式，指导具体对象设计
标志成果	概念图模型 受控词汇表 正规本体模型	领域架构框架	领域元模型 领域系统建模语言	流程模型 流程文件	参考架构模型

图 3-11　基于模型的系统工程方法有效实践的方法路径

2. 领域本体

本体概念源自哲学领域。在哲学研究中，本体被定义为对世界中客观事物的描述，属于存在论范畴。哲学中的本体论强调对研究对象建立客观的认识，这种认识通过本体来描述，包含该对象的基本概念术语及其之间的关系。

如前所述，基于模型的系统工程借助类似 SysML 这样的系统建模语言以及流程方法总体上解决了将系统相关信息综合集成到统一模型（即系统模型）中的问题，但在具体领域实践中仍然存在对模型所表达的概念的认知困难。例如，复杂装备（例如飞机）跨生命周期阶段、跨组织、跨专业的信息综合集成仍难以实现；军事领域联合作战体系中诸多由不同组织设计和生产的装备的协同仍存在挑战。面对系统复杂性的日益提升（回顾 3.2.1 节），这些复杂系统互认、互操作问题十分紧迫。实现互操作性不仅需要提升不同利益攸关方之间的协同工作能力，同时依赖于增强机器与人之间数据的可读性和可解释性，以及不同机器之间数据的互联互通。建立领域本体有助于实现复杂系统的概念互操作、语义互操作，建立对领域对象的客观、全面的认识，实现跨领域的知识/概念的互操作性，为面向对象的计算机建模构建语义基础。

通过正规的本体建模，有助于解决人—计算机—客观世界间概念理解和认知的一致性、完备性和正确性，进而奠定系统工程模型化以及未来智能化的基础。为实现这一目的，本体工程（Ontology Engineering）在实践中一般分为顶层本体、领域本体和应用本体三个层次。从功能与应用角度来说，这三层本体作为一个体系协同工作，通过上下映射、分层抽象等方式，共同实现本体在具体工程实践中的价值。具体如下：

1）顶层本体（Top Ontology）是所有领域共同的概念和关系的高度通用的抽象表征，用于跨领域数据的整合和组织。顶层本体提供了一个框架，可据此衍生出更多特定领域的本体。基于公共顶层本体开发的领域本体，以同样的父辈术语为基础定义各自的子术语，确保了不同领域本体开发的一致性，并且能为本体构建带来更有效的管理和质量保证，促进不同本体开发者和使用者相互检查、持续改善工作。

2）领域本体（Domain Ontology）是基于领域知识创建的结构化知识体，通过对领域中知识与经验的收集与梳理，向上与顶层本体通过映射保持一致，以实现多个领域之间的互操作，向下指导应用本体的生成，以实现本领域不同应用间知识概念的一致性。正规领域本体的构建可以提升人对领域知识的共识，提升计算机对知识逻辑的处理能力，提升计算机输出数据的可读性和可解释性。

3）应用本体（Application Ontology）是为特定用途或关键应用而设计的本体，应用本体通常在跨域或学科交叉点处使用，以及为特定用户生成跨顶层、领域本体的知识概念。如果没有应用本体，使用多个学科概念时，需要查询并集成全部相关的正规化本体。应用本体通过导入支持应用用例所需的全部或部分参考本体并沿公共轴集成来解决这些问题。公共轴可以是上层本体或者最能代表应用需求的结构。

以 IOF（Industry Ontology Foundry）为例进行说明，IOF 是一套开放参考本体，目的是支持制造和工程领域的数据互操作性。

① 顶层本体采用基本正规化本体（Basic Formal Ontology，BFO）。BFO 以本体实在论（Ontological Realism）为哲学基础，即认为本体所表征的是现实本身的普遍特征。这一点与信息研究领域专家所持观点不同（他们认为本体表征的是科学家关于现实的看法）。在表述上最明显的区别是 BFO 中尽量避免使用"概念"（Concept）这一术语，取而代之的是具有哲学意义的"实体"（Entity）"类"（Class）和"共相"（Universal）等直接指称现实的普遍特征。BFO 由实体组成，实体分为两种基本类型：常在体（Continuant），即历经时间而能持续或保持不变的实体；发生体（Occurrent），即发生或出现的实体。两者最直观的区分就是常在体没有时间部分（Temporal Parts），而发生体有。

② 中间层本体为上层本体中定义的抽象实体提供更具体的表述。它是上层本体定义的抽象实体与领域本体之间的桥梁。例如，公共核心本体（Common Core Ontology，CCO）共包含 11 个本体集（包括 Agent Ontology，Artifact Ontology，Event Ontology，Quality Ontology，Time Ontology，Information Artifact Ontology 等），用以对跨领域的公共概念和关系进行表达和集成。

③ 领域上层本体指定了相关领域的特定类，并从特定领域的角度描述这些概念及其关系。

④ 领域特定层本体也就是具体应用本体，即领域上层本体的具体化。这类本体根据用户或开发人员的特定需要进行构建。

面向领域问题应用基于模型的系统工程方法时，首要任务是领域知识的规范建模表示，本体建模是其中的一种方法。领域本体为后续架构框架开发、领域元模型开发、模型一致性检验和知识推理等提供权威概念基础。

3. 领域架构框架

架构框架（Architecture Framework，AF）代表了对复杂问题的框定，是基于模型的系统工程方法论的核心要素（关于架构框架的详细介绍参见本书第 5 章）。在实践中应基于架构方法基本原理，采取分层的方式基于上层架构框架进行领域定制开发，具体可以分为三个层次：

第一，跨领域架构框架（Trans-Domain AF）是适用于多领域的、通用性较高的架构框架，为面向具体领域解释、创建和使用架构框架提供了通用原则，为特定领域的架构框架提供指导或参考。典型代表包括 Zachman 框架、统一架构框架（Unified Architecture Framework，UAF）。

第二，领域架构框架（Domain AF）面向具体领域，是领域知识和经验的总结，广泛存在于国防（例如 DoDAF）、政府（例如 FEAF）、企业（例如 TOGAF）、制造（例如 RAMI 4.0）、软件（例如 SOA-RAF）等不同领域。

第三，架构描述是对特定领域内特定对象的架构表达，由领域架构框架实例化产生的工作制品组成。

面向特定领域的架构框架开发，一般包括如下内容：

1）识别领域利益攸关方并定义其观点和相应的关切问题。架构框架通过架构视角对领域利益攸关方的关切进行框定，而利益攸关方关切来源于不同利益攸关方所持有的观点（可理解为利益攸关方的业务需求）。可以参考跨领域架构框架中利益攸关方及其观点的定义，例如 Zachman 框架明确指出了复杂组织体的典型利益攸关方包括规划者、所有者、设计师、工程师、实施者和使用者；UAF 明确了不同观点下的利益攸关方包括战略、运行、服务、人员、资源、安保、项目、标准和实际资源。

2）定义架构方面。架构框架对对象的属性和特征的不同方面进行分类组织，以反映对象的完整全貌。例如 Zachman 框架的抽象分类 5W1H：What（何事）、How（如何）、Where（何地）、Who（何人）、When（何时）、Why（为何）。UAF 将对象属性和特征划分为：动机、分类、结构、连接、流程、状态、时序、信息、参数、约束、路线图和可追溯性。

3）定义架构视角。架构框架以视角和视图的方式基于对象的属性和特征回答利益攸关方的关切。视角反映了与利益攸关方关切相关的对象属性和特征的概念和关系（来自领域本体），并以元模型形式形成对视图的规范定义；视图则是在视角定义规范基础上结合实例数据的具体模型表达。因此，视角是回答利益攸关方关切问题的解题思路，而视图则是问题的具体答案。

4. 领域元模型

图 3-10 中展示了基于模型的系统工程中元模型、模型、本体和方法之间的关系。为支持领域概念的定制化模型表达，一般需要在通用建模语言（例如 SysML）的基础上进行领域元模型扩展定义。这一扩展需求主要来自两方面：①实现领域建模语言模型元素与领域本体概念的一致性表达，支持基于领域本体（以上层本体为框架）的跨应用领域模型的互认与互操作；②实现面向领域架构框架的定制化模型视图表达，支持领域流程方法的有效落地实践。

尽管 SysML 1.X 在 UML 基础上面向系统工程的一般概念进行了元模型扩展，但仍无法直接用于具体领域的建模实践。通常，各类参考架构框架均基于通用系统建模语言、采用元模型方式定义其架构视图规范，例如 DoDAF 的元模型 DM2、UAF 的元模型 DMM、TOGAF 的特定建模语言 ArchiMate 及其元模型。对于具体的领域问题，需要在通用建模语言元模型的基础上，进一步结合领域本体概念进行元模型扩展。一种可行方法是采用 SysML 所提供的基于 Profile 的扩展机制进行领域元模型（即领域特定建模语言，Domain-Specific Modeling Language，DSML）开发：在 Profile 中，建模人员可以通过创建构造型实现模型概念的扩展，并在此基础上定义领域架构框架中的模型视图规范。

5. 工程流程

《INCOSE 系统工程手册》和国际标准 ISO/IEC/IEEE 15288 给出面向复杂系统全生命周期开发与管理的核心系统工程流程，包括技术流程、技术管理流程、协议流程与组织的项目使能流程四大类。关于系统工程流程的详细说明参见本书第 2 章。

在系统工程标准通用流程基础上，需结合领域知识（本体概念、架构框架）进行工程流程的定制化。定制化工程流程需针对各个流程所包含的详细步骤进行说明，包含流程活动图、流程的输入输出要素、流程步骤描述、推荐的方法工具、参考（包含模型示例、表单模板等）等内容。

3.5 基于模型的系统工程建模技术

如前所述，概念建模、系统级建模与仿真是基于模型的系统工程区别于基于文档的系统工程、专业工程学科的核心技术。本节将介绍基于模型的系统工程方法论中所涉及的主要建模技术和以系统级建模与仿真为核心的系统集成开发环境。

3.5.1 本体建模技术

本体建模是用正规化的建模语言对本体中定义的概念类型、概念层级、概念间的关系及属性等进行规范表达。本体建模元语言定义了对本体建模所需的所有抽象元素，涵盖的概念主要包括五种：类（Class）、关系（Relations）、函数（Function）、公理（Axioms）和实例（Instances）。

1）"类"是描述领域内的某种实际存在的实体、行为活动或某些抽象对象的共性概念，例如飞机、人、符号、公司、跑、跳等。

2）"关系"用于描述概念和概念之间的关系，由于本体更倾向于解释共性特征，因此这个关系通常是一类概念和另一类概念之间的关系，例如 part-of、kind-of 等；当然，也有本体定义了实例与类、实例与实例之间的关系，例如 instances-of。类（概念）之间的关系有四种基本关系：part-of 用于定义"局部"与"整体"的关系；kind-of 用于定义"父类"与"子类"的关系；instance-of 用于定义"类"与"实例"之间的关系；attribute-of 定义了"类"的属性。

3）"函数"是一类特殊的关系，在这种关系中前 $n-1$ 个元素可以唯一决定第 n 个元素，例如 mother-of 关系就是一个函数，mother-of (x, y) 表示 y 是 x 的母亲，x 可以唯一确定它的母亲 y。

4）"公理"代表本体内定义的领域（公认的）事实，用于对本体内类或者关系进行约束。例如 $Man \equiv Human \cap Male$。

5）"实例"表示具体属于某个类的实际存在的个体，例如"战斗机"是一个类，编号001 的歼 10 战斗机是"战斗机"的一个实例。

不同的本体建模语言通过不同的语义和符号对上述基本概念进行正规表达，主要的本体建模语言包括 RDF 和 OWL。

1. RDF/RDFS

客观世界中任何一种关系都可以用一个三元组（主体/主语、谓语、客体/宾语）来进行表达（请回顾本章3.3.2节的类似表述）。RDF（Resource Description Framework，资源描述框架）本质是一个数据模型，其中 Resource 指页面、图片、视频等任何具有 URI 标识符的资源；Description 描述属性、特征和资源之间的关系；Framework 指模型、语言和这些描述的语法。RDF 提供了一个统一的标准，用于描述实体/资源。RDF 形式上表示为 SPO（Subject，Predicate，Object）三元组，也被称为一条语句（Statement）或一条知识（在知识图谱中）。

本体中的类（概念）就是 RDF 三元组中的主体/客体，类的属性就是 RDF 三元组中的谓语。RDF 数据的传输和存储需要对 RDF 数据进行序列化（Serialization）。目前，RDF 序列化的方式主要有 RDF/XML、N-Triples、Turtle、RDFa、JSON-LD 等几种。

RDFS（RDF Scheme，RDF 词汇描述语言）是在 RDF 基础上对谓语和宾语进行预定义词汇扩展而形成的本体建模语言，目的是解决 RDF 原有的缺点（例如无法区分类和对象，即缺乏对知识的抽象能力），定义了类、子类、子属性、属性值来描述客观世界，并且通过定义域和值域来约束资源。RDFS 中最基础的预定义词汇包括：

1）当谓语是 rdf：type 时，表示资源是一个类的实例。例如 001 歼 10 战斗机 rdf：type 战斗机。

2）当谓语是 rdfs：subClassOf 时，表示资源是一个类的子类。例如歼 10 战斗机 rdfs：subClassOf 战斗机。

3）当谓语是 rdfs：subPropertyOf 时，表示该属性是一个属性的子属性。

4）当谓语是 rdfs：domain 时，表示资源域。

5）当谓语是 rdfs：range 时，表示资源取值范围。

6）当宾语是 rdfs：Class 时，表示主语是一个类。

7）当宾语是 rdf：Property 时，表示主语是一个属性。

2. OWL

通过 RDF/RDFS 可以表达一些简单的语义，但在更复杂的场景下，RDF/RDFS 的语义表达能力较弱，还缺少诸多常用的特征，包括对局部值域的属性定义，类、属性、个体的等价性，不相交类的定义，基数约束，关于属性特征的描述等。因此国际万维网联盟（W3C）提出网络本体语言（Web Ontology Language，OWL），作为语义网堆栈（Semantic Web Stack）中表示本体的推荐语言。OWL 可以看作是 RDFS 的一个扩展，添加了额外的预定义词汇。

OWL 相较于 RDFS，引入了布尔算子（并、或、补）递归地构建复杂的类，还提供了表示存在值约束、任意值约束和数量值约束等能力。同时，OWL 能提供描述属性具有传递性（owl：TransitiveProperty）、对称性（owl：SymmetricProperty）、函数性（owl：Functional-Property）、相反（owl：inverseOf）等性质。还有两个类等价或者不相交，两个属性等价或者互逆，两个实例相同或者不同，枚举类等。

根据表达能力的增强顺序，OWL 分为三种子语言：OWL-Lite、OWL-DL 和 OWL-Full。使用 OWL-DL（Description Logic）描述的本体的一大特点是其可以通过推理机进行处理。推理机的功能主要有两个：推理类的层级结构（一个类是否为另一个类的子类）；测试一个类的稳定性（是否可能存在实例）。对于本体进行复杂规则推理，可结合 SWRL（Semantic Web Rule Language）进行规则的语义定义。

3.5.2 系统建模技术

基于模型的系统工程中主流的系统建模语言包括 SysML、ARCADIA、OPM 等。系统建模区别于学科级建模的主要特点可以归纳为以下几个方面：

1）支持面向对象方法。面向对象是有效应对系统复杂性的重要思维方式，系统建模语言应有效支持面向对象提供的各类方法，以便面向对象的方法在工程实践中的有效落地。

2）表达系统的抽象概念和逻辑。与专业工程领域的多数用于计算分析目的的建模语言不同，系统建模语言需要重点描述系统的抽象概念和逻辑，支撑系统概念开发阶段利益攸关方想法和意图的正规表达，从而让人们表达想法或概念时更清晰，无歧义，增强人们之间的沟通能力。同时，正规的系统建模语言通过仿真执行验证系统功能和行为逻辑是否符合设计要求，确认系统运行逻辑是否符合人们的预期。

3）全面描述系统整体的功能、行为、结构间的关系。可靠地理解和预测系统功能、行为和结构之间的关系是认识系统整体的主要内容。

4）正规的建模语言。系统建模语言要求一定是正规建模语言，其语义可以利用数学形式来定义，而不是图片或文本等非正规形式。

5）有效综合系统需求、设计、分析和验证信息。系统建模语言应具备面向系统需求、设计、分析和验证等活动的信息连续传递和追溯能力。

6）有效集成多学科建模语言。系统建模语言应具备与多学科建模语言的传递、转换能力，确保对系统整体的一致性表达，实现学科特定信息和系统模型中的信息之间的可追溯性。

1. SysML

面向基于模型的系统工程所提出的系统级建模的需求，OMG 主导开发了基于 UML 扩展的系统建模语言 SysML。

（1）SysML 1.X SysML 1.X（已正式发布的最新版本为 1.6 版）一共包含 9 类基本视图，根据视图表达功能的不同可以划分为以下 5 类（图 3-12）：结构图（Structure Diagram）、参数图（Parametric Diagram）、需求图（Requirement Diagram）、行为图（Behavior Diagram）和包图（Package Diagram）。其中结构图可以进一步划分为块定义图（Block Definition Dia-

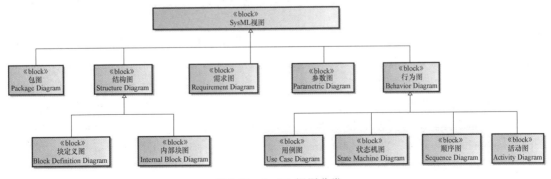

图 3-12 SysML 视图分类

gram）和内部块图（Internal Block Diagram）；行为图也可以进一步划分为活动图（Activity Diagram）、状态机图（State Machine Diagram）、用例图（Use Case Diagram）和顺序图（Sequence Diagram）。

上述 9 类视图的作用分别如下：

1）块定义图（简称 bdd），用于表达系统不同层次的结构特征和系统元素分类。

2）内部块图（简称 ibd），描述块定义图中具体块的内部结构与元素定义，以及内部元素的交互方式，通过定义块间的接口描述块内部元素的逻辑结构与交互。

3）包图（简称 pkd），用于顶层架构的描述，使用包的形式可以定义系统中不同模型之间的关系。

4）需求图（简称 req），用于捕获系统的多层次需求。通过派生、满足、验证等关系，实现对需求的追溯和传递，可以直观展示不同块之间的需求联系。

5）顺序图（简称 sd），表示系统场景的时序机制，通常用于描述系统中异步行为之间的调用与交互。

6）参数图（简称 par），表示系统参数或系统约束，在约束块中可以定义相关的约束条件，用于支撑系统工程相关的分析活动，例如对系统性能、质量特性等的参数计算。

7）活动图（简称 act），表示系统的流程活动，并对活动相关的输入、输出、中间流程进行刻画。

8）状态机图（简称 stm），描述系统不同状态之间的转换与触发机制。

9）用例图（简称 uc），提供了系统潜在应用场景的高层级描述方式，展示利益攸关方与系统的交互模式。用例图通常由用例来表示系统的顶层功能（即对外可见的功能，也可理解为系统展现的价值），用角色表示系统外部任何需要与系统进行交互的对象。

（2）SysML 2　随着全球实践不断扩展与深化，基于模型的系统工程从早期的替代基于文档的系统工程方法的定位逐渐发展为以标准的系统级建模实现跨学科知识、模型完全集成，最终实现在虚拟环境中共享人们对系统的全面理解。在这一目标的要求下，OMG 正在主导开发 SysML 2（将于近期公布）。从目前发布的资料来看，SysML 2 具有以下特点：

1）全新的语言架构。相比 SysML 1. X 而言，SysML 2 将基于 KerML（而非 UML）进行开发，重新定义新的语法和语义。KerML 相比 UML 具有更好的正规语义，同时元模型的元素数量（少于 100 个）相较于 UML（超过 200 个）将更加精简，避免语言的冗余。

2）改进概念的一致性，对部分概念进行重定义。以用法 Usage 为中心的建模范式的转变，通过更加强调"用法"，使语言使用起来更加精确和直观，进而支持在系统不同层级建模时的重定义。

3）额外的建模表达能力。SysML 2 在元模型中除了包括需求、结构和行为等元素外还有对分析、验证与确认等概念的扩展，为系统模型和专业工程模型间的集成提供了支持。相比于 SysML 1. X，扩展的概念包含（但不限于）变体建模（Variant Modeling）、分析用例（Analysis Case）、复合值类例（Compound Value Type）以及权衡分析（Trade-off Analysis）。其中，变体建模提供变体建模功能支撑多方案设计，包含 Variation Point、Variant、Variant Expression and Constraints、Variant Binding 概念的模型表达；分析用例对分析场景、方法的模型化表达；复合值类型支持标量、向量、矩阵、复数等的表达；权衡分析支持在多个候选方案中进行权衡选择的能力，包含候选方案、权衡结果、判据等的模型表达。

4）提高语言精确度。为提高语言规范的精确度，SysML 2 采用了更正规化的方法定义其抽象语法、具体语法、语义，并更显性描述了彼此之间的映射关系。

5）提升与其他专业工具之间的互操作性。为提升 SysML 模型与其他专业工具之间的互操作性，SysML 2 额外定义了关于语言的标准 API 和服务规范，以增强系统模型与其他领域模型的交互。

2. ARCADIA

ARCADIA 建模语言是与 ARCADIA 方法论相配套的图形化建模语言，是由泰雷兹（Thales）集团（世界电子装备顶级供应商）在工程领域中的设计经验不断迭代积累的产物。

ARCADIA 建模语言与 SysML 的表达能力基本相似。一些显著差异包括：

1）相比于 SysML，ARCADIA 建模语言没有直接对需求进行建模表达的支持，部分需求的概念通过"能力"这一概念进行体现。

2）ARCADIA 建模语言中通过在物理组件元素中添加非功能属性，然后根据预先定义的判断逻辑进行约束符合性判断，代替 SysML 参数图的部分作用。

3）尽管 SysML 提供了基于 Profile 的扩展机制，但 ARCADIA 建模语言中明确定义的视图类型和内容更为丰富（例如包含构型项、物理组件等概念），相较于 SysML 而言更容易被工程实践者所理解。

3. OPM

对象过程方法论（Object-Process Methodology，OPM）是一种复杂系统概念建模的整体方法。OPM 建立在最小本体原则（The Minimal Ontology Principle）上，认为描述系统的最小普适本体（Minimal Universal Ontology）包含两个方面：

1）系统的结构（Structure），表达对象（Object）相互关联的方式和流程相互关联的方式。

2）系统的行为（Behavior），表达随着时间变化，行为转变对象的方式。

OPM 将系统的结构和行为方面集成在一个单一的、统一的视图中，通过内置的细化—抽象机制以等价的图形和文本双模式表示。目前，OPM 已经被接纳为国际标准。OPM 图形模型通过一组对象过程图（Object-Process Diagram，OPD）表示，文本形式通过对象过程语言（Object-Process Language，OPL）表示。OPD 既包括模型的实体（对象、过程和状态），也包括它们之间的连接和关系，还包括用于保存模型元素的图形表示（大小、位置等）的数据。OPL 等效地在英语的一个子集中指定相同的 OPM 模型，支持图形和文本表示之间的一对一映射。在 OPD 中，对象用方框表示，过程用椭圆表示。与 SysML 不同，OPD 中将对象及过程合起来放在同一张图中，并且用不同的关系（例如过程转化关系、过程使能关系）对其进行连接，从而实现对系统不同方面的集成表达。

SysML 和 OPM 之间的一个主要区别是语言中使用的视图类型的数量。OPM 采用集成的模型表达形式，把与系统结构、行为有关的信息全部融入一组相互关联、相互嵌套的 OPD 中。而 SysML 则采用 9 种视图类型表达了系统的不同方面。

3.5.3　系统集成开发环境

基于模型的系统工程通过系统级建模与仿真，可以提供一个整体的系统集成开发框架，建立系统级建模与其他各类系统开发模型、工具的有效连接，从而真正实现系统工程方法支持下的系统集成开发。系统集成开发环境就是指团队用于开发系统的工具和资源库，从系统概念设计到系统最终验证和确认，以基于模型的系统工程方法为主线进行集成。典型的工具可能包括系统建模工具、软硬件设计和开发工具、仿真和分析工具、测试工具、需求管理、配置管理和项目管理工具。集成系统开发环境意味着这些工具和资源库之间具有系统的逻辑连接性，以支持基于模型的系统工程方法的落地。

如前所述，系统架构模型是基于模型的系统工程的主要模型制品，是系统开发技术基线的重要组成部分。系统需求或设计的任何变化都会反映在系统架构模型中，并通过模型制品、视图和其他连接传播给受变化影响的各利益攸关方（包括不同组织、不同专业学科等）。以系统（架构）模型（可以采用包含 SysML 在内的任意系统建模语言）为核心的系统（以工厂为例）集成开发框架如图 3-13 所示。系统模型为工厂设计规范、设计方案、分析和验证信息提供了一致的来源，同时保持了关键决策的可追溯性和合理性。这些信息为更详细的工艺/工作设计和验证活动提供了背景和关键输入，这些活动也可能是基于模型的。

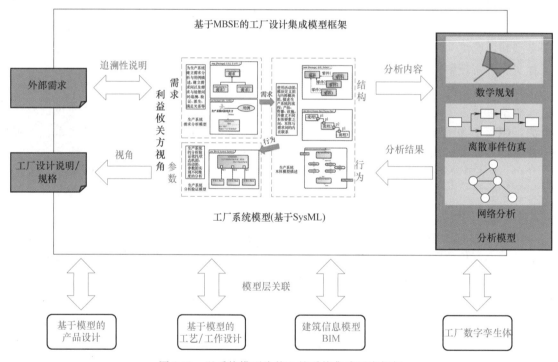

图 3-13　以系统模型为核心的系统集成开发框架

图 3-13 中，应用基于模型的系统工程需要在系统开发中建立多种类型的代表系统及其环境的模型。不同类型的模型旨在描述开发中系统的各个方面，其保真度也各不相同。关于模型类型的说明参见 3.3.1 节。系统模型是一种逻辑描述模型。该模型捕捉了与系统及其环境相关的要求、结构、行为和参数约束，以及这些元素之间的关系。而专业工程领域模型则主要是分析模型，属于定量或计算性质，用一组数学公式来表示系统，其中规定了参数关系及其相关参数值与时间、空间和/或其他系统参数的函数关系。系统模型通常用于在相当抽象的层次上表示系统的多个方面。系统模型通常用来具体说明系统及其组件，直至系统层次

结构的某一层次。系统模型还与其他模型一起使用，这些模型代表系统更详细的方面，还可能代表系统模型没有涉及的系统的其他方面。由于系统模型中包含的信息通常与其他模型和数据存储库中的信息相关，因此必须保持不同模型和存储库中信息的一致性。

图 3-14 以工厂设计为例示意了系统模型与生命周期不同阶段模型之间的关系。图中不同模型间数据传递、追溯链路代表了数字线索（Digital Thread）。系统模型与生命周期不同阶段、不同专业工程学科开发的模型和结构化数据的集成对于确保基于模型的系统解决方案的连贯性至关重要。每个学科都依赖于开发描述性模型来表示其设计，以及分析模型和仿真来支持性能分析和其他设计决策。管理不同模型中数据之间的关系可减少不一致性，从而提高设计的完整性和质量，并缩短影响分析周期。

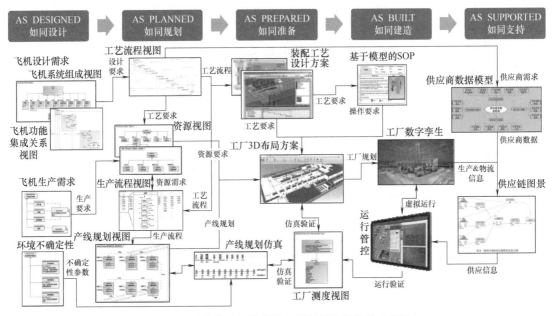

图 3-14　系统模型与其他类型模型间的数据关系举例

3.6　总结

基于模型的系统工程是系统工程的新方法范式。在各类高端复杂装备复杂性不断发展演进的今天，理解、学习、实践基于模型的系统工程具有重要意义。本章从"基于模型的系统工程的出现"（Why）讲起，目的是帮助广大工程学科学生、从业人员从更广大的视角理解这一新方法范式的价值所在，启发大家对基于模型的系统工程的思考和联想。"基于模型的系统工程基本概念与原理"回答了这一新方法是什么（What）。对基本概念的辨析有助于大家对方法的理解，而原理部则从工程思维、工程原则和方法模式三部分层层递进，建立这一跨学科方法的基础，从而避免学生和从业人员在实践基于模型的系统工程时"只知其然，而不知其所以然"，不能灵活应用方法精髓解决实际问题。"基于模型的系统工程方法论和建模技术"这两节分别从方法流程和技术两个层面回答了基于模型的系统工程如何做（How）。特别是在方法论部分我们介绍了面向领域问题的方法论开发原理和方法，试图帮助大家避免被一两种通用方法论所局限，从而有效地将基于模型的系统工程应用于解决特定领域问题。

3.7 拓展阅读材料

1）从《巨兽：工厂与现代世界的形成》一书中读者可以感受到工厂（或生产系统）从第一次工业革命至今的演变历程，特别是书中通过诸多的实例表明工厂的成功运行不仅取决于技术的实现，管理因素也同样重要，但历史教训又数不胜数。

2）*Systems Thinking，Systems Practice*（作者 Peter Checkland）一书系统性介绍了系统思维在科学背景下的诞生，硬系统思维和软系统思维的差异，软系统方法论的应用与实践。

3）*SysML for Systems Engineering-A Model-Based Approach* 一书是这一领域较为少有的系统性介绍基于模型的系统工程概念的资料。

4）"Transitioning systems thinking to model-based systems engineering：Systemigrams to SysML models"这项来自美国史蒂文斯理工学院（Stevens Institute of Technology）系统工程研究中心的研究介绍了如何从初始无结构的问题定义过渡到基于 SysML 的正规图形化概念建模的具体技术。

5）*A Practical Guide to SysML：The Systems Modeling Language* 一书是学习 SysML 的重要资料，其中详细介绍了 SysML 语言规则和使用方式，并通过案例对 OOSEM 方法论进行了介绍。

6）"What is the smallest model of a system"一文从建模模式的视角探讨了基于模型的系统工程的一个核心问题：完整描述一个系统最少需要多少模型（或模型元素）？文中强调使用正规的可配置和可重用的模型模式是基于模型的系统工程有效实践的重要方面。

💡 习题

1）参考图 3-1，思考并概述以下系统的重要利益攸关方：①国产大飞机；②国产电动汽车；③飞机总装工厂。

2）系统工程知识体（SEBoK）中介绍的系统类型主要包括哪几类？请分别举例说明并列出它们的异同。

3）参考图 3-5，简述架构中利益攸关方观点、关切、架构视角、视图等概念之间的关系。

4）参考 3.3.2 节内容，综合比较 OOSEM、MagicGrid、ARCADIA、MBSAP 四种基于模型的系统工程方法论的异同。

5）列出 SysML 明确支持的典型系统工程任务。

6）借鉴 OOSEM 方法论，采用 SysML 建模语言建立身边系统（例如电动汽车）的系统模型，并基于系统模型分析系统的相关特征（例如经济性、功能性等）。

参 考 文 献

［1］ INCOSE. INCOSE systems engineering handbook：a guide for system life cycle processes and activities ［M］. 4th ed. Hoboken John Wiley & Sons，2015.

［2］ 弗里曼 J B. 巨兽：工厂与现代世界的形成 ［M］. 李珂，译. 北京：社会科学文献出版社，2020.

［3］ FORBES. Boeing is haunted by two decades of outsourcing ［EB/OL］. （2024-02-12）［2024-05-18］. https：//www. forbes. com/sites/stevebanker/2024/02/12/boeing-is-haunted-by-two-decades-of-outsourcing/？sh = 2fa2828764a1.

［4］ Automation systems and integration—object-process methodology：ISO 19450：2024 ［S/OL］. http：//www. iso. org/standard/84612. html.

［5］ YANG Y，VERMA D，ANTON P S. Technical debt in the engineering of complex systems ［J］. Systems engineering，2023，26 （5）：590-603.

［6］ BROODNEY H，SHANI U，SELA A. Model integration—extracting value from MBSE ［C］//INCOSE International Symposium. 2013，23 （1）：1174-1186.

［7］ INCOSE. SE vision 2035 ［EB/OL］. （2022-01-30）［2024-04-17］. https：//www. incose. org/docs/ default -source/ se-vision/incose-se-vision-2035. pdf？sfvrsn = e32063c7_10.

［8］ ASIEDU Y，GU P. Product life cycle cost analysis：state of the art review ［J］. International jurnal of production research，1998，36 （4）：883-908.

［9］ WEINBERG G M. An introduction to general systems thinking ［M］. Silver Anniversary ed. New York：Dorset House Publishing Co. ，Inc. ，2001.

［10］ DETURRIS D，PALMER A. Perspectives on managing emergent risk due to rising complexity in aerospace systems ［J］. Insight，2018，21 （3）：80-86.

［11］ 方志刚. 复杂装备系统数字孪生：赋能基于模型的正向研发和协同创新 ［M］. 北京：机械工业出版社，2020.

［12］ BERGENTHAL J. Final report model-based engineering （mbe） subcommittee ［R］. New York：NDIA Systems Engineering Division，2011.

［13］ DoD. Digital engineering strategy. ［EB/OL］. （2018-07-05）［2023-04-17］. https：//sercuarc. org /wp-content/uploads/2018/06/Digital-Engineering-Strategy_Approved. pdf.

［14］ HOLT J，PERRY S. SysML for systems engineering ［M］. 3rd ed. London：IET，2018.

［15］ SEBoK Editorial Board. The guide to the systems engineering body of knowledge （SEBoK）［EB/OL］. （2023-11-20）［2024-04-17］. https：//sebokwiki. org/wiki/Guide_to_the_Systems_Engineering_Body_of_Knowledge_（SEBoK）.

［16］ 江志斌，林文进，王康周，等. 未来制造新模式：理论、模式及实践 ［M］. 北京：清华大学出版社，2020.

［17］ GEORGE R J，WHITE B E. Enterprise systems engineering：advances in the theory and practice ［M］. Boca Raton：CRC Press，2010.

［18］ JAMSHIDI M. Systems of systems engineering：principles and applications ［M］. Boca Raton：CRC press，2008.

［19］ PORTER M E，HEPPELMANN J E. How smart，connected products are transforming competition ［J］.

Harvard business review, 2014, 92 (11): 64-88.

[20] Systems and software engineering—methods and tools for model-based systems and software engineering: ISO/IEC/IEEE 24641: 2023 [S/OL]. [2023-05-16]. http://www.iso.org/standard/79111.html.

[21] International standard for software, systems and enterprise—architecture description: ISO/IEC/IEEE 42010: 2022 [S/OL]. [2022-11-07]. https://ieeexplore.ieee.org/stamp/stamp.jsp? tp=&arnumber=9938446.

[22] HAINES S G. The manager's pocket guide to systems thinking and learning [M]. Amherst: HRD Press, 1998.

[23] MILLER G A. The magical number seven, plus or minus two: some limits on our capacity for processing information [J]. Psychological review, 1994, 101 (2): 343-352.

[24] PARNELL G S. Evaluation of risks in complex problems [M]//Making Essential Choices with Scant Information: Front-End Decision Making in Major Projects. London: Palgrave Macmillan UK, 2009: 230-256.

[25] CHECKLAND P. Soft systems methodology: a thirty-year retrospective [J]. Systems research and behavioral science, 2000, 17 (S1): S11-S58.

[26] CLOUTIER R, SAUSER B, BONE M, et al. Transitioning systems thinking to model-based systems engineering: Systemigrams to SysML models [J]. IEEE transactions on systems, man, and cybernetics: systems, 2014, 45 (4): 662-674.

[27] SCHINDEL W D. What is the smallest model of a system? [C]//INCOSE International Symposium. Denver, CO: [s.n.], 2011, 21 (1): 99-113.

[28] MARTIN J N. Systems engineering guidebook: a process for developing systems and products [M]. Boca Raton: CRC press, 2020.

[29] FRIEDENTHAL S, MOORE A, STEINER R. A practical guide to SysML: the systems modeling language [M]. 3rd ed. San Mateo: Morgan Kaufmann, 2014

[30] AISTÉ A., AURELIJUS M. MagicGrid® book of knowledge [M]. Kaunas: Vitae Litera, 2021.

[31] VOIRIN J L. Model-based system and architecture engineering with the arcadia method [M]. London: ISTE Press, 2017.

[32] BORKY J M, BRADLEY T H. Effective model-based systems engineering [M]. Cham: Springer, 2018.

[33] Systems and software engineering—system life cycle processes: ISO/IEC/IEEE 15288: 2023 [S/OL]. [2023-05-16]. https://ieeexplore.ieee.org/document/10123367.

[34] STAAB S, STUDER R. Handbook on ontologies [M]. 2nd ed. Berlin: Springer, 2013.

[35] MARTIN J N. Problem framing: identifying the right models for the job [C]//INCOSE International Symposium [s.l.:s.n.], 2019, 29 (1): 1-21.

[36] GUO M, WANG Z, SUN J. Applying systems thinking and architectural thinking to improve model-based systems engineering practice: concepts and methodology [C]//International Conference "Complex System Design and Management". Singapore: Springer Nature Singapore, 2023: 200-209.

[37] KARRAY M, OTTE N, RAI R, et al. The industrial ontologies foundry (IOF) perspectives, September 12-15, 2022 [C]. Tarbes: [s.n.], 2020.

[38] Information technology—top-level ontologies (TLO)—part 2: basic formal ontology (BFO): ISO/IEC: 21838-2: 2021 [S/OL]. [2024-04-17]. http://www.iso.org/standard/74572.html.

[39] MERRELL E, KELLY R M, KASMIER D, et al. Benefits of realist ontologies to systems engineering, September 11-18, 2021 [C]. Bolzano: [s.n.], 2021.

[40] CHAVARRÍA-BARRIENTOS D, BATRES R, WRIGHT P K, et al. A methodology to create a sensing, smart and sustainable manufacturing enterprise [J]. International journal of production research, 2018, 56 (1-2): 584-603.

［41］ GRÄßLER I, YANG X. Interdisciplinary development of production systems using systems engineering ［J］. Procedia CIRP, 2016, 50: 653-658.

［42］ STEIMER C, FISCHER J, AURICH J C. Model-based design process for the early phases of manufacturing system planning using SysML ［J］. Procedia CIRP, 2017, 60: 163-168.

［43］ GUO M. A systems engineering methodology for manufacturing enterprises planning and design ［C］// INCOSE International Symposium. ［s. l.: s. n.］, 2024.

［44］ DORI D. Model-based systems engineering with OPM and SysML ［M］. New York: Springer, 2016.

第 4 章

产品生命周期管理

章知识图谱

导学视频

4.1 引言

在上一章中，我们已经探索了基于模型的系统工程及其在智能制造领域的核心作用。基于模型的系统工程方法能够把握复杂系统的设计和操作，预见未来挑战，并创造解决方案。第 4 章将从系统视角深入理解产品从诞生到退役的全过程。

产品生命周期管理是基于模型的系统工程原理和方法在工程实践中具体化的表现。通过探索生命周期各阶段的管理方法和工具，实现制造过程的高效、可持续发展。

产品生命周期管理是一种思想，强调在产品的整个生命过程中实现最优管理和控制。这不仅包括产品的设计和制造，还涵盖了其维护、支持直至最终的退役。

本章将首先介绍产品生命周期的概念，为读者揭示其在智能制造中的重要性。

随后，本章将探讨几种经典的产品生命周期模型，这些模型能够为不同种类的产品提供管理方法的框架和指导。

紧接着，本章将深入生命周期各阶段的管理方法，从产品设计、制造、使用、维护到退役，每一步都是制造系统中不可或缺的一环，讨论如何在每一阶段应用有效的管理策略，以提高效率、降低成本并最终实现可持续发展。

为了支持这些管理策略，产品生命周期管理工具扮演着关键角色。本章将介绍产品生命周期管理中的主流工具和技术，分析它们如何帮助组织更好地理解和控制产品的生命周期。

最后，本章将聚焦智能制造系统，探讨制造系统生命周期管理的共性与特性，将前述概念和工具综合应用于制造环境的过程；分析制造系统在其生命周期中面临的独特挑战和机遇，以及如何利用系统工程的原则来指导和改善这一过程。

本章的介绍将展示产品生命周期管理在智能制造中的实践和价值。产品生命周期管理作为基于模型的系统工程在实际应用中的一个重要体现，不仅强化了模型的重要性，还展示了如何将这些模型具体应用于产品的整个生命周期中。这不仅加深了读者对智能制造系统复杂性的理解，也为面临类似挑战的制造企业提供了宝贵的指导和启示。

4.2　生命周期概念

在探索系统、产品、服务或项目管理的复杂世界时，生命周期概念作为一种核心理论框架，为研究者提供了宝贵的视角和工具。它不仅帮助理解一个实体从诞生到退役的全过程，还指导如何在这一过程中实现有效的管理和优化。本节将深入探讨生命周期概念，揭示其丰富的内涵和实践价值。

本节将从生命周期概念的起源和演变开始讨论，探索它是如何从简单的自然科学模型逐渐发展成为今天在多个领域内广泛应用的复杂管理工具。通过了解其发展历程，读者可以更好地理解生命周期理论背后的基本原理和思想。接下来，本章将详细介绍生命周期概念的定义，包括它在不同领域和应用背景下的特定含义。这将为读者深入理解如何将生命周期理论应用于实践提供坚实的基础。最后，本节将重点介绍几种典型的生命周期模型，如瀑布模型、迭代模型、螺旋模型和敏捷开发模型等。通过对这些模型的分析和比较，读者将获得如何根据项目特性和需求选择最合适生命周期模型的深刻见解。

4.2.1　生命周期概念的产生与发展

生命周期这个概念在许多领域都有应用，其根源可以追溯到自然科学，特别是生物学中生物的出生、成长、繁殖到死亡的自然过程。这一概念后来被引入工程学、环境科学、信息技术、产品管理等多个领域，用于描述系统、产品或服务从诞生到终结的整个过程或阶段。

在工程和商业领域，生命周期的概念首先是从产品的物理生产和使用过程中引申出来的。随着时间的推移，人们开始意识到，为了更有效地管理产品和系统，需要从更广泛的视角来考虑它们的整个存在周期。这不仅包括其物理生命期的开始和结束，还包括设计、开发、制造、使用、维护和最终的处置或回收阶段。

20 世纪中叶，随着技术的快速发展和市场竞争的加剧，产品生命周期管理的概念开始在制造业中形成，用以提升产品质量、减少成本和提高市场响应速度。同样，信息技术领域的软件开发也采纳了生命周期管理的概念，形成了软件开发生命周期（Software Development Life Cycle，SDLC）模型，以确保软件项目的有效管理和成功实施。

环境科学领域的生命周期概念发展了生命周期评估（Life Cyle Assessment，LCA）方法，用以评估产品或服务从摇篮到坟墓的环境影响。这种方法帮助组织识别和减少其活动对环境的负面影响，促进了可持续发展的实践。

因此，生命周期这一概念的出现和发展是多方面的，它跨越了不同的学科和行业，反映了对于整体、系统性思维的需求和对可持续性原则的认同。这一概念的广泛应用帮助组织更好地理解和管理在不同阶段可能面临的挑战和机遇，从而实现长期的成功和可持续性。

4.2.2　生命周期有关概念的定义

针对系统工程领域的生命周期及相关重要概念，ISO/IEC/IEEE 15288 中给出了定义，下面将针对其中的重要概念做出介绍。

1. 生命周期

生命周期是指一个系统、产品、服务、项目或其他人造实体从概念阶段到退役阶段的演变。

系统：由部分或元素组成的安排，这些部分或元素共同展现出某种既定的行为或意义，而这种行为或意义是单独的组成部分所不具备的。

产品：组织的产出，可以在没有任何组织与客户之间发生交易的情况下被生产出来。

服务：组织的产出，至少需要在组织与客户之间进行一项必要的活动。

项目：为创造产品或服务而进行的具有明确定义的开始和结束标准，按照特定的资源和要求进行。

每个系统生命周期都由多方面组成，包括业务方面（业务案例）、预算方面（资金）和技术方面（产品）。

1）业务方面（业务）：这涉及基于项目或系统预期的商业效益来进行论证。业务案例评估了成本效益分析、投资回报率，并确定项目为组织带来的价值。

2）预算方面（资金）：包括在项目生命周期内对财务资源的规划、分配和管理。它涵盖了初始投资和持续成本与预算金额的对比，确保项目在财务上的可行性。

3）技术方面（产品）：涉及系统或产品的规格、设计、开发和实施。它覆盖了为满足项目目标和要求而应用的技术解决方案和创新。系统工程师要创建与业务案例和资金约束一致的技术解决方案。

系统完整性要求这三方面达到平衡且在所有决策门评审中受到同等重视。例如，20世纪80年代后期，摩托罗拉公司启动"铱星计划"时，基于卫星的移动电话概念是一个突破，显然会夺取巨大的市场份额。在接下来的十多年内，技术评审确保了技术解决方案取得重大成功。实际上，在21世纪的头10年，"铱星计划"正在证明其对于所有投资者来说都是一次良好的业务投资，但原始团队则被排除在外，因为他们早已不得不通过破产法院以其投资的大约2%出售了所有资产。原始团队忽视了彻底改变原始业务案例的竞争和不断变化的消费者特征模式。一般商业生命周期如图4-1所示，强调了有时被工程师忽略的两个关键参数：收支平衡时间点（用圆圈表示）和投资回报（用下方的曲线表示）。

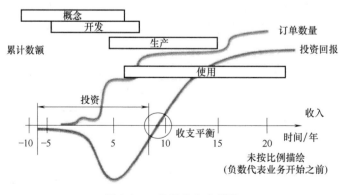

图 4-1 一般商业生命周期

2. 生命周期模型

生命周期模型是指涉及生命周期的一系列流程和活动的框架，这些流程和活动可以被组织成不同的阶段，作为交流和理解的共同参考。

流程：一组相互关联或相互作用的活动，这些活动将输入转化为输出。

活动：流程中一组有凝聚力的任务。

阶段：实体生命周期内的一段时期，与其描述或实现的状态相关。

生命周期模型是管理和控制产品、服务、项目或系统从概念生成到退役的整个过程的重要工具。它提供了一个结构化的框架，用以指导如何规划、执行、监控和结束与生命周期相关的各种活动和流程。生命周期模型的目的是确保整个生命周期的每个阶段都得到恰当的管理，以实现既定的目标和结果。

通过生命周期模型框架，组织能够更有效地计划和控制资源的分配，评估风险，确保质量，并根据需要调整管理策略，以适应项目发展的不同阶段。生命周期模型不仅有助于提高效率和效果，还促进了各参与方之间的沟通和理解，确保项目目标的实现。

4.2.3　典型生命周期模型

典型生命周期模型详细定义了生命周期各阶段及其流程与活动，能够为管理者提供开发并管理复杂系统的框架。本节介绍三类典型生命周期模型：瀑布模型、V模型与增量承诺螺旋模型。

1. 瀑布模型

在1970年，Winston W. Royce在其里程碑式的论文"Managing the development of large software systems"中首次提出了瀑布模型。这一模型后来成为软件工程和项目管理中最著名和广泛采用的生命周期模型之一。Royce通过这一模型，为大型软件项目的开发提供了一种结构化的、阶段性的方法，如图4-2所示。

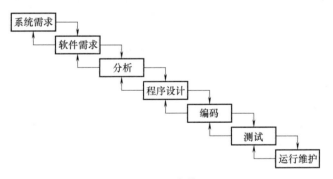

图 4-2　瀑布模型

瀑布模型的主要阶段如下：

（1）系统需求　这是项目开始的阶段，需要准确地收集和定义用户需求和系统必须满足的功能。

（2）软件需求　在了解了系统需求之后，软件需求分析阶段将这些需求转化为具体的软件功能和操作需求。

（3）程序设计　根据软件需求，进行初步的程序设计，确定软件的架构和各个组件的关系。

（4）编码　在设计阶段完成后，根据设计文档进行编码，实现软件的功能。

（5）测试　编码完成后，需要对软件进行详细的测试，以确保软件满足所有的需求和功能要求。

（6）运行维护　软件通过测试并部署到生产环境后，进入运维阶段，包括用户培训、支持和软件的维护更新。

瀑布模型的关键特征如下：

（1）顺序性　瀑布模型的每个阶段都必须在进入下一个阶段之前完成，阶段之间具有明确的界限和依赖关系。

（2）文档驱动　每个阶段的完成都需要相应的文档输出，确保了项目的透明性和可追溯性。

（3）易于管理　由于瀑布模型的结构化特点，使得项目的进度和资源管理相对容易。

尽管瀑布模型为软件开发提供了清晰的框架，但它也有其局限性，主要体现在对需求变更的处理上。在实际的软件开发过程中，需求往往会发生变化，而瀑布模型要求在进入下一个阶段之前完成前一个阶段的所有工作，这使得对后期发现的需求变更进行适应变得困难。

2. V 模型

Forsberg 和 Mooz 研究系统工程和产品生命周期管理的关系，并提出了 V 模型（见图 4-3）对系统生命周期中的 SE 活动进行了规范定义。V 模型提供了一个可视化和结构化的开发和验证框架，以确保系统的质量和一致性。整个过程从需求分析和系统概念设计开始，通过拆解、开发和集成，最后进入系统验证和确认阶段。每个层级的开发阶段都通过相应的验证阶段进行验证，确保开发的工作符合需求并达到预期质量水平，帮助开发团队设计和管理高质量的系统。

V 模型是一种延伸自瀑布模型的软件开发过程。V 模型的开发过程不是以直线的方式进行的，其过程在源代码阶段之前逐步往下，而在源代码阶段之后逐步往上，形成了 V 字形。V 模型指出了软件开发中的各阶段与其对应软件测试阶段之间的关系。横轴表示时间或是项目的完成度，纵轴表示抽象的程度（范围越大，越抽象的越在上方）。

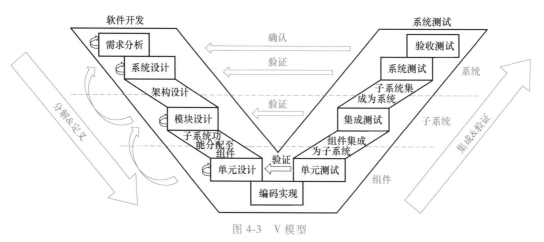

图 4-3　V 模型

图 4-3 中，左侧代表软件开发的各个阶段，自顶向下依次是需求分析、系统设计、架构设计、模块设计和单元设计；而右侧对应各个阶段的测试活动，自底向上依次是单元测试、集成测试、系统测试和验收测试。V 模型的底端代表编码实现阶段，是设计与测试活动的转折点。

V模型的关键步骤如下：

（1）需求分析 这是项目启动的首要步骤，需要准确捕捉和定义用户的需求和期望，为后续的设计和开发工作奠定基础。

（2）系统设计 基于需求分析的结果，进行系统的总体设计，确定系统的架构和组件间的交互方式。

（3）架构设计 细化系统设计，对系统中的各个模块进行更为具体的设计，包括确定模块内部结构和功能。

（4）模块设计 进一步细化架构设计，对每个模块进行详细设计，确保模块能够实现既定的功能。

（5）单元设计和编码 在此阶段，基于模块设计的规范进行具体的编码实现，每个代码单元都直接对应于模块设计中的一个组成部分。

（6）单元测试 测试每个独立的代码单元，验证其是否按照设计规范正确执行所需功能。

（7）集成测试 将独立测试通过的模块集成为一个完整的系统，测试模块间的接口和相互作用。

（8）系统测试 对整个系统进行全面测试，验证系统作为一个整体是否满足原始需求和规格说明。

（9）验收测试 最终用户或客户参与的测试，确保系统符合他们的实际使用需求和期望。

V模型的应用价值如下：

（1）质量保障和风险降低 V模型通过每个开发阶段与对应的测试阶段紧密匹配的结构，确保了产品的高质量标准和稳定性。这种一一对应的关系有助于及时发现和修正问题，显著降低了项目失败的风险。

（2）清晰的项目结构和便于管理 V模型清晰定义的阶段和系统化的测试过程为项目管理提供了极大的便利。这种模型使项目规划、进度跟踪和资源分配变得更加容易，有助于确保项目按计划顺利推进。

尽管V模型在应对需求变化方面存在局限性，但在需求相对稳定且明确的项目中，它提供了一种有效的项目管理框架。通过V模型，项目团队可以确保在整个项目生命周期中持续关注质量，从而提高项目成功率。

3. 增量承诺螺旋模型

增量承诺螺旋模型（Incremental Commitment Spiral Model，ICSM）是一种先进的软件和系统开发方法，它综合了分阶段和风险驱动过程模型的优点，旨在解决传统的和当前的一刀切方法所面临的挑战。这个模型特别适用于那些需要支持技术进步、系统与软件复杂性、高可靠性、全局互操作性、紧急需求以及快速变化适应性的系统场景。增量承诺螺旋模型如图4-4所示。

在图4-4中，每一轮渐进并行地应对需求和解决方案，而不是按顺序。ICSM还考虑到产品和流程，硬件、软件和人员因素方面，以及备选的产品构型或产品线投资的业务案例分析。利益攸关者考虑到风险及风险缓解计划并决定行动的路线。如果风险可接受且在风险缓

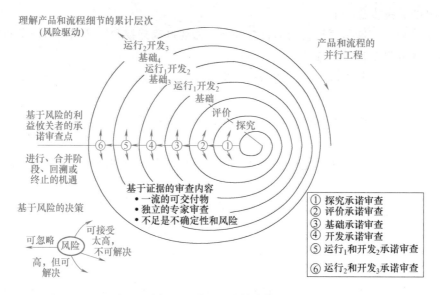

图 4-4　增量承诺螺旋模型

解计划中涵盖，则项目继续进行至下一螺旋。

ICSM 的主要阶段如下：

（1）探索性阶段　在项目初期，团队集中于理解利益攸关者的需求和目标，进行技术评估，定义系统的大致轮廓和关键风险点。

（2）价值化阶段　在这一阶段，团队开始更详细地定义系统需求，确定系统的价值提案，并根据利益攸关者的价值优先级制订发展计划。

（3）基础阶段　项目进入更为具体的系统设计和原型开发阶段，通过原型和模型验证系统设计的可行性，对关键技术和设计选择进行验证。

（4）开发阶段　在确认了系统的基础架构和关键技术后，项目进入实际的开发和实现阶段，采取增量和迭代的方法逐步构建和测试系统。

（5）部署阶段　系统开发完成后，进行最终测试和部署，包括用户培训和过渡计划的实施，确保系统能够平滑过渡到实际运营环境中。

（6）反馈和演进阶段　在系统投入使用后，持续收集用户反馈和性能数据，根据反馈进行系统的持续优化和升级。

ICSM 的关键特征如下：

（1）增量承诺　ICSM 通过在项目的关键节点进行基于证据的评审和决策，实现阶段性承诺，从而降低风险，提高项目成功率。

（2）风险管理　风险评估和管理贯穿 ICSM 的整个生命周期，确保项目团队能够及时识别和应对潜在的问题。

（3）灵活性与适应性　ICSM 支持根据项目的具体情况和需求变化，灵活调整开发计划和策略，采取适合的过程和方法。

（4）利益攸关者参与　强调与利益攸关者的持续沟通和参与，确保系统的发展方向与利益攸关者的需求和期望保持一致。

ICSM 的局限性如下：

（1）复杂性管理的挑战　对于大规模和高度复杂的项目，ICSM 要求在多个开发阶段同时进行风险管理、需求调整和技术评估。这种多任务处理增加了项目协调的难度，可能导致管理上的混乱。同时，在每个增量阶段进行基于证据的承诺，要求项目管理者和团队能够快速准确地做出决策。在信息不完全或变化快速的情况下，这可能带来额外的压力和决策风险。

（2）资源和能力要求高　成功实施 ICSM 需要依赖于具有丰富经验和高度专业技能的团队成员。对于资源限制或专业人才短缺的组织，这可能构成一个重大挑战。ICSM 强调持续的风险评估和利益攸关者参与，这要求项目从启动到交付的整个周期内都有稳定的资源和时间投入，对于预算和时间线紧张的项目来说，可能难以满足。

（3）频繁变更的应对困难　虽然 ICSM 设计有利于应对需求的变化，但在实际操作中，频繁和根本性的需求变化可能会导致项目目标和范围的重大调整，增加变更控制的复杂性。而每次需求或技术方案变化都需要重新进行风险评估和调整项目计划，这在实践中可能会遇到时间和信息获取的限制，从而影响项目进度和质量。

ICSM 为现代复杂系统的开发提供了一种有效的管理和开发框架，通过其独特的方法论和实践原则，帮助项目团队在面对不断变化的需求和技术挑战时，能够灵活应对，确保项目的成功。

4.3　产品生命周期管理方法

本节深入探讨产品生命周期管理，这是确保产品从概念到退出各阶段能够顺利进行的关键。产品生命周期管理不仅关系到产品的成功推向市场，还涉及如何在整个生命周期内实现成本效益、质量控制、市场适应性和客户满意度。

本节将简单介绍几种不同的生命周期阶段划分方式，明确生命周期阶段和生命周期模型的异同，选取一般生命周期阶段作为主要划分方式。随后系统地介绍各个阶段的管理技术，包括概念阶段、开发阶段、生产阶段、使用运维阶段以及退出阶段。每个阶段都有其特定的挑战和机遇，采用合适的管理技术能够有效提升产品竞争力，延长产品寿命，同时也为企业带来更大的经济效益和市场份额。通过本节的学习，读者将获得关于如何在不同阶段应用特定管理技术以优化产品生命周期的深入理解。

4.3.1　生命周期阶段划分

上一节介绍了生命周期模型的定义，定义中提到（生命周期模型中）这些流程和活动可以被组织成不同的阶段。当将生命周期模型中的所有阶段串联起来，就构成了生命周期阶段。可以说，生命周期模型提供了一个框架，用来组织和指导从概念发展到产品或系统退役的各个活动，而生命周期阶段是在这个框架内被定义的具体时期或里程碑。每个阶段都代表了产品或系统发展过程中的一个关键转折点，并且通常会有预定的输出或成果。

不同组织根据其面对的系统制定了不同的生命周期阶段划分，根据定制化的里程碑和时间节点管理对应系统的开发。ISO/IEC/IEEE 15288：2015 针对一般性系统，制定了一般生命周期阶段，用以概括不同生命周期阶段划分标准，并为新系统的生命周期阶段划分提供支持。图 4-5 将一般生命周期阶段与其他的生命周期视角进行比较。例如，概念阶段分别对应商业项目的研究周期、美国国防部的前期系统采办及美国能源部的项目计划周期。

一般生命周期(ISO/IEC/IEEE 15288:2015)

概念阶段	开发阶段	生产阶段	使用阶段	退役阶段
			支持阶段	

典型的高科技商业系统集成商

研究阶段				实施阶段			运行阶段		
用户需求定义阶段	概念定义阶段	系统规范阶段	采办准备阶段	来源选取阶段	开发阶段	验证阶段	开发阶段	运行与维护阶段	失效阶段

典型的高科技商业制造商

研究阶段			实施阶段			运行阶段		
产品需求阶段	产品定义阶段	产品开发阶段	工程模型阶段	内部实验阶段	外部实验阶段	全规模生产阶段	制造、销售和保障阶段	失效阶段

美国国防部(DoD)

美国国家航空航天局(NASA)

美国能源部(DoE)

项目规划阶段			项目执行			任务	
项目前期	概念预规划	概念设计	初步设计	最终设计	施工	验收	运行

典型的决策门：新举措的审批　概念审批　　开发审批　生产审批　　运行审批　失效审批

图 4-5　不同生命周期阶段划分

1. 决策门

在全面介绍产品生命周期管理的同时，理解决策门的角色至关重要。决策门，也称为控制门或审批事件，是确保项目在整个生命周期中按阶段顺利推进的关键节点。它们通常被视为生命周期内的主要"里程碑"，在项目的关键转折点上充当评审和批准的角色。

在项目的每个重要阶段，决策门都要求项目团队提交详细的进展报告，并进行一系列评审活动，以确保项目成果达到了预期的质量和绩效标准。这些审批事件由项目经理、决策团队或客户在项目开始时就定义，允许项目在继续前进到下一阶段之前，对当前状态进行细致的审视。在这些节点，决策者会基于已完成的工作和潜在风险进行全面的评估，确保每个阶段目标都已满足。

每个决策门都需建立明确的标准，包括进入和退出的准则，它们是项目管理基线的一部分，不仅保障了项目管理的连续性，而且确保了质量和风险在整个生命周期中得到控制。决策门强调在跨越到新活动之前必须确保所有依赖的活动都已经完成并通过了必要的验证，这有助于预防在后续阶段出现的成本上升和延期。

虽然所有决策门都是评审点和里程碑，但并非所有的评审点和里程碑都具备决策门的属性。具体来说，决策门涉及以下几个核心问题：项目的交付物是否仍然符合业务案例的要求；项目的成本是否在可承受范围内；项目是否能够按需按时交付。

决策门的主要目标包括确保业务和技术基线的详细阐述都是可接受的，并且能够引导项目顺利通过验证和确认阶段。此外，决策门还旨在保证项目的下一步骤可以安全推进，相关风险处于可接受的范围内。同时，决策门还促进买方和卖方之间的团队合作，帮助各方更好地协同工作，并确保项目各项活动能够同步进行。这些目标共同作用，确保项目能够高效、有效地向前发展。

任何项目都具有至少两类决策门：在过程中决策项目继续进行，以及项目交付物的最终验收。项目团队需要决定：生命周期的哪些阶段对他们的项目是合适的，再确认该阶段后即需要在阶段结束前设置决策门；超出两类基本决策门之外还需要哪些决策门。

2. 一般生命周期

一般将系统生命周期分为六个阶段，具体阶段、目的和决策门选项见表 4-1。

表 4-1　一般生命周期阶段、目的及决策门选项

生命周期阶段	目的	决策门选项
概念	定义问题空间 探索性研究 概念选择 特征化解决方案空间 识别利益攸关者的需要 探索构想和技术 细化利益攸关者的需要	继续进行下一阶段 继续并响应某些行动项 延续本阶段工作 返回前一阶段 暂停项目活动 终止项目
开发	定义/细化系统需求 创建解决方案的描述——架构和设计 实施最初的系统 综合、验证并确认系统	
生产	生产系统 检验和验证	
使用	运行系统以满足用户的需要	
支持	提供持续的系统能力	
退役	系统的封存、归档或处置	

概念阶段包括系统和系统关键元素层级的概念和架构的定义，以及综合、验证与确认的规划。早期的确认工作使需求与利益攸关者的期望相一致。利益攸关者指定的系统能力将由系统元素的组合得以满足。在系统个别元素层级的概念中识别出的问题应尽早解决，以使元素被最终设计和验证时无法达到所需功能性或性能的风险最小化。

开发阶段定义和实现满足其利益攸关者需求的 SOI，并且可以被生产、使用、支持和退出。开发阶段开始于概念阶段的输出。该阶段的主要输出是 SOI。其他输出可包括 SOI 原型机、使能系统需求（或使能系统本身）、系统文档以及未来阶段的成本估算。在这一阶段，

业务和使命任务需要连同利益攸关者需求被细化为系统需求。这些需求用于创建一个系统架构和设计；对前一阶段中的概念进行细化以确保系统和利益攸关者的所有需求得以满足；定义、生产、培训和维持保障设施的需求；考虑使能系统的需求和约束，并将它们纳入设计中；进行系统分析，以达成系统平衡并优化关键参数的设计。

生产阶段是系统被生产或制造的阶段。可能需要产品的修改以解决生产问题，以降低生产成本，或以增强产品（或系统）的能力。上述任何一点均可能影响系统需求，并且可能要求系统重新验证或重新确认。所有这些变更都要求在变更被批准前进行系统工程评估。

使用阶段是系统在其意图的环境中运行以交付其意图的服务的阶段，通常贯穿于系统运行内有计划地引入产品修改。这样的升级能提高系统的能力。这些变更应由系统工程师评估以确保其与运行的系统顺利综合。

支持阶段是为系统提供服务使之能持续运行的阶段。可建议进行修改以解决可维持性问题，以降低运行成本，或延长系统寿命。这些更改需要进行系统工程评估以避免运行时损失系统能力。

退役阶段是系统及其相关服务从运行中移除的阶段。这一阶段中的系统工程活动主要集中于确保退出需求被满足。对退出的规划是概念阶段期间系统定义的部分。经验反复证明了从一开始不考虑系统退役的后果。

完整的系统工程方法要求在系统设计之初就考虑对于系统生命周期的管理。系统生命周期的管理涉及不同阶段间系统元素的变化，系统不同生命周期的决策也有着根本性不同，这是造成系统复杂性的重要原因之一。

4.3.2　概念阶段生命周期管理

概念阶段也称为概念开发阶段。概念阶段开始于对新的或改进的需要的某种识别。许多行业使用概念阶段中的探索性研究活动来研究诸多新的理念或使能技术和能力，然后使其发展进入到一个新项目（SOI）的启动阶段。大量的创造性系统工程设计在该阶段中完成，领导这些研究的系统工程师，也许作为项目推动者，有可能将一个新构想引入概念选择。探索性研究活动常常识别使能技术。在生命周期早期阶段，概念开发的成功开展能够避免大量生命周期后期的召回和返工。

由于其重要性，系统工程领域已经开展了大量关于概念阶段生命周期管理的研究和实践。一般来讲，概念阶段分为需求分析、概念探索和概念定义三个阶段（见图4-6）。本节针对三个阶段的管理方法分别进行介绍。

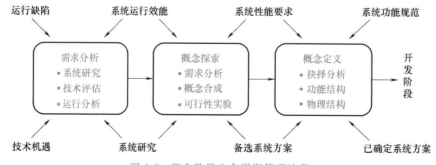

图 4-6　概念阶段生命周期管理流程

1. 需求分析阶段

许多生命周期模型均表明流程开始于"需求"或"用户需求"。实际上，流程更早地开始于以理解潜在的新的组织能力、机遇或利益攸关者需要为目的的交互和研究。需求分析阶段的主要目标是：全面准确地发现新系统各利益攸关方需求，清晰地表明新系统能够满足利益攸关者的切实需要，并存在可行的方法在合理的成本和风险实现新系统。

需求分析阶段是产品生命周期管理的第一个阶段，该阶段的系统工程方法围绕主要目标，分阶段、分步骤地将分散、多源的利益攸关方需要、组织策略计划和有关约束，逐步转化为系统工程中结构化、可验证的系统需要。

需求分析阶段生命周期管理流程如图 4-7 所示。

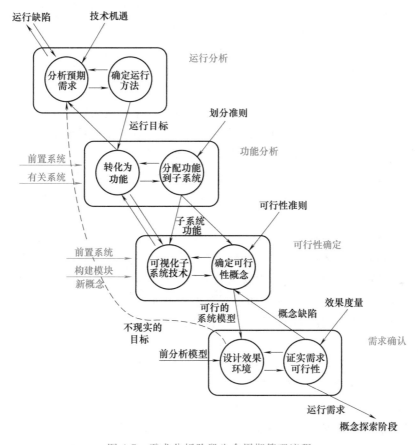

图 4-7　需求分析阶段生命周期管理流程

在需求分析阶段有四个关键阶段，每个阶段都包括一系列典型活动和成果。

（1）运行分析（需求分析）　这一阶段的典型活动包括分析新系统的预期需求，这些需求可能来源于当前系统的严重缺陷，也可能是新技术应用带来的优越性能或低成本潜力。此外，还需要通过推断新系统的使用寿命来了解其满足预期需求的价值，并确定量化的运行目标和运行概念。此阶段的一般成果是运行目标和系统功能的列表。

（2）功能分析（功能定义）　这一阶段的典型活动包括将业务目标转化为必须执行的功能，并通过定义功能之间的交互，将这些功能分配给子系统，并对子系统进行模块化配置。

此阶段的一般成果是初始功能需求列表。

（3）可行性确定（物理定义） 这一阶段的典型活动包括将执行所需系统功能的子系统的物理性质进行可视化，并在必要时通过改变（权衡）拟采用的实现方法，根据能力和估计成本来定义一个可行的概念。此阶段的一般成果是初始物理需求列表。

（4）需求确认（设计确认） 这一阶段的典型活动包括根据运行场景并同时考虑经济因素（如成本和市场），来设计或调整一个效能模型（解析或仿真），以定义确认的标准和条件。在适当的调整和迭代后，证明假设系统概念的成本效益，并为使新系统的开发满足预期需求，对其投资制订相应方案。此阶段的一般成果是运行确认标准列表。

需求分析阶段的最后产出要求包含：运行目标（需求）、系统初始功能与性能需求列表、系统初始物理需求和系统运行确认准则列表。在此对不同类别的需求进行介绍。

运行需求：这些需求主要是指系统的任务和目的。运行需求的集合在系统部署和运行后，将描述并传达系统的最终状态。因此，该类型的需求是广泛的，并且描述了系统的总体目标，其中所有参考都与整个系统相关。一些组织机构也将这类需求称为能力需求，或简单的所需能力。

功能需求：这些需求主要指系统应该做什么。这些需求应面向行动，且应描述系统在其运行期间所要执行的任务或活动。在该阶段，功能需求关系到整个系统，但它们在很大程度上应该是定量的，并在接下来的两个阶段中得到显著改进。

性能需求：这些需求主要是指系统如何更好地执行其需求并影响环境。在许多情况下，它们与上述两种类型相对应，并提供最小的数值阈值。这些需求几乎总是客观且定量的，但也有例外。在接下来的两个阶段中，这些需求也将得到显著改进。

物理需求：这些需求是指物理系统的特征和属性及其对系统设计施加的物理约束。这可能包括外观、一般特征、体积、重量、功率、材质以及系统必须遵守的外部接口约束。许多组织机构没有为这些需求起一些专有名称，只是简单地将它们称为"约束"，甚至"系统需求"。在接下来两个阶段中这些需求也将得到显著的改进。

需求分析过程中主要应用的 SE 技术流程包括：任务分析流程、利益攸关者需要和需求定义流程与系统需求定义流程（见 2.4.1 节）。

在需求分析阶段，需求将进行一系列的变化，特别值得注意的是，从需求分析过程开始需要保持需求的可追溯性。需求分析阶段的需求变化包括：

1）利益攸关者需要和需求的转换。在利益攸关者需要和需求定义流程中，需要在识别的利益攸关者中引出其需要，这类需要可能是非结构化的、超越系统边界的，甚至是不可行的。该流程会将其转化为与场景、交互、约束和关键属性相一致的利益攸关者需求。在这一过程中，要求将保留从需要到需求的转换关系，并得到利益攸关者对该转换的确认。

2）从不同利益攸关者需求到系统需求的转换。这一环节中不同利益攸关者的需求在此会进行权衡、归并到同一个需求体系中，这一过程中需要保留利益攸关者需求和系统需求的追溯性矩阵，保证系统需求的实现能够反馈为利益攸关者需求的实现。

3）系统需求向确认准则的转换。在根据系统需求生成系统有效性测度和性能测度和对应的系统有效性模型。需要追溯各系统需求通过哪一项或几项 MOE/MOP 进行测量，需求和测度具体是怎样的关联关系。

2. 概念探索阶段

在需求分析阶段后，需要创建一个高层级的初步概念，并探索识别技术风险和评估项目技术成熟度。这一阶段的主要目标是将在需求分析阶段得到的面向运行的系统视图转换为概念定义和后续开发阶段所需的工程视图，并在转换过程中，关注并识别该概念下的技术风险与技术成熟度（Technology Readiness Level，TRL），制定适当的备选方案以避免项目的失败。

概念探索阶段的具体内容取决于许多因素，特别是客户和供应商或开发人员之的关系，以及开发是因需求驱动还是技术驱动。在需求驱动的概念探索阶段会由客户自己的组织或由客户聘请的系统工程代理协助进行。重点是开发性能需求，一个或多个供应商可以用特定的产品概念响应的方式准确地陈述客户需求。在基于技术的系统开发流程中，概念探索阶段通常由系统开发人员进行，并且着重于确保在决定是否开发新系统之前考虑所有可行的备选方案。在这两种情况下，一个主要的目标是获得一组性能需求，它可以作为预期系统开发的基础，并且已被证明能够确保开发产品满足有效的运行需求。概念探索过程中的挑战之一是往往依赖于过去做得很好的东西，而不考虑真正的备选方案，因此错失做出根本性改善的机会。

概念探索阶段生命周期管理流程如图 4-8 所示。其中涉及的技术流程属于架构定义流程（见 2.4.1 节）。

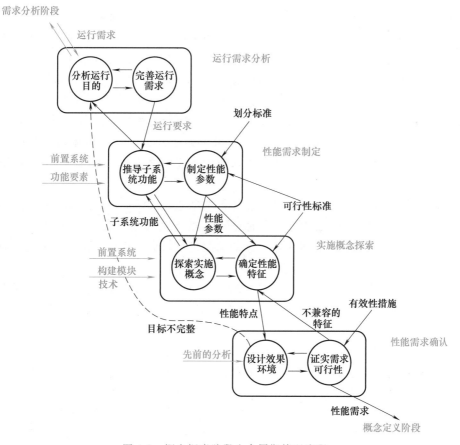

图 4-8　概念探索阶段生命周期管理流程

（1）运行需求分析（需求分析）　在这一阶段，项目团队需要根据运行目的分析相应的运行需求。此外，还需根据需要，重申或加强不同目标之间的特异性、独立性和一致性，以确保新系统与其他相关系统的兼容性，并提供所有必要的补充信息。

（2）性能需求制定（功能定义）　这一阶段的主要任务是将运行要求转化为系统和子系统的功能。项目团队还需制定性能参数，以确保这些参数能够满足规定的运行需求。

（3）实施概念探索（物理定义）　在这一阶段，项目团队需要探索一系列可行的实施技术和方案，提供各种潜在的有利选择。对于最有希望的方案，需要开发详细的功能描述并识别相关的系统部件。此外，还需定义一组必要且充分的性能特征，以反映满足系统运行要求所需的功能。

（4）性能需求确认（设计确认）　在这一阶段，项目团队进行有效性分析，以界定一组符合所有理想系统方案的性能需求。团队还需确认这些需求是否与所陈述的运行目标一致，并在必要时对需求进行细化。

如果项目向前推进，初步概念也将被用于生成项目早期的成本和进度预测。探索性研究期间的关键活动是清晰地定义问题空间，特征化解决方案空间，且在避免任何设计工作的同时，为全规模开发提供成本和进度的估计。本阶段不完整的 SE 可能导致成本和进度的预测欠佳以及对技术备选方案的理解欠佳，导致备选方案之间的权衡欠佳。

3. 概念定义阶段

概念定义阶段是概念阶段的最后阶段。随着项目进入概念定义阶段，一个完善的初步概念将作为该阶段的主要目标。初步概念不被置于构型控制下，并且来自探索性研究的关键输出是对业务或使命任务需求及利益攸关者需要的更清晰的理解；是对进入下一阶段的技术成熟度的评估；也是对项目成本和进度需求以及首件交付的技术可行性的粗略估计。

概念定义活动是对探索性研究活动期间所开展的研究、实验和工程模型的细化和拓展。需要覆盖不同的使用阶段及其将来使用所在环境来对系统的利益攸关者的概念性运行进行识别、明确并使其文件化。应开展运行概念（OpsCon）工作，包括制造流程或材料中的变更所导致的任何变更、接口标准中的变更或能够驱动系统概念选择的各个不同方面所附加的新特征增强。

在概念阶段，团队开始深入研究评估多个候选概念并最终提供所选系统概念的经证实的正当理由。作为这个评估的一部分，初级原型可以被构建（用于硬件）或编码（用软件），工程模型和仿真可以被执行，以及关键元素的原型机可以被构建和测试。关键元素的工程模型和原型机对于验证概念的可行性至关重要。

可行性评估在概念定义阶段是必不可少的，以便帮助理解利益攸关者需要，探究架构权衡并探究风险和机会。这些研究扩展了对风险和机会的评估，涵盖可承受性评估、环境影响、失效模式、危险分析、技术淘汰和系统退出。还必须对每个备选系统概念探究出与综合及验证有关的问题，因为这些可在系统选择中作为鉴别项。

系统工程师通过协调来自多学科的工程师的活动来促进这些分析工作。该阶段生命周期管理流程如图 4-9 所示。

（1）性能需求分析（需求分析）　这一阶段的典型活动包括分析系统性能需求，并将其与运行目标和整个生命周期场景相关联。必要时修改性能需求，确保包括未说明的约束，并尽可能量化定性需求。

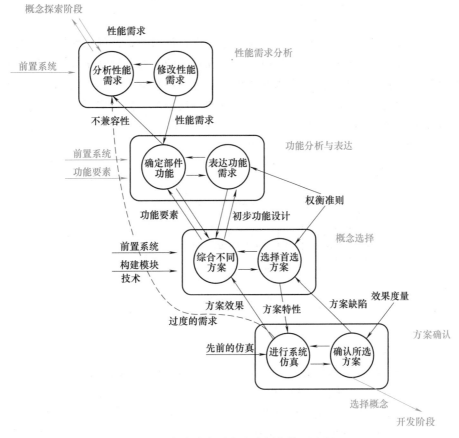

图 4-9　概念定义阶段生命周期管理流程

（2）功能分析与表达（功能定义）　这一阶段的典型活动包括根据系统功能元素和各单元交互，将子系统功能分配到部件层。开发功能性架构产品，并制定与指定功能相对应的初步功能需求。

（3）概念选择（物理定义）　这一阶段的典型活动包括根据性能需求综合各种技术方法和部件配置。开发物理架构产品，并在性能、风险、成本和进度之间进行权衡研究，以选择基于组件和架构确定的首选系统方案。

（4）方案确认（设计确认）　这一阶段的典型活动包括进行系统分析和仿真，以确认所选方案符合要求并优于其竞争对手。在必要时，进一步完善方案，以确保其满足所有需求。

许多项目由试图"抓紧干下去"的急迫的项目推动者驱动，因为经不住诱惑而缩短概念阶段，并在没有充分了解所涉及的挑战的情况下，以浮夸的推测支持开发的启动。许多负责审查失败系统的委员会事后确定为概念阶段中不充分的或肤浅的研究是失败的根本原因。

4.3.3　开发阶段生命周期管理

1. 开发阶段任务

在产品开发阶段，团队的任务是将概念阶段的初步概念转化为能够满足利益攸关者需求的工程化系统。这涉及将业务和使命需求精细化，转换为详细的系统需求，并据此构建系统架构和设计。开发阶段与概念阶段的显著不同在于：概念阶段更多强调全面地、富有创造力地发现需求并尝试给出解决方案；开发阶段则更多强调原型的可行性。因此，开发阶段包括对系统进行综合分析，确保平衡性能，以及优化关键设计参数，并确保系统设计能够满足生产、操作、支持和最终退出的需要。同时，会形成系统的文档，预估未来各阶段的成本，并确保系统设计考虑到了使能系统的需求和约束。通过这些步骤，产品开发阶段成为连接概念设计和市场实施的关键桥梁，确保交付的解决方案不仅创新，而且实用、可持续。

产品开发阶段生命周期管理一般分为高级开发、工程设计、集成评估三个阶段进行（见图 4-10），本节后续将对三阶段工作分别进行论述。

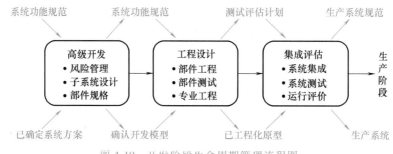

图 4-10　开发阶段生命周期管理流程图

2. 开发阶段需求

传统意义上，产品开发阶段是产品生命周期管理应用中最重要的阶段。大多数现有的 PLM 特性通常服务于这一领域。从工程和产品开发的角度来看，文件管理是非常重要的，创建和存储的数据量通常非常大。要完善地掌握这些数据，使所需要的信息能够容易地得到并迅速地分发，就需要一个先进的信息管理系统。

设计人员创建工程、装配和车间图样、强度计算、测试信息和零件清单，这些信息可以很容易地发展成包含数千个文件的信息单元。管理文件、工作流程、项目、产品结构和变更的状态在高级规划环境中是必不可少的，可能根据 CE（Collectively Exhaustive，要求完全穷尽各子部分的分析）原则在扩展到公司边界之外的价值网络中操作。如果设计信息不可靠，产品开发和工程的信息创建过程就会很难控制，其质量会很差。顺畅的工作流程和信息分发，以及对现有文档、图样和经过试验、测试的解决方案的利用，提高了工程的有效性，减少了错误。

功能变更管理也是灵活工程组织的重要组成部分，它使高效、高质量的产品开发和工程活动成为可能。变更管理工具的任务是最小化设计错误，其中很大一部分是由于对已经被接受的计划所做的不受控制的变更（通常只有发起人知道）造成的。在这方面，PLM 解决方案的另一个主要任务是确保有关更改的正确信息传递给生产或相关的签约方。这方面的第三个一般任务是确保更新正确的文档版本，换句话说，确保在已有新版本的图样或文档时不更新旧文档。

3. 高级开发阶段

产品的高级开发阶段标志着系统开发从概念开发阶段过渡到工程开发阶段。该阶段是对于概念定义阶段的延续，将系统功能规范和已确定的系统概念作为输入，将系统设计规范和经过验证的开发模型作为输出传递给产品工程设计阶段。高级开发阶段从概念出发识别未经验证的技术和不可靠的部件，从系统层面上降低系统实现的风险。它将系统工作的需求及其配置的概念方法转换为通常如何在硬件和软件中实现所需功能的规范。

此外，该阶段其他需要的输出包括：更新的工作分解结构、修订的系统工程管理计划或其等价计划以及相关的计划文件。此外，系统架构需要根据该阶段的调整进行修改和更新。

这一阶段涉及的系统工程流程包括：风险管理流程、设计定义流程和系统分析流程（见 2.4.1 节及 2.4.2 节）。高级开发阶段生命周期管理流程如图 4-11 所示。

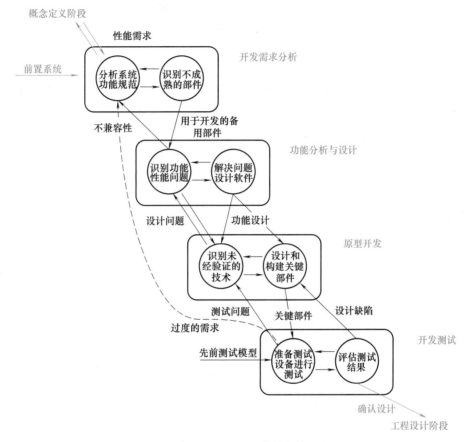

图 4-11　高级开发阶段生命周期管理流程

（1）开发需求分析　这一阶段的活动包括分析系统功能规范，确保其有效性，并将其从运行和性能需求转换为子系统和部件功能需求。同时，确定需要开发的部件。

（2）功能分析与设计　这一阶段的活动包括将各功能分配到部件和子部件，并识别与其他系统类似的功能单元。通过分析和仿真来解决突出的性能问题。

（3）原型开发　这一阶段的活动包括识别涉及未经验证的技术的物理实施问题，并确定将风险降低到可接受水平所需的分析、开发和测试水平。设计关键软件程序，开发和构建关键部件和子系统的原型，并纠正测试和评估反馈中的缺陷。

（4）开发测试　这一阶段的活动包括制定测试计划和标准以评估关键要素，开发、购买和定制特殊的测试设备和设施。进行关键部件的测试，评估结果，并反馈设计缺陷或严格的需求，以便更正，从而形成成熟且经过验证的系统设计。

4. 工程设计阶段

工程设计阶段是将系统架构部件实现为可生产、可靠、可维护，可以集成到满足性能要求的系统工程化部件。系统工程的责任是监督和指导这一过程，起到监督配置管理的作用，并解决在此过程中不可避免出现的问题。

高级开发阶段的结果作为该阶段的输入往往被视为系统设计规范和经过验证的系统开发模型。支持该阶段的输入可能还包括适用的商业部件和零件，以及在此阶段将使用的设计工具。它输出到集成评估阶段的是详细的测试和评估计划，以及一整套经过全面设计和测试的部件。在此过程中，需要使用并更新一些程序管理规划文档，例如工作分解结构、系统工程管理计划以及测试和评估总计划等。

需要注意的是，集成评估阶段通常在工程设计结束之前就已经开始了，测试和设计过程往往是交替出现的，逐渐迭代进行。工程设计阶段产生的待评估软硬件需要通过测试验证进行评估，而测试发现的设计缺陷也会影响产品工程设计的进一步实施。

这一阶段涉及的系统工程流程包括设计定义流程、系统分析流程和构型配置管理流程（见 2.4.1 及 2.4.2 节）。工程设计阶段生命周期管理流程如图 4-12 所示。

（1）需求分析　这一阶段的活动包括确保系统设计需求的一致性和完整性，同时确定所有外部和内部交互及接口的需求。

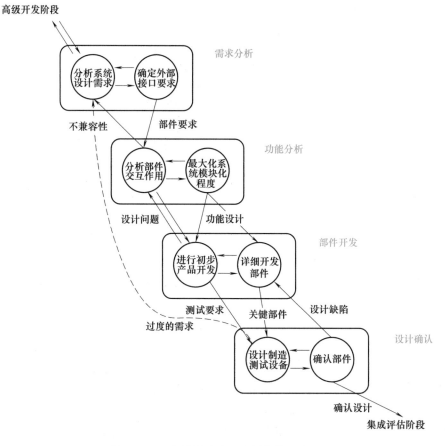

图 4-12　工程设计阶段生命周期管理流程

（2）功能分析（功能定义）　这一阶段的活动包括分析部件之间的交互和接口，识别设计、集成和测试中可能出现的问题。进一步分析具体的用户交互模式，并设计和制作用户接口的原型。

（3）部件开发（物理定义）　这一阶段的活动包括列出所有硬件、软件部件和接口的初步设计。在审核后，进行具体的硬件设计和软件代码的实现，并构建工程化部件的原型版本。

（4）设计确认　这一阶段的活动包括对工程部件进行功能、接口、可靠性及产品化的测试和评估，纠正发现的缺陷，并编制详细的产品设计文档。

5. 集成评估阶段

在集成评估阶段，经过工程化处理的系统部件被集成为一个完整的运行系统，并在生命周期的集成评估阶段进行评估。详细的系统工程规划是有效组织和执行这一过程的必要条件，是现实与时间、资源的经济性的最佳结合。

在 V 模型中，集成评估过程是 V 模型的右半部分。对于系统、子系统乃至于组件的验证与集成是系统工程上完成产品设计开发的最后一个环节。这一阶段应用的系统工程流程包括：综合流程、验证流程和确认流程（见 2.4.1 节）。产品集成评价阶段的具体活动如下：

（1）测试规划和准备　这一阶段的活动包括评审系统需求，并制定详细的集成和系统测试计划。同时，确定测试需求和功能结构，以确保测试工作的全面性和有效性。

（2）系统集成　这一阶段的活动包括通过序列集成和单元测试的方法，将各个部件集成为子系统，再将子系统集成为整个运行系统。此外，还需设计和构建支持系统集成过程的设备和设施，以证明端到端运行所需的集成测试的有效性。

（3）开发系统测试　这一阶段的活动包括在整个运行范围内执行系统层次测试，并将系统性能与预期进行比较。开发适用于所有系统运行模式的测试场景，并消除所有性能缺陷，以确保系统达到设计要求。

（4）运行测试与评估　这一阶段的活动包括在完全真实的运行环境中进行系统性能测试，并在独立测试机构的监督下进行。此外，还需度量系统对全部运行需求的符合程度，评估系统是否准备好进行全面规模生产和运行配置。

4.3.4　生产阶段生命周期管理

生产阶段是系统被生产或制造的阶段。可能需要对产品进行修改以解决生产问题，降低生产成本，或增强产品或系统的能力。上述任何一点均可能影响系统需求，并且可能要求系统重新验证或重新确认。所有这些变更都要求在变更被批准前进行 SE 评估。

在生产阶段，系统工程管理的目的是确保从设计转向实际制造和装配的过程能够平滑进行，同时保证生产出来的系统能够满足预定的性能、可靠性、安全性和成本目标。这个阶段是生命周期管理中至关重要的环节，因为它涉及将设计理念实物化并为用户提供成品。

生产阶段需要关注生产的工程化。这意味着要在设计和开发的每个阶段都考虑生产效率和成本。系统工程原则在此扮演着桥梁的作用，确保设计能够被有效地转化为可生产和可组装的单元。工程团队需要密切关注产品规格与制造工艺之间的配合，同时进行成本控制，以保证产品的市场竞争力。

从开发到生产的交付部分，最重要的挑战在于产品、制造系统设计完成后向制造团队移交的困难。这通常涉及详细的技术文件，以及确保制造团队理解并能够遵循这些文件的指导。系统工程师的作用在于促进这两个团队之间的沟通，解决任何可能出现的问题，并确保生产过程中的质量和一致性。

在生产运行过程中，则将制造过程视为一个复杂的系统，需要描述整个生产计划的组织结构，包括生产调度、资源分配和质量控制。这部分还应讨论如何有效管理供应链，以保证组件和材料的准时供应和高效装配。

在实际的生产阶段，可能需要对产品进行修改，以解决在制造过程中遇到的问题，降低成本，或增强产品功能。所有这些变更都需要经过系统工程的评估，并且在批准变更前，可能需要对系统进行重新验证或确认。系统工程师必须确保任何生产变更都符合系统要求，并且不会影响产品的性能和用户的需求。

产品生命周期管理方法及技术将在 4.4 节中进行进一步介绍。

4.3.5 使用和支持阶段生命周期管理

在使用和支持阶段，系统工程管理是关键，它确保了系统的持续运行和有效维护（见图 4-13）。这个阶段通常涉及系统运行过程中计划内的产品修改和升级，以提高系统的功能和性能。这些变化需要系统工程师进行评估以确保与运行中的系统顺利整合。对于复杂的大型系统，中期升级可能需要大量的系统工程工作，相当于一个重大的计划项目。

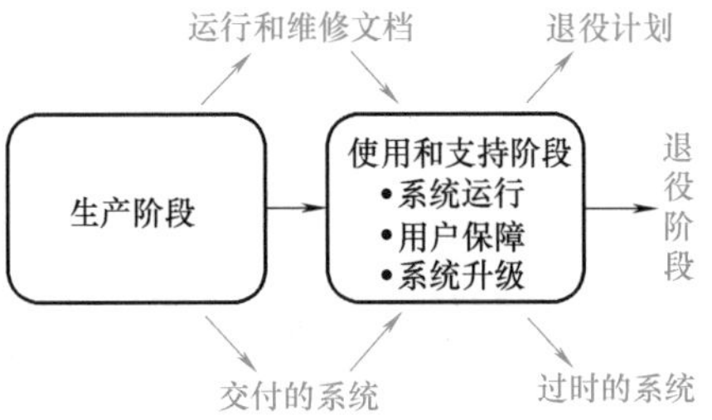

系统的支持阶段是确保系统能够继续运行的关键时期。在此阶段，管理者可能会建议进行修改，

图 4-13　使用和支持阶段生命周期管理流程

以解决可维持性问题，降低运行成本，或是延长系统寿命。所有这些更改都需要进行系统工程评估，以避免在运行期间损失系统的能力。

在使用和支持阶段，用户支持也是一个不可或缺的部分。这包括为系统用户提供必要的设备、技术支持和培训。设备支持涉及交付、定位和维护系统有效运行所需的设备。技术支持包括提供咨询、分析、故障排除和用户操作系统的其他形式的帮助。培训确保用户具备成功操作系统的知识，并具备解决简单问题的技能，这样可以提高系统的效率。

4.3.6 退役阶段生命周期管理

退役阶段是系统及其相关服务从运行中移除的阶段。这一阶段中的 SE 活动主要集中于确保退出需求被满足。对退出的规划是概念阶段期间系统定义的一部分。经验反复证明了从一开始不考虑系统退役的后果。随着可持续发展概念在社会生产中的影响不断提升，对于产品退役阶段的生命周期管理相关研究、政策与实践也在不断产生。21 世纪以来，许多国家已经修改了他们的法律，使 SOI 的开发者负责系统生命终止时进行恰当的处置。

这一阶段涉及的系统工程流程是处置流程（见 2.4.1 节）。退役阶段的生命周期管理主要围绕着产品应该何时退役、产品退役后应该如何处置进行。

对于产品失效时间的研究主要以质量管理方法与可靠性研究方法为主。管理者通过产品运行与维护的数据，预测产品的生命周期。统计学习、机器学习、深度神经网络等方法已经被证明在多个场景下能够成功预测并指导产品的退役。

对于产品退役处理的研究分析（此类分析往往是基于产品结构模型与生命周期模型进行的）目的是减少产品报废比率，以较低的成本实现产品全部或局部的重复利用。退役阶段生命周期管理方法如图 4-14 所示。

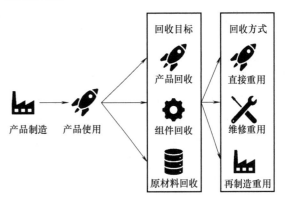

图 4-14 退役阶段生命周期管理方法

根据不同产品的情况，其回收目标不同，具体分为：

（1）产品/系统回收 生产系统回收包括整个使用过的生产系统的再利用。它被从实际环境中拆卸出来，同时它的形状被重新训练。生产系统的功能可能因其运行而发生变化。

（2）组件回收 组件回收包括对生产系统中使用过的组件的再利用，例如作为备件。因为通常来说，组件的寿命可能比产品本身的寿命更长。组件被从实际的产品系统中拆卸出来，产品的形状消解而组件的形状被保留。组件的功能可能因其操作而发生变化。

（3）物料回收 物料回收包括物料的再循环，组件是由实际产品中拆卸的组件，并消解其形状。材料的功能可能因其操作而发生变化。

（4）无回收 无回收意味着生产系统被送到垃圾填埋场倾倒。当然，废物可以焚烧，能源可以回收。但这并不是退役生命周期管理的核心目标。

产品回收处理的方式主要包括：

（1）直接重用 生产系统或组件在达到其原始使用寿命后，可以不经过任何改善过程，直接用于其他用途。这意味着这些系统或组件尽管老旧，但仍具有足够的功能性，可以在不同的环境或应用中继续使用。

（2）修理后再利用 涉及在产品系统或组件到达使用寿命后的进一步使用，这通常需要替换失效或磨损严重的部件。这样，虽然产品的主体结构得以保留，但通过更换部件来确保其再次投入使用时的可靠性。

（3）再制造后的重用 产品退役后，不仅将系统或组件恢复到其原始规格，而且在可能的情况下对其进行现代化升级，以提升其质量和功能到新的水平。在这个过程中，部分旧组件被保留，而其他一些则会被加工或更换为全新部件。

这三种回收方式共同构成了生命周期管理中的退役处理策略部分，目的是最大化产品的价值，延长其使用期限，并尽量减少环境影响。通过这些策略，组织能够减少浪费，提高资源的循环利用率。

4.4 产品生命周期管理技术

自 1985 年以来，操作条件一直在不断变化。最初，2D-CAD 图纸是产品管理的重点。

然而，随着 3D-CAD 系统的出现，数据管理的复杂性急剧增加因此，出现了最早的产品数据管理（Product Data Management，PDM）。随后，机电产品的快速增长以及用户和供应商将 PDM 应用扩展到开发和建设核心领域之外的愿望引发了下一个重大进化步骤，产品生命周期管理开始出现。

21 世纪以来，物联网以及由此产生的赛博物理系统的全球化跨学科发展，永久性地增加了产品上的软件和电子部件，也增加了对公司内部和外部协作的要求。与此并行的是跨学科工程流程和方法（MBSE、数字线索）迅速发展。近年来，PLM 方法扩展到系统生命周期管理（System Lifecycle Management，SysLM）。

本节首先介绍 PDM 从 PLM 到 SysLM 的演进过程，然后深入探讨产品数据管理——PLM 体系中的关键基础。PDM 不仅仅关于数据存储，它还是一个复杂系统的心脏，确保设计与制造过程中数据的精确性和可靠性，同时充当产品信息流动的中枢。

随后介绍 PLM 框架如何整合 PDM 的数据管理能力，并将其提升至一个全面的产品管理系统。PLM 将视角拓宽，涉及产品生命周期的每一个阶段，从需求收集到设计，从制造到维护，再到产品退役。它代表着跨部门、跨功能和跨企业边界的信息和流程管理。紧接着介绍从 PLM 框架拓展到 SysLM 框架的过程，产品生命周期管理与系统生命周期管理的异同，并梳理了 PLM 的最新发展方向。

最后介绍 PLM 与其他关键业务技术（如企业资源计划、制造执行系统和供应链管理）之间的相互作用。在现代企业中，PLM 与这些系统协同工作，实现业务流程的无缝整合，共同支持企业决策、提高效率和创新能力。在全球化和竞争激烈的市场中，PLM 技术为企业提供了保持竞争力的关键策略工具。

4.4.1 产品数据管理

产品数据管理是一个集中产品相关数据和流程的系统。它的目的是帮助工程师跟踪修订，管理变更订单，生成材料清单，并且还涉及更多其他方面。PDM 软件帮助公司更快地将产品推向市场，通过将所有项目数据集中在一个地方来减少在低价值任务上花费的时间，提高产品开发的敏捷性，增强合作。

PDM 系统的作用不仅仅局限于形状的描述。除了必须根据特定的应用惯例传达材料、工艺、尺寸和公差等信息外，它还能够捕获设计的整个历史，通过与设计和业务工具集成来管理数据并自动化工作流程和工程过程。这种系统的一个显著特点是可以增强产品开发流程的敏捷性，因为设计工作流程可以适应用户的业务需求。

对于公司来说，使用 PDM 系统可以改善内部和外部的协作。它可以让其他人，即使是公司防火墙之外的人，也能分享 2D/3D 的工作视图，并直接在 PDM 软件内得到评论和反馈。此外，PDM 系统还能减少错误并提高产品质量，通过自动化工程变更命令、修订控制和 BOM 管理等过程，让工程流程保持在控制之中。

PDM 的核心组件包括数据存储库、元数据管理、修订控制和访问控制等部分。数据存储库是 PDM 系统的基础，负责进行适当的数据存储；元数据管理是 PDM 框架必须具备的强大工具，它包括基于工作上下文自动分配的元数据、数据排序工具和数据搜索框架；修订控制允许用户回顾数据并跟踪其变化，从而帮助用户更好地估算项目和控制生产率；访问控制是一个强大的 PDM 设计的最终元素，确保数据安全并提供适当的访问级别。

1. PDM 发展概述

20 世纪 80 年代，CAD/CAE 等自动化设计工具逐步得到广泛应用，随着设计模型的复杂程度加深，不同模型、不同工程数据类型自成体系，缺乏有效的信息共享，导致模型、文档之间存在大量错误。为了解决此类问题，各厂家推出了存储和管理不同数据的信息系统，形成了包括工程数据管理（Engineering Data Management，EDM）、文档管理（Document Management，DM）、技术数据管理（Technical Data Management，TDM）等针对各细分领域的数据管理准则。

20 世纪 90 年代，对于产品数据的管理逐步聚焦，一些企业（如 IBM、PTC 等）已经能够开发出应用于企业级信息与过程集成的解决方案。1995 年 CIMdata 总裁提出了 PDM 的定义："PDM 是用来管理所有与产品相关信息和所有与产品相关过程的技术。与产品相关的所有信息包括零部件信息、产品结构、结构配置、文件、CAD 文档、扫描图像、审批信息等；与产品相关的所有过程包括过程（生命周期、工作流程、审批/发放、工程更改等）的定义与监控。"同时，PDM 在标准化方面也有了长足的发展。1997 年 2 月，OMG 发布了 ODMEnabler 标准草案，这是 PDM/PLM 领域的第一个国际标准，为开发 PDM 产品提供了标准依据。

20 世纪 90 年代中后期，随着企业全球化和互联网电子商务的兴起，PDM 的发展受到了深远影响。新出现的协同和电子商务技术极大促进了地理位置分散的团队成员之间的实时、同步工作，催生了新的业务模式和更大规模的外包趋势。这一时期，协同产品设计（Collaborative Product Design，CPD）、协同产品商务（Collaborative Product Commerce，CPC）和协同产品定义管理（collaborative Product Definition management，cPDm）等新思想相继诞生，预示着 PDM 的进一步演变。

进入 21 世纪，随着市场对快速响应的需求和产品创新的重视，PDM 逐步演化为产品生命周期管理，并成为企业全球竞争中的战略性方法。现代的 PLM/PDM 理念实际上都是基于 PDM 的扩展，以实现企业内部、企业之间的信息集成和业务协同。不同的概念强调不同的方面，但共同的核心在于强化产品创新作为企业的驱动力，确保产品资源的有效管理和利用。

2. 产品数据定义

产品数据是指与产品广泛相关的信息，产品数据大致可分为三类：

1）产品定义数据决定了产品的物理和/或功能属性，即产品的形态、适配性和功能。这些数据从特定方（如客户或生产者）的视角描述了产品的属性，并将这些信息与相关方的解读联系起来。这一信息群包含了非常精确的技术数据以及关于产品及其相关信息的抽象和概念性内容。此外，这组信息还包括描绘产品特性的图像和概念性插图。因此，这套信息在更大或更小程度上可以被看作是完整的产品定义。信息的广阔范围和定义数据内容的差异可能容易引发问题，原因在于不同的解释和上下文环境。

2）产品的生命周期数据始终与产品及其所处的阶段或订单交付过程相连。这组信息关联到技术研究、设计以及产品的生产、使用、维护、回收和销毁过程，有时还包括与产品相关的官方规定。

3）元数据是关于信息的信息。换句话说，它描述了产品数据：这是什么类型的信息？位于哪里？存在于哪个数据库中？由谁记录？何时何地可以访问？

产品数据或信息模型是对产品的概念模型，在此模型中，以一般、通用的水平分析了关于产品的信息以及各种信息元素和对象之间的联系。

产品数据——即将创建的产品的信息——位于制造公司功能和业务流程集成的核心。信息的创建、发展、处理、分配和分发连接了组织的无形和有形专业知识。实际的物理产品包含这两者。而像软件、服务这样的无形产品缺乏物理属性。因此，尝试将无形产品的功能和特性具体化到与物理产品相同的水平是极其重要的，即将功能和特性转化为可以像处理物理实体一样的信息对象（项目）。

公司的外部和内部功能在日常业务中使用和产出产品数据。产出产品数据的内部功能包括与产品相关的规划、设计和工程功能，以及采购、生产和客户服务组织。产出和利用产品数据的外部功能包括维护服务、设计和工程、制造和装配等协作伙伴。

在整个产品生命周期内最接近实际产品过程的功能中，协作使用产品数据的需求最为明显——在产品设计、创建、制造和售后服务的网络化功能中。在网络环境中运营的公司非常强调对产品数据的控制。

3. PLM 数据交换标准

（1）CALS CALS（Continous Acquisition and Life Cycle Support）是一个全面的标准，用于在不同 IT 系统之间广泛传输技术信息。CALS 起源于美国国防部，是该部门寻求发展信息的电子传输方式。

CALS 标准设计得非常广泛，以至于包括文本和图形在内的各种信息都能在不同系统之间有效移动。CALS 包含几个不同的标准：SGML（Standard Generalized Markup Language，标准通用标记语言）标准，用于 CAD 文件传输的 IGES（Initial Graphics Exchange Specification，初始图形交换规范）格式，以及用于商业文档传输的 EDI（Electronic Data Interchange，电子数据交换）。尽管 CALS 源自军事背景，但该标准也在民用领域，特别是在大型国际企业中获得了一定应用。CALS 被分为两个不同阶段，CALS 和传统基于文档的信息传输的比较如图 4-15 所示。

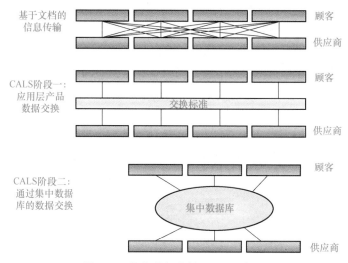

图 4-15 传统数据传输和 CALS 标准

在第一阶段，数据传输按照统一交换标准进行。在第二阶段，为信息网络中的不同相关方创建了一个集中数据库。CALS 永远不会是一个完成和静态的标准。如果产品模型数据交换标准的使用继续增长，那么它很可能完全取代 IGES。

（2）STEP　STEP（Standard for the Exchange of Product model data）即 ISO 10303 产品模型数据交换标准，如图 4-16 所示。STEP 是一个基于产品模型理念的国际标准，用于表示标准产品数据。STEP 的核心理念是使得产品数据在公司内部各部门之间以及不同公司、组织和不同软件应用的独立用户之间，在产品的整个生命周期内都能够传输。通过 STEP，数据传输通过一个标准型的中性产品模型，以及标准化的文件格式、编程接口和应用协议进行。

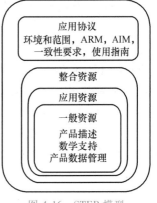

图 4-16　STEP 模型

STEP 的目标是提供一种中性的（商业独立的）产品数据传输机制，可以在整个产品生命周期内表示产品数据，而无论系统如何。根据其定义，STEP 不仅适用于中性数据传输，也是建立数据库的基础（ISO 10303）。

该标准的目标是将以下功能连接成一个功能整体：计算机辅助设计、计算机辅助工作和任务设计、计算机辅助制造。

换句话说，制定 STEP 是为公司提供计算机集成生产的先决条件。进一步的目标是使不同应用能够使用共同数据库，并通过合作网络使产品数据自由流动成为可能。目的还包括替换当前用于传输图像信息的标准和文件格式，如 IGES 和 DXF（Digital eXchange Format，数字交换格式）。如前所述，STEP 不仅仅是 CAD 信息的传输格式，它还包含了整个技术体系正式描述产品数据的手段，传输、保存和提供信息的实施方法，测试实施与 STEP 标准一致性的测试方法。

STEP 于 1994 年获得官方地位，这是一个相当广泛且持续增长的抽象和高层次标准。该标准的理念是在创建产品模型时使用标准的综合资源作为通用基础。在开发特定行业的应用协议（Application Protocol，AP）时使用这些综合资源，这些协议只服务于一种特定的数据传输需求。这些 AP 是 STEP 的一部分，在实际数据传输中可见。例如，AP 214 为汽车机械设计过程的核心数据协议。为造船准备的五个 AP 有：AP 215，船舶布置；AP 216，船舶成型形式；AP 217，船舶管道；AP 218，船舶结构；AP 226，船舶机械。

这些 AP 包括几个准备就绪的部分，其中一些已经在生产使用中。芬兰软件提供商 NAPA（Naval Architecture Package）的海军建模软件使用 AP 216，用于保存 3D 模型中的表面数据等。

应用的功能模型（Application Activity Model，AAM）用于定义 AP 的适用范围。AAM 定义了应用的功能和产品数据被移动和处理的数据流。应用的信息需求和与信息相关的界定使用应用的参考模型（Application Reference Model，ARM）描述。应用的资源模型（Application Interpreted Model，AIM）定义了 AP 使用的综合资源的子集。除此之外，AP 描述了 AIM 和 ARM 之间的关系，即在 ARM 中解释了 AIM 的一般概念。

上述不同模型的目的是允许所有应用领域使用通用概念作为资源，如几何形状描述。然而，这些描述也可以由每个应用协议或 AP 以不同方式解释。例如，直角棱柱的体积模型可以用来描述建筑应用中混凝土块的形状，或用来描述机械工程中简单钢部件的形状。然后，这些形状描述将使用 STEP 的测试方法进行测试，这些测试方法是每个 AP 的一部分，以确保描述满足标准的统一性要求。

（3）XML　XML（eXtensible Markup Language，可扩展标记语言）数据传输标准的部署可能为组织间的协作提供了最佳的新机会。XML 是 SGML 的一个简单子集。互联网上使用的 HTML（HyperText Mark Language，超文本标记语言）在呈现结构化信息的方式上与 XML 类似。在 XML 中，不同的文档或信息部分可以包含相互之间的关联，使得搜索大量信息变得相对容易。XML 是一种用于结构化信息呈现的标准化描述语言。结构化信息可以包含不同类型的内容，包括文本、图像，以及内容的描述。XML 自描述其内容，它区分了数据结构和用户界面，因此可以将来自不同来源的信息汇集到同一用户界面。

XML 的基本思想是区分结构、内容和样式，从而简化信息的可移植性。如果将 XML 视为一种元语言，那么任何希望以标准方式呈现特定材料的人都可以重新定义它，这样就能理解 XML 的概念。

XML 文件分为两类：格式良好的和有效的。如果 XML 文档严格遵循 XML 规则，则为格式良好的。如果文档格式良好且包含 DTD（Document Type Definition，文档类型定义），则认为是有效的。DTD 描述了结构文档的形式表示方法——语法，它告诉使用该文档的软件应该展示哪些元素或属性，以及它们的展示顺序、相互关系以及每个元素的显示方式。使用自然语言单独指出结构的重要性，这样的注释也可以与文档类型的定义相连。

XML 之所以重要，是因为它逐渐成为商业标准，这是其广泛有效使用的前提条件。大多数新的产品生命周期管理系统都支持 XML 信息的传输。通过这种方式，网络中的不同方可以相互传递结构化信息。例如，可以使用 XML 轻松且自动地将文档和相关部件列表从一个系统转移到另一个系统。

（4）UML　UML（Unfied Modeling Language，统一建模语言）是由对象管理组在 1997 年开发和标准化的对象建模语言。开发 UML 的出发点是制定一种标准化的描述语言，用于指定和描述非常复杂的软件项目。即使 UML 来源于软件开发和编程领域，它也适用于建模业务流程。这得益于其能够非常清晰和直观地展示业务流程、组织、资源和运营模型之间的关系。这种能力使 UML 能够支持 PLM 项目的规范阶段和定义，其用例在指定和记录任何应用的使用方面极其有用。

UML 由九种独立的图表类型组成，每种都描述了一个完整的静态或动态特征。UML 的基础知识可以快速轻松地学习。它的强大之处在于能够灵活且以标准方式描述类型非常不同的流程，而不会标准化流程的内容。

UML 适用于非常大型、多文化项目的明确标准化定义和文档记录。特别值得注意的是，UML 标准对于描述或定义的制作不持立场，例如 RUP（Rational Unified Process，统一软件开发过程）所做的那样。更多关于 UML 的信息可以在 www.omg.org 网站上找到。

4. PLM 与 PDM

PLM 是基于产品数据管理发展起来的，并且是 PDM 的功能延伸。PDM 主要关注产品开发过程中的工程数据管理，其应用主要围绕工程设计部门展开，专注于管理与产品结构和设计过程相关的设计文档。而 PLM 则管理整个产品从概念产生到最终淘汰的整个生命周期内的所有文档，包括了 PDM 的所有内容和功能。PLM 强调跨越供应链对产品生命周期内所有信息的管理和利用，这是它与 PDM 的本质区别。

PLM 概念比 PDM 更广泛，内涵更丰富，适用范围更广，可广泛应用于不同类型的企业，包括流程行业的企业、大批量生产企业、单件小批量生产企业、以项目为核心进行制造的企业，甚至是软件开发企业。不同企业对 PLM 的需求各不相同，有的企业重视概念设计和市场分析数据的管理，有的重视详细设计和工艺设计数据的管理，而有的则重视售后维护和维修数据的管理。

由于 PLM 与 PDM 的渊源关系，因此几乎没有以全新面貌出现的 PLM 软件商。许多 PLM 系统由原 PDM 软件商开发，这些软件商已成功地从 PDM 转型至 PLM，如 EDS、PTC、IBM 等。

4.4.2　PLM 技术框架

在产品生命周期管理实践中，不同企业对产品生命周期管理有着不同定义。

CIMdata 将产品生命周期管理定义为一种战略业务方法，而不是一种特定的技术。它包括一组一致的业务解决方案，这些解决方案支持跨扩展企业协作创建、管理、传播和使用产品定义信息，相关技术路线图如图 4-17 所示。这种方法集成了人员、流程、业务系统和信息，涵盖了产品的整个生命周期，从概念到生命周期结束。PLM 关注的是一个企业是如何运作的，就像它正在创建什么一样，它强调管理产品信息的数字表示，以及在产品的整个生命周期中使用的业务流程。在实施过程中，CIMdata 将 PLM 分为三部分：相关咨询服务（CPC）、协同产品定义管理工具（cPDm）和软件产品创新的工具类软件（CPD）。

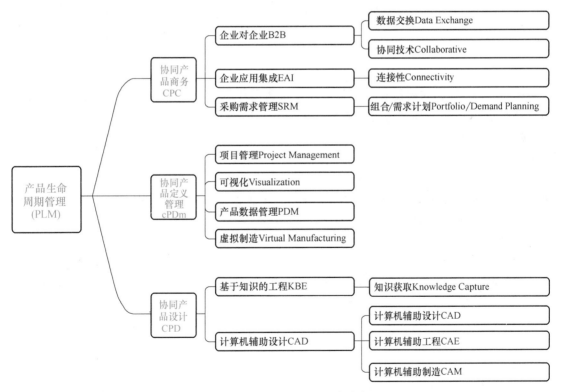

图 4-17　CIMdata PLM 相关技术路线图

CPC 侧重于业务到业务（B2B）的电子合作，包括数据交换、合作、连接性和基于供应链的需求/投资组合规划。这反映了 PLM 系统如何支持企业之间的数据共享和协作，使得产品开发过程更加高效并响应市场变化。

cPDm 包括项目管理、可视化技术、产品数据管理以及虚拟制造。该技术解释了 PLM 如何整合从概念到设计的各个环节，确保产品数据的准确性，以及制造前的虚拟仿真，这样可以在实际生产之前预见和解决可能出现的问题。

CPD 关注基于知识的工程（Knowledge Based Engineering，KBE）、知识获取以及计算机辅助设计、计算机辅助工程分析和计算机辅助制造。这一部分揭示了 PLM 如何协助不同工程团队之间的合作，以及如何将知识管理和获取集成到设计过程中，提高创新能力并优化产品设计。

AMR（Advanced Market Research）公司将产品生命周期管理定义为企业用以管理产品信息和工程流程的战略性框架，它涵盖了从产品概念化到退市的整个周期，系统框架如图 4-18 所示。PLM 的五个方面包括产品组合管理、客户需求管理、协同产品设计、产品数据管理和直接采购管理。以下是对这五个方面的分析和论述。

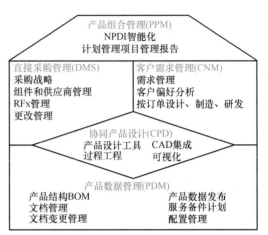

图 4-18　AMR PLM 系统框架

1. 产品组合管理

产品组合管理（Product Portfolio Management，PPM）负责监控多个产品开发项目，它允许管理层存取关键的项目信息，包括财务数据、里程碑状态、市场和定价信息以及风险评估。特别是，它能使管理者基于收益预期合理地分配资源。然而，目前市场上许多 PLM 供应商在 PPM 方面的功能尚待加强，尤其是涉及财务和定价分析的部分。

2. 客户需求管理

客户需求管理（Customer Needs Management，CNM）通过系统化的方法采集和分析客户及市场需求，对产品设计和制造能力进行评估。有效的 CNM 能够确保产品的设计满足市场需求。尽管一些 PLM 系统提供了 CNM 功能，具有网络接口和评价审核流程，但在市场评估的数据支持方面往往功能有限。

3. 协同产品设计

协同产品设计强调设计信息在内部团队和外部合作伙伴之间的共享与互动。通过 CPD，设计更改可以迅速传播，保证所有利益攸关者都能访问最新的设计数据。许多 PLM 系统通过第三方浏览器提供强大的查看和批注功能，即便是传统的 CAD 系统也能适应这种协作需求。

4. 产品数据管理

PDM 是 PLM 的核心，涵盖了工程数据的配置管理控制、更改管理以及产品结构的浏览和查询。虽然所有 PLM 供应商都提供 PDM 功能，但供应商之间的主要区别在于这些功能的成熟度和综合性，尤其是在数据的准确性和可访问性方面。

5. 直接采购管理

直接采购管理（Direct Materials Sourcing，DMS）涉及 PLM 系统对采购过程的支持，包括请求报价、投标分析、设计协同等。它还涉及对供应商的系统化评价和选择，以及采购自定义和标准部件的流程，旨在降低成本和提高产品质量。

4.4.3 系统生命周期管理

随着工业 4.0 相关技术的不断发展，尤其是物联网、基于模型的系统工程、跨学科协作与人工智能技术的发展，企业对于生命周期管理的需求逐渐从产品拓展到了系统。一个完整的系统生命周期管理要求生命周期各阶段、各子系统的数据都接入其中，各利益攸关方、工作人员和客户都可以在保障数据与隐私安全的前提下上传和使用数据。由此引出了系统生命周期管理。

对于系统生命周期管理的完整定义是：一种跨学科和全面的信息与过程管理，通过系统建模的早期阶段扩展了产品生命周期管理，同时考虑并整合包括服务在内的所有学科，以支持生产计划，并形成与生产的桥梁，延伸至产品操作阶段。这个概念是基于在产品、生产系统或面向服务的商业模型开发的整个生命周期中各种创作系统的智能直接和间接整合（通过 TDM）。作为技术组织的骨干，系统生命周期管理方案负责部分模型的横向整合，形成产品生命周期的各个阶段，并提供公司范围的工程流程（如工程变更管理）。这些过程可以通过人工智能得到支持，保证了明确的可追溯性（如数字线索、数字孪生）。总之，SysML 为基于模型的系统工程、工程流程的数字化（工业 4.0）以及基于数字孪生的面向服务的商业模型提供支持。SysML 的功能概览如图 4-19 所示。

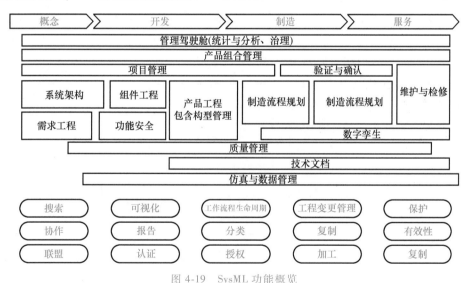

图 4-19 SysML 功能概览

4.4.4 PLM 与相关技术

CAD、ERP、SCM（Supply Chain Management，供应链管理）、CRM（Customer Relation Management，客户关系管理）、EC（Electronic Commerce，电子商务）等技术是产品生命周期管理不可缺少的组成部分，下面简单介绍相关技术并叙述它们之间的关系。

1. CAD

CAD 是产品生命周期的管理的重要基础，只有拥有了数字化的产品模型，数字化的产品全生命周期才可行，可以说 CAD 是 PDM/PLM 产生的重要基础。CAD 是工程师用于创建精确的设计和技术图样的工具，而 PLM 则用于管理这些设计文件在整个产品生命周期中的使用，包括从初始设计到制造再到产品维护的所有过程。

CAD 系统生成的详细设计数据为 PLM 系统提供了必要的输入，使其能够管理和跟踪产品的开发。PLM 系统整合了来自 CAD 的数据，并提供了额外的功能，如版本控制、工程变更管理和协同工作能力，确保所有相关利益方可以访问最新的设计信息并据此进行决策。

2. ERP

ERP 对制造企业产品生命周期中包括生产、采购、财务、销售和设计等环节的相关资源进行管理与控制，其中一个主要的方面是生成生产计划，它包括制定数量计划、进度计划和能力需求计划以及采购计划。ERP 从 MRPI 发展而来，其功能不断完善，并已经开始支持工程设计领域，但目前在这方面的功能相当有限，如不能很好支持与 CAD/CAM 集成，AP 功能较弱，客户化不够灵活等。

ERP 系统以生产经营和计划管理为主线，包括物料清单、生产计划、库存管理、财务管理等功能。PLM 与 ERP 功能逐渐扩展，形成了一些功能交叉的领域。其中，产品结构管理是 PLM 与 ERP 之间重叠最多的功能。产品结构是 PLM 的核心，主要面向产品设计，并反映产品开发的设计视图。而在 ERP 系统中，产品结构也是核心，但主要反映产品信息的规划视图，面向材料和生产过程。

PLM 与 ERP 是互补的关系。ERP 侧重于企业内部资源的管理，而 PLM 则解决数据源问题，包括市场数据、设计数据、工艺数据等，特别是能够解决产品 BOM 信息来源问题。PLM 能够将设计数据和工艺数据融合，将 E-BOM（Engineering BOM，设计 BOM）转换为 M-BOM（Manufacturing BOM，制造 BOM），并自动导入 ERP 系统中。

PLM 与 ERP 的集成（见图 4-20）可以实现市场数据、研发项目、设计数据等的管理，而 ERP 系统的用户可以根据产品代码方便地查询产品配置和修改信息，确保产品信息的准确性。同时，在产品维修和维护时，维修服务部门可以查询产品各个零件之间的装配关系和参数，并有效管理维修服务记录，从而提高产品的维修服务质量。

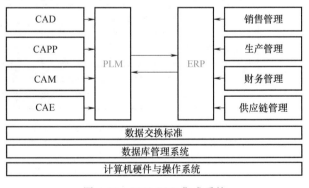

图 4-20　PLM-ERP 集成系统

3. MES

PLM 和 MES 是两个支持制造业不同方面的系统，它们之间有紧密的联系。PLM 负责管理产品从概念设计到退役的整个生命周期过程中的信息和流程，强调产品开发和设计的管理。而 MES 专注于生产过程中的执行层面，如车间的日常操作管理、生产调度、质量控制和设备维护等。两者的关系在于，PLM 提供了产品设计和工程数据，这些数据通过与 MES 的集成被应用于制造过程中，确保生产的产品符合设计规范，优化生产效率和产品质量。通过这种集成，企业能够实现设计与制造的无缝对接，提高生产的灵活性和市场响应速度。

4. SCM

PLM 和 SCM 是两个密切相关的系统，它们共同支持制造企业的运营。SCM 关注的是从原材料采购到最终产品交付给客户的整个供应链过程。两者关系密切，PLM 通过提供详细的产品信息，支持 SCM 中的采购决策、生产计划和物流管理，确保供应链的高效运作。整合 PLM 和 SCM，特别是在 PLM 中直接采购材料的情况下，提高了产品开发和供应链运营的效率和有效性，PLM 与供应链的协同如图 4-21 所示。

PLM 的实施将确保供应链合作伙伴间的紧密整合。其信息集中化的优势在于能够充分考虑到各合作伙伴间的相互依存性，从而优化局部决策结果。

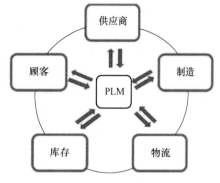

图 4-21　PLM 与供应链的协同

局部优化的优点包括减少数据处理量，保持合作伙伴的自主性以及快速适应本地变化。

PLM 的引入让每个供应链合作伙伴都能为产品设计做出贡献，它不仅将这些合作伙伴紧密连接起来，还为整个供应链设计构建了框架。至于供应链成本优化的数学模型，它们专注于供应、生产、存储、分配的集成问题，旨在最小化相关成本。这些模型关系到供应链设计的战略和战术决策，为供应链的优化提供了理论基础和实际指导。

5. CRM

PLM 和 CRM 之间的关系在于两者共同努力优化产品价值和提升客户满意度。PLM 管理产品从设计到退役的整个生命周期，重点关注产品开发和维护。而 CRM 专注于管理与客户的互动，目标是增强客户满意度和忠诚度。通过将 PLM 中关于产品性能和客户需求的深入洞察整合到 CRM 策略中，企业能够更准确地满足客户需求，提供定制化的服务和产品，从而在竞争中脱颖而出。这种整合确保了产品开发与市场需求的同步，增强了客户体验。

4.5　制造系统生命周期管理

本节围绕制造系统的生命周期管理进行介绍。制造阶段既是产品生命周期中的一个重要阶段，完成产品从概念到实体、从设计到用户的重要过程。同时，制造系统本身也是一个包括产品、工艺、组织等各个子系统的复杂系统。制造系统在完成产品生命周期需求的同时，自身也面对着一系列重要需求和约束。

本节首先介绍制造系统生命周期概念，制造系统生命周期是其中各个子系统生命周期的集成，不同子系统生命周期既有着其独特性，又存在着重要的联系。随后，本节介绍先进制造与生命周期管理技术，包括面向生产的设计和计算机集成制造。

4.5.1　制造系统生命周期

制造系统生命周期管理是一个复杂的过程，涉及不同元素的互动和生命周期，包括组织、空间、人员、产品、设备和技术（见图 4-22）。这些元素的互动影响着整个制造系统的生命周期表现和操作动态。

1）组织生命周期：组织元素包括管理结构、流程和文化。组织生命周期管理着重于人力资源规划、知识和技能的发展，以及组织结构的适应性以满足市场和技术的变化。

2）空间生命周期：涉及制造环境的物理布局和结构，如工厂建筑和工作区。空间元素需要灵活，以适应生产需求的变化和技术更新。

3）人员生命周期：人员元素关注员工的培训、技能提升以及劳动效率。员工的学习和经验积累可以改善生产系统的效率和质量。

4）产品生命周期：从概念到设计、制造、使用直至退役，产品生命周期管理不仅关注产品本身，还包括与产品相关的服务和更新。

5）设备生命周期：设备元素包括机器和工具的选择、维护和更新。设备生命周期管理着重于确保设备的持续性能和及时的技术更新。

6）技术生命周期：技术元素涵盖了创新的采用、技术的成熟和过时。技术生命周期管理是确保制造系统不断适应新技术，维持竞争力的关键。

不同生命周期元素之间的相互关系和动态变化对于整个制造系统的表现至关重要。例如，一个新产品的引入可能会需要对生产设备进行升级或更换，这影响了设备的生命周期。类似地，技术的进步可能会促进生产流程的改进，进而影响组织和空间的布局。

制造系统生命周期管理的挑战在于如何协调这些不同元素的生命周期，使它们在整个制造系统中有效互动，以达到技术、经济和环境表现的最优化。这需要通过模型化和定量评估来支持工厂规划者和运营者做出更明智的决策。通过理解生命周期动态，规划者可以更好地预测未来变化，并采取相应的策略来应对。

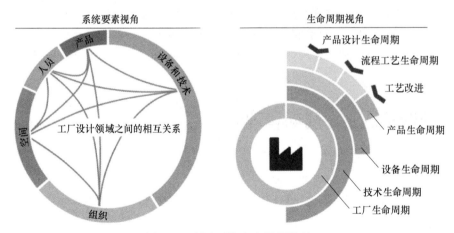

图 4-22　制造系统生命周期模型

4.5.2　先进制造与生命周期管理技术

本节将介绍先进制造与其相关的制造系统管理模式。在前面的介绍中已经明确，制造系统生命周期面临两个重要问题：作为产品生命周期的重要阶段，如何打通制造环节与产品其他生命周期阶段进行管理？如何管理制造系统内部不同元素的生命周期？

关于制造系统生命周期管理技术的开发主要的目标就是解决以上两个问题。本节介绍包括面向制造与装配的设计（Design for Manufacturing and Assembly，DFMA）与计算机集成制造。

随着信息技术的不断发展，以上技术和概念也在不断演化。随着工业物联网与数字仿真建模的不断发展，数字孪生与虚拟制造也在逐步成为制造系统生命周期管理的重要技术，这部分内容将在后续章节中予以介绍。

1. 面向制造与装配的设计

当人们尝试从生命周期的视角审视产品设计，发现产品设计作为起步阶段，其成功与否显著影响了后续各个阶段的产品质量（4.2.2 节已进行了详细论述）。同样地，产品各个阶段也都对产品设计提出了新要求，产品设计需要综合考虑各利益攸关方和各生命周期的需求，Boothroyd 将之称之为卓越设计（Design for eXcellence，DFX）。

制造阶段作为紧邻设计阶段（在生命周期视角中实际上包含了概念阶段和开发阶段）的下一个阶段，其受到设计阶段的影响最多，与设计阶段的需求交换与设计迭代就显得更为必要。Poli 在 *Design for manufacturing：a structured approach* 中正式介绍了面向制造的设计（Design for Manufacturing，DFM），介绍了如何从设计初期就将制造考虑因素融入产品开发过程中，以促进更高效、经济的制造方式。

面向制造与装配的设计是一种重要的产品开发方法，它要求在设计阶段就充分考虑到制造过程的要求和限制，以此来优化产品设计，达到降低成本、简化生产流程、提高产品质量和加速市场上市的目标。

（1）DFMA 的核心理念　DFMA 的核心在于早期跨学科团队合作，将设计师、工程师与制造专家的知识和经验集合起来，以确保产品设计不仅满足功能和性能要求，同时也易于制造。通过这种合作，DFMA 旨在实现以下几个目标：

1）减少产品部件数量和使用标准化部件，简化装配过程。

2）选择合适的材料和加工方法，考虑成本和制造能力。

3）设计易于装配的产品结构，减少装配时间和提高生产效率。

4）优化产品设计，以降低生产成本和提高产品质量。

（2）DFMA 的实施方法　在企业层面上实施 DFMA 需要采取一系列策略和步骤，加强部门之间的沟通与协调。主要包括：

1）跨部门合作。建立设计、工程和制造部门之间的密切合作机制，确保各方在设计初期就能参与讨论和决策。

2）设计评审与优化。通过定期的设计评审会议，识别潜在的制造问题和挑战，及时进行设计优化。

3）成本与质量控制。采用成本效益分析和质量控制策略，确保设计决策符合预算限制并满足质量要求。

4）原型测试和反馈。制作原型并进行测试，根据测试结果和生产线反馈进行设计调整。

具体来说，Barbosa 等人提出了 12 条可行性建议，分别针对概念阶段与开发阶段，为工程实践提供了宝贵指导，如图 4-23 所示。

对于以上准则，也有着具体的分析标准：

1）减少设计部件。在设计系统部件时，应考虑装配和拆卸的便利性，特别是因材料物理化学属性不同而需分离设计的部件；此外，应考虑使用标准件代替紧固件以简化装配过程。

2）可装配性与人因工程。设计装配工具时应考虑人因工程，确保操作空间充足以避免

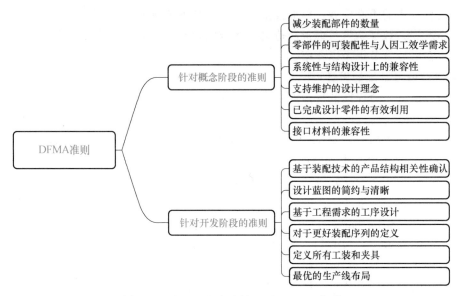

图 4-23　基于工程实践的 12 条 DFMA 准则

操作人员过度劳累；探索使用自动化设备以减少手工操作。

3）结构设计的兼容性。确保装配过程中有足够的结构支持和预留足够的管线及电缆连接空间，保证结构与系统安装的紧固兼容性和部件间的匹配。

4）可维护性。设计时需保证部件容易拆卸，并简化部件的定期检查和维护流程；尽量使用标准化和易于获取的部件，确保部件装配时的正确性。

5）应用现有素材。优先使用已有的设计部件，确保新需求与现有材料的兼容性；优先从现有供应商购买原材料和部件。

6）接口的兼容性。正确规范金属/非金属及易耗材料的接口，并考虑适宜的接口材料及其替代品。

7）产品结构开发。及时记录零件需求，明确零件数量和制造责任，以及确保所有部件的适用性。

8）优化设计蓝图。确保所有部件质量严格符合设计图样，装配前验证完整性，并仔细检查图样细节。

9）定义装配工艺。根据装配图样合理规划工序，利用 3D 辅助工具优化复杂装配环节，并准确定义所有装配参数。

10）定义装配序列。准确设定装配顺序和相关工艺流程，明确人员、工时安排，并确认工作站的适用性。

11）定义工装工具。规范工具的使用并确保其可获取性，对不可购买的工具进行详细规范，使用虚拟装配验证工装设备的效果。

12）最优化产线布局。根据产品流线需求优化站位设计，根据装配需求调整工人和设备布局，确保生产效率。

（3）DFMA 的益处　DFMA 通过减少部件数量和简化装配工艺显著降低生产成本，同时提升产品质量和一致性。这种方法缩短了生产周期，加快了产品上市速度，且简化的设计提高了产品的可维护性和服务寿命。此外，DFMA 促进了使用更少的材料和资源，增强了产品的可回收性，从而提高了环境的可持续性。这些特点使 DFMA 成为提升制造效率和竞争力的重要工具。

2. 计算机集成制造

制造系统生命周期管理离不开面向制造系统的工业自动化与信息技术开发方法，计算机集成制造应运而生。CIM 作为制造业生产和系统开发的重要框架，为制造系统的全生命周期管理的数据、信息与模型提供了采集、管理和分析的方法指导与工具支持。与 CIM 原则相一致的开发目标是在正确的时间将正确的信息放入正确的位置，从而控制系统。信息的准确分布使得与产品和过程相关的业务目标的实现成为可能（Ayres，1991）。

CIM 涵盖了所有关键流程，利用信息技术提供的方法开发制造公司的业务。其目的不是扩展单个过程的信息技术和自动化水平，或者以这种方式添加单个自动化小岛，而是将过程和组织更统一地连接起来。另一个目的是开发公司各个部门之间的协同作用，并找到连接现有自动化孤岛的方法。

在制造生产中，根据 CIM 的原则，将生产过程的不同阶段连接起来，从而简化生产过程，完全消除生产过程的某些阶段。

在对不同类型的生产过程进行再造时，简化产品结构和被制成品的制造过程是至关重要的。必须特别注意生产阶段的必要性：不必要的阶段必须被移除，而不是自动化。整个事情必须彻底检查。当前的战略必须考虑哪些是外包的，哪些是购买的，哪些是由合同制造商或分包商生产的。

在这种情况下，设计和工程的重要性必须从生产和产品的易于制造，DFM 和产品的灵活采购，DFS（Design For Supply，面向供应链的设计）的角度来强调。根据 DFS 的原则，在产品设计阶段就已经注意到产品部件的采购。因此，在某种程度上，DFM 和 DFS 是与整个价值网络中产品的制造和交付相关的设计观点。为了支持产品生命周期思维，应该在产品生命周期的早期阶段仔细检查这些观点。

CAPP 是一种用于规划生产过程、资源和工作的 CIM 工具。如今，信息技术——甚至生产控制——肩负着巨大的责任。覆盖整个公司的 ERP 系统明确了生产流程，并为业务流程的全面发展提供了有趣的机会。ERP 和 PLM 系统的使用也提供了将分包商直接或通过单独的电子商务层连接到主公司的信息处理系统的机会。这种电子连接带来了清晰可见的优势。例如，在生产初期，一些工艺阶段经常与供应商的工艺阶段重叠。在某些情况下，供应商对交付的部件进行最终检查，客户对从供应商处采购的组件或部件进行相同的验收检查。供应商或客户都可以忽略这一点。如果检查的信息可以从一方传递到另一方，那么绝对没有必要在两个公司进行相同的检查。

CIM 还旨在澄清和简化产品结构，单独的部件、部件族和子组件应标准化和模块化，从而有可能减少产品中不同组件的总数。根据 CIM 的原则，业务的发展也旨在发展与合作伙伴和分包商的合作。这些公司必须努力为组件、设计文件和信息交换开发一个真正兼容的标准。这些标准可大大减少产品开发的吞吐时间，因为存在公共标准组件，并且组件之间的连接接口已经存在。有几种方法可以统一不同公司和组织的设计系统，其中使用相同的设计软件是最好且最简单的。然而，现实世界很少允许这种理想的情况，所以 PLM 系统的使用为这个问题提供了一套非常有用的解决方案。

CIM 中的信息集成是指将数据库连接起来，使价值网络中的所有各方在需要时都能接触到所有信息。换句话说，信息的集成使正确的信息在正确的位置可用。同样重要的是，当所有旧信息在一个位置更新时，必须在整个网络中更新。

在 CIM 中，业务流程的集成指的是使独立的流程尽可能地同时进行，以便缩短产品的生产时间，减少出现错误的可能。

4.6 总结

本章全面探讨了产品生命周期管理的关键内容和实践方法，包括从概念到退役的各个阶段。首先介绍了生命周期的概念及其模型，如瀑布模型和 V 模型，为读者提供了坚实的理论基础，有助于理解不同生命周期阶段对产品质量和市场表现的影响。

随后，本章详细分析了从概念阶段到退役阶段的生命周期管理方法。这些管理技术涵盖了产品从初始设计到市场退役的整个过程，强调了在每个阶段采取适当措施的重要性，以确保产品功能的实现和生命周期成本的优化。

特别地，本章讨论了产品生命周期管理如何整合和优化产品从设计到退役的全过程。通过阐述 PLM 系统如何与其他企业信息系统（如 ERP、MES 和 SCM 等）相互作用，展示了PLM 在促进企业创新和提高企业效率方面的核心价值。

在 PLM 的讨论之后，本章进一步深入探讨了制造系统生命周期管理，包括对组织、空间、人员、产品、设备和技术等元素的系统考量，以及这些元素如何在生产过程中相互作用。讨论了技术、设备和产品各自的生命周期定义及它们之间的相互关系，提供了一个实际框架，展示了如何在制造业中实施生命周期管理。

通过全面而深入的讨论，本章不仅加深了读者对产品生命周期管理重要性的认识，而且提供了实用的管理策略和工具，帮助企业有效应对在高度竞争的市场环境中的挑战，实现可持续发展。

4.7 拓展阅读材料

1）书籍 *System Lifecycle Management：Engineering Digitalization*（*Engineering* 4.0）by Martin Eigner。

2）书籍 *Product lifecycle management systems* by Saaksvuori A，Immonen A。

3）书籍 *Design for manufacturing：a structured approach* by Poli C。

4）书籍《制造企业的产品生命周期管理》作者：张和明。

5）书籍《系统工程原理与实践》作者：科西科夫 A，斯威特 W N，西摩 S J 等。

6）标准 ISO 15288：2023. *Systems and software engineering—System life cycle processes*。

7）论文 "Concept for modeling and quantitative evaluation of life cycle dynamics in factory systems"。

习题

1）什么是系统生命周期？为什么需要生命周期管理？

2）请简述生命周期瀑布模型和承诺增量模型，二者各自有什么优缺点？

3）请找一个工程案例，论述系统工程 V 模型各阶段任务。

4）一般系统生命周期分为几个阶段？分别是什么？

5）为什么概念阶段的生命周期管理很重要？概念阶段生命周期管理需要进行哪些工作？

6）如何完成从概念阶段到开发阶段生命周期管理的转换？开发阶段管理继承了哪些规范、文档和模型？

7）试析从 PDM、PLM 到 SysLM 的发展趋势，三者之间有何异同？

8）制造系统生命周期管理与产品生命周期管理有何异同？

9）请结合实际案例，介绍具体场景下如何应用先进制造技术进行制造系统生命周期管理。

参 考 文 献

[1] BURKETT M, KEMMETER J, MARAH K. Product lifecycle management：what's real now [R]. Boston：AMR research Inc, 2002.

[2] AYRES R U. Revolution in progress：volumn 1 [M] //RANTA J, MERCHANT M E, AYRES R U. Computer integrated manufacturing. Boca Raton：Chapman & Hall, 1991.

[3] BARBOSA G F, CARVALHO J. Design for Manufacturing and Assembly methodology applied to aircrafts design and manufacturing [J]. IFAC Proceedings Volumes, 2013, 46 (7)：116-121.

[4] BOEHM B, LANE J A, KOOLMANOJWONG S, et al. The incremental commitment spiral model：Principles and practices for successful systems and software [M]. Boston：Addison Wesley Professional, 2014.

[5] BOOTHROYD G. Design for Excellence [J]. Journal of Manufacturing Systems, 1996, 15 (6)：443.

[6] WECK O, NEUFVILLE R, CHANG D, et al. Technical success and economic failure [EB/OL]. (2003-10-14). http：//www. docin. com/p-333223906. html.

[7] DÉR A, HINGST L, NYHUIS P, et al. Concept for modeling and quantitative evaluation of life cycle dynamics in factory systems [J]. Production engineering, 2023, 17 (3)：601-611.

[8] EIGNER M. System Lifecycle Management：Engineering Digitalization (Engineering 4. 0) [M]. Cham：Springer vieweg, 2021.

[9] FORSBERG K, MOOZ H. The relationship of systems engineering to the project cycle [J]. Engineering management journal, 1992, 4 (3)：36-43.

[10] Systems and software engineering—System life cycle processes：ISO/IEC/IEEE 15288：2023 [S]. Geneva：international organization for standardization, 2023.

[11] SAAKSVUORI A, IMMONEN A. Product lifecycle management systems [M]. Berlin：Springer verlag, 2008.

[12] SCHMIDT N. Recovery planning method for production systems [D]. Magdeburg：Otto von Guericke University, Magdeburg, 2018.

［13］ POLI C. Design for manufacturing：a structured approach ［M］. London：Butterworth-Heinemann，2001.

［14］ ROYCE W W. Managing the development of large software systems ［J］. Proceedings，IEEE WESCON，1970（8）：1-9.

［15］ 格里夫斯，褚学宁. 产品生命周期管理 ［M］. 北京：中国财政经济出版社，2007.

［16］ 科西科夫，斯威特，西摩，等. 系统工程原理与实践 ［M］. 2 版. 北京：北京航空航天大学出版社，2021.

［17］ 张和明. 制造企业的产品生命周期管理 ［M］. 北京：清华大学出版社，2006.

［18］ INCOSE. 系统工程手册：系统生命周期流程和活动指南 ［M］. 张新国，译. 北京：机械工业出版社，2017.

第5章

智能制造系统架构与集成

章知识图谱

导学视频

5.1 引言

系统架构与集成（System Architecture and Integration）是系统工程学科的一个重要主题，其理念来源于建筑设计，架构通过从不同视角对建筑进行描述，用于实现建筑结构、造型、功能等多方面的集成统一。至今，架构与集成的理念方法已经应用于人类工程活动的众多领域——高端复杂装备、组织业务流程、计算机网络等，成为工业4.0时代的重要概念与方法。

通常意义上的系统架构与集成关注系统的基本组成结构、系统内外部的交互和行为，以及支持系统初始开发、最终集成和长期演进的决策规则和指南。高端复杂装备的复杂性通常从大量且多样化的组成元素、系统内外部复杂交互、已知或未知的系统元素间及与外部系统的相互依赖性以及其他因素演进而来（参见本书第3章介绍）。应对这类复杂工程问题，简单、直观、单一的方法工具往往无法胜任。究其原因，这些方法通常过早地陷入狭窄的问题细节或问题的某一方面，从而不可避免地丧失整个系统的全面视野和理解，进而造成子问题方案间存在冲突且无法有效还原（集成）为原问题。

本章的目标是阐述高端复杂装备智能制造中面临的系统架构与集成挑战，介绍系统架构与集成的理论方法和最新技术，介绍智能制造领域的主要参考架构。具体内容为：5.2节概述高端复杂装备智能制造面临的系统架构与集成挑战，论述基于模型的系统架构与集成的价值；5.3节介绍系统架构与集成的理论方法，包括系统架构开发与决策方法、系统集成、验证与确认方法；5.4节总结介绍基于模型的系统架构与集成重要技术，包括系统架构建模技术、基于模型的系统集成、验证与确认技术；5.5节介绍智能制造领域的主要参考架构。

5.2 智能制造系统架构与集成的价值

以高质量、有价格竞争力的产品及时满足市场需求是高端复杂装备智能制造的目标。一旦确定了市场需求，高端复杂装备就需要多个学科、多个团队参与研发、制造、运行和维护等装备生命周期各个阶段。在这个过程中，高端复杂装备的共同利益攸关方需要密切协作，各方都要准确理解自己对系统目标的贡献，有效的沟通和建立对整个系统的共同理解是成功的关键。高端复杂装备智能制造正面临着越来越多变的外部环境，与此同时，分布式的合作方式，利益攸关方组织复杂性的不断增加，装备组成及与环境之间的动态关系所带来的技术复杂性也在不断增加。在这种情况下，需要一个明确、权威、可持续的系统架构作为系统设计、集成与运行等阶段的决策支持依据。

5.2.1 智能制造系统的组成特征

多样化的组成要素和嵌套层级关系体现出高端复杂装备的一般组成特征。智能制造系统架构与集成的目标之一就是建立智能制造系统的全景图，实现不同类型要素的融合与不同层级间的协调一致。

1. 要素分类

在系统工程中，系统通常被定义为"一组集成的元素、子系统或组件，以完成一个定义明确的目标"。这些元素包括产品（硬件、软件和固件）、流程、人员、信息、技术、设施、服务和其他支持元素。从这一角度看，一般工程系统所涉及的元素种类十分多样，而也正是这多种类型元素的交融带来了系统的复杂性。

对应到高端复杂装备智能制造领域，系统元素的一般分类也同样适用。一般制造系统通常从产品（Product）、流程（Process）和资源（Resource）三方面对其构成要素进行分类。以飞机总装工厂为例，这一复杂制造系统的有效运行涉及（但不限于）如下类型元素：

（1）产品 飞机作为总装工厂的生产对象无疑是当今世界最为复杂的高端装备之一，集机、电、软、网要素于一体，是跨学科努力的结晶，图5-1展示了军用飞机的主要子系统及其特征。

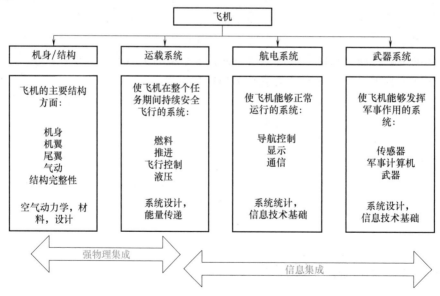

图 5-1 军用飞机主要子系统及其特征

（2）流程 在飞机总装工厂中，流程具体包括产品工艺流程、生产流程和业务流程三个方面。这三类流程的协调一致是生产系统高效运行的保障。以飞机为例，正是飞机复杂的结构特性和功能交联特性决定了其生产流程设计、组织的复杂性。

（3）人员 作为装配作业的典型，飞机总装工厂仍是人员密集型生产的代表。工厂内人员包括装配作业人员、生产辅助人员以及生产管控人员。

（4）信息 信息是当今生产系统不可忽视的重要因素，现场数据采集、传输、生产指令下达等方面均涉及多类异构信息的融合与利用。

（5）技术 现代飞机总装工厂同样是先进生产技术的汇聚地，自动导引物流系统、机器人辅助系统、AR/VR、物联网、传感器等技术广泛应用于生产准备、运维等环节。

（6）设施 除了一般性的厂房设施外，飞机总装工厂还拥有作业台架、工装工具等大量生产设施。由于飞机尺寸等客观因素，飞机总装工厂设施成为生产系统物理空间设计的重要方面。

（7）服务 作为飞机生产网络的集成节点，飞机总装涉及众多相关方提供的服务，例如子系统供应商、外部物料配送方等，这些都会对飞机总装生产效率产生重要影响。

因此，从上述智能制造系统的组成要素分类来看，智能制造系统的高效运行涉及多类要素有机集成，凸显出智能制造系统架构的重要性。

2. 结构分层

除了组成要素种类的多样之外，智能制造系统还具有显著的结构分层特征。《国家智能制造标准体系建设指南（2021 版）》从系统层级角度将智能制造划分为包括设备、单元、车间、企业、协同等在内的多个层级（见图 5-2）。

1）设备层是指企业利用传感器、仪器仪表、机器、装置等，实现实际物理流程并感知和操控物理流程的层级。

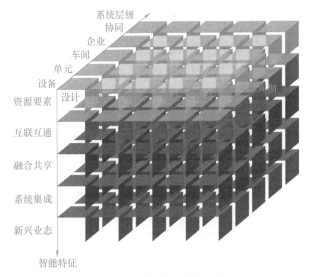

图 5-2　智能制造系统架构

2）单元层是指用于企业内处理信息、实现监测和控制物理流程的层级。

3）车间层是实现面向工厂或车间的生产管理的层级。

4）企业层是实现面向企业经营管理的层级。

5）协同层是企业实现其内部和外部信息互联和共享，实现跨企业间业务协同的层级。

在智能制造时代，随着工业互联网等信息技术手段的广泛应用，生产系统的结构层次也变得更加灵活与多样，云/边/端等先进生产组织模式不断涌现，生产系统中不同类型节点间的关联关系往往带来意料之外的涌现，而管理这类复杂性成为系统架构与集成的主要任务。

5.2.2　智能制造系统生命周期演进

系统具有生命周期动态演进的重要特征。对于智能制造系统而言，这一点同样显著且重要。几乎大多数智能制造系统的决策问题，例如具有不确定性的成本、进度、质量等问题都随生命周期演进而不断发展变化。《国家智能制造标准体系建设指南（2021 版）》从生命周期角度将智能制造的生命周期划分为设计、生产、物流、销售、服务在内的多个阶段。

生命周期涵盖从产品原型研发到产品回收再制造的各个阶段，包括设计、生产、物流、销售、服务等一系列相互联系的价值创造活动。生命周期的各项活动可进行迭代优化，具有可持续性发展等特点，不同行业的生命周期构成和时间顺序不尽相同。

1）设计是指根据企业所有约束条件及所选择的技术来对需求进行实现和优化的过程。

2）生产是指将物料进行加工、运送、装配、检验等活动创造产品的过程。

3）物流是指物品从供应地向接收地的实体流动过程。

4）销售是指产品或商品等从企业转移到客户手中的经营活动。

5）服务是指产品提供者与客户接触过程中所产生的一系列活动的过程及其结果。

以飞机生产成本这个经典问题为例。在全球化的航空制造市场中竞争激烈，飞机制造公司需要不断提高效率、降低成本，以确保产品在市场上有竞争力。准确预测成本是确保项目的经济可行性和可持续性的关键因素。对成本的准确预测有助于制订合理的预算、规划资源，从而确保项目在长期内能够经济稳健地运作。同时，飞机的制造和交付涉及多个利益攸关方，包括航空公司和政府。成本预测有助于确保项目按计划执行，提高客户满意度，从而为企业赢得更多的订单和业务。早有研究表明，产品生命周期成本的70%~80%是在早期设计阶段确定的。而对于飞机，大约65%的总生命周期成本是在概念设计阶段确定的，85%由初步设计确定。因此，设计阶段作为飞机生命周期中最关键的环节之一，对于整个飞机成本的影响是至关重要的。在这个阶段，关于飞机结构、材料选择、航空电子设备等多个方面的设计决策直接影响后续制造和维护的成本。又如，研究表明，部分装备在运行阶段的绿色成本显著高于其他阶段（例如燃油汽车），而核电设施的环境成本则恰恰相反。随着时间的推移，乏核燃料的处置（长期储存）成本已经与设施的开发和生产成本持平。

以上简单的例子表明，针对复杂系统问题的决策往往涉及跨生命周期阶段的信息演进与知识融合，而系统架构则为复杂系统的演进提供了一个可持续的、全面综合的决策依据。

5.2.3 基于模型的系统架构与集成

1. 系统工程中的系统架构与集成

近年来，系统架构与集成在系统工程学科中的重要性日益凸显，系统架构与集成已经成为系统工程师最主要的任务，有时系统工程师与系统架构师甚至是同义词。传统系统工程通常将系统需求规范作为系统顶层分析结果并作为系统设计的输入。例如在 INCOSE《系统工程手册（第3版）》（2006年）中，"架构设计流程"承接"需求分析"，目的是产生一个满足需求的系统解决方案。架构设计过程需要系统工程师和系统相关领域专家的共同参与。当出现可供选择的解决方案时，技术分析和决策将作为该流程的一部分，以确定一组系统元素以及元素的集成方案。在 INCOSE《系统工程手册（第4版）》（2015年）中，将原来的"架构设计流程"分开为"架构定义流程"与"设计定义流程"。在架构定义流程中，凸显了系统架构的顶层决策支持作用，明确其目的是生成系统架构的备选方案，并以一系列一致的视图对备选方案进行表达。

在系统工程中，架构和设计活动基于不同且互补的观念，系统架构更加抽象，面向概念化，是全局的，聚焦于达成任务的运行概念和系统及系统元素的高层级结构。有效的系统架构应尽可能独立于设计，以使在设计权衡空间中有最大的灵活性，它要聚焦于"做什么"，而不是"如何做"（属于设计流程的工作）。系统架构和设计活动应能够基于彼此相互协调且逻辑一致的原则、概念和特性来创造一个全面的解决方案。后续介绍的领域"参考架构"

就是利用这些概念元素创建并以此传达架构方案模式。架构解决方案应尽可能满足系统需求集合（可追溯到任务/业务和利益攸关方需求）及生命周期概念（例如运行概念、支持概念）所表达的问题或机会的特征，并且可通过设计方案明确具体技术（例如机械、电子、液压、软件、服务、程序）来实现。

系统集成的目的是将组成系统的系统元素（硬件、软件和运行资源）组合起来，并验证系统元素之间的静态和动态接口以及交互的正确性。有效的集成活动（例如建模、分析、仿真、原型设计和早期测试）有助于发现并解决项目早期潜在的问题。在系统开发阶段的早期，集成流程与系统定义相关流程（即系统需求定义、系统架构定义和设计定义）之间的互动对于避免在系统实现过程中出现集成问题至关重要。集成与验证、确认密切配合，并在适当的情况下，三者反复进行，包括对要集成的元素的集成成熟度进行评估。验证的目的是提供可信的客观证据，以确认：①制品或实体已按其规定的要求和特性"正确"地制作；②在将输入转化为输出时未出现异常（错误/缺陷/故障）；③所选的验证策略、方法和程序将产生适当的证据，证明即使出现异常也会被发现。确认提供具有可接受置信度的客观证据，以确认：①已根据利益攸关者的需要和需求制作了"正确的"制品或实体；②这些制品、实体或信息项目在实现后，是否会产生正确的系统，并能通过确认在预期用户操作时，在操作环境中完成其预期用途；③系统不会使非预期用户对系统的预期用途产生负面影响，或以非预期方式使用系统。通常理解，验证的目的是确保"制品或实体已正确构建"，而确认的目的是确保"将构建或已构建正确的制品或实体"。

2. 基于模型的价值

实际工程中的系统架构工作无法由架构师单独完成，往往需要架构师与架构利益攸关方，特别是开发人员和专业工程师之间的密切合作来实现。为确保架构利益攸关方对系统所展示的架构有一致的理解，必须通过适当的架构视图将架构描述传达给不同的利益攸关方。基于模型的系统架构定义可以创建一整套系统架构模型，并从中生成面向不同利益攸关方的视图模型。系统架构模型可确保不同视图间信息的一致性表达和变更，因此系统架构模型也是系统数字权威真相源的核心部分。另外，在架构与集成中使用的建模与仿真技术、原型技术（Prototyping）可大幅度地降低系统物理实现后的系统集成失败的风险。基于模型的手段是基于模型的系统工程中系统集成、验证与确认的关键使能要素。架构模型和虚拟原型可以在系统设计细节不断演进的同时尽早地开始设计验证与确认，来自虚拟集成与测试活动的数据将用于完善和确认设计建模的结果。一个设计充分的系统原型（包括虚拟原型和物理原型）环境可以将系统建模和系统评估的各个环节有机连接起来，从而实现尽早使用建模、仿真和分析来探索可供选择的系统概念，并与利益攸关方一起完善和验证系统需求和概念。随着系统设计在运行、逻辑、功能和物理视角的不断演进，越来越详细的系统虚拟原型（包括各个层级的建模、仿真与分析技术）支持连续的系统验证与确认，以确保新出现的系统解决方案是正确且令人满意的。

5.3 系统架构与集成理论方法

本节介绍系统架构与集成的主要理论方法，概述架构方法的发展历程，介绍架构的开发方法和基于架构的决策方法，以及系统集成、验证与确认的主要方法。

5.3.1 架构方法的发展

架构方法最初产生于建筑领域，而后引入计算机、软件等领域。从 Zachman 框架出现开始，架构方法逐渐被应用于复杂系统和复杂组织体的工程问题。架构方法在各领域的大致发展脉络如图 5-3 所示。

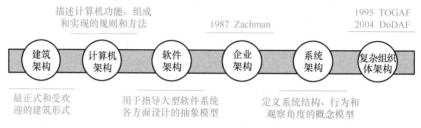

图 5-3　架构方法的演进脉络

建筑领域作为架构概念最早出现的领域，其架构术语（例如利益攸关方、视角、视图等）一直沿用至今并扩展到计算机、软件、系统等不同领域。值得注意的是，建筑架构是针对物理实体的架构描述，并不是完全抽象的概念模型。计算机架构的主要作用是平衡计算机系统的性能、效率、成本和可靠性。例如，指令集架构（Instruction Set Architecture，ISA）充当了计算机软件和硬件之间的桥梁，辅助程序员对计算机进行理解和编码。

现代系统架构理念是伴随着信息系统在企业的普遍应用而出现的。John Zachman 于 1987 年为规划企业信息系统而提出 Zachman 框架。Zachman 框架最初被作为信息系统架构框架，但后来随着不断发展，现在 Zachman 框架更多地被看作是一个通用的复杂组织体本体概念描述，表达了复杂组织体架构的基本结构与内容，提供了一种结构化的方式来认识和定义复杂组织体。Zachman 框架如图 5-4 所示，分两个维度：

1）纵向维度采用 5W1H（What、How、Where、Who、When、Why）进行组织，表达对几乎任意对象特征的"抽象"（Abstraction），每一列代表对对象特征的一个抽象，有助于生成正式、明确的描述。这些抽象特征具有普遍性，例如对产品系统具体而言，从左到右依次可以表示为物料清单（Bill of Material）、功能规格（Functional Specifications）、图样（Structure Drawings）、操作说明（Operating Instructions）、时序图（Timing Diagrams）和设计目标（Design Objective）。

2）横向维度被描述称为"观点"（Perspective），每一个观点代表一类利益攸关方对对象的思考方式。Zachman 框架的行从上至下分别代表规划者（Planners）、所有者（Executives）、设计师（Designers）、工程师（Engineers）、实施者（Implementers）、使用者（Users）这六类利益攸关方的观点。利益攸关方观点从上到下代表了所有对象从抽象概念到物理现实的转变：范围背景、组织模型、系统逻辑、技术物理、工具组件、运行实例。对应到企业架构，它们分别表示范围识别列表、业务概念模型、系统表现模型、技术规范模型、工具构型模型和复杂组织体。

六类抽象概念（即列）在每一行都有不同的表现形式，这取决于创建该抽象概念的利益攸关方对对象的特定思考方式。

类别\观点	何事	如何	何地	何人	何时	为何	类别/模型
高层领导观点 规划者	业务识别 列表:业务类型	过程识别 列表:过程类型	分布识别 列表:分布类型	责任识别 列表:责任类型	时机识别 列表:时机类型	动因识别 列表:动因类型	范围背景 范围识别列表
业务管理观点 所有者	业务定义 业务实体 业务关系	过程定义 业务转变 业务输入/输出	分布定义 业务位置 业务连接	责任定义 业务角色 业务工作产物	时机定义 业务区间 业务瞬间	动因定义 业务结果 业务手段	组织模型 业务概念模型
架构师观点 设计师	业务表达 系统实体 系统关系	过程表达 系统转变 系统输入/输出	分布表达 系统位置 系统连接	责任表达 系统角色 系统工作产物	时机表达 系统区间 系统瞬间	动因表达 系统结果 系统手段	系统逻辑 系统表现模型
工程师观点 工程师	业务规范 技术实体 技术关系	过程规范 技术转变 技术输入/输出	分布规范 技术位置 技术连接	责任规范 技术角色 技术工作产物	时机规范 技术区间 技术瞬间	动因规范 技术结果 技术手段	技术物理 技术规范模型
技术员观点 实施者	业务构型 工具实体 工具关系	过程构型 工具转变 工具输入/输出	分布构型 工具位置 工具连接	责任构型 工具角色 工具工作产物	时机构型 工具区间 工具瞬间	动因构型 工具结果 工具手段	工具组件 工具构型模型
复杂组织体观点 使用者	业务实例化 运行实体 运行关系	过程实例化 运行转变 运行输入/输出	分布实例化 运行位置 运行连接	责任实例化 运行角色 运行工作产物	时机实例化 运行区间 运行瞬间	动因实例化 运行结果 运行手段	运行实例实现 复杂组织体
观点\复杂组织体	业务集合	过程流动	分布网络	责任分派	时机周期	动因意图	

图 5-4　Zachman 框架

正如 Zachman 框架所强调："Zachman 框架是一种描述复杂组织体（Enterprise）的本体，而不是关于对象最终实现（实例化）的方法，或者说 Zachman 框架是关于结构的，而不是方法。"在 Zachman 框架的指引下，架构方法在国防、工业、政府等领域得到广泛应用（见图 5-5），并形成了这些领域公认的参考架构，用以指导领域内具体问题、应用的架构开发与决策。因此，架构开发与决策的通用方法对于在具体问题场景中应用各类参考架构至关重要。

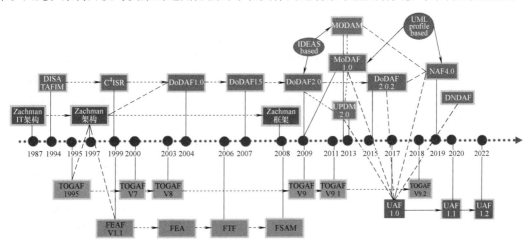

图 5-5　现代架构方法在各领域的发展与融合

1. 工业领域

20 世纪 70 年代末和 80 年代初，制造行业开始大力设计和部署高度自动化的计算机控制系统，范围从数控机床、计算机辅助零件设计和工艺规划，到以车间和工厂级控制、调度和规划（包括生产规划和物料需求规划）为特色的全套工厂自动化，其复杂程度前所未有。因此，计算机集成制造/企业集成（Enterprise Integration，EI）趋势稳步发展，对集成整个企业的信息流和物料流的方法和工具的要求越来越高。面对这一挑战，国际信息处理联合会（International Feberation for Information Processin，IFIP）和国际自动控制联合会（International Feberation of Automatic Control，IFAC）成立了一个联合工作组，其任务是审查现有的企业集成架构方法，并向工业界和研究界提出建议。

基于对三类企业集成架构 CIMOSA（CIM Open Systems Architecture）、GRAI（Graphs with Results and Activities Interrelated）-GIM 和 PERA（Purdue Enterprise Reference Architecture）的评估，IFAC/IFIP 企业集成架构工作组制定了通用架构的总体定义，被命名为通用企业参考架构和方法（Generalised Enterprise Reference Architecture and Methodology，GERAM）。GERAM 涉及建立和维护集成企业所需的方法、模型和工具，对象无论是企业的一部分、单个企业还是企业网络（虚拟企业或扩展企业）。GERAM 包含八个部分：①通用企业参考架构（GERA），定义了建议在企业集成项目中使用的与企业相关的通用概念，这些概念包括企业生命周期，业务流程建模，针对架构不同利益攸关方（企业用户、系统设计师、IT 建模专家等）的建模语言，不同模型视图中的集成模型表示法；②通用企业工程方法（GEEM），描述企业集成的通用流程，这些方法可以用流程模型来描述，并对集成流程的每个步骤进行详细说明；③通用企业建模语言（GEML），定义企业建模的通用元模型，以适应创建和使用企业模型的人员的不同需求；④通用企业建模工具（GEMT），定义企业集成方法和建模语言的通用实施，以及对创建和使用企业模型的其他支持；⑤企业模型（EM），支持企业设计、分析和运行的模型；⑥本体论（OT），根据基本属性和公理，对企业相关通用概念的正规化描述；⑦通用企业模型（GEM），企业通用概念的参考模型，用于企业建模以提高建模过程的效率；⑧通用模块（GM），确定企业集成中普遍适用的产品（例如工具、集成基础设施等）。

2. 企业信息系统领域

继承 Zachman 框架的思想，TOGAF（The Open Group Architecture Framework）起源于美国国防部的信息管理技术架构框架（TAFIM）。TAFIM 是美国国防部在 20 世纪 90 年代开发的，提供"服务、标准、设计概念、组件和配置可用于指导满足特定任务要求的技术架构"，以发展美国国防部的技术基础设施的一系列文件。TAFIM 维护到第三代以后被交由 TOG 维护，用于其在政府和工业中的持续拓展与应用。美国国防信息系统局（DISA）为 TOGAF 1.0 的开发做出了巨大贡献，它主要利用《TAFIM 第 2 卷：技术参考模型》开发 TOGAF 的技术参考模型和《TAFIM 第 3 卷：架构概念和设计指南》开发 TOGAF 架构开发方法（Architecture Development Method，ADM）。TOGAF 的前七个版本（1995—2001）专注于提供企业 IT 技术架构指导。2002 年发布的 TOGAF 8.0 在企业业务、数据和应用架构方面进行了扩展，以保证企业信息系统架构正确反映并承接企业业务需求。随着 TOGAF 的不断发展完善，最新的 TOGAF 标准明确指出，复杂组织体（Enterprise）这一概念适用于不同领域，例如政府、军队、企业等。同时，TOGAF 内容也新增了物理元素，例如设备（Equipment）、设施（Facility）、物料（Material）、分销网络（Distribution Network），用以扩展对企业物理要素的表达。

3. 政府领域

FEAF（Federal Enterprise Architecture Framework）是美国联邦政府制定的联邦复杂组织体架构框架，是政府类组织架构标准框架。该框架指导政府战略、业务和技术的集成，为所有美国联邦机构的信息系统建设提供了一种通用方法。与 Zachman 和 TOGAF 这类可以在任何商业企业环境中实施的架构框架不同，FEAF 是一个专门为美国联邦机构设计的专门框架。FEAF 有六个领域：绩效参考模型、业务参考模型、数据参考模型、应用参考模型、基础设施参考模型和安保参考模型。

4. 军事领域

架构方法在军事领域的应用首先出现在 C^4ISR（指挥、控制、计算、通信、情报、监视、侦察）系统中。1994 年以前，大量的军用信息系统主要由对应的军种或者部门开发和使用。这些系统之间缺少互通性、互操作性，无法支持联合作战任务需求。1995 年，美国国防部确定建立 C^4ISR 体系架构框架，用以指导各类信息系统开发。2001 年，在继承 C^4ISR 架构框架的应用经验的基础上，美国国防部建立了国防部架构框架（Department of Defense Architecture Framework，DoDAF），成为所有军事部门和从事军事装备研究、制造的工业部门都要使用和遵守的架构框架。在最新的 DoDAF 2.02 版本中，DoDAF 的视角已经从最初的 3 个视角发展为现有的 8 个视角，视图数量从最初的 26 个扩展为 52 个。DoDAF 的经验被传播到英国和北约，分别形成了 MoDAF（Ministry of Defence Architecture Framework）和 NAF（Nato Architecture Framework），用以指导英国国防部和北约组织的架构开发活动。

2020 年，OMG 发布了统一架构框架（Unified Architecture Framework，UAF），提供了一种架构框架标准，兼容了现有各种国防相关框架并进行了标准化的架构描述。同时 UAF 不仅仅面向于军事领域应用，还适用于民用领域，成为与 Zachman 框架类似的具有广泛适用性的架构框架。

5.3.2 架构开发与决策方法

1. 架构开发方法

（1）ISO/IEC/IEEE 42000 系列国际标准　ISO/IEC/IEEE 42000 系列标准是国际上关于架构理论方法研究和实践的最新共识。ISO/IEC/IEEE 42020：2019 架构流程标准为复杂组织体、系统和软件的架构开发提供了通用的流程参考模型。该标准中的架构概念适用于不同类型的实体，包括企业、组织、解决方案、产品系统（包括软件系统）、子系统、业务、数据（作为数据元素或数据结构）、应用、信息技术（作为集合）、任务、产品、服务、软件项目、硬件项目等。实体的种类也可以是产品线、产品族、体系、系统集合、应用程序集合等。同时，架构对象还可以是某一感兴趣的主题，例如系统安全架构、功能架构、物理架构等。

其中 ISO/IEC/IEEE 42010：2022 中定义的架构描述是通过 ISO/IEC/IEEE 42020：2019 中定义的架构概念化和架构详细描述来完成的。这些架构设计活动是按照涵盖架构设计工作的管理计划进行的。根据 ISO/IEC/IEEE 42030：2019 架构评估标准的定义，架构评估确定一个或多个架构在多大程度上实现了其目标，解决了利益攸关方的问题并满足了相关要求。ISO/IEC/IEEE 42020 标准与其他相关标准的主要关系（对这些关系的清晰理解有助于我们在基于模型的系统工程的背景下掌握架构的作用）如下：

1）完善并为 ISO/IEC/IEEE 15288 系统工程流程中的架构定义流程提供了方法框架。

2）完善并为 ISO/IEC/IEEE 12207 软件系统的架构定义流程提供了方法框架。

3）完善了 ISO 15704 的企业参考架构和 GERAM 中提供的流程描述，考虑了 ISO 15704 规定的企业原则。

4）提供应用 ISO/IEC/IEEE 42010 所定义的架构描述的流程。

5）提供应用 ISO/IEC/IEEE 42030 所定义的架构评估的流程。

ISO/IEC/IEEE 42020：2019 的目的是提供支持架构治理（Governance）、管理（Management）、概念化（Conceptualization）、评估（Evaluation）、详细描述（Elaboration）和使能（Enablement）这些流程的活动并为活动制定标准。ISO/IEC/IEEE 42020 架构流程及其目的见表 5-1，这些架构流程及其相互关系如图 5-6 所示。

表 5-1　ISO/IEC/IEEE 42020 架构流程及其目的

编号	流程	目的
1	架构治理	建立并保持架构集合中的架构与复杂组织体目标、政策和战略以及相关架构的一致性
2	架构管理	执行架构治理指令，及时、高效、有效地实现架构目标
3	架构概念化	确定问题空间的特征，并确定合适的解决方案，以解决利益攸关方关注的问题，实现架构目标并满足相关要求
4	架构评估	确定一个或多个架构能在多大程度上实现其目标、解决利益攸关方的关切并满足相关要求
5	架构详细描述	针对架构的预期用途，以足够完整和正确的方式描述或记录架构
6	架构使能	开发、维护和改进执行其他架构流程所需的使能能力、服务和资源

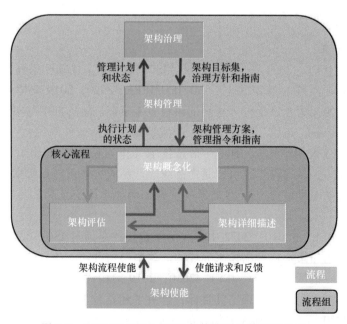

图 5-6　ISO/IEC/IEEE 42020 架构流程及其相互关系

1）架构治理和管理流程。治理流程可确保适当的监督和问责，并识别、管理、审计和传播与架构相关的所有信息。架构治理规定了可用于推动架构集合中架构适当发展的治理指令和指南。它还规定了要实现的架构目标，并制定了为实现这些目标而采取的战略。它使用有关架构的管理计划和状态来监控对治理指令和指导的遵守情况。管理流程执行治理指令和指导，并将其记录在架构管理计划中。根据计划对核心流程进行监控和评估，并实施适当的控制，以指导纠正方向。架构管理规定了用于驱动核心架构流程的管理计划和指令。它使用核心流程的执行计划和状态来监控管理计划和指示的遵守情况。除管理指示外，还制定了管理指南，以协助计划和指示的执行者落实管理指示，并更好地按照管理意图开展工作。

2）架构概念化、评估和详细描述流程。架构概念化、评估和详细描述流程是架构流程中的核心流程。概念化明确了架构的目标以及可用于评估其价值的质量措施。价值是根据利益攸关方所关注的问题得到解决的程度来定义的。架构目标基于在此过程中进行的问题/机会识别和定义所明确。概念化可以帮助架构师和其他人员确定问题空间的特征，综合潜在的解决方案，制定候选架构，并以适合预期用途的形式表达这些架构。概念化除了一系列概念模型和观点外，还可以包括"逻辑架构"或"物理架构"。在早期阶段，敏捷、快速地构思出许多可供选择的架构是非常重要的。其中一些早期架构描述甚至只是草图，在经过几轮快速评估和概念化之后，可能会有少量可行架构值得以更完整的形式记录下来，并存储在资源库中，以供日后使用。更完整的架构描述形式将在架构详细描述过程中开发。

架构概念化只需要对架构进行描述，描述的具体程度和颗粒度要适合其目标用户。对于架构视图、模型的详细描述通常可以在架构生命周期的后期进行，即在架构变得更加成熟之后。架构详细描述工作通常可以推迟到对多个架构备选方案的适用性进行审查之后，针对一个或几个备选方案开展详细描述。

在架构评估过程中，可能会认识到需要替代的架构概念，以便更全面地搜索权衡空间。价值评估可以基于对相关架构属性的分析，也可以基于对运行环境或用户价值大小的评估。评估和分析结果以及对评估不确定性的估计，将与主要结论和建议一起返回，以确定所建议的架构是否能充分解决利益攸关方所关心的问题。如果不能，则在概念化和评估之间继续循环。

3）架构使能流程。架构使能流程选择、修改和开发能力、服务和资源，以支持其他流程。这些被称为使能要素。该流程可用于支持单个架构或一系列架构的开发，或为组织的所有架构工作提供支持资源、能力和服务。使能要素包括：①使能能力，包括程序、方法、工具、框架、架构观点、工作产品模板、决策支持系统、存储、配置管理和参考模型等；②使能服务，包括基础设施、技术、熟练人员等；③使能资源，主要包括架构存储库、图书馆、注册表、沟通渠道和机制、人力和技术资源，以及工具和方法的培训和许可证。关于架构开发流程的详细说明（包括流程步骤活动、工作制品等）请参考 ISO/IEC/IEEE 42020：2019国际标准。

架构流程 ISO/IEC/IEEE 42020：2019 国际标准给出了架构开发的一般性方法原理，适用对象广泛，因此不涉及架构的具体内容。在国际标准的指导下，国际上不同领域（国防、政府、企业等）组织结合各自领域特点开发了众多领域架构框架，为领域内面向具体问题的架构开发提供了进一步指导，同时部分主流架构框架还提出与之相匹配的架构开发方法。下面重点介绍国际上两个主流的架构开发方法：TOGAF ADM 和 OMG UAF 方法。

（2）TOGAF ADM　TOGAF 作为国际主流的企业信息化架构框架，其主要目的是在贯穿整个企业（或其他类型复杂组织体）范围内，将通常碎片化的已有流程优化为一个对变化做出响应并支持业务战略达成的综合整体。为实现这一目标，TOGAF 中包含四个架构域：①业务架构，定义业务战略、治理、组织和关键业务流程；②数据架构，描述了组织的逻辑和物理数据资产和数据管理资源的结构；③应用架构，为要部署的各个应用程序、它们的交互以及它们与组织核心业务流程的关系提供蓝图；④技术架构，描述了支持业务、数据和应用服务部署所需的数字架构以及逻辑软硬件基础设施能力和标准。此外，通过组合业务、数据、应用和技术领域的适当视图，可以定义许多其他领域。例如信息架构、风险和安保架构等。

TOGAF ADM 提供了基于 TOGAF 的架构开发流程。ADM 包括建立架构框架、开发架构内容、架构过渡及对架构实现进行管控等流程。ADM 基于通用的架构开发原理，通过对未来目标及蓝图的展望以及现状基线的描述，识别差距，并制定架构迁移的路线图。同时，ADM 基于 TOGAF 架构域开展，TOGAF 内容框架及元模型紧密地支撑 ADM 方法步骤。ADM 的阶段如图 5-7 所示。

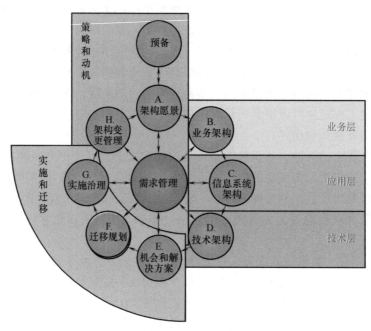

图 5-7　ADM 的阶段

1）预备阶段描述创建架构所需的准备和启动活动，包括 TOGAF 的定制化和架构原则的定义。具体工作包括：

① 定义复杂组织体。架构开发的首要挑战之一是定义复杂组织体范围。复杂组织体可包括众多组织，并且发起人的职责是确保所有利益攸关方被包括在定义、建立和使用架构的过程中。

② 识别背景环境中的关键驱动因素。包括复杂组织体中的架构利益攸关方——他们的关键议题和关注点，在业务方针、业务关键、业务战略、业务原则、业务目标和业务驱动等因素范畴内捕获的组织意图和文化等，以及基线架构全景。

③ 定义架构工作的需求。业务关键（Business Imperative）驱动着架构工作的需求和指标。这些业务关键应足够清晰，以便确定本阶段的业务成果和资源需求的范围。例如业务关键包括业务需求、文化渴望、组织意图、战略意图、预测的财务需求。

④ 定义架构原则以作为任何架构工作的依据。架构原则是架构开发的基础，业务原则以及架构原则为架构工作提供依据，架构原则自身也通常部分地基于业务原则。

⑤ 定义要使用的管理框架及管理框架间的关系。ADM 是一种通用方法，涉及与多种其他管理框架协同使用，例如业务能力管理（业务方向和规划）、项目谱系/项目管理方法、运行管理方法、解决方案开发方法。

⑥ 评估架构成熟度。能力成熟度模型（Capability Maturity Model）是评估复杂组织体发展的不同能力等级的有效方式。

2）阶段 A：架构愿景是架构开发周期的初始阶段。该阶段包括定义架构开发工作的范围，识别利益攸关方，创建架构愿景。架构愿景描述新能力将如何满足业务目标和战略目的，以及在实施时如何应对利益攸关方关切。架构愿景的关键元素包括复杂组织体的使命、愿景、战略和目标等。架构愿景提供基线架构和目标架构的初步高层级描述，涵盖业务域、数据域、应用域和技术域。这些概要描述在后续阶段被进行详细开发。业务场景是架构愿景阶段的主要方法，业务场景一般描述架构能够启用的业务流程、应用或应用集、业务和技术环境、执行该场景的人员和计算组件（称为"施动者"）、正常执行的期望结果。

3）阶段 B：支持架构愿景的业务架构的开发。业务架构是对业务战略、组织、功能、业务流程和信息需要之间的结构和交互的描述。该架构描述复杂组织体需要如何运行，从而响应架构愿景中设定的战略驱动因素。基于基线业务架构与目标业务架构之间的差距来识别候选架构路线图组件。概括来说，业务架构描述产品和/或服务战略，以及业务环境的组织、功能、流程、信息和地理方面。业务模型应是根据架构愿景对业务场景进行的逻辑扩展，以便该架构能够从高层级业务需求向下映射至更详细的需求。业务模型可采用的建模方法包括：

① 活动模型（也称为业务流程模型）描述与复杂组织体业务活动相关联的功能、活动之间交换的数据和/或信息（内部交换）以及与模型范围之外的其他活动交换的数据和/或信息（外部交换）。活动模型在本质上是层级化的，它们捕获在业务流程中所进行的活动，以及那些活动的输入、控制、输出和机制/所使用的资源。

② 用例模型可依据建模的焦点描述业务流程或系统功能。用例模型依据业务流程和组织参与者（人员、组织等）的用例和施动者描述复杂组织体的业务流程。

③ 逻辑数据模型。数据模型描述静态信息以及信息间的关系，还描述信息的行为。逻辑数据模型可表示业务域实体或系统类别。

4）阶段 C：本阶段开发信息系统（数据和应用）架构，描述复杂组织体的信息系统架构如何实现业务架构和架构愿景。基于基线信息系统架构和目标信息系统（数据和应用）架构之间的差距，识别候选架构路线图组件。其中数据架构对复杂组织体的主要数据类型及来源、逻辑数据资产、物理数据资产，以及数据管理资源的结构及交互进行描述。开发数据架构的一般流程包括：从现有的业务架构和应用架构资料中收集与数据相关的模型；将数据需求合理化并与现有复杂组织体的数据目录集和模型保持一致，这有助于数据存储清单和实体关系的开发；通过将数据与业务服务、业务功能、访问权和应用关联起来从而使更新和开发矩阵贯穿整个架构；通过审查数据被如何创建、分布、迁移、保护并存档从而详细阐述数据架构视图。

应用架构对应用结构和应用间交互进行描述，这些应用作为能力群组提供关键业务功能并管理数据资产。开发应用架构的一般流程包括：基于基线应用谱系、需求以及业务架构范围，理解所需的应用或应用组件列表；通过将复杂的应用分解为两个或更多的应用对其进行简化；通过尽可能删除重复的功能并合并相似的应用，确保应用定义组在内部是协调一致的；识别逻辑应用和最恰当的物理应用；通过贯穿应用与业务服务、业务功能、数据和流程等，从而在架构内开发矩阵；通过审查应用将如何行使功能，捕获综合、迁移、开发以及运行关注点，从而详细阐述一组应用架构视图。

5）阶段 D：开发能实现逻辑和物理应用、数据组件和架构愿景的技术架构。基于基线技术架构和目标技术架构之间的差距识别候选架构路线图组件。技术架构对平台服务、逻辑技术组件以及物理技术组件的结构和它们之间交互作用进行描述。开发技术架构的一般流程包括：定义平台服务和逻辑技术组件的分类法（包括标准）；识别部署技术的相关位置；执行已部署技术的实际清单并提取至符合该分类/层法；考虑应用和业务的技术需求，适当的技术是否适用于满足新需求（即其是否满足功能性和非功能性需求）；确定选定技术的配置；确定影响（规模和成本、能力规划、安装/治理/迁移影响）。

6）阶段 E：机会和解决方案引导初始的实施规划，并为在之前阶段中定义的架构进行交付载体的识别。基于阶段 B、C 和 D 的差距分析和候选架构路线图组件，生成架构路线图初始的完整版本。确定是否需要增量方法，若需要，则识别要交付连续业务价值的过渡架构。阶段 E 集中于如何交付架构，将考虑所有架构域内的目标架构与基线架构之间差距的完整集合，并且在复杂组织体项目谱系内从逻辑上将变更组合成工作包。这是一项基于利益攸关方需求、复杂组织体业务转型准备度、识别的机会和解决方案以及识别的实施约束来构建最佳适配路线图的工作。四种概念是从开发目标架构向交付目标架构过渡的关键：架构路线图（架构路线图按实现目标架构的时间线列出各个工作包）；工作包（每个工作包识别实现目标架构所需变更的逻辑群组）；过渡架构（过渡架构在基线架构和目标架构之间，以架构方面的重要状态来描述复杂组织体，过渡架构提供组织可收敛的临时目标架构）；实施和迁移计划（实施和迁移计划提供一个实现目标架构的项目进度表）。

7）阶段 F：迁移规划涉及如何通过最终确定的详细实施和迁移计划来实现从基线架构向目标架构转移。阶段 F 的目的是：最终确定架构路线图和支持的实施和迁移计划；确保实施和迁移计划与复杂组织体在总体变革谱系中管理和实施变更途径相协调；确保关键利益攸关方理解工作包和过渡架构的业务价值和成本。

8）阶段 G：实施治理，提供对实施的架构化监督。阶段 G 的目的是：通过实施项目确保与目标架构的一致性；为解决方案和实施驱动的架构变更要求，执行适当的架构治理功能。

9）阶段 H：架构变更管理为管理变更以达到新架构而建立程序。架构变更管理流程的目标是确保架构达成其原始目标业务价值，包括以紧密并且架构化的方式管理对架构的变更。

10）架构需求管理：架构需求管理流程贯穿 ADM 全过程。需求管理阶段的目的是：确保需求管理流程在所有相关 ADM 阶段得以维持并运行；管理在执行 ADM 周期或其中一个阶段期间识别的架构需求；确保在执行该阶段时相关架构需求可供每个阶段使用。

架构制品是描述架构某一方面的工作产物。ADM 各阶段典型架构制品如图 5-8 所示。ADM 的各个阶段架构制品可以采用正规的架构描述语言进行模型化表达。ArchiMate 建模语言与 TOGAF 内容框架保持一致，用于表达业务、数据、应用程序和技术架构的架构元素。ADM 所对应的 ArchiMate 建模视图包括：预备阶段和架构愿景阶段使用 ArchiMate 的战略 & 动机层进行建模；业务架构阶段使用 ArchiMate 的业务层进行建模；应用架构阶段使用 ArchiMate 的应用层进行建模；技术架构阶段使用 ArchiMate 的技术层进行建模；机会与解决方案阶段、迁移计划阶段、实现治理阶段使用 ArchiMate 的实现 & 迁移层进行建模；需求管理架构变更管理作为一个贯穿始终的工作，涉及各个层次建模。关于 ArchiMate 架构建模技术的详细说明参见 5.4.1 节。

图 5-8 ADM 各阶段典型架构制品

关于 TOGAF ADM 的详细说明（包括流程步骤活动、工作制品等）请参考 TOGAF 标准。

（3）OMG UAF 方法　UAF 由 OMG 提出，以 DoDAF 和 NAF 为基础，可对军事和民用领域的复杂组织体架构开发提供指导，是当前国际主流的架构框架标准之一。

UAF 采用符合 ISO/IEC/IEEE 42010 架构描述标准中的术语定义，包括架构、架构描述、架构框架、架构视图、架构视角、观点、环境、模型种类、利益攸关方等。UAF 中不同的域代表了不同的利益攸关方观点，从不同方面对复杂组织体进行了描述。UAF 域的相互关系如图 5-9 所示，垂直观点（例如标准、架构管理、总览）是跨越架构中抽象层级的横切观点。当观点水平显示时，目的是表明该观点存

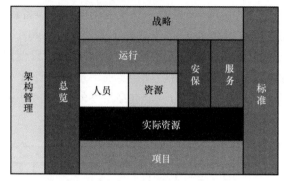

图 5-9　UAF 域的相互关系

在于其上方和下方观点之间的抽象层中，并且与其两侧的观点之间存在交互关系。

1）战略观点主要关注能力管理，该观点下的各类视图描述能力分类、组成、依赖和演化。

2）运行观点说明复杂组织体的逻辑架构，用于描述支持（展示）能力所需的要求、运行行为、结构和交换，并以独立于实现/解决方案的方式定义所有运行元素。

3）服务观点展示能力所需的服务规范，在该观点下显示服务规范以及这些规范所需的和提供的服务级别，以展示能力或支持运行活动。

4）人员观点关注人的因素，在人员观点下旨在阐明在创建架构时人的因素（Human Factors）的作用，以促进人的因素。

5）资源观点定义解决方案架构以实现运行需求，在该观点下捕获由资源组成的解决方案架构，例如实现运行需求的组织、软件、工件、能力配置、自然资源。

6）安保观点关注解决资源和运行执行者之间交换中存在的安保约束和信息保证属性，说明解决特定安保问题所需的安保资产、安保约束、安保控制、系列和措施，安保域描述了安保资产和安保区域。安保观点还定义了安保资产和资产所有者的层次结构、安保约束（政策、法律和指南）以及它们所在的位置（安保区域）的详细信息。

7）项目观点关注项目组合、项目和项目里程碑，在该观点下描述项目和项目里程碑，这些项目如何交付，为项目做出贡献的组织以及项目之间的依赖关系。项目视图识别采购过程中的顶级任务，它们帮助架构开发者了解在项目生命周期中如何获取资源、资产和能力，使架构开发者能够执行分析以确定是否可以获得资源，资源是否在需要时可用，以及对计划的总体影响。

8）标准观点关注适用于架构的技术和非技术标准，显示适用于架构的技术、运行和业务标准，以及定义基础的当前和预期标准。

9）实际资源观点关注实际方案的分析，例如在实际资源配置上评估不同的替代方案、假设、权衡、验证与确认。在该观点下说明预期或实现的实际资源配置以及它们之间的实际关系。

10）需求动机表示为一组利益攸关者需求，它们与更详细需求的关系（通过可追溯性），由架构描述的解决方案，该架构将满足那些需求。在视角下用于表示需求、它们的属性和相互之间以及与 UAF 架构元素之间的关系（跟踪、验证、满足、细化）。

基于利益攸关方观点（不同领域），对象描述的方面（包括动机、分类、结构、联系、流程、状态、交互场景、信息、参数、约束、路线图和可追溯性 12 个方面），定义了 UAF 网格，如图 5-10 所示。网格中进一步定义了各种架构视角，即视图规范。

动机 Mo	分类 Tx	结构 Sr	联系 Cn	流程 Pr	状态 St	交互场景 Is	信息 If	参数 Pm	约束 Ct	路线图 Rm	可追溯性 Tr
元数据 Md	元数据分类 Md-Tx	元数结构 Md-Sr	元数据联系 Md-Cn	元数据流程 Md-Pr	—	—			元数据约束 Md-Ct	—	元数据可追溯性 Md-Tr
战略 St	战略分类 St-Tx	战略结构 St-Sr	战略联系 St-Cn	—	—	—			战略约束 St-Ct	战略部署 战略阶段	战略可追溯性 St-Tr
业务 Op	业务分类 Op-Tx	业务结构 Op-Sr	业务联系 Op-Cn	业务流程 Op-Pr	业务状态 Op-St	业务交互场景 Op-Is			业务约束 Op-Ct	—	业务可追溯性 Op-Tr
服务 Sv	服务分类 Sv-Tx	服务结构 Sv-Sr	服务联系 Sv-Cn	服务流程 Sv-Pr	服务状态 Sv-St	服务交互场景 Sv-Is	概念数据模型 Conceptual Data Model		服务约束 Sv-Ct	服务路线图 Sv-Rm	服务可追溯性 Sv-Tr
人力 Pr	人力分类 Pr-Tx	人力结构 Pr-Sr	人力联系 Pr-Cn	人力流程 Pr-Pr	人力状态 Pr-St	人力交互场景 Pr-Is	逻辑数据模型 Logical Data Model	参数环境 Pm-En	技能 驱动 表现	人力利用率 人力发展 人才需求预测	人力可追溯性 Pr-Tr
资源 Rs	资源分类 Rs-Tx	资源结构 Rs-Sr	资源联系 Rs-Cn	资源流程 Rs-Pr	资源状态 Rs-St	资源交互场景 Rs-Is	物理数据模型 Physical Data Model	参数测量 Pm-Me	资源约束 Rs-Ct	资源演变 资源需求预测	资源可追溯性 Rs-Tr
安防 Sc	安防分类 Sc-Tx	安防结构 Sc-Sr	安防联系 Sc-Cn	安防流程 Sc-Pr	—	—			安防约束 Sc-Ct	—	安防可追溯性 Se-Ct
项目 Pj	项目分类 Pj-Tx	项目结构 Pj-Sr	项目联系 Pj-Cn	—	—	—			—	项目路线图 Pj-Rm	项目可追溯性 Pj-Tr
标准 Sd	标准分类 Sd-Tx	标准结构 Sd-Sr	—	—	—	—				标准路线图 Sd-Rm	标准可追溯性 Sd-Tr
实际资源 Ar	—	实际资源结构 Ar-Sr	实际资源联系 Ar-Cn	仿真					参数执行/ 演变	—	—
字典Dr											
总结和概述Sm-Ov											
需求Rq											

图 5-10　UAF 网格

1）动机：捕捉与复杂组织体架构工作相关的动机要素，如挑战、机遇，以及不同类型的要求（如业务、服务、人力、资源或安防）。

2）分类：以独立结构呈现所有元素。将所有元素作为特化层次结构呈现，为每个元素提供文本定义并引用元素来源。

3）结构：描述将逻辑执行者、系统、项目等结构要素分解为更小部分的情况。

4）联系：描述不同要素之间的联系、关系和相互作用。

5）流程：捕捉基于活动的行为。它描述了活动、活动的输入/输出、活动操作以及它们之间的流程。

6）状态：捕捉元素基于状态的行为。它以图形方式表示结构元素的状态，以及结构元素如何对各种事件和操作做出响应。

7）交互场景：对特定情景下的交互进行时间排序检查。对特定情景下参与元素之间的交互进行时间排序检查。

8）信息：从信息角度分析运行、服务和资源架构。允许分析架构的信息和数据定义方面，而不考虑具体实施问题。

9）参数：记录了不同视角下整个架构的测度、环境和风险。

10）约束：详细说明了设定性能要求的测量方法，这些测量方法制约着能力。还定义了管理行为和结构的规则。

11）路线图：解决架构中的元素如何随时间变化的问题。

12）可追溯性：描述架构元素之间的映射。这可以是域内不同视角之间的映射，也可以是域之间的映射，或结构与行为之间的映射。

基于 UAF 的架构开发方法一般工作流程定义了创建 UAF 视图时"做什么"，但没有定义每个步骤所需的方法（"如何做"）和工具（因为这取决于方法）。工作流程中的每一步都会传递架构信息，以反复生成问题空间的定义和解决方案空间的定义（即实现和实例化）。在这一过程中，我们会确定折中方案，并在架构视图中捕捉架构决策。各步骤之间会有一些重复，以确保在架构展开时对其进行完整连贯的描述。不一定要以自上而下的方式实施。具体如下：

1）定义参考架构、框架和架构使能因素。这一步骤的目的是提供与整个架构相关的信息，并获取或开发关键使能因素，以促进架构模型和视图的开发与维护。它提供的是辅助信息，而不是架构模型本身。这一步的主要利益攸关方是复杂组织体架构师、希望发现架构的利益攸关者以及技术经理。他们关注的主要是与整个架构或架构设计工作相关的元数据。

2）架构驱动因素和挑战。这一步的目的是确定驱动复杂组织体做什么的因素，以及在应对这些驱动因素时遇到的相关挑战。这一步的主要利益攸关方是执行经理、战略规划师、项目经理和复杂组织体架构师。他们关注的主要是复杂组织体需要做些什么来应对这些驱动因素，以及这些驱动因素如何为复杂组织体需要做出的改变提供理由。他们还关注如何或将如何应对挑战。

3）定义复杂组织体战略和能力。这一步的目的是描述能力分类、能力构成、能力之间的依赖关系以及能力的演变。本步骤的关键利益攸关方是能力组合经理。他们主要关注的是识别能力差距和不足，以及管理能力部署的演变，以解决这些差距和不足。

4）定义（逻辑）运行架构。这一步骤的目的是描述支持（即展示）能力所需的要求、操作行为、结构和交换。这一步的主要利益攸关方是高管、业务架构师、业务经理、运营经理和任务主管。他们关注的主要是需要哪些操作行为和活动来实现复杂组织体目标，以及复杂组织体的逻辑架构是什么。

5）定义（黑盒）服务架构。这一步骤的目的是定义服务，并为展示能力和支持运行活动所需的服务指定所需和提供的服务级别。这一步的主要利益攸关方是复杂组织体架构师、解决方案提供商、系统工程师、软件架构师和业务架构师。他们关注的主要是展示能力所需的服务规格是什么。

6）定义（实施）资源架构。资源架构识别由各种资源组成的解决方案架构，例如在运行架构中实现运行过程所需的软件、工件、能力配置和自然资源。这一步骤的目的是捕捉由各种资源（如软件、人工制品、能力配置和自然资源）组成的解决方案架构，以实现运行架构中的运行元素和要求。资源的进一步设计通常在 SysML 或 UML 中进行详细说明。这一步骤的主要利益攸关方包括系统工程师、资源所有者、实施者、解决方案提供者和信息技术架构师。他们关注的主要是如何定义解决方案架构，以实施运行元素和要求。

7）定义人员架构。组织人员架构阐明了人的因素的作用，主要关心人在复杂组织体运行过程中的角色和职责，以及如何组织这些人力资源。本步骤的目的是在创建架构时明确人的因素的作用，以促进人的因素与系统工程集成。本步骤的主要利益攸关方是参与复杂组织体运行的人员、解决方案提供商和项目经理。他们关注的主要是人员在复杂组织体运行中的角色和责任是什么，以及如何组织这些人力资源。

8）定义安保架构。安保架构主要说明了安保资产、安保约束、安保控制等内容以及解决特定安保问题所需的措施。此步骤的主要利益攸关方是安全架构师、安全工程师、系统工程师和运行架构师。他们关注的主要是如何解决资源和操作执行者之间交换中存在的安全约束和信息保障属性。

9）定义项目组合管理。项目组合管理的目的是描述项目和项目里程碑、项目所需资源、项目所需组织人员以及项目之间的依赖关系。此步骤的目的是描述项目和项目里程碑，这些项目如何交付实现能力的资源，对项目做出贡献的组织以及项目之间的依赖关系。此步骤的主要利益攸关方是项目经理、项目组合经理和复杂组织体架构师。他们关注的主要是项目组合中有哪些项目，项目里程碑是什么，以及这些项目与构成能力路线图中能力配置的资源如何关联。

10）定义实际资源实现和支持架构评估。通过对比预期资源配置和已实现的资源配置，识别适用于架构的技术、运行活动和业务标准，对不同备选方案进行分析、假设场景、架构权衡，并对实际资源配置进行验证和确认。此步骤的目的是说明预期或实现的实际资源配置以及它们之间的实际关系。此步骤还需要确定技术、操作和适用于架构并定义底层当前和预期标准的业务标准。此步骤的主要利益攸关方是解决方案提供商、系统工程师、业务架构师和人力资源。他们关注的主要是对不同替代方案的分析、假设场景、架构权衡以及实际资源配置的验证和确认。他们还关心适用于该架构的技术和非技术标准。

上述各步骤相关的架构制品通过正规架构描述语言 UAFML（UAF Modeling Language）进行建模表达，关于 UAFML 架构建模技术的详细说明参见 5.4.1 节。关于 UAF 架构开发方法的详细说明（包括流程步骤活动、工作制品等）请参考 UAF 标准。

2. 架构决策方法

架构不仅是复杂系统开发阶段概念级、系统级方案的描述方法技术，同时也是早期设计活动中的重要决策方法。系统工程的各类决策可以分为"两级"：程序化决策和非程序化决策（学者有时将其称为"结构化"和"非结构化"决策问题）。

1）程序化决策指"重复性的常规决策"，这类问题的决策程序是事先制定好的。程序化决策的例子从简单到非常复杂不等，例如，决定控制系统的最佳增益，决定飞越美国上空的所有飞机的航线都可以被视为程序化决策。在这些情况下，都有一种已知的、确定的方法，决策者可以按照这种方法做出令人满意的选择。问题的行为模式是存在的，目标也是可以明确定义的。需要注意的是，将一项决策归类为程序化决策并不意味着它是一项"简单"的决策，而只是意味着解决它的方法是已知的、可用的。此外，"程序化"分类方法也没有量化使用预设方法所需的资源量。对于许多工程问题来说，这种预先确定的常规方法很难实施，计算成本也很高。学者们认为程序化决策通常属于运筹学（Operations Research，OR）的范畴。

2）非程序化决策指"创新的、没有清晰结构的决策"，这类决策问题通常会产生较大影响。阿波罗计划的任务模式决策就是这样一个例子。一般认为，非程序化决策通常是通过创造力、判断力、经验法则和启发式等一般问题解决方法来解决的。例如，决定一个国家是否应该参战，决定对未经证实的新产品采取何种市场策略，以及决定人类火星任务的任务模式。有学者认为非程序化决策属于管理科学的范畴。在许多情况下，一旦有人足够聪明，发明了解决该问题的程序化方法，那些被认为是非程序化的决策就会变成程序化的决策。也许，"尚未程序化的决策"才是非程序化决策的更好名称。例如，Christopher Alexander 引入"模式语言"（Pattern Language）这一概念，对民用建筑物的架构进行了系统化总结，把一个原来非程序化的问题变为程序化问题。模式语言将建筑元素归纳为各种可以复用的模式，每个模式都由三部分组成：一是该模式的使用情景，二是该模式所要解决的问题，三是该模式提供的解决方案。

本质上，正规的架构开发、描述过程就是尝试将复杂问题的非程序化决策转变为程序化决策的过程。通过针对复杂系统问题的架构开发过程，将最初往往是非结构化的复杂系统问题进行正规的架构描述，并通过架构权衡方法将原先非结构化的决策问题尽可能地转变为结构化决策问题（或一组结构化决策问题的集合），进而在架构描述全景指导下对各个程序化决策问题采用组合优化方法、启发式方法等进行分析、优化和决策。

（1）架构权衡原理 基于架构的权衡是非程序化架构决策的主要形式，特别适用于"尚未程序化"的复杂系统问题决策。架构权衡概念原理如图 5-11 所示。其目的是为利益攸关方根据其关切和需要/目标选择更适合的问题解决方案。解决方案通常展现出特定能力和功能并满足需求，一般采用包含设计参数的模型进行描述。架构权衡研究构建量化利益攸关方需要/目标的准则，并构建利益攸关方通过需要模糊描述的价值模型。通常，有的需要/目标可以使用一个或几个准则直接进行评价，有的需要/目标难以直接评价，需要将它们分解成若干级别较低的子需要/目标，直到可以直接用一个或几个准则进行分析为止。这样就形成了一个分层结构复杂的需要/目标准则体系。准则和设计参数都是一种测度，某种测度可能既是设计参数也是准则。基于模型的权衡研究的核心是构建价值模型与方案模型之间的关

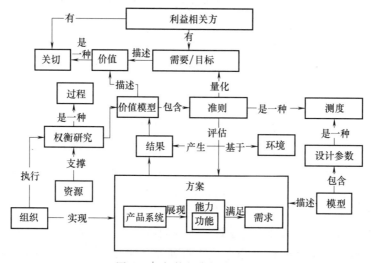

图 5-11 架构权衡概念原理

系，实现权衡和设计基于同一套架构模型。

（2）非程序化架构决策方法　对于非程序化架构决策问题，因其问题没有清晰的结构，往往无法采用一个或一类数学模型进行定义进而解决。针对这类问题，实践中通常结合系统工程流程提出架构权衡的不同流程方法。典型的架构权衡方法包括：架构权衡分析方法（Architecture Tradeoff Analysis Method，ATAM）、CMMI 权衡研究、MITRE 权衡研究过程方法（The Trade Study Process）等。

（3）程序化架构决策　对于经过分析并给出正规形式定义的系统架构决策问题，可以尝试使用编码方案（如二进制变量数组）将复杂的架构决策表示为一组决策变量，并编写优化问题，其目标是找到能优化目标函数的决策变量组合（即最优解）。程序化架构决策的六类模式见表 5-2，每种模式都有不同的基本决策表述，利用这些决策表述不仅可以加深对不同系统架构风格的了解，还可以通过使用更合适的技术方法更高效地解决问题。大多数程序化架构决策问题都可以用一种以上的模式来解决，因此这些模式不应被视为相互排斥的，而应视为相辅相成的。

表 5-2　程序化架构决策的六类模式

模式	描述
决策-选项(Desion-Option)	一组决策,其中每个决策都有自己的离散选项集
筛选(Down-Selecting)	一组二进制决策,表示一组候选实体的子集
指派(Assigning)	给定两组不同的实体,将一组实体中的每个元素分配给另一组实体的任意子集的一组决策
分区(Partitioning)	一组决策,表示将一组实体划分为相互排斥和详尽的子集
排列(Permuting)	表示一组实体和一组位置之间一对一映射的一组决策
连接(Connecting)	给定一组实体,它们是图中的节点,一组决策表示这些节点之间的连接

1）决策-选项模式是指架构中有一系列待决策的问题，每个问题都有自己的一套离散选项集（这些选项彼此独立，而且数量相对也比较小。对于用连续值代表的选项集则需进行离散化）。用数学语言可以表达为：给定一个由 n 个通用决策所组成的集合 $D = \{X_1, X_2, \cdots, X_n\}$，其中每个决策变量 X_i 都有一套自己的离散选项集 $Q_i = \{z_{i1}, z_{i2}, \cdots, z_{im_i}\}$，含有 m_i 个选项。于是，决策-选项模式中的架构决策问题可以表示为 $A = \{X_i \leftarrow z_{ij} \in Q_i\}_{i=1,\cdots,n}$，这相当于给每个决策都赋予一个选项。对于一般的决策-选项模式，其架构权衡空间（即架构的数量）会随着决策及选项的数量而迅速增加。

2）筛选模式是从一系列候选元素中选出一部分元素，以构成原集的一个子集。用数学语言可以表达为：给定一个由元素所构成的集合 $U = \{e_1, e_2, \cdots, e_m\}$，那么筛选模式的架构决策问题就相当于由集合 U 中的某些元素所构成的子集 S，即 $A = S \subseteq U$。筛选模式可以视为一系列二元决策（Binary Decision）。因此，筛选问题的架构权衡空间大小就是 2^m，其中 m 是候选集合的元素数量。

3）指派模式是指有两个元素集合（分别称为左集和右集），我们需要把左集中的元素指派给右集中任意数量的元素。指派模式中的架构可以表示成由多个子集所构成的数组。我们可以把指派模式构建成只包含二元决策的决策-选项问题（即是否将元素 i 指派给元素 j）。于是，指派问题中的架构就可以表示成 $m×n$ 的二元矩阵，其中 m 和 n 分别是这两个集合的元素数量。因此，指派问题的架构权衡空间大小为 2^{mn}，其中 2^m 表示每个决策都有 2^m 种选择方式，m 是选项数量，n 是决策数量。我们注意到架构的数量会随着决策数和选项数的乘积呈现指数式的增长。

4）分区模式是面对由 N 个元素所构成的集合，我们需要把该集合内的所有元素分成多个非空且互不相交的子集。每个元素都必须划分到某个子集中，且最多只能划分到一个子集中。用数学语言可以表达为：如果给定的一个由 N 个元素所构成的集合 $U = \{e_1, e_2, \cdots, e_N\}$，那么分区问题中的架构可以由集合 U 的一种分区方式 P 来确定，P 把 U 分成数个互不相交的子集，也就是说，$P = \{S_1, S_2, \cdots, S_m\}$，其中 $S_i \subseteq U$，$S_i \neq \{\phi\}$ $\forall i$，$1 \leq m \leq N$，这些子集之间必须互斥，而且合起来必须能够涵盖 U 中的所有元素。换句话说，如果 P 满足以下两个条件，那么与之对应的那个架构就是有效架构：①对 P 中的所有子集取并集，其结果为 U；$\cup_{i=1}^{m} S_i = U$；②P 中的所有元素之间都没有交集，$\cap_{i=1}^{m} S_i = \phi$。

5）排列模式指面对一组元素，必须把其中的每个元素都指派到某个位置上。对这些位置做出的选择，通常与选定的某一组元素的最优排列方式或最优顺序相关。用数学语言可以表达为：给定一个由 N 的通用功能元素或形式元素所组成的集合 $U = \{e_1, e_2, \cdots, e_N\}$，则排列模式中的架构可以由 U 的排列 O 来确定，也就是说 O 会以某种顺序对 U 中的元素进行排列：$O = \{x_i \leftarrow i \in [1; N]\}_{i=1, \cdots, N} | x_i \neq x_j \forall i, j$。给定 m 个元素的排列问题，其权衡空间的尺寸是 m 的阶乘，也就是 $m! = m(m-1)(m-2)\cdots 1$。阶乘的增长速度很快，甚至超过指数函数。排列问题可以分为两大类：一类问题是处理时间或进度方面的先后次序；另一类问题是处理拓扑结构和几何关系。

6）连接模式指面对某个固定的元素集合，需要决定这些元素之间的连接方式（有向连接或无向连接）。用数学语言可以表达为：给定一个由 m 个通用元素或节点所组成的集合 $U = \{e_1, e_2, \cdots, e_m\}$，则连接模式中的架构可以由一张以 U 为节点，且有 N 个顶点（$1 \leq N \leq m^2$）的图 G 来确定，$G = \{V_1, V_2, \cdots, V_N\}$，$G$ 中的每个顶点 V 都连接着 U 中的两个节点，$V = \{e_i, e_j\} \in U×U$。连接模式可以用一种名为邻接矩阵（adjacency matrix）的二元方阵表示。更准确地说，图 G 的邻接矩阵 A 是个 $n×n$ 的矩阵，如果节点 i 直接与节点 j 相连，那么 $A(i, j)$ 等于 1，否则等于 0。节点之间的边没有方向的图，叫作无向图，对于这种图来说，$A(i, j)$ 等于 1，同时也意味着 $A(j, i)$ 等于 1，因此无向图的邻接矩阵是个对称矩阵。如果图中的边是有方向的，那么这样的图称为有向图，有向图的邻接矩阵未必是对称矩阵。连接模式的架构权衡空间大小取决于含有 m 个元素的集合总共可以有多少种不同的邻接矩阵。

程序化架构决策问题的求解可以根据问题特点采用组合优化方法、启发式方法等，相关内容请参考运筹学等领域的丰富资料。

5.3.3 系统集成、验证与确认方法

1. 系统集成方法

随着系统、系统元素设计以及实现（包括虚拟实现和物理实现），系统元素依赖已定义

的系统架构（包括功能架构、物理架构）以及开发该系统的组织结构开展集成。集成策略定义了为降低集成风险而采取的行动，以及不断演进的系统元素的预期集合体的配置。该策略还确定了这些集合体的顺序，以便开展有效的验证行动和确认行动（如检查、分析、演示或测试）。

系统集成需要处理适用于整个生命周期的各种集成视角。横向集成（Horizontal Integration）通常是指在系统层次结构的同一层次中跨元素进行的活动。结构方面可以是共同构成系统的系统元素。行为方面包括共同描述系统功能的离散行为序列。纵向集成（Vertical Integration）通常是指为帮助确保特定系统层次中的系统元素与系统或更高层系统元素保持一致并满足其期望而开展的活动。系统工程的递归性质凸显了整合功能如何跨越系统结构的各个层次。当系统结构的某一层次出现新信息或新知识时，高一层次和低一层次都会共享。其他集成方向则涉及更多的利益攸关方关注的问题，如与时间或功能考虑、标准应用、满足监管期望或运行条件和环境等有关的问题。集成还可以从系统架构中并行元素之间的横向可追溯性和系统层次之间的纵向可追溯性这两个概念来理解。

集成策略一般包含几种可能的集成方法和技术。这些方法和技术可以单独使用，也可以组合使用。集成方法和技术的选择取决于多种因素，特别是系统元素的类型、交付时间、系统元素的交付顺序、风险、约束等。每种集成方法都各有优缺，应结合系统明智地加以判断。所感兴趣之系统与使能系统的集成发生在开发、使用和支持过程中。在生命周期的早期，集成涉及概念定义、需求定义、架构定义和设计等阶段，方法包括模型、分析、仿真和原型。在生命周期的后期阶段，集成的重点是运行和支持过程中的变化。一些常见的集成技术包括：

（1）全局集成　对于低风险、繁杂或简单的系统来说，最简单的方法就是集成整个所感兴趣之系统。虽然过程简单，但很难发现并解决复杂问题或接口问题。

（2）自下而上的整合　常见的方法是从最低层级的系统元素按照系统架构中的各个层次再到最终系统的相反顺序进行分解。问题可以在较低层次发现，也更容易与特定的系统元素隔离。系统级问题可能要到后期才能发现。

（3）自顶向下集成　这是增量集成的一种常见变体，从最能反映系统整体性能的系统元素开始，随后再对外围元素进行仿真和集成。其目的是及早发现系统级问题，尤其是外部接口问题。

（4）增量集成　在预先确定的顺序中，将一个或少量系统元素添加到已经集成的系统元素增量中。也可以将系统的一部分集成到预定义的增量中。这种方法对增量开发和演进开发都很有效。对于敏捷开发，顺序可以由功能来定义。

（5）子集集成　系统元素由子集组装而成，然后再将子集组装在一起。子集可由功能链或线程定义，以执行特定任务。

（6）标准驱动集成　首先集成与所选标准相比最关键的系统要素（如可靠性、复杂性、技术创新）。标准通常与风险有关。这种技术允许对关键系统元素进行早期集成和验证。

（7）随流集成　交付的系统元素在可用时进行组装。

（8）基于模型的集成　对系统元素进行物理或功能建模，并在模型环境中进行集成。实际系统元素可在开发过程中插入模型环境。

2. 系统验证、确认方法

系统验证的目的是提供客观证据，证明系统、系统元素或人工制品符合其规定的要求和特性。系统确认的目的是提供客观证据，证明系统在使用时能够实现其业务或任务目标，满足利益攸关方的需要和需求，在预定的运行环境中实现其预期用途。**系统验证、确认方法可适用于任何有助于定义和实现所感兴趣之系统的工程制品、实体或信息项目。在项目的不同阶段，验证和确认与系统开发之间的关系如图 5-12 所示。**

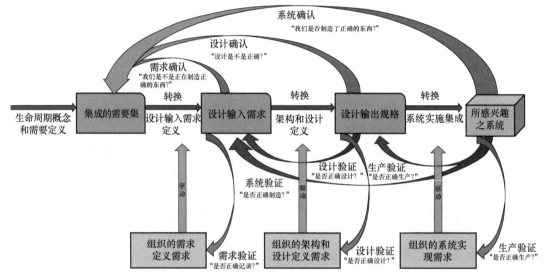

图 5-12　验证和确认与系统开发之间的关系

图 5-12 中，从左到右的主要流程是系统实现的整个生命周期活动：从需要开始，这些需要被转化为需求，而需求又被设计流程转化为一系列设计输出规范，并根据这些规范开展系统构建（物理元素）或编码（软件元素）。从右到左的确认箭头位于上半部分：在这里需求、设计输出规格和系统验证始终与需要、预期用户和运行环境相关联。在系统开发主流程的下方是验证箭头，它们从系统、模块下方回到设计和需求。

（1）需要、需求的验证与确认　需要和需求验证评估系统的单个需要和需求表达以及集成的需要和需求集的质量，以确保它们具有格式良好的需要陈述和需求以及需求和要求集的特征；需要和需求确认过程将确定需求和需求的集合是否将导致系统在其操作环境中由其预期用户操作时达到预期目的，从而使非预期用户不会妨碍系统的正常操作。

（2）设计的验证与确认　设计验证是对设计概念和由此产生的图样、规格、逻辑流程图和其他制品（称为设计输出规格）与设计输入要求进行验证的行为。设计确认活动提供必要的证据，以确定设计实现后所产生的系统是否能满足预期用户在运行环境中使用时的需求。

（3）生产的验证　为降低生产缺陷的风险，生产验证是一项重要活动，应包括系统开发生命周期中的正式活动，而不仅仅是生产线中穿插的质量控制活动。例如，V 模型在集成之前，应针对系统物理架构中的每个子系统和系统元素逐步完成生产验证。在系统工程验证与确认中，生产验证并不是验证设计实现后，系统是否满足设计输入要求，而是验证制造或编码的项目是否按照设计输出规格制造，并将其交给制造部门或编码部门。有些机构称之为生产质量。

（4）产品的验证与确认　系统验证确保通过前面讨论过的几种验证方法（测试、演示、检验或分析）之一来证明系统符合其设计输入要求。系统验证确保已实现的系统在需求环境中达到运行性能。这是正确的系统吗？回答这一问题通常从以下方面考虑：

1）是否按照用户的预期运行？

2）问题/机会是否得到正确解决？

3）系统的实现是否可重复？

4）当预期用户操作该系统时，上述 4 个问题是否仍然成立？

5）如果非预期用户访问了系统，是否防止了对系统或环境的破坏？

系统验证与确认的基本方法包括：

1）测试（Test）。通过测试进行验证或确认包括直接测量可测量的特征并进行定量验证。这些测量通常是使用仪器或特殊测试设备获得的，这些仪器或特殊测试设备不是被验证的测试物品的组成部分。

2）演示（Demonstration）。演示是一种对最终产品的特性或功能特征进行定性测定而不是直接定量测量的方法。定性确定是通过使用或不使用测试设备或仪器进行观察来进行的。

3）检验（Inspection）。检验基于目视检查，以核实或验证建筑特征、工艺、尺寸或物理特性。检验还包括长度等简单测量，无须使用特殊实验室或定制精密设备。对质量特性（尺寸、质量）的高精度测量可视为检验。

4）分析（Analysis）。分析可能包括但不限于工程分析、建模和仿真、相似性分析、抽样分析。分析还可能包括对记录的评估，例如材料认证或过去的材料测试温度曲线，或从测试环境推断到操作环境。当测试不具有成本效益、检查和/或演示本身不够充分或测试环境与操作环境不完全匹配时，分析方法可能是最佳选择：①类比或相似性，该方法基于与所提交的元素相似的元素的证据，或者基于与给定的被测元素高度相关的测试或分析经验；②抽样，一种统计分析形式，其中系统的数量为数百个或更多，它基于对特性的验证——质量、长度、电流消耗、表面电阻、表面涂层含量等。例如，可能会对许多螺栓进行螺距或材料含量的批量取样。该活动可以是对从较大批次中抽取的样本进行测试或检查。与系统验证相比，抽样通常更与生产验证相关，因为系统验证仅由项目团队对初始系统进行，一旦系统通过系统验证和系统验证，多个单元的生产将由制造商负责。

除上述方法外，还可以从以下来源得到关于系统特征和行为的知识和信息，包括：

1）实验（Experimentation）。对与系统相关的技术、产品甚至概念进行具体调查，以确定其特性。

2）认证（Certification）。根据安全和安保等标准对系统进行认证时使用的事件数据，这也能为更广泛的验证与确认提供支持。

3）建模和仿真（Modeling & Simulation）。即利用系统虚拟原型，将在 5.4 节进一步讨论。

4）比较（Comparison）。将一个系统、子系统或组件与另一个已知令人满意的系统、子系统或组件相同或接近相同的事实作为其符合要求的证据。

5）暗示（Implication）。在其他情况下，将验证与确认方法的结果视为其他要求已得到满足的暗示，即使这些要求未被单独评估。

5.4 基于模型的系统架构与集成技术

在系统架构与集成中使用建模与仿真技术、原型技术等有助于大幅度地降低系统失败的风险，缩短系统开发周期，降低系统实现成本。

5.4.1 系统架构建模技术

系统级正规建模方法的出现是基于模型的系统架构出现的主要动机。基于模型开发的正规化架构可以在概念设计早期正规的定义系统所有的维度、行为和结构。根据适用领域的差异，当今主流的基于模型的系统架构建模方法包括 TOGAF、UAF、DODAF、ARCADIA、MagicGrid 等。其中，ARCADIA 和 MagicGrid 建模方法在 3.4 节中介绍，这两种建模方法更侧重产品系统的架构建模。本节重点介绍企业数字化、信息化转型的主流架构建模方法 TOGAF 和基于国防领域演进而来，军民通用的 UAF 架构建模方法，以及业务流程建模和面向服务的架构建模方法等，这些内容更偏向复杂组织体的架构建模。

1. TOGAF 架构建模方法

TOGAF ADM 和与其配套的 ArchiMate 架构建模语言已成为该领域的国际通用标准。架构建模与其 ADM 架构开发相结合，提供 ADM 各个阶段输入、输出和步骤内容的正规元模型定义和建模方法的规范。ArchiMate 是一种整合多种架构的可视化业务分析模型语言，属于架构描述语言（Architecture Description Language，ADL）。ArchiMate 从业务、应用和技术三个层次（Layer），主体、行为和客体（主谓宾三元组）三个方面（Aspect），以及产品、组织、流程、信息、资料、应用、技术领域（Domain）进行描述。ArchiMate 提供了一种集成的架构方法，可以描述和可视化不同的架构域及其底层关系和依赖关系。此外，该语言与TOGAF 的架构内容框架保持一致，并结合了业务、信息、应用程序和技术架构的元素。

基于 ArchiMate 定义的 TOGAF 架构元模型定义了出现在描述复杂组织体架构模型中的元素类型，以及这些元素之间的关系。为了保证元模型的可扩展性，TOGAF 提供了一个基础核心的元模型，包含大多数复杂组织体进行架构建模中共同需要的实体类型和实体之间的关系，并且很好地支撑了 ADM 的使用。TOGAF 架构内容元模型的核心元素包括：施动者、应用组件、业务能力、业务服务、行动方案、数据实体、功能、信息系统服务、组织单元、角色、技术组件、技术服务、价值流。通过元模型中定义的这些元素及关系（即语义，Semantics），揭示了 TOGAF 架构内容的内在逻辑，并保证不同架构视角及视图中元素内容的完整性、一致性、可追溯性，给架构方法使用者提供架构创建和架构内容分析的内在逻辑。ArchiMate 语言中的不同层次分别描述了业务层、应用层和技术层的架构内容，每个层次又定义了该层次的动机、结构及行为。基于这样的设计，形成了 ArchiMate 建模语言框架，如图 5-13 所示。

应用 ArchiMate 建模语言框架进行架构建模的主要方法逻辑如下：

1）战略层引入战略要素，对战略方向和战略选择进行建模。

2）业务层描述了提供给客户的业务服务，这些服务通过业务参与者执行的业务流程在

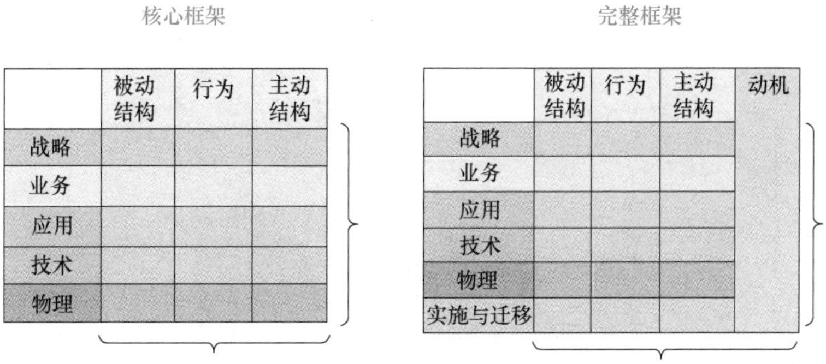

核心框架 完整框架

图 5-13 ArchiMate 建模语言框架

组织中实现。

3）应用程序层描述了支持业务的应用程序服务以及实现这些服务的应用程序。

4）技术层描述运行应用程序所需的处理、存储和通信服务等技术服务，以及实现这些服务的计算机、通信硬件和系统软件。物理元素包括设施、设备、物料和配送网络等内容。

其中 ArchiMate 框架的列表示如下内容：

1）主动结构方面（Active Structure Aspect），它表示复杂组织体结构元素（业务参与者、应用程序组件和展现实际行为的设备等），即活动的施动者。

2）行为方面（Behavior Aspect），表示施动者的行为（流程、功能、事件和服务）；结构元素被分配给行为元素，以显示实施行为的人或物。

3）被动结构方面（Passive Structure Aspect），表示行为的对象。它们通常是业务层中的信息对象和应用层中的数据对象，但是它们也可以用来表示物理对象。

4）动机方面（Motivation Aspect）回答复杂组织体设计的驱动因素。

2. UAF 架构建模方法

与 UAF 架构框架及开发方法相配套的是 UAFML。与 ArchiMate 类似，UAFML 是对 UAF 架构框架内容元模型的正规定义。UAF 领域元模型（Domain MetaModel）建立了用于对复杂组织体和复杂组织体内的主要实体进行建模的底层基础建模构造。它提供了概念、关系和 UAF 网格视图规范的定义。UAF 领域元模型是任何 UAF 实现（包括非 UML/SysML 实现）的基础。UAFML 提供了使用 UML/SysML 实现 UAF DMM 的建模语言规范。UAFML 由 OMG 制定，基于 SysML 1.7 版本元模型面向 UAF 架构框架内容进行扩展而来，也属于架构描述语言。UAFML 清晰地表达复杂组织体的架构模型元素，并通过"域""模型类型"和"视图规范"来组织模型，以支持不同领域基于 UAF 框架的架构建模应用。

UAFML 支持对复杂组织体架构中战略能力、运行场景、服务、资源、人员、安保、项目、标准、措施和需求进行建模，用于以下用途：

1）广泛的复杂系统的模型架构，其中可能包括硬件、软件、数据、人员和设施元素。

2）为体系建立一致的架构模型，直至较低级别的设计和实施。

3）支持复杂系统的分析、规范、设计和验证。

4）提高基于 SysML 的相关工具之间交换架构信息的能力。

基于 UAFML 的多无人机森林防火管理体系的概念与场景建模表达示例如图 5-14 所示。当巡逻的无人机怀疑或探测到火情时，会将确认任务分配给另一架无人机。由一架具有足够

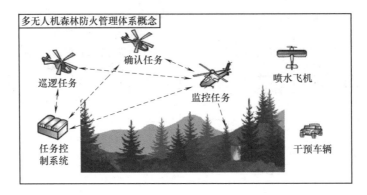

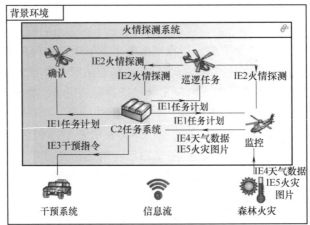

a) 体系概念与背景环境

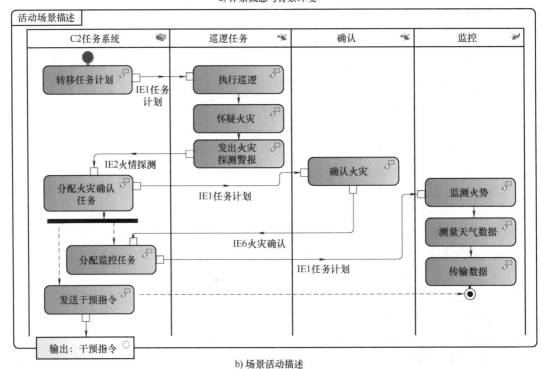

b) 场景活动描述

图 5-14　基于 UAFML 的体系场景建模示例

徘徊能力的无人机监视火情。背景环境建模代表了与相关系统相互作用的因素、外部参与者和系统。这些互动可以是事件（如指令），也可以是物质、能量或信息流。环境（如森林火灾）、位置（如高海拔）和条件（如高风速）是用于模拟环境的元素。场景活动描述了体系概念的运行活动逻辑，为后续针对运行活动的详细设计与相应资源配置提供了顶层完整图像。

3. 业务流程建模

业务流程是复杂组织体的核心要素之一，是连接复杂组织体各个部分、回答战略能力实现的逻辑机理。面向不同类型的复杂组织体，业务流程可以被理解为不同领域的概念，例如生产系统中的生产流程、物流系统中的物流流程、生产管控系统中的管控流程等。因此，对复杂组织体的业务流程进行正规建模表达是系统架构建模的核心内容。

业务流程建模语言与符号（Business Process Model and Notation，BPMN）是对象管理组织维护的关于业务流程建模的行业性标准。它建立在与 UML 的活动图非常相似的流程图法基础上，为业务流程图（Business Process Diagram，BPD）中的特定业务流程提供一套图形化标记法。BPMN 的目标是通过提供一套便于所有业务用户都能够理解的符号（包括从创建流程初始草案的业务分析师到负责实现将执行这些流程的技术开发人员以及管理和监控这些流程的业务人员）表现复杂流程语义的标记法，同时为技术人员和业务人员从事业务流程管理提供支持。BPMN 规范还提供从标记法的图到执行语言基础构造的映射，例如业务流程执行语言（Business Process Execution Language，BPEL）。UAF 架构框架的元模型中，重用了 BPMN 中的许多概念，例如流程等。这些概念使 UAF 领域元模型能够重用 BPMN 语义，而不需要重新创建自己的语义。

BPMN 包括流对象、连接、泳道、数据、工件五个基本类别的元素，以描述流程、活动、参与者、数据、消息等。流程设计和管理人员可以根据业务需要，基于 BPMN 元素将现实世界业务流程建模为流程图、协作图或会话图，并存储为可执行业务流程模型，便于业务人员之间、机器之间以及人与机器之间的交互。同时，BPMN 遵循业务人员习惯的流程图符号（Flowcharting）的传统，以提高业务流程模型的可读性和灵活性。

4. 面向服务的架构建模语言

面向服务的架构（Service Oriented Architecture，SOA）是一种描述和理解组织和系统的方法，也是当前复杂系统设计的主流架构范式。当前，服务被理解为与业务价值、流程和战略目标相关联，而不仅仅是一个软件实现的模式（即"应用"的概念）。在 TOGAF 中，服务可以由软件、系统、人员、组织或任何所需的资源来实现。SOA 宣言定义了 SOA 的 6 个核心价值：①相比技术策略更加关注业务价值；②相比特定项目效益更加关注战略目标；③相比客户集成更加关注内在互操作性；④相比特定目的的实施更加关注服务共享；⑤相比最优化更加关注灵活性；⑥相比追求初始完美更加关注持续的改善。

也正是因为以上原因，服务作为一个重要的分析设计层次在 UAF 等架构中被定义，实现了运行概念（或功能、能力）与具体实现形式（物理形式、技术）的解耦，从而释放了解决方案的创新空间（避免与具体技术绑定），同时提高了运行概念的稳定性和设计的可重用性。SOA 作为一种架构范式，用于定义人员、组织和系统如何提供和使用服务来实现目标。用 SOA 描述的架构可以是业务架构、使命任务架构、组织架构或信息系统架构。面向架构的 SOA 方法有助于将需要做什么与如何做，在哪里做，谁做区分开。

面向服务架构建模语言（Service-oriented architecture Modeling Language，SoaML）是 OMG 的一个开源规范项目，描述了面向服务架构中服务建模和设计的元模型和 UML 扩展文件。SoaML 依靠模型驱动架构（Model Driven Architecture，MDA）技术，将服务的逻辑实现与基于平台的物理实现相分离。这种分离使服务模型更加简单，又能更好地适应底层平台和执行环境的变化。SoaML 元模型扩展了 UML 2 元模型，以支持分布式环境中的服务建模。SoaML 元模型主要在五个方面对 UML 2 的概念进行了扩展：服务参与者（Participants）、服务（Services）、接口（Interfaces）、服务契约（Service Contracts）以及服务数据（Service Data）。

5.4.2 基于模型的系统集成、验证与确认技术

在基于模型的系统工程方法论中，所有工程流程活动均围绕系统 MS&A（Modeling，Simulating，Analysing，建模、仿真与分析）开展，覆盖数字系统模型的创建、实现和运用，贯穿系统生命周期，从而为系统集成、验证与确认提供数字的、持久的、权威的真相源（Source of Truth），是系统数字孪生、数字线索乃至如今数字工程的底层机理。随着越来越多地使用模型和仿真作为设计流程的一部分，系统集成、验证与确认活动可以在系统物理实施前的生命周期阶段早期进行。这样做有助于降低与实际物理硬件、软件进行系统集成、系统验证和系统验证活动时发现问题和异常的风险，并减少由此造成的昂贵而耗时的返工。此外，在项目早期进行建模和仿真可以在系统物理实施前获得采购方和其他利益攸关方对最终系统架构和设计（以虚拟原型形式呈现）的早期反馈。

1. 可执行架构（Executable Architecture）

虚拟原型系统（Virtual Prototype System）是可执行模型、仿真与分析工具以及制品的集合。其中，可执行架构是虚拟原型系统的核心部分，直观理解为源于系统架构模型的仿真。系统架构设计的目的是塑造正在开发中的系统的架构。架构师无法单独完成这项工作，只能通过系统架构师与相关专业工程领域开发人员之间的密切合作来实现。如果各方按照约定的架构描述来开发系统，那么描述的系统架构和所展现的系统架构就会保持一致。因此，为确保架构利益攸关方对系统架构有一致的理解，必须通过正规的架构视图模型将架构描述传达给架构利益攸关方。基于模型的系统架构设计可以创建一个系统架构模型，以此为保持系统全貌的唯一真相来源，并从中产生面向不同利益攸关方的不同视图。基于模型的系统架构另一个重要意义是高层级的架构仿真以及架构驱动的集成分析优化。

基于模型的系统架构层次与 MS&A 活动如图 5-15 所示，系统虚拟原型将整个基于模型的系统架构活动联系在一起。

1）运行 MS&A。从系统使用者和其他用户的角度来研究运行架构，他们关注的是系统所要完成的任务。它涉及系统运行的环境，运行场景和参与者的互动，以各种方式使用系统的结果，以及运行性能和有效性的衡量标准。因此，它可用于创建架构分析的整体环境，并将系统行为作为一个整体进行可视化。运行仿真更类似视频游戏或电影动画的方式，展现了系统最抽象的状态。有许多工具可用于模拟运行环境，例如，太空系统可能会使用包括轨道动态、太空天气、地面轨道、传感器视场和通信链路等内容的高级系统行为的模拟。商业航空分析可能会查看准时起飞和到达、飞机利用率、货物交付和所需机组人员的统计数据。运行模型通常允许引入事件，甚至可以模拟合成人类参与者的决策逻辑。典型的性能和有效性测度涉及业务流程或任务成功完成的概率、资源消耗、执行时间和延迟、最大任务负荷以及

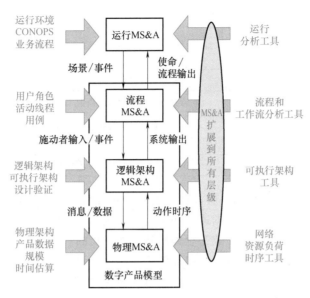

图 5-15　基于模型的系统架构层次与 MS&A 活动

企业或其他环境中的互操作性。

2）流程 MS&A。运行 MS&A 提供了系统环境和运行场景的宏观视图。接下来，通过对业务流程、任务线程、工作流或其他高级行为建模，将这一图景细化为具体的系统架构活动。这也被称为业务流程建模。使用用例和活动图进行行为建模，表示系统域的主要活动和交互。相应的可执行表示法将这些行为作为业务流程或组织任务来处理。流程模型包括代表资源的节点和代表数据流和控制流的连接，以及与处理或决策步骤相关的时间等参数。流程模型非常有助于解决各种问题，如确保系统流程得到充分理解，发现瓶颈和不平衡，确定情景各阶段操作员的任务和所需技能，描述关键决策点，评估并行流程和必须同步的流程点。

3）逻辑架构 MS&A。当系统设计逻辑视角成形时执行。架构元素和图表的可执行版本可用于检查模型的完整性和正确性，进行更详细的时序和性能分析，支持与客户和开发人员的对话，以及许多其他方式。行为图（如活动图、序列图和状态机图）是仿真的主要候选图。一些 UML/SysML 建模工具支持自动代码生成，这些软件可以作为另一种形式的可执行架构在目标硬件上运行。①模型动态仿真——最简单的方法是将行为图（通常是序列图、活动图和状态机图）放入一个仿真工具中，该工具可以仿真建模行为，以探索时序（例如通过校准估计执行时间的流程步骤）、并行性（例如通过验证同步步骤是否正确发生）以及对外部事件的响应，但不试图生成真实的软件（基于代理的仿真与 SysML 模型之间的映射关系见表 5-3）。主流的 SysML 建模工具越来越多地提供这种功能，这也是系统工程师和架构师感兴趣的可执行架构的主要类型。②可执行 UML——用于处理主要涉及的软件架构，因此 UML 是首选语言。这种方法通常称为可执行 UML（xUML）。有一些工具可以从适当注释的 UML 模型开始，生成代码（一般称为自动编码）既可以是系统的模拟，也可以是实际的系统软件。这些工具既要求 UML 模型完整正确，又要求提供完全定义行为的动作语义。就 OMG 的模型驱动架构而言，xUML 是自动编码的主要方法，用于将独立于平台的模型（Platform Independent Model，PIM）转换为特定于平台的模型（Platform Specific Model，PSM），然后在目标系统计算平台上运行。

表 5-3　基于代理的仿真与 SysML 模型之间的映射关系

基于代理的仿真	SysML 模型	备注
代理属性	块定义图	bdd 图列出了仿真中所需的所有代理,并提供了代理的黑盒表示
代理方法	内部块图	ibd 图提供了代理的白盒视图,描述了代理的功能和物理分解
	参数图	par 图描述了代理功能所需的工作方法
交互规则	活动图	act 图表示每个代理的状态转换逻辑。这些规则既可用于代理与代理之间的交互,也可用于代理与环境之间的交互
被记录的变量	需求图	req 图说明应从模拟中计算出哪些性能指标来执行分析

4）物理 MS&A。物理模型以足够高的保真度表示硬件和软件,以再现详细的行为,并计算处理器吞吐量和负载、网络数据速率和延迟、天线模式、传感器检测范围、车辆动力学和其他物理参数。物理建模是大多数工程师所熟悉和擅长的。目前使用的工具和建模方法很多,有些是商业产品,有些是开发机构内部创建的。这种建模可能既昂贵又耗时,因此通常集中在特定的设计和需求问题上,在实际系统组件构建和测试之前需要找到答案。例如,分析是否有足够的余量来满足要求,以及计算和通信资源是否足以应对最坏情况下的负载。通常情况下,物理 MS&A 会研究实际或潜在的流程瓶颈、资源负载平衡和行为统计模式等问题。其结果可用于校准架构和流程模型,以提高其准确性。许多项目的经验表明,适当范围的物理 MS&A 可以在开发早期发现基础设施、连接性和余量方面的问题,而这些问题是最容易纠正的。准确的物理模型随后可以与集成与测试活动联系起来,以扩展操作条件的范围,使其超出物理原型所能承受的范围,并使用测试结果来校准和完善模型。

2. 虚拟样机

虚拟样机技术是学科级建模与仿真发展的新阶段,以各类 CAX（如 CAD、CAE、CAM 等）和 DFX（如 DFA、DFM 等）技术为载体融合的虚拟样机技术已经在各个学科/领域中取得了成功实践。虚拟样机围绕复杂装备,将不同工程领域的模型进行结合,实现多学科/领域的协同设计与仿真验证。其主要特点是将详细设计中所涉及的大量学科（专业）领域（机、电、液、控等）模型（通常是由分布的、不同工具开发的,甚至是异构的）组成模型联合体,用于多级别（例如任务级、系统级、子系统级）的仿真,（部分）替代传统基于物理样机对装备进行的测试、评估,实现开发周期缩短、开发成本降低等价值。在传统模式下,系统测试需要各部件分别完成物理实体生产后再进行集成组装、试验与测试,如果发现问题,则需要重新返工。而在虚拟样机模式下,可以实现基于模型开展系统总体、单学科和多学科的设计、验证与测试,努力将差错和问题在物理实体生产之前降到最低。

复杂装备虚拟样机的开发与基于模型的系统工程方法密切相关。基于模型的系统工程方法提供了虚拟样机工程总体技术的指导,系统架构建模技术则是虚拟样机建模技术的核心。

3. 数字孪生

数字孪生是系统建模与仿真的终极应用,即数字孪生是继多学科虚拟样机之后,建模与仿真技术在新一代信息技术和人工智能技术下的延伸应用。数字孪生是随着物理样机的成功制造和使用运行,与物理样机之间持续进行数据交互,并保持相互作用及同步演进的形态。基于数字孪生可以充分利用物理模型、传感器更新、运行历史等数据,集成多学科、多物理量、多尺度、概率的仿真过程,在虚拟空间中完成对物理实体、流程或系统的映射,从而反映其全生命周期过程,特别是对系统使用运行阶段的准确刻画与预测有助于利益攸关方对系统在使用运行条件下的确认。

近年来，数字孪生正被整合到基于模型的系统工程框架中，成为其核心部分。基于模型的系统工程框架下的数字孪生概念如图 5-16 所示。

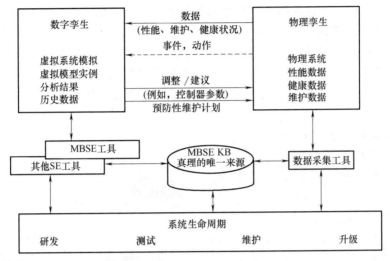

图 5-16　基于模型的系统工程框架下的数字孪生概念

数字孪生连接了虚拟环境和物理环境。物理环境包括物理系统、内嵌和外部传感器、通信接口，还可能包括在开放环境中运行并可获取 GPS 数据的其他系统。与物理系统相关的运行和维护数据都会提供给虚拟环境，以更新数字孪生中的虚拟模型。这样，数字孪生系统就代表了精确和最新的物理系统，同时也反映了物理孪生系统的运行环境。重要的是，即使在物理孪生系统售出后，与物理孪生系统的关系仍可继续，从而有可能长期跟踪每个物理孪生系统的性能和维护历史，检测和报告异常行为，并建议/安排维护。数字孪生的运行环境包括一个仪器测试平台，在这个测试平台上，基于模型的系统工程工具（如系统建模和验证工具）和运行场景模拟（如离散事件仿真、基于代理的仿真）被用来探索虚拟原型在实验者控制下的假设模拟模式下的行为。从运行环境中获得的信息可用于修改虚拟原型中使用的系统模型。虚拟原型使用物理系统提供的数据来实例化数字孪生系统。随后，数字孪生系统会不断更新，以忠实反映物理孪生系统的特征和历史。重要的是，从运行环境中收集和提供数据的系统有助于洞察商业智能（Business Intelligence，BI）所需的信息。例如，美国国防部目前正在改变其系统，以全面记录来自作战任务的所有电子战信号（数据），从而分析和更好地了解作战环境，并为系统提供有针对性的更新。

基于模型的系统工程工具集包括系统建模方法（例如 SysML 模型）、设计结构矩阵、流程依赖结构矩阵、概率模型（如马尔可夫决策过程）、离散事件仿真、基于代理的仿真、基于模型的故事讲述、MBSE 知识库（构成权威的真相来源）以及系统工程生命周期流程模型，如图 5-16 所示。虚拟系统模型包括轻量级模型和完整模型。轻量级模型反映了简化的结构（例如简化的几何形状）和简化的物理（例如降解模型），以减少计算负荷，尤其是在前期工程活动中。这些轻量级模型可以在适当的维度上对复杂系统和体系进行保真仿真，以最小的计算成本回答问题。可以从物理孪生中收集性能、维护和健康数据，并提供给数字孪生。这些数据包括运行环境特征、发动机和电池状态以及其他类似因素。数字孪生和物理孪生都可以由共享的基于模型的系统工程资源库提供支持，该资源库还支持系统工程和数据收集工具。基于模型的系统工程模型是真相的权威来源。这种配置还能确保数字孪生和物理孪生之间的双向通信。

当前数字孪生技术正在成为基于模型的系统工程的核心能力，因为它可以使基于模型的系统工程跨越整个系统生命周期，同时帮助基于模型的系统工程进入制造业、建筑业和房地产等新市场。具体来说，数字孪生可用于前期工程（如系统概念化和模型验证）、测试（如基于模型的系统验证）、系统维护（如基于状态的维护）和智能制造。另外，基于模型的系统工程可以提供各种系统模型架构和建模语言，数字孪生可以在虚拟系统表示中加以利用。

4. 基于模型的系统工程闭环

随着物联网技术的发展，通过架构建模、虚拟集成验证确认与现场数据实时连通，有助于进一步实现复杂装备全生命周期的工程数字闭环（Digital Closed Loop），进而大大提高装备的全生命周期工程质量和效率。基于模型的系统工程中的闭环提升环路如图 5-17 所示，其提升重点分别在于跨学科系统开发、系统验证和确认以及系统使用等生命周期阶段。

图 5-17　基于模型的系统工程中的闭环提升环路

1）模型在环（Model-in-the-loop）是指在对应的建模工具中或结合外部的仿真工具执行或仿真系统模型，以验证系统设计的结构和行为，并对部分解决方案或系统组件进行早期验证。一般来说，模型通过物理、数学或逻辑表示来描述系统实体、现象或过程。模型执行或仿真是计算机执行所描述的系统行为指令的过程，同时考虑系统的输入并产生输出。模型执行或仿真的目的是对系统、特定对象或某一现象随时间的动态行为进行评估。

2）孪生体在环（Twin-in-the-loop）是对系统、管理平台以及相关业务和服务流程的数字孪生进行验证的一种新方法。这一步可以在系统开发阶段的早期进行，当时真实系统还不存在。它通过将仿真就绪的系统模型连接到物联网运行系统，模拟真实的现场设备和/或其数据输出，从而实现数字孪生及其相关业务和服务模型的早期配置，孪生将在该系统中实施。

3）系统在环（System-in-the-loop）是基于智能产品的设计和操作使用的无缝整合而提出的系统改进概念。单个产品或整个产品群可通过规划策略和改造概念进行优化，从而实现系统架构和数字孪生之间的闭环。为此，必须对现场信息进行精确参考和适当细分，以便有针对性地利用结果进一步开发产品和流程。将现场数据返回到开发过程中需要 PLM 系统（工程数据管理的核心）与物联网运行系统（运行数据管理的核心）之间的紧密集成。

5.5 智能制造参考架构

架构方法在众多领域都有应用，产生了面向特定领域的参考架构（Reference Architecture，RA）。主要的参考架构包括：

- 银行业 BIAN 服务体系。
- 保险业 ACORD 框架。
- 电信业 eTOM 业务流程框架。
- 政府参考架构，如美国 FEAF。
- 国防架构框架，如美国 DODAF、北约 NAF。
- 供应链业务参考架构 SCOR。
- 交通运输业的 ARC-IT。
- 汽车行业的参考架构 AUTOSAR。

使用参考架构是面向领域问题应用架构方法的重要起点。参考架构是一种通用且有用的模型，在此基础上可以衍生出具体的模型。根据这一定义，系统架构的具体模型可以从（通用）参考架构模型中衍生出来。参考模型有助于有效推导系统架构。系统架构为不同的利益攸关方（开发商、制造商、供应商和运营商等）提供了不同技术系统的通用术语和结构。它通过为技术对象（资产）创建统一的虚拟表示来实现这一目标。正如我们熟悉的软件设计模式是对一系列具体设计的抽象，可以在保留已被证明的基本原则的同时，根据新的情况进行调整，参考架构也是对一个或多个现实世界中成功架构的结构、行为和规则进行抽象，从而创建一个模板。其基本动机是在开发新系统或企业时节省精力和降低风险，近年来人们已经尝试了许多方法。参考架构或模式提供了通用词汇、可重复使用的设计和行业最佳实践，可作为更具体架构的约束条件。通常，参考架构包括通用架构原则、模式、构件和标准，它们不是解决方案架构（即不直接实施）。企业参考架构是标准化的架构，为垂直领域或行业提供了参考框架。

工业生产的数字化使得将高端复杂装备的整个生命周期以综合模型的形式呈现变得越来越重要。模型将复杂的现实还原为抽象的本质，因此可以创建复杂结构和流程的功能表征。装备生命周期的复杂性不断增加，主要是因为开发商、制造商、供应商和客户在未来的产品开发和生产过程中将更加紧密地联系在一起。这就意味着，只考虑两两之间的成对关联模型已经不够了，因此工业生产需要作为一个完整的系统来建模。协同制造模型如图 5-18 所示，它很好地展现了这一点。在这个模型中，横轴是价值链（左边是供应链，右边是客户关系链）。全球新冠疫情使大家真正认识了供应链和客户关系链的重要性：如果供应链不可靠，工业生产就不能持续；如果客户关系链不可靠，产品即使生产出来，也无法销售。模型的纵轴是企业内部经营管理。第三个轴是产品生命周期（也可以理解技术生命周期）。随着技术的快速发展，产品的生命周期和技术的生命周期都在不断缩短。当前数字技术的发展帮助我们解决了很多问题，但是这三个轴仍没有完全综合，三个轴之间更没有统一联动。而大家所熟悉的工业 4.0，其本质就是解决这三个轴如何综合的问题。

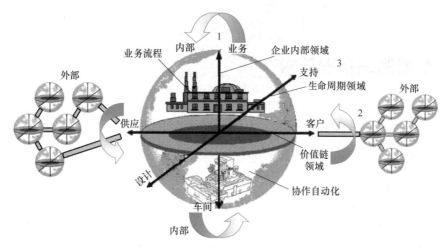

图 5-18 协同制造模型

1—企业内部经营管理：从现场到业务级 2—价值链：从供应到客户 3—产品生命周期：从设计到支持

过去十年间，人们创造并使用了与工业生产数字化相关的各种术语——智能制造、工业4.0、物联网和工业物联网等，并发布了各种架构参考模型。下面简述智能制造领域的典型参考架构，帮助大家进一步体会架构方法原理及其在智能制造领域的应用实践。

5.5.1 RAMI 4.0

工业 4.0 参考架构（RAMI 4.0）包括三个维度（见图 5-19）。

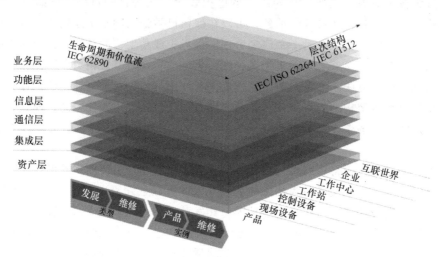

图 5-19 RAMI 4.0 模型

（1）架构层级 从资产层、集成层、通信层、信息层、功能层到业务层。RAMI 4.0 的层级包括代表真实物理世界的资产层和人类组织活动的业务层，代表了与 TOGAF 和 UAF 类似的抽象层级。

（2）生命周期和价值流 从开发到维护/使用，由 IEC 62890 标准定义。"类型"（Type）与"实例"（Instance）的区别在于：当一个想法、概念或事物等仍然是一个计划时，它是一个类型，而当它成为一个真实可用的对象时，它就变成了实例。可以看出，RAMI 4.0 的生命周期维度与系统工程生命周期模型一致。

（3）层次结构　从产品、现场设备、控制设备、工作站、工作中心、企业到 IEC/ISO 62264 和 IEC 61512 所定义的互联世界。RAMI 4.0 的层次结构代表了智能制造领域的系统层次结构。

5.5.2　NIST 智能制造生态系统

美国国家标准与技术研究院发布的智能制造生态系统（Smart Manufacturing Ecosystem，SME）包括三个交互的维度和一个制造金字塔维度（见图 1-1）。

（1）产品　产品生命周期包括从设计、工艺设计、生产工程、制造、售后服务，到产品回收。而产品生命周期中的信息流和控制是非常重要的。

（2）生产　生产系统的生命周期包括设计、建造、调试、运行和维护，以及废弃和回收。这些生命周期阶段主要涉及包括系统在内的整个生产设施。

（3）业务　以供应链业务为主，其周期从采购、制造、交付到退回，主要解决供应商和客户之间的互动功能。

（4）制造金字塔　这一维度基于 IEC/ISO 62264 模型——企业资源层、生产运营管理层、监控和数据采集层、设备层。

5.6　总结

系统架构与集成是系统工程的主要任务。正规的系统架构建模与集成技术是基于模型的系统工程的重要使能技术。当前，以架构为中心已经成为基于模型的系统工程方法论的发展趋势，为框定复杂系统问题、衔接问题域与方案域提供了重要理论基础和方法技术支撑。本章首先启发大家思考与联想智能制造中系统架构与集成的直观背景，阐述基于模型的系统架构与集成的价值（Why）。接着从架构方法发展历程讲起，重点帮助大家理解架构方法在建筑、软件、产品系统、复杂组织体等各类型对象中，在工业自动化、军事国防、商业企业等不同领域的共同基本原理。关于架构方法的介绍按照"架构开发（描述）—架构决策—架构集成与验证确认"的逻辑展开，尝试较为全面的回答架构方法是什么（What）。然后介绍了系统架构与集成的主要技术，围绕架构建模、基于模型的系统集成、验证和确认以及在此基础上的基于模型的系统工程闭环愿景等主题展开，回答建模与仿真技术如何使能系统架构与集成（How）。最后综述了智能制造领域的典型参考架构，帮助大家完成由原理方法到实践的视角转换。

5.7　拓展阅读材料

1）国际系统工程协会最近出版了一系列围绕需要、需求（*Guide to Needs and Require-*

ments)，验证和确认（*Guide to Verification and Validation*）的官方指南，作为系统工程手册相关部分内容的补充。

2）《数字孪生实战：基于模型的数字化企业（MBE）》一书较为全面地介绍了企业视角下基于模型的数字化生产制造的相关内容，有助于读者建立全貌。

💡 **习题**

1）参考图 5-9，简述 Zachman 框架横向、纵向两个维度的含义，并尝试分别以飞机、工厂、供应链为对象进行解释。

2）参考 5.3.1 节内容，综合比较 Zachman、TOGAF、UAF 三种架构框架的异同。

3）以 ISO/IEC/IEEE 42020 标准为参考，对比阐述 TOGAF、UAF 架构开发方法的基本思路。

4）思考程序化决策和非程序化决策的差异，并举例说明。

5）对比 TOGAF 架构内容元模型和 UAF 领域元模型，分析二者的异同。

参 考 文 献

［1］ ALEXANDER C, ISHIKAWA S, SILVERSTEIN M, et al. A pattern language：towns, buildings, construction［M］. New York：Oxford university press, 1977.

［2］ MOIR I, SEABRIDGE A. Aircraft systems［M］. 3rd ed. New Jersey：Wiley, 2008.

［3］ 工业和信息化部，国家标准委. 国家智能制造标准体系建设指南（2021 版）［R/OL］.（2021-12-03）［2024-04-17］. https：//www. gov. cn/zhengce/zhengceku/2021-12/09/5659548/files/e0a926f4bc584e-1d801f1f24ea0d624e. pdf.

［4］ ZACHMAN J A. A framework for information systems architecture［J］. IBM systems journal, 1987, 26（3）：276-292.

［5］ DOUMEINGTS G, VALLESPIR B, CHEN D. GRAI grid decisional modelling［M］//BERNUS P, MERTINS K, SCHMIDTG. Handbook on Architectures of Information System. Berlin：Spring, 1998.

［6］ WILLIAMS T J. The purdue enterprise reference architecture［J］. Computers industry, 1994, 24（2-3）：141-158.

［7］ Enterprise modelling and architecture—Requirements for enterprise-referencing architectures and methodologies：ISO 15704：2019［S/OL］. http：//www. iso. org/standard/71890. html.

［8］ HSIUNG C H, CHEN H J, TU S W, et al. How the federal enterprise architecture framework（FEAF）supports government digital transformation［EB/OL］.［2020-09-05］. http：//eapj. org/wp-content/up-loads/2020/09/How-the-Federal-EA-Framework-Supports-Government-Digital-Transformation. pdf.

［9］ Overview of an emerging standard on architecture processes：ISO/IEC/IEEE 42020：2019［S/OL］.［2019-07-23］. http：//iso. org/standard/68982. html.

［10］ TOGroup. TOGAF® Standard, 10th Edition［EB/OL］. https：//www. opengroup. org/togaf /10th edition.

［11］ INCOSE international symposium. Enterprise architecture guide for the Unified Architecture Framework（UAF）v1. 2［EB/OL］.（2022-07-03）. https：//www. omg. org/spec/UAF/1. 2.

［12］ SIMON H A. The new science of management decision［M］. Rev. ed. Englewood Cliffs：Prentice hall，c1977.

［13］　HARRISON E F，PELLETIER M A. The essence of management decision［J］. Management decision，2000，38（7）：462-470.

［14］　KAZMAN R，KLEIN M，BARBACCI M，et al. The architecture tradeoff analysis method［C］//Proceedings of the fourth ieee international conference on engineering of complex computer systems，August 10-14，1998，Montery，CA，USA. Pitts burgh：Betascript publish，1998：68-78.

［15］　HOU J，MENG X. Application of improved expert scoring method with delphi principle in CMMI dAR process area［C］//Proceedings of the 2016 4th International Conference on Machinery，Materials and information technology applications. Amsterdam：Atlantis press，2017：30-33.

［16］　RYAN J，SARKANI S，MAZZUCHIM T. Framework for architecture trade study using MBSE and performance simulation［C］//Proceedings of the 19th international congress on modelling and simulation，Perth Australia，December 12-16，2011. ［s. l. ；s. n. ］，2012.

［17］　SABETTO R，GATELY L. The trade study process［R/OL］. （2021-11-22）［2024-04-17］. https：//www. mitre. org/sites/default/files/2021-11/prs-21-0522-the-trade-study-process. pdf.

［18］　CRAWLEY E，CAMERON B，SELVA D. System architecture：strategy and product development for complex systems［M］. Englewood：Prentice hall，2015.

［19］　INCOSE. INCOSE Systems Engineering Handbook［M］. 5th ed. New Jersey：Wiley，2023.

［20］　AEO. Guide to verification and validation：TS 10506：2013［S/OL］. （2013-08-30）. ［2024-04-17］. https：//segoldmine. ppi-int. com/node/67489.

［21］　THE OPEN GROUP. ArchiMate® 3. 1 Specification［S/OL］. Zaltbommel：Van haren publishing，2019［2024-04-17］. https：//pubs. opengroup. org/architecture/archimate31-doc/.

［22］　Unified Architecture Framework（UAF）Domain metamodel：version 1. 2［EB/OL］. ［2024-04-17］. https：//www. omg. org/spec/UAF/1. 1/DMM/PDF.

［23］　Unified Architecture Framework Modeling Language（UAFML）［EB/OL］. （2021-12-08）［2024-04-17］. https：//www. omg. org/spec/UAF/1. 2/Beta1/UAFML/PDF.

［24］　GEIGER M，HARRER S，LENHARD J，et al. BPMN 2. 0：The state of support and implementation［J］. Future Generation Computer Systems，2018（80）：250-262.

［25］　HAUSE M，KIHLSTRÖM L O. An elaboration of service views within the UAF［C］//INCOSE International Symposium. ［s. l. ；s. n. ］2021，31（1）：728-742.

［26］　BORKY J M，BRADLEY T H. Effective model-based systems engineering［M］. Berlin：Springer，2018.

［27］　MAHESHWARI A，RAZ A K，DERVISEVIC A，et al. Minimum SysML representations to enable rapid evaluation using agent-based simulation［C］//INCOSE international symposium. ［s. l. ；s. n. ］2018，28（1）：1706-1719.

［28］　朱文海，郭丽琴. 智能制造系统中的建模与仿真：系统工程与仿真的融合［M］. 北京：清华大学出版社，2021.

［29］　MADNI A M，MADNI C C，LUCERO S D. Leveraging digital twin technology in model-based systems engineering［J］. Systems，2019，7（1）：7.

［30］　MADNI A M，SPRARAGEN M，MADNI C C. Exploring and assessing complex systems' behavior through model-driven storytelling［C］//2014 IEEE international conference on systems，man，and cybernetics，SMC 2014，San Diego，CA，USA，October 5-8，2014. San diego：IEEE，2014：1008-1013.

［31］　梁乃明，方志刚，李荣跃，等. 数字孪生实战：基于模型的数字化企业（MBE）［M］. 北京：机械工业出版社，2019.

［32］　THOMAS D，HRISTO A，PATRICK M，et al. A holistic system lifecycle engineering approach-closing the loop between system architecture and digital twins [J]. Procedia CIRP, 2019 (84): 538-544.

[33] COLOMBO A W, HARRISON R. Modular and collaborative automation: achieving manufacturing flexibility and reconfigurability [J]. International journal of manufacturing technology and management, 2008, 14 (3-4): 249-265.

[34] Enterprise-control system integration: IEC 62264-1: 2015 [S/OL]. http://www. iso. org/Standard/ 63740. html.

[35] Smart manufacturing—Reference architecture model industry 4. 0 (RAMI4. 0): PD IEC PAS 63088: 2017. London: BSI standards limited, 2017.

[36] LU Y, MORRIS K C, FRECHETTE S. Standards landscape and directions for smart manufacturing systems [C] //IEEE international conference on automation science and engineering, CASE 2015, Gothenburg, Sweden, August 24-28, 2015. [s. l.]: IEEE, 2015: 998-1005.

[37] LI Q, TANG Q, CHAN I, et al. Smart manufacturing standardization: Architectures, reference models and standards framework [J]. Computers in industry, 2018 (101): 91-106.

第6章

智能制造与体系工程

章知识图谱

6.1 引言

随着互联网、赛博物理系统、人工智能等技术的快速发展，原来孤立的系统之间实现了紧密互联，一系列具有智能性、自主性的系统进行动态组合，构成了智能复杂体系。如今，产品创新越来越多地受到信息技术的驱动，使得这些产品正在向高度数字化的产品和服务（即所谓的智能产品和服务）演变。这些智能产品和服务极大促进了开放式自主体系愿景的实现。智能产品具有明显的赛博物理（Cyber-Physical）特征，具有一定的自主性，能够与不同的参与者通信和互动。为了最大限度地提高客户价值，这些产品（主动或被动地）参与到不同的智能体系中，其中包括各种智能产品、服务和连接基础设施。这种体系性整合会导致系统复杂性大大增加，并将颠覆性地改变业务模式和竞争环境。因此，应定义新的协作与合作模式，从而使自主体系的愿景成为现实。此外，企业还必须针对复杂性优化其运营流程、方法和工具，使其在未来易于管理。Michael E. Porter 教授曾指出"随着产品向智能互联方向的发展，企业的运营和组织结构正在发生根本性的变化"（即内部变化），同时"这些新型产品改变了产业结构和竞争性质，使企业面临新的竞争机遇和威胁"（即外部变化）。

伴随着产品智能化、互联化、体系化的发展，智能制造也逐步迈入制造生态系统的阶段。一个高端复杂装备融合了多家企业的技术和业务能力，那么体现产品差异性的竞争要素自然包括伙伴企业的能力。有学者指出，21 世纪企业竞争形式不只是同行企业之间的竞争，更重要的是以某一个核心企业为代表的企业生态系统与另外一个核心对手为代表的企业生态系统之间的竞争。这一点在航空制造业尤为明显，一架现代飞机所涉及的众多复杂子系统往往由分布于全球的供应商提供，这些供应商既相互独立竞争，又参与到不同飞机制造生态系统进行合作，其中制造生态系统新模式大大增加了企业在内部和外部面临的复杂性挑战。就外部而言，必须重新考虑合作模式，使不同专业和规模的企业能够在平等的基础上开展合作，从而最终实现自主体系的愿景。对内，传统企业必须重新思考和重组其运营流程、方法和工具，以便使日益增加的复杂性（尤其是在产品开发和使用生命周期阶段）更易于管理。

体系的概念正是在这种背景下孕育而生，是系统工程领域对复杂系统内涵的进一步发展。产品系统、服务系统或复杂组织体系的定义一般从所感兴趣之系统的组成系统（Component Systems）、系统的层次结构、系统背景环境所包含的外部系统、系统生命周期等几方面进行解释。而体系是相互协作的成员系统（Constituent Systems）为实现一定目标而集成所得的，同时这些成员系统至少应具备两种额外属性，即运行的自主性与管理的自主性。

本章的目标是阐述高端复杂装备智能制造中面临的体系问题挑战，介绍系统工程的新研究方向体系工程的发展、流程方法和建模与仿真技术等。6.2 节概述体系的定义、智能制造的体系特征及面临的体系挑战；6.3 节介绍体系工程的定义和发展历程；6.4 节介绍体系工程的主要工程流程；6.5 节介绍体系工程的相关方法和建模与仿真技术。

6.2　智能制造体系

体系具有与传统单个系统不同的特征，正是这些不同特征带来了系统工程方法面向体系的发展，进而形成了体系工程新方向。

6.2.1　体系

1. 定义

体系（系统之系统）这一概念最早出现于城市系统的研究中。当前各个领域中关于体系概念比较权威的定义介绍如下：

1）军事信息系统领域。体系不是简单的系统的组合，体系是系统的综合，综合是指子系统具备 1+1 大于 2 的关系，体系的最终目标是通过综合达到协同发展的目标。具体来说体系具备以下五种特征：①成员系统可以独立运行；②成员系统可以自主管理；③成员系统具有区域分布性；④成员系统具备"涌现"行为；⑤体系是不断演化发展的。

2）企业信息系统领域。体系的成员系统本身也是复杂系统，体系是更大规模下的并发系统的集成。

3）国际标准 ISO/IEC/IEEE 21839：2019 提供了体系及其成员系统的定义。体系是一组系统或系统元素相互作用以提供任何成员系统都无法单独完成的独特能力；成员系统可以是一个或多个体系的一部分。每个成员部分本身就是一个有用的系统，有自己的发展、管理目标和资源，但在体系内与其他成员系统交互以提供体系的独特能力。

4）军事领域。在美国国防部 2004 年的报告中，体系被定义为当独立且有用的系统集成到提供独特功能的更大系统中时产生的一个或一组系统。美国国防部 2008 年补充了单个系统与体系的定义关系：单个系统和体系都符合公认的系统定义，每个系统都由部分、关系和大于部分总和的整体组成；然而，尽管体系是一个系统，但并非所有系统都是体系。美国国防部 2010 年对体系做出进一步定义：体系将一组系统组合在一起，以完成任何系统都无法单独完成的任务；每个成员系统都保持自己的管理、目标和资源，同时在体系内进行协调、适应以实现体系目标。

5）国际系统工程领域。INCOSE 系统工程手册指出体系是其元素在管理上和/或运行上是独立系统的一类所感兴趣之系统。成员系统的互操作和/或综合的集合通常产生单个系统无法单独达成的结果。

根据实际中各类体系所表现出的不同特征，国际标准中按照体系成员系统管理和运行的独立程度将体系分为虚拟型（Virtual）、协作型（Collaborative）、公认型（Acknowledged）、指挥型（Directed）四种类型。有研究认为，体系并非简单的系统，其基本特征是体系中的成员系统在运行上是独立的。运行独立是指成员系统能够有效地独立运行，即能够独立实现客户的目的。因此，体系需要面对多类客户，而这些客户可能有不同的优先事项和期望。系统被设计用于实现一定目的和预期的服务质量，而体系不同，其服务质量可能会有额外的变化。体系的另一个基本特征是其成员系统在管理上是独立的。成员系统相互协作，形成体系的能力；然而，管理独立意味着成员系统不仅可以而且确实在相互之间独立运行。这表明，成员系统被独立地管理，而其所属组织可以为成员系统制定不同的目的和目标。无论以何种方式管理这些组织，目的和目标的对准（或不对准）都会影响到整个体系。下面简要介绍四类体系的概念：

（1）虚拟型体系　这类体系缺乏中央管理机构和集中商定的目的。虚拟型体系通常是自组织的。由于成员系统在管理和运行上都非常独立，因此虚拟型体系在管理和运行上的一致性最弱。因此，体系的行为和能力依赖于相对隐形的机制，而不是依靠明确的管理来维持。例如，智能交通中路线规划应用程序可利用车辆数据，利用实时速度信息来改进路线规划。如果没有中央管理机构或集中商定的目的，这一体系实例可被视为虚拟型体系。

（2）协作型体系　这类体系中的成员系统或多或少地自愿交互以实现集中商定的目的。各成员系统共同决定如何提供或拒绝服务，从而提供执行和保持一致性的手段。协作型体系没有中央管理。相反，成员系统自愿交互以实现商定的目的，集体决定如何互操作以及如何执行和维护标准。在协作型体系中，成员系统在管理和运行上的一致性不如公认型或指挥型体系那么强，它们会自行实现额外的客户目的。协作程度会影响潜在的服务质量，因为成员系统有更大的自主权来选择体系以外的目标。互联网可被视为协作型体系的代表，因为该体系由独立拥有和管理的网络组成，但受一套由非营利协会维护的通信协议、规则和地址方案的约束。成员系统合作制定标准并自愿遵守标准。

（3）公认型体系　这类体系具有公认的目标、指定的管理者和资源，而成员系统保留其独立的所有权、目标、资金、开发和维护方法。体系的变化基于体系与成员系统之间的合作协议。对公认型体系而言，控制相对较少，因为成员系统和体系之间分配的权限会影响某些系统工程流程的应用。对于公认型体系，虽然成员系统的权力是分散的，但双方同意在指定的管理结构下共同工作，以获得体系的权力并管理体系。与指挥型体系相比，公认型体系的成员系统在管理和运行上的一致性较弱，可以独立实现客户的其他目的。如果一个智慧城市有公认的目标、指定的管理者和自身资源，那么即使成员系统保留独立的所有权、管理权和资源，它也可以被视为一个公认型体系。

（4）指挥型体系　这类体系是为实现特定目的而构建和管理的。成员系统独立运行，但其运行模式从属于中央管理。在这种情况下，体系所有组织对所有成员系统都拥有权力，即使这些成员系统最初并不是为支持某一体系而设计的。从成员系统成为体系的一个元素开始，其所有方面都属于该体系的管辖范围。在指挥型体系中，成员系统在管理和运行上都有很强的一致性。例如军事联合作战中综合防空体系可被视为指挥型体系，因为此类体系通常是按照一个共同目的开发和运行的。

2. 一般特征

体系之所以区别于一般意义上的系统，是因为体系具有典型的特征。通过对体系典型特征的分析和比较，可以进一步理解体系的内涵。Maier 用五个主要特征来描述体系（缩写为 OMGEE）：

（1）成员系统的运行独立性（Operational independence of constituent systems）　如果将体系拆解为成员系统，成员系统必须能够独立运行。也就是说，这些成员系统可以独立实现客户的特定目的。

（2）成员系统的管理独立性（Managerial independence of constituent systems）　尽管与体系的其他成员系统协作，但各个成员系统都是自治和单独管理的，因此它们不仅可以独立运行，而且实际上确实在独立运行。

（3）地理分布（Geographical distribution）　在体系中合作的各成员系统分布在很大的地理范围内。虽然对地理范围的定义比较模糊，但需要强调的是，合作系统只能交换信息，而不能交换大量的物质或能量。

（4）涌现行为（Emergent behavior）　通过体系中各成员系统之间的协作，可实现协同效应，使成员系统行为达到任何单个系统都无法实现或归因于任何单个系统的目的。

（5）进化式的开发流程（Evolutionary development processes）　体系的存在和发展是进化的，因为其目标和功能会随着经验的增加、修改或删除而不断变化。因此，可以说体系从未完全成型。

其中，成员系统的运行独立性和管理独立性被认为是区分体系和单一系统的主要特征。Boardman 和 Sauser 特别关注将新成员系统与现有系统合并形成体系的问题。他们确定了体系的五个特征（缩写为 ABCDE）：

（1）自主性（Autonomy）　每个成员系统都是自由和独立的，有自身的运行目的。

（2）归属性（Belonging）　各成员系统功能相互协作以实现共同的更高目标。

（3）连接性（Connectivity）　体系的协同效应由高度动态的分布式网络实现。

（4）多样性（Diversity）　成员系统是自给自足的异构系统，可通过开放的进化和适应来进行增强。

（5）涌现性（Emerging）　体系各成员系统之间的累积行动和相互作用会产生归因于整个体系的行为。

Abbott 认为，体系不应被视为系统的层次结构，而应被视为系统所处的环境，系统可以加入其中，在其中运行和交互。这种环境的三个特征如下：

（1）顶部开放（Open at the top）　这意味着体系是持续开放的，可以加入新的应用和系统，没有任何所谓的顶层系统来定义体系。

（2）底层开放（Open at the bottom）　体系的最底层可随技术变革发生更改（例如通信体系最底层信号传输从有线方式变为无线方式）。

（3）持续（但慢速）进化（Continually evolving, but slowly）　体系随着周围环境的变化而进化，永远不会完整。体系的进化至少有三种形式：标准和接口调整、技术变革、使用特征变化。

6.2.2　智能制造的体系特征

随着物联网技术、赛博物理系统、人工智能技术的发展，智能制造的内涵、模式正发生快速变化，体系性越发明显。

1. 赛博物理系统

赛博物理系统是工业 4.0 的核心技术，体现了工业 4.0 理念中数字空间与物理空间的深度融合。赛博物理系统是物理过程和网络（软件）过程的集成，其中软件监测和控制物理过程，并反过来接受物理过程信号从而受物理过程的影响。在一个赛博物理组件中，传感器可能部署在系统硬件和/或其环境中。软件算法使用传感器数据通过执行器控制硬件，以应对环境和/或硬件本身的变化。通过这一控制回路，软件算法控制赛博物理系统的硬件动态行为，从而为用户提供一个或多个服务。赛博物理组件通过通信网络和通信协议连通交互，从而构成更大范围的赛博物理系统。在这一背景下，赛博物理系统也被称为赛博物理体系（Cyber-Physical SoS）。

当前，赛博物理系统是工业 4.0 时代几乎所有领域的一个重要特征。从智能制造到智慧城市，从胰岛素自动配送到关键基础设施的控制，赛博物理系统为这些场景提供了自动甚至自主的控制技术。在智能制造中，各个系统可以借助赛博物理系统摆脱信息孤岛的状态，实现系统之间的连接和沟通。赛博物理系统能够经由通信网络，对局部物理世界发生的感知和操作进行可靠、实时、高效的观察和控制，从而实现大规模物理实体控制和全局优化控制，实现资源的协调分配与动态组织。赛博物理系统在智能制造中的应用不仅将产品连在一起，还有助于催生出众多具有计算、通信、控制、协调和自治性能的装备。总之，赛博物理系统可以促使虚拟网络和实体物理系统互相融合，实现制造全球网络的建立，把产品设计、制造、仓储、生产设备融入赛博物理系统中，使信息得以在这些互相独立的制造要素间自动交换，接受动作指令，进行无人控制。因此，赛博物理系统能够引领制造业不断向着设备、数据、服务无缝连接的方向发展，推动智能制造体系的发展。

2. 工业互联网

工业互联网是全球工业系统与高级计算、分析、感知技术以及互联网连接融合的一种结果。工业互联网的本质是通过开放的、全球化的工业级网络平台把设备、生产线、工厂、供应商、产品和客户紧密地连接和融合起来，高效共享工业经济中的各种要素资源，从而通过自动化、智能化的生产方式降低成本，增加效率。

随着智能传感器的广泛应用，人们可以实时感知离散的生产要素信息。而物联网时代，人们能将这类信息在云平台上进行整合、分析来优化生产过程，实现智能化生产，工业互联网平台应运而生。由此可见，工业互联网与赛博物理系统的发展相辅相成，共同塑造了先进智能制造的体系化特征。INCOSE 系统工程手册阐述了智能制造中体系、赛博物理系统、工业互联网间的关系，如图 6-1 所示。工业互联网中互联的各个系统通常是赛博物理系统，而

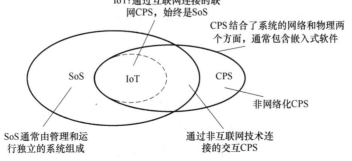

图 6-1　智能制造中体系、赛博物理系统、工业互联网间的关系

这些通过网络实现互联的系统共同构成体系。

6.2.3 智能制造体系面临的挑战

体系因其独特特征，为针对这一类系统对象的系统工程活动提出了新的挑战。INCOSE 在总结不同应用领域体系实践经验的基础上，提出了针对体系的系统工程所面对的典型挑战：

1. 体系权限

在体系中，每个成员系统都具有自己的局部"所有者"，该"所有者"具有它的利益攸关方、用户、业务流程和开发方法。因此，对整个体系负责的单一权限（针对大多数单一系统所假定的组织结构类型）在大多数体系中并不存在。在体系中，系统工程依赖跨域分析以及对成员系统的构成和综合，它们反过来取决于协商一致的共同目的和动机，以便这些系统朝着与单独成员系统的目标可能一致或可能不一致的共同目标合作。这一挑战存在于所有四种类型的体系，但在虚拟型和协作型体系中体现得更为明显。

2. 领导能力

认识到缺乏共同的权限和资金给体系所带来的挑战，一个相关的问题就是在体系的多重组织环境中体系领导能力面临的挑战。在缺乏结构化控制的情况下，体系的工程活动往往会出现领导力问题，需要其他举措（例如影响力和激励机制）来保证工程活动的一致。

3. 成员系统

体系通常（至少部分地）由正在服务的系统构成，这些系统往往被开发用于其他目的，并且现在要被充分利用，以便满足具有新目标的新应用。这是面对体系的系统工程的主要问题的基础，即如何在技术上应对由"针对为体系所识别的系统可能在它们能够支持体系的程度上受限制"这一事实引起的问题。这些局限性可能影响将系统纳入体系中的初始努力，这些系统对其他用户的承诺可能意味着随时间推移与体系不兼容。此外，由于系统是过去开发的且在不同场景下运行，因此存在一种风险：如果某系统的背景环境不同于体系的背景环境，则在理解一个系统对体系所提供的服务或数据方面可能存在不匹配。

4. 能力和需求

传统上（以及理想地），系统工程流程开始于清晰、完整的用户需求集合并提供正规的方法开发系统以满足这些需求。体系由具有其各自需求的多重独立系统所组成，它们朝着更广泛的能力目标来工作。在最佳情况下，各成员系统在满足它们各自的局部需求时，也满足体系的能力需要。然而，在许多情况下，体系的需要可能与成员系统的需求不一致。在这些情况下，体系的系统工程需要识别备选途径以便通过成员系统的改变或通过在体系中增加其他系统来满足那些需要。

5. 自主性、相互依赖性和涌现性

体系中成员系统的独立性是体系的系统工程面临的许多技术问题的来源。"成员系统可能继续独立于体系而变化"这一事实以及该成员系统与其他成员系统之间的相互依赖增加了体系的复杂性，并进一步在体系层级上挑战系统工程。特别是，即使成员系统的行为得到很好的理解，这些动态变化可在体系层级上产生意料之外的影响，导致在体系中出现出乎意料的或不可预测的行为。

6. 试验、确认和学习

"体系通常由独立于体系的成员系统构成"这一事实使得在进行端到端体系试验中遇到了挑战。首先，除非对体系级的预期和这些预期的测度有清晰的理解，否则可能很难将成员系统性能水平评估作为确定需要关注的区域的基础或者很难向用户确保体系的能力及限制。即使对体系目标和衡量标准有清晰的理解，传统意义上的试验可能由于资金、管理等方面的授权也很难开展。通常，成员系统的开发周期与系统所有者的需要以及最初的不断发展的用户基础相关联。由于多重的成员系统经历了异步的开发周期，因此找出跨体系进行传统的端到端试验的方式会很困难。此外，许多体系规模巨大而且成员系统多样化，使传统的完整端到端试验成本高昂。通常，使体系性能得到良好测量的唯一方式是来自从实际运行中收集到的数据或通过基于建模、仿真和分析的评估。

7. 体系原则

对于体系，关注如何将系统思维扩展到解决体系所特有的问题仍相对有限。当前各领域正开始确定和阐明适用于体系的跨领域原则，并开发应用这些原则的实践范例。对于转入体系问题的系统工程师来说，存在一个很大的学习曲线，而且在组织内部或跨组织的体系知识转移方面也存在很大挑战。

8. 安保挑战

在当今网络化环境中，体系的安保视角也提出特殊的问题。这是因为成员系统的接口关系被重新安排和异步增强，并且往往涉及来自广泛而多样的来源的商用货架产品（COTS）元素。即使当单独成员系统在孤立情况下足够安全，安保漏洞仍可能作为一种涌现现象在体系层涌现产生。

体系的系统工程所面临的上述挑战对系统工程方法提出了新的要求，在这一背景下，体系工程作为系统工程的新发展方向应运而生。

6.3 体系工程定义

随着体系概念的出现及其在国防、制造、基础设施、医疗卫生、交通等各领域的发展，传统的系统工程方法已无法应对体系问题所具有的独特性，随之发展出体系工程这一新的研究方向。体系工程作为系统工程的一个子领域，重点关注体系中独立、分布式和不断演进发展的成员系统及其利益攸关方之间的界限和相互作用。体系工程的出现扩展了系统工程，使其具备有效开发、维护和调整体系的能力。体系与体系工程在学术界及工业界的发展历程如图 6-2 所示。

对于体系工程的定义比较权威的来源是美国国防部 2004 年的报告，其中定义体系工程（SoS Engineering，SoSE）是涉及规划、分析、组织和集成现有和新系统的混合能力，使其成为大于组成部分能力总和的体系的方法。美国国防部 2008 年的报告进一步说明，体系工程的理念与美国国防部转型愿景和支持以网络为中心的作战相一致，体系可以通过结合多个协作和自主但交互的系统来提供能力。体系可能包括现有的、部分开发的和尚未设计的独立系统。

系统工程与体系工程的区别见表 6-1。体系通常不是新购置的系统。相反，体系往往是

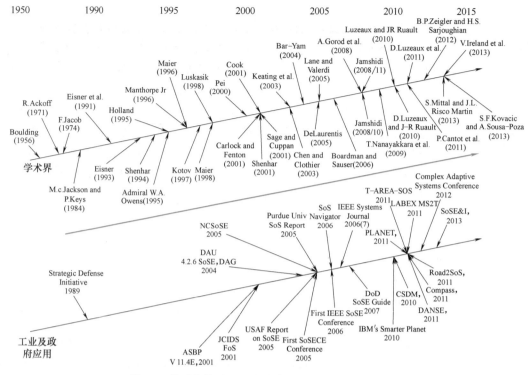

图 6-2 体系与体系工程在学术界及工业界的发展历程

现有系统、不断演进的系统和新系统的组合，目的是改进这些系统的协同工作方式，以满足新的用户需求。在这种情况下，体系管理人员即使被指定，通常也无法控制体系中所有成员系统的所有需求或资金，因此他们只能影响（而不是指挥）系统所有者满足体系的需求。因此，体系工程方法必须认识到，体系的需求可能无法在单个成员系统的开发中得到满足。体系工程通常侧重于体系能力随时间的演进，最初的工作是努力加强当前系统的协同工作方式，预测对体系的内部或外部影响的变化，并最终通过新系统或对现有系统的更改提供新能力。在某些情况下，目的甚至是消除或重新设计系统，以提供更好或更高效的能力。

表 6-1 系统工程与体系工程的区别

单一系统的系统工程	体系工程
侧重于单个（通常是复杂的）系统	侧重于整合多个异步（但相互依赖）的复杂系统
有清晰的利益攸关方	有多个层级的利益攸关方，有混合和潜在的利益冲突
有清晰的目标	有多重、潜在矛盾的目标
有清晰的运行优先级，有明确的升级演进规则	有多重、有时冲突的运行优先级，没有明确的升级路径
有单一的生命周期	有多个生命周期，成员系统之间存在异步性
有清晰的所有权，可以在系统元素之间移动资源	有多个资源所有人，所有人可以独立决策
侧重于优化	侧重于满足目标的成本和进度等因素的权衡
侧重于最终产品或使能系统	侧重于交付初始部署。体系会随着时间的推移而演变，最终产品的概念可能无法实现
所处理的需求在整个开发过程中基本固定不变	侧重于需求随时间发展的演进开发
有明确的系统边界	系统边界往往模糊

6.4　体系工程流程

体系工程流程方法支持体系的开发、管理和演进的全生命周期活动。考虑到体系不同于单一系统的特征，体系工程生命周期的定义有别于系统工程，这也带来了体系工程流程方法与系统工程的差异。本节首先介绍体系生命周期模型，在此基础上介绍当前主要的体系工程流程。

6.4.1　体系生命周期模型

生命周期模型是认识系统随时间动态演进全过程的概念模型，是定义开发系统工程全生命周期工程流程的基础。体系特征中成员系统的管理独立性、运行独立性以及体系进化式开发演进特征都为体系的生命周期定义带来差异。

基于体系与成员系统的相互关系，体系的开发可以被描绘为"双V"（Double V）形的两级开发结构（见图6-3），成员系统的系统工程与其所属体系的工程活动同时进行，体系的演进基于成员系统自身生命周期的变化。

"双V"模型简单地显示了体系"一次开发成功"的理想情况。然而，实践中体系往往是长期存在和持续发展的，并随着时间的推移根据成员系统的变化而演进。因此，体系工程无法遵循典型的系统工程流程，即从需要说明到需求定义和设计，再到实施、验证和交付以及最终处置，而是随着时

图6-3　体系工程的"双V"表示法

间的推移而不断演进的。体系实施者视角下体系生命周期的波浪式演进描述（也被称为体系工程WAVE模型）如图6-4所示。该模型将体系开发视为一个演进、渐进和迭代的过程，该过程基于对体系目标的理解，成员系统不断发展的状态以及不断调整成员系统以提高体系表现的渐进方法。将体系开发视为一次性活动并只关注单一开发过程的做法比较常见，因为实践中通常会采用对待单一系统的方式，期望在一次开发过程中完成对一系列系统的集成。然而，体系工程通常不可能在一个开发周期内对所有成员系统进行更改，因此通常采用渐进的方法。而且，一旦确定了最初的体系实施方案，独立于体系的成员系统也会发生变化，随着时间的推移，这些变化可能会影响甚至侵蚀体系。最后，环境、技术以及体系和系统需求的变化都表明，体系需要适应新的和不断变化的环境。因此，这种适应性、互动性和敏捷性的开发和演进方法对体系工程非常重要。

由欧盟委员会"体系工程中的适应性和进化设计"（Design for Adaptability and evolution in Systems of systems Engineering，DANSE）项目开发的体系生命周期表示方法（也被称为DANSE模型）如图6-5所示。DANSE生命周期方法的驱动力来自于对体系不断演进的认识。即使在创建之初，体系通常也是由相互作用的成员系统发展而来。一旦就位，体系会因以下

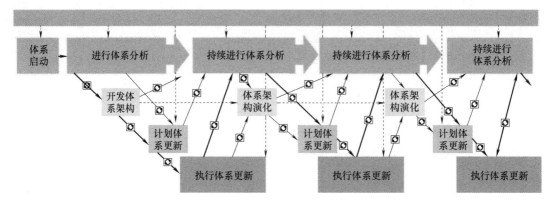

图 6-4 体系工程 WAVE 模型

因素而不断变化：①成员系统的变化；②体系自身对不断变化的环境的响应；③体系管理员
（中央机构或组织）计划的变化。成员系统的变化是因为成员系统所有者试图通过改进成员
系统来实现自己的局部目标，而这些改进都可能会影响体系服务。体系本身也必须改变，因
为在体系存在/运行期间，对体系的要求会发生变化。因此，即使体系满足了当前的所有要
求，也可能会出现新的要求，体系必须不断发展才能满足这些要求。最后，通过体系管理员
（如果有的话）的逐层评估，体系会发生变化，以提供新的服务或改进其特性。由于不断变
化，因此不可能采用经典的"一次改正"方法，DANSE 方法采用"通过演进来改正"。

图 6-5 中 DANSE 体系工程
生命周期的顶层流程展示了
"通过演进来改正"的概念。
体系生命周期的固有特点是，
开发成员系统和体系并不是为
了在同一时间点部署。在通常
的"体系启动阶段"，新参与
的成员系统会参与进来，因为
它们的所有者认为这种参与符
合他们的（局部）目标。成员
系统的参与最终会创建一个初
始体系，该体系的运行会实现
一些单个成员系统无法实现的
涌现行为。有了这种认识，处
于"体系创建阶段"的体系管
理者可以自上而下地评估涌现

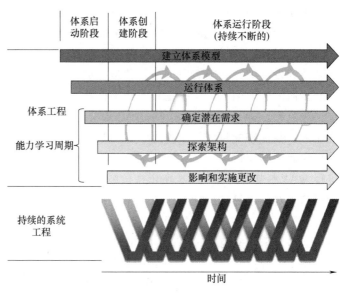

图 6-5 体系工程 DANSE 模型

行为，从而初步设计体系。在体系的启动和创建阶段，DANSE 体系工程方法通过体系建模
（即建立体系模型）、预测（即确定潜在需求和探索架构）和设计（即影响和实施更改）等
方法技术发挥作用。因此，DANSE 体系工程方法实现了体系能力的周期性学习，并实施了
"通过演进来改正"的体系工程范式。随着体系及其管理工具的建立，DANSE 方法将继续指
导体系在"体系运行阶段"的演进，而这一阶段是持续不断的。

尽管 WAVE 模型与 DANSE 模型的描述在某些方面有所不同，但二者所描述的体系工程生命周期具有相同的基本特征，正是这些体系生命周期模型的主要特征反映了体系的本质及其对体系工程的影响：

1）体系的多重重叠、迭代进化表明大多数体系都基于其成员系统的发展，因此体系的特点是渐进式发展。

2）持续分析为体系的每次迭代演进提供分析基础。传统的系统工程以前期分析推动开发，而体系工程则需要持续的分析，以应对体系及其环境的动态性质。

3）外部环境的持续输入是体系工程的关键，因为任何体系的管理者或体系工程师都只能控制影响体系的部分环境。

4）架构演进在体系工程中非常重要。理想情况下，体系架构可为体系的长期演进提供一个持久的框架，但计划中的体系架构通常是逐步实施的，其本身也可能发生演进。

5）带反馈的前向运动驱动体系演进，一般由体系环境中不在体系控制范围内的要素（如关键成员系统的开发计划或系统实地部署安排）驱动。这些外部驱动事件有效地制定了体系演进的执行速度和节拍。

6.4.2　工程流程

与体系生命周期模型相匹配的是贯穿体系全生命周期的体系工程流程。当前有三项国际标准为体系工程提供了有用的指南：

1）ISO/IEC/IEEE 21839：2019——系统生命周期各阶段的体系考虑因素侧重于单个成员系统的系统工程，明确了系统工程从概念到报废过程中需要考虑的体系因素，见表6-2。

2）ISO/IEC/IEEE 21840：2019——ISO/IEC/IEEE 15288 在体系中的使用指南提供了将系统工程流程应用于体系对象的指南。

3）ISO/IEC/IEEE 21841：2019——体系分类定义了体系的四种类型。

表6-2　体系因素对系统工程流程的影响

系统工程流程	应用于体系的实施
协议流程	由于通常没有最高级别的体系权限,体系中各成员系统之间的有效协议(即合作机制)是体系工程的成功关键
组织项目使能流程	体系工程在系统级流程的基础上,开发和维护对体系至关重要的流程
技术管理流程	体系工程实施适用于体系特定考虑因素的技术管理流程——规划、分析、组织现有系统和新系统的混合能力,并将其整合为体系能力,同时系统继续负责系统级的技术管理
技术流程	体系工程技术流程通过体系层面的业务或任务分析以及利益攸关方的需要和需求定义,确定贯穿各领域的体系能力。体系架构和设计受系统架构的制约,为成员系统的规划、组织和集成提供统一框架。开发、集成、验证、转移和确认由系统实施,并由体系工程监控和审查。体系工程的集成、验证、转移和确认适用于将成员系统集成到体系中,并且其性能已得到验证和确认

下面介绍主流体系工程流程，主要包括：军事领域体系工程流程和基于 WAVE 模型的体系工程流程。

1. 军事领域体系工程流程

在现代联合作战战争形态下，大多数军事装备系统都是作战体系的一部分。在军事任务中，需要面向军事任务构建作战体系（其中汇集多类所需装备），以实现任务目标。传统上，装备开发和采购业务中一直专注于独立的装备系统，导致大多数装备系统都是在没有明确的作战体系规划的情况下创建和发展起来的，因而无法有效满足联合作战的任务需求。基于能力视角开展作战体系规划有助于识别以前被认为是独立的装备系统之间所需的联系。因此，美国国防部于 2008 年首次提出面向体系的系统工程指南 *Systems Engineering Guide for Systems of Systems*，其中清晰阐述了军事领域体系工程的七个核心要素，也被称为"秋千模型"（Trapeze Model），如图 6-6 所示。

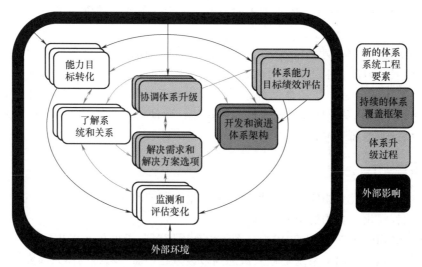

图 6-6　体系工程七个核心要素及关系

（1）能力目标转化　在体系工程工作的开始阶段，体系管理人员和体系工程师面临的首要任务之一就是对体系的期望和满足这些期望的核心要求有一个基本的了解。在体系中，目标通常以广泛的能力（Capability）来表述。随着体系的发展、用户需求、技术和威胁环境以及其他领域的变化，体系管理者和工程师要定期审查体系目标和期望。体系团队还应将实现体系目标的可行性向管理者和利益攸关方提供反馈。体系工程的这一核心要素涉及条目化体系能力目标，通常可在较高层级加以说明，将阐述和目标与期望的运行概念化任务留给体系管理人员、体系工程师和利益攸关方。以下为军事领域体系能力的示例：

- 提供（Provide）卫星通信。
- 提供全球导弹防御。
- 提供所有用户共享的单一战场视图。

一旦体系确定了能力目标（通常基于期望的作战使命和任务），体系工程团队就会定义提供能力所需的功能，以及用户环境中会影响这些功能不同执行方式的可变性。一开始，目标的表述可能有些笼统，但随体系工程流程的进行，目标会变得更加集中，也可能会发生变化。可以开发"参考任务"（Reference Missions）或"用例"（Use Cases），以评估体系的运行效用，并得出直接针对体系在运行环境中可用性的要求。这一要素的产物是一套需求，可随时纳入体系未来的功能基线。在这一核心要素中，体系工程师要对体系的背景和驱动因素有广泛的了解。除了具体的功能需求外，体系工程师还必须充分了解体系的动机，这一点非常重要。需要注意的是，在这一要素中，没有明确考虑体系可能涉及的系统（无论是其接口细节还是性能要求），因为这些内容反映的是满足能力需求的方式，而不是目标和期望。在体系工程这一要素中，必须明确独立于具体系统的体系能力需求和期望，这样，随着时间的推移，体系工程师就可以考虑一系列备选方案，以满足能力需求，而不受制于构成体系时的具体细节。

（2）了解系统和关系　了解体系所涉及的系统及其关系和相互依赖性，是体系工程最重要的要素之一。在单个系统开发中，系统工程师通常能够明确新系统的边界和接口。在系统开发的增量过程中，边界和接口较少发生变化。与单一系统不同，在体系中，接口的重要性在于它们能让人们了解体系的行为。在体系中，这涉及了解影响体系能力的成员系统组合，以及它们相互作用和实现能力目标的方式。正是系统内和系统间的综合互动（包括流程和数据流）产生了体系的行为和表现。在体系中，成员系统的边界和接口可能是动态的，各系统可能在不同时间与一个或多个其他系统互动，以实现体系能力，在某些情况下还会向其他系统提供服务。体系中的一些关键系统可能不在体系的直接管理之下，但可能对实现体系能力目标有很大影响。例如，在城市智能交通中，道路设施（例如交通灯）和车辆系统分别属于不同所有者，但需共同协作完成智能驾驶。因此在体系中，重要的是了解参与者、他们之间的关系以及他们的动机，这样才能确定和评估实现体系目标的备选方案，并预测和应对外部变化的影响。

在体系工程中，体系成员系统及关系往往通过体系架构中的不同视图进行反映：

1）体系运行视图。定义体系中各系统在运行过程中的交互。

2）体系组织视图。各系统之间的组织关系（谁负责体系的管理和监督？）。

3）体系利益攸关方视图。包括体系的使用方和成员系统、他们的组织背景环境。

4）资源配置关系视图。谁负责为系统的哪些方面提供资金，以及它们与体系支持机构的关系如何？

5）需求视图。成员系统的需求与体系工程之间的关系是什么？

6）开发流程视图。成员系统和体系的开发流程和计划之间的关系（瀑布式、渐进式、敏捷式开发方法、时间安排和预定事件）。

随着体系逐渐完善，这一要素将保持对成员系统和体系计划的了解，包括体系架构和随着时间推移向该架构迁移的战略。同时，这一要素提供了关于体系背景环境的综合知识和数据，包括与体系相关系统的联系，既考虑那些由体系管理人员直接负责的系统，又考虑那些不在管理人员直接控制范围内的系统，因此必须通过合作和建立共同目标来影响这些系统。重要的是，"了解系统和关系"为确定体系哪些方面需要正式和非正式的工作协议奠定了基础。它们是了解主要关注领域的基础，即体系功能和性能受系统变化影响的情况。在缺少体系标准的基本组织结构和流程支持的情况下，体系管理人员和工程师必须评估何时需要为体系制定具体的工作协议，正式确定体系与成员系统之间的关系。此外，随着体系采用面向服务的架构方法，将采用服务水平协议（Service-Level Agreements，SLA）来规定成员系统对体系的支持。

（3）体系能力目标绩效评估　能力目标绩效评估侧重于制定衡量标准，并在一段时间内从各种环境中收集数据，以监测体系在能力目标方面的绩效水平。在这一核心要素中，需要建立技术绩效衡量标准和方法，以评估体系的整体绩效。在这一层面，绩效是根据能力目标来衡量的，重点是体系能力对用户的实际效果。因此，这些指标应衡量体系在实际运行中的预期综合行为和表现。这些以"外部"用户为导向的体系衡量标准应适用于各种实施或运行环境。由于体系通常在实地或演习环境中运行,因此这些环境提供了收集和分析体系绩效数据的机会,以支持体系工程及其他管理决策。这些指标类似于在体系层面应用的面向用户的单一系统关键性能参数(Key Performance Parameters,KPP)。这些体系指标还应与为体系确定的能力目标保持一致,甚至可能需要按重要性对指标进行排序。

(4)开发和演进体系架构 体系工程的一个关键部分是建立一个持久的技术框架,以应对体系的演进,满足用户需求,包括系统功能、性能或接口的可能变化。该框架通常被称为体系架构。该架构并不涉及单个成员系统的细节,而是定义了各系统为满足用户需求而协同工作的方式,只有当单个系统的功能对体系的共性问题至关重要时,该架构才会涉及单个系统的实施。一个体系架构一般包括:

1)运行概念,即用户如何在运行环境中使用体系的成员系统。

2)成员系统、系统功能以及成员系统内部和外部的关系和依赖性。

3)体系成员系统的端到端功能和数据流以及通信。

选择架构需要对不同选项之间的权衡进行分析和评估。架构分析可由不同的评估方法支持。为了实现长期的可行性,可通过建模、仿真、分析和/或实验室试验来探索敏感性。这类分析为架构决策提供了依据。同样,开发用于评估体系绩效和成熟度的指标也为选择架构和长期评估架构提供了依据。

体系架构在一定程度上受到单个成员系统架构的约束,特别是当成员系统的变化在很大程度上是可行的时,因为成员系统通常需要在参与体系的同时继续在其他环境中运行。各个成员系统为体系提供的功能可以用一个功能架构来描述,该架构将关键功能按顺序排列,从而对体系任务进行排序。功能架构提供了体系内成员系统的功能"全景",详细说明了体系中要执行的完整功能以及各功能之间的关系。

理想情况下,体系架构将在体系开发的多个增量中持续存在,允许在某些领域进行更改,同时在其他领域提供稳定性。良好架构的核心特征之一就是能够根据变化保持并提供有用的框架。随着时间的推移,体系将面临来自多方面的变化(如能力目标、用户实际体验、不断变化的运行意图和技术以及成员系统的意外变化),这些变化都可能影响体系架构的可行性,并可能要求进行更改。因此,体系工程师需要定期对架构进行评估,以确保其支持体系的发展。由于体系的成员系统可能会继续面临新的功能要求和独立于体系的技术升级需求,因此具有"松耦合"的体系架构往往具有优势,即它对单个成员系统的影响有限,允许某些系统的功能和技术发生变化,而不会影响其他系统或体系目标。

(5)监测和评估变化 体系工程的一项核心要素是预测体系控制范围之外可能影响体系能力或绩效的外部变化,包括用于支持体系的技术变化、单个成员系统任务的变化以及体系的外部需求变化。因此,在体系环境中,体系工程师需要:

1)持续监控建议的或潜在的变更,并评估其对体系的影响。

2)确定增强能力和绩效的机会。

3)排除或减轻体系和单个系统的问题。

4)就如何进行系统更改与成员系统的系统工程师进行协商,以避免体系造成不良影响;反之亦然。

5)在部署单个成员系统更新/变更时更新体系技术基线。

(6) 解决需求和解决方案选项 一个体系既有互操作成员系统所形成的体系层面的需求，也有单个成员系统自身层面的需求。在体系层面上，与系统一样，需要有一个收集、评估和优先考虑用户需求的过程，然后评估满足这些需求的选择方案。在确定满足体系需求的方案时，体系工程师必须了解单个成员系统及其技术和组织背景和制约因素，并考虑这些方案在系统层面的影响。体系工程师的职责是与单个系统的需求管理人员合作，确定每个系统要满足的具体需求（即合作推导、分解需求并将其分配给具体成员系统）。在体系层面上，由于参与体系构建的利益攸关方众多，这项工作更加复杂。目标是确定平衡系统和体系需求的方案，在许多情况下体系可能没有明确的决策权。对系统进行更改的设计由系统工程师完成。定义良好的体系架构将为确定和评估替代体系设计方案提供一个持久的框架，并在出现不同需求时提供稳定性和一致性。同时定义良好的体系架构还可减轻某一领域的变化对体系其他部分的影响。

(7) 协调体系升级 一旦选定了满足需求的方案，体系工程师的职责就是与体系发起人、体系经理、成员系统的发起人、经理、系统工程师和承包商合作，为体系的升级提供资金、制定计划、签订合同、提供便利、进行集成和测试。实际更改由成员系统的所有者进行，但体系工程师负责协调整个过程，在整个体系的协调、集成和测试中发挥领导作用，并提供监督，确保各成员系统同意以支持体系的方式实施更改。在执行计划和完成体系升级的过程中，体系团队会评估修改后的体系绩效。为支持体系而对成员系统所做的更改要进行测试和评估，对有助于提高体系绩效的系统更改也要进行测试和评估。测试和评估结果在实施过程中为开发人员提供反馈，并在之后为用户和采办方提供有关部署决策的信息。

在上述七个体系工程核心要素中，系统工程技术流程和技术管理流程可以提供丰富的技术支持。

2. 基于 WAVE 模型的体系工程流程

秋千模型虽然为体系工程核心要素及其相互关系提供了一个很好的概念性视角，但对于希望制定体系规划实施方法的实践者来说，却不够直观。随后，MITRE 研究者从体系工程实施者角度基于体系工程 WAVE 模型提出了一套体系工程流程，体系工程 WAVE 模型解构了秋千模型，将其中的核心要素映射到实施人员更熟悉的由六个时序步骤组成的体系工程流程中。基于 WAVE 模型的体系工程流程具体包括：

(1) 启动体系 该步骤提供了启动体系工程流程的基础信息，包括对目标、关键用户、用户角色和期望以及核心系统支持能力的理解。

(2) 开展体系分析 通过建立初始体系基线和制定体系工程工作的初始计划，对"现状"（As-Is）体系进行分析，并为体系演进奠定基础。体系工程首先要根据成员系统的现状分析体系的需求和目标。在大多数情况下，核心成员系统已经投入使用，体系工程的作用是开发一种方法，利用当前系统的功能或服务来满足体系的需求：增强这些系统的功能或服务，或与这些系统的所有者合作，调整这些系统以满足新的需求，同时继续为当前用户提供支持。

(3) 开发和演进体系架构 体系架构是用于解决体系演进问题的持久性技术框架，以及确定风险和缓解措施的迁移计划。体系架构是本步骤中创建和使用的关键信息制品。体系架构提供了体系技术框架的共享表述，用于告知和记录决策，并指导体系演进。体系架构包括系统、关键系统功能、关系和依赖性，以及端到端功能、数据流和通信协议。体系架构可用于解决功能、性能或接口方面可能出现的变化。它定义了各成员系统协同工作的方式。架构的实施将增加需求空间，在涉及跨领域体系问题时，需要对系统的接口和功能进行更改。

（4）规划体系更新 该步骤对体系的优先事项、选项和积压工作进行评估，以确定体系的下一个升级周期的计划。在这一步骤中，为更新创建分配基线，确定风险和缓解措施，制定协议，创建实施、集成和测试计划，为更新制定综合总进度表，并更新体系总计划。这涉及综合总进度表的创建，以及前面步骤相关信息的更新。

（5）实施体系更新 该步骤涉及体系工程团队监控成员系统的实施情况，并计划和进行体系级的测试，从而形成新的体系基线。在体系工程团队监控进展和更新综合总进度表的同时，各系统在各自层级实施和测试变更。体系工程团队领导体系的集成和测试，开发有关体系绩效和遇到的任何意外因素的数据。

（6）持续体系分析 该步骤包括持续分析、重新审视体系状态和计划的关键信息，作为未来体系演进的基础。体系基线的更新可来自多个方面，包括能力目标，运行意图或外部因素的变化，体系最新更新的结果，体系绩效数据，有关意外因素的数据和解释，成员系统的变化以及风险和缓解措施。

基于 WAVE 模型的体系工程流程明确定义了各个步骤所需的关键信息。体系工程中信息制品的逻辑分组见表 6-3，体系工程信息制品在流程每个步骤的使用见表 6-4。

表 6-3　体系工程信息制品的逻辑分组

体系能力相关信息制品	体系能力目标 体系级运行意图 需求空间
系统信息制品	影响体系能力目标的系统信息
体系技术信息制品	体系架构 体系绩效相关制品 绩效衡量标准和方法 绩效数据 体系技术基线
体系管理和规划信息制品	体系风险与缓解措施 体系协议 计划 体系规划要素 总体规划 技术计划 综合总进度表

表 6-4　体系工程信息制品在流程各步骤的使用

每一步应用的信息		启动体系	开展体系分析	开发体系架构	规划体系更新	实施体系更新	继续体系分析
体系能力相关信息制品	体系能力目标	建立	使用	间接使用	使用	使用	更新
	体系级运行意图	生成	使用	间接使用	使用	使用	更新
	需求空间		建立	更新	编码和条目化	更新	更新

（续）

	每一步应用的信息	启动体系	开展体系分析	开发体系架构	规划体系更新	实施体系更新	继续体系分析
系统信息制品	系统信息	捕获	使用	使用	使用	使用	更新
体系技术信息制品	绩效衡量标准和方法		定义	使用	使用	使用	更新
	绩效数据		捕获	使用	使用	更新	更新
	体系技术基线		生成	使用	生成	生成	更新使用
	体系架构			建立	使用	使用	间接使用
体系管理和规划信息制品	体系规划要素		建立	更新	更新	更新	更新
	总体规划		建立	更新	更新	更新	更新
	体系协议		建立	更新	更新	更新	更新
	技术计划			评估	建立	更新	使用
	综合总进度表			使用	建立	更新	使用
	体系风险与缓解措施	捕获	更新	更新	更新	更新	更新

6.5 体系工程相关方法与建模仿真技术

体系工程作为一类系统工程方法论，除 6.4 节所介绍的工程流程外，流程的实施需要众多重要方法和建模与仿真技术的支持。本节介绍体系工程流程中涉及的基于能力的规划方法、使命任务工程方法和博弈论方法，最后介绍体系工程中的建模与仿真技术。

6.5.1 基于能力的规划方法

体系工程流程始于对体系能力的分析，以满足利益攸关方需要的能力为工程设计的起点，体现了体系工程对系统思维的一致延续。早在 20 年前，基于能力的规划（Capability-Based Planning，CBP）概念已成为整个西方军事国防领域国防规划的"黄金标准"，被美国、英国、加拿大等西方国家广泛采用。兰德国防研究所对基于能力的规划做出了最早的定义，将其描述为"在不确定的情况下进行规划，以提供适合各种现代挑战和情况的能力，同时在一个必须做出选择的经济框架内开展工作"。基于能力的规划这一术语被用于从"基于威胁（Threat-Based）的模式"到"基于能力（Capability-Based）的模式"的国防规划范式转变，其发生的原因是未来环境的不确定性增加，国家的下一个对手难以预测。换句话说，基于能力的规划重点是"提供一个系列能力，作为更系统的防御规划方法的核心要素，以应对国家安全面临的广泛威胁，而不是提供击败特定对手的能力"。

随着复杂组织体系统工程的发展，国防领域的基于能力的规划已成为军民两用的概念，成为当前组织战略管理的主要方法。TOGAF 标准中"基于能力的规划是一种以业务效果为重点的业务规划技术，侧重于为企业规划、设计和交付战略性业务能力"。TOGAF 起源于美国国防部的信息管理技术架构框架（Technical Architecture Framework for Information Management，TAFIM），因此 TOGAF 中基于能力的规划与国防领域同根同源。

1. 能力的概念

能力作为一个抽象概念，适用于许多不同的领域，并与不同的理论相适应，产生了许多专业化的概念。从业务能力到信息技术能力，它们都有相同的出发点，但却表达了广泛的类别。

从国防角度来看，美国国防部将能力定义为"在特定标准和条件下，通过组合执行一系列任务的手段和方式，以达到预期效果"。2007 年美国国土安全部将能力定义为"在特定条件下，通过执行关键任务，达到目标绩效水平，从而提供完成任务或职能的手段，并取得预期成果"，其中能力的特征被定义为其容量（即需要多少能力）和熟练程度（即能力必须达到何种程度），同年发布的"目标能力清单"文件描述了执行关键任务所需的核心能力。在 TOGAF 中，能力被定义为"组织、个人或系统所拥有的，通常以一般性和高层级的术语表达，通常需要组织、人员、流程和技术的组合才能实现"。这个定义中能力有三个重要因素：①能力不仅可由个人或组织拥有，也可由系统拥有；②能力是一个高层级的抽象概念；③能力被认为是一个复合对象，而非原子，几个组成部分必须结合在一起，才能产生具有质量特性的能力。

综合上述概念，能力可以定义为"一个组织、个人或系统所拥有的一种能力、能量或潜能。能力通常以一般和高层次的术语表达，通常需要组织和不同资产（如人员、流程和技术）的组合才能实现，从而实现其目标"。能力概念图如图 6-7 所示。能力可以被视为所有其他能力子类的父类，或者说是具有层次结构的泛化。因此，这些专业化子类继承了能力的特征，并且每个子类型的定义都建立在能力定义的基础之上。常见的能力子类包括：

（1）业务能力　业务能力是企业将资源、能力、信息、流程及其环境结合起来，为客户提供一致价值的方式。它们描述了企业在应对战略挑战和机遇时要做什么，以及需要以不同的方式做什么。它们可以由其他能力（业务能力或其他能力）合成，也可以与其他能力相连接。

（2）技术能力　技术能力是一个组织通过识别、评估、利用和发展从而利用技术知识的能力。

（3）组织能力　组织能力指组织利用组织资源（有形资源、无形资源和人力资源）执行协调任务的能力，目的是实现特定的最终结果，以提高绩效。

（4）IT 能力　IT 能力代表一个组织结合或与其他资源或能力共同调动和部署信息技术相关资源、技能和知识的能力。IT 能力使一个组织能够协调各项活动，并利用其信息技术资产取得预期成果。

2. 基于能力的规划流程

根据 TOGAF 对基于能力的规划的定义，它涉及目标战略业务能力的规划、执行和交付，因此完整的基于能力的规划流程应解决这些问题。基于能力的规划流程如图 6-8 所示，它由三个连续的阶段组成，其逻辑顺序表明从第一步到最后一步的顺序。虽然迭代没有明确包括

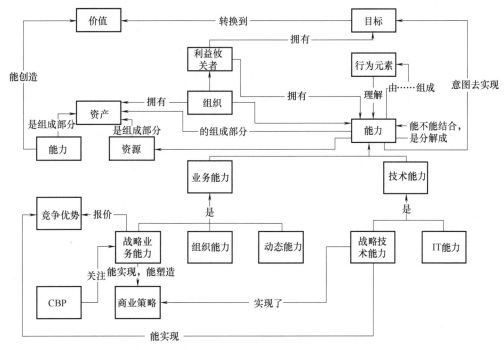

图 6-7　能力概念图

在内，但显而易见的是，如果在该方法的任何时间点和任何步骤发生了无意或有意的变化（如市场或预算的变化），或者在某一步骤中出现了错误，这就意味着组织可以返回并重做任何需要重做的事情。该流程汇集了战略规划与管理、业务建模和国防规划中的相关概念和工具。

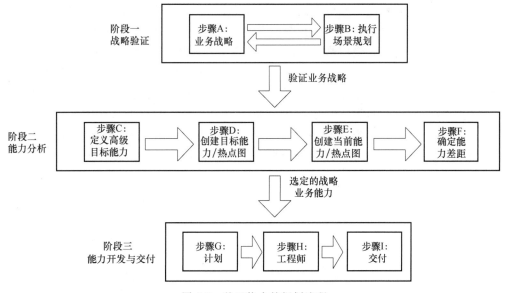

图 6-8　基于能力的规划流程

总体而言，构成该流程的三个阶段（分别为战略验证、能力分析、能力开发与交付）的排序方式将 TOGAF 关于基于能力的规划的定义向后延伸，提供了一个完整的路线图。每个阶段由若干步骤组成，它们之间的关系通常是线性的（第一阶段的步骤除外）。每个步骤都提出了一系列活动和技术。每个阶段的产出都被用作下一阶段的输入，因此从这个意义上说，该模型类似于经典的瀑布模型，具有一定的迭代性，这也适用于跨连续阶段的相邻步骤。总体上该流程实现将组织的使命、愿景和核心价值观作为主要输入，并产生一套已实现的战略业务能力作为输出。

（1）阶段一：战略验证　一个组织在开始考虑发展能力之前，首先要做的是确保其业务战略得到很好的描述、沟通和理解。在这一阶段结束时，组织应确信其业务战略能够充分应对将要或可能影响组织及其环境的各种情况和力量。因此，组织将能够验证或重新确定其战略重点。本阶段的两个步骤是迭代进行的，即情景大多（但不完全）源于业务战略，但基于情景规划的战略决策可能会重塑业务战略。这一阶段的成果是一个清晰且经过验证的业务战略，可选择与一组具有重要战略意义的情景一起实施。

1）步骤 A "业务战略"：以组织的价值、使命和愿景为输入，通过审视愿景、分析环境、制定战略选项、选择战略、阐述战略等活动帮助组织选择明确的业务战略，输出是一个清晰明确的业务战略。

2）步骤 B "执行场景规划"：以战略分析结果为输入，通过定义关键问题和范围，分析驱动力，创建和编写情景，分配风险和关键度值，选择情景，向利益攸关方传达情景，识别和监控关键指示等活动帮助组织探索可能出现的场景，输出是由多个假设情景组成的假设情景空间子集。

（2）阶段二：能力分析　在该阶段，重点是企业需要具备的能力和企业目前拥有的能力，最终进行差距分析。从经过验证的业务战略和第一阶段结束时产生的情景空间子集开始，首先必须定义相应的基础（或第一级）能力。然后将其作为进一步分析和细化业务能力的输入，之后以能力地图的形式创建锚点模型，该模型以未来状态为起点，但也考虑了当前状态。一张完整的企业能力图可以代表企业能力组合的现状和未来。通过分析、组合和比较企业希望或需要做的事情与目前正在做的事情（即进行成熟度差距评估或差距分析），可以发现改进的地方。此外，使用彩色编码可以将能力图转化为热点图，尽管这种评估还可以通过其他各种方式（如传统的价值链模型）进行描述。这样，未来的投资重点领域就会显现出来。这里建议的方法分三个递增阶段进行：①在步骤 D 中为目标能力绘制能力图，同时进行目标成熟度评估和热点图绘制；②在步骤 E 中对能力组合中当前拥有的能力进行成熟度评估，并进行预测，在步骤 D 中进行目标成熟度评估和热点图绘制；③在步骤 E 中对能力组合中当前拥有的能力进行成熟度评估，并投影到热点图上，最后在步骤 F 中选择需要立即关注的能力。

1）步骤 C "定义高级目标能力"：以业务战略、情景空间子集、信息资产定义、来自领先实践的企业特定示例为输入，通过获取行业能力组合，让企业高层领导参与进来等活动帮助为目标能力组合奠定基础，输出是一级业务能力。定义能力的最佳实践见表 6-5。

表 6-5　定义能力的最佳实践

序号	最佳实践
1	以业务而非技术术语定义能力
2	使用名词来命名能力和非动词（如在命名流程时）

（续）

序号	最佳实践
3	不要重复相同的能力
4	一种能力通常在内部或时间上依赖于另一种能力,但在可能的情况下,将它们定义为独立的(但具有协同作用)
5	为整个业务的操作术语开发通用语义
6	花时间反思

2）步骤 D "创建目标能力/热点图"：以行业/市场基准、能力图行业模板、目标能力组合、IT 需求组合输入，通过制定不同层级目标能力热点图等活动帮助以彩色编码的分层拓扑结构为目标能力建模，输出是目标能力热点图。

3）步骤 E "创建当前能力/热点图"：以业务功能、流程或能力、财务报告、组织模型或图表、其他高级业务视图输入，通过制定不同层级当前能力热点图等活动帮助以彩色编码的分层拓扑结构为当前能力建模，输出是当前能力热点图。

4）步骤 F "确定能力差距"：以目标能力热点图、当前能力热点图输入，通过比较两个能力热点图等活动帮助对目标能力和现状能力进行成熟度差距分析，输出是在热点图上描绘出一组需要关注的能力。

（3）阶段三：能力开发与交付　第三阶段看似简单，但由于需要进行规划和开发，因此具有很高的复杂性。在进入基于能力的规划方法的最后阶段之前，组织应清楚地了解需要关注哪些业务能力。然而，并非所有能力都对组织具有战略意义。在步骤 G 中，组织应通过评估这些业务能力中哪些确实是战略性业务能力来解决这一问题，并相应地确定其优先次序，选择比其他能力更紧迫的能力。接下来的步骤就是开发选定的战略性业务能力，并通过增量和维度将其纳入 TOGAF 的 ADM 循环。本阶段的最后一步涉及新开发的战略性业务能力的交付和后续行动。这也是整个方法的最后一步，它结束了整个过程，并通过 ADM 循环的各个阶段再次实施。

1）步骤 G "计划（评估、确定优先次序和选择）"：以综合能力热点图、能力升级和开发成本、资源限制（预算）、战略优先事项输入，通过区分战略能力，创建战略业务能力的可能组合，估算所考虑组合的投资平衡，选择最佳组合，在热点图上突出单个战略业务能力，沟通等活动选择最紧迫的战略性业务能力，输出是一套约 5 项战略性业务能力。

2）步骤 H "工程师（定义增量、尺寸和时间表）"：以基准架构、一套选定的战略业务能力输入，通过定义每种能力的维度，定义每种能力维度上的点，发现能力增量之间的相互依存关系，将增量纳入不同的基线、过渡和目标架构域，设定路线图时间表等活动选择最紧迫的战略性业务能力，输出是一套新设计或改进的战略性业务能力。

3）步骤 I "交付"：以架构存储库、运行数据输入，通过确定部署资源和技能，沟通结果，监控风险，实施后审查等活动监测工程设计/改进能力的协调和调整情况，实现能力的成功部署和监测。

3. 基于能力的规划建模技术

基于正规模型表达的能力规划有助于保证能力规划流程的严谨性和规范性，因此基于能力的规划建模是复杂组织体架构建模的重要方面。下面介绍基于 ArchiMate 的能力规划建模，重点是面向基于能力规划的 ArchiMate 元模型表达。关于 ArchiMate 建模语言的介绍参见本书第 5 章。

下列概念是基于能力的规划建模所需表达的关键概念：

1）成熟度评估（或差距分析），是从当前状态和目标状态两个不同角度对特定能力进行基本分析活动的结果。评估以与这两种状态相关联的成熟度等级表示。如果不对这两种状态进行适当评估，几乎可以肯定能力目标将无法实现。"评估"（Assessment）这一更为宽泛的概念已经存在于 ArchiMate 的动机扩展元模型中，被定义为"对某些驱动因素进行分析的结果"。为了对基于能力的规划进行建模，添加"驱动因素"的概念。

2）能力增量（Capability Increment），用于区分能力向目标成熟度水平的离散过渡状态，每增加一个增量，就向实现目标迈进了一步。在每一个过渡状态中，都有特定的价值交付；在每一个能力增量中，能力都有一定的价值，表明其目前离目标成熟度水平有多近。能力增量可以被视为一种能力的特定版本，为了发展或提高一种能力，组织会从一个版本到另一个版本，这意味着随着时间的推移，同一能力会通过不同版本的增量来实现。虽然在某些情况下，各种能力增量可能会与能力的成熟度级别相邻，但这两个概念并不等同。

3）能力维度（或度量）是 TOGAF 规范中的一个概念，可以从两个方面来理解。首先，它可以用来描述每个能力增量所包含的元素，并描述实现能力所需的资源或要求。如前所述，要实现一种能力，需要对资源、流程或其他能力（可视为资源本身）进行一定的组合。ArchiMate 中最接近的现有概念是"需求"（Requirement），同样来自于动机扩展——"系统必须实现的需求声明"。其次，它可以被视为任何被考虑的能力的一个方面，应该是可衡量和可监控的。第二种观点的优势在于，它不仅定义了什么是维度，还定义了如何对其进行测量。根据这些测量结果，可能需要通过能力增量的改进，或者更广泛地说，通过组织变革，对能力的某个方面进行改进。这表明，能力维度是对 ArchiMate 动机扩展中的驱动力概念的一种特殊化，其形式为度量或关键绩效指标。

4）资源（Resource），这是一个概念，可用来描述能力发展所需的手段。如前所述，资源可被视为一种能力的组成部分，无论它是有形的、无形的还是以人员为基础的。此外，一个组织所拥有的能力本身也可以被视为一种资源，因为它是组织所拥有的，而且它本身也可以被用作一种战略构件。

基于能力的规划采用 ArchiMate 进行建模的元模型，如图 6-9 所示，元模型中对上述基于能力的规划所需的概念进行了定义。

与基于能力的规划相关的架构视角（即视图元模型规范）包括：

1）能力地图视角，显示了一种能力与其他能力之间的关系，它只包含能力元素和五种关系（四种标准关系：关联、聚合、组合和特化，以及使用关系）。它处于中间抽象层次，在创建能力地图时非常有用。

2）能力动机视角，侧重于比能力地图视角（从能力及更高层次）更高的抽象层次，能力与业务战略的关系以及激励能力的不同要素。其中的驱动因素、衡量标准和目标描述了业务战略的动机。此外，将资源纳入视角还能全面展示如何通过能力和资源实现业务战略。它还可以用来说明实施某项战略需要哪些资源，因此在考虑能力实施规划时会用到。该视角将能力与业务战略联系起来，抽象程度更高（从更具体到更抽象）。

3）能力实现视角，侧重于比能力地图视角更详细的抽象层次（从能力及更低层次出

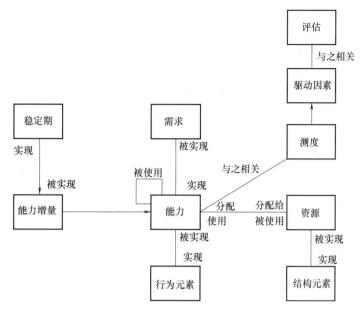

图 6-9　基于能力的规划概念的元模型（部分）

发），通过与稳定期的关系，将能力及其增量分解为架构元素（如可交付成果和工作包）。因此，这个观点的抽象程度较低（从较抽象到较具体），在考虑能力工程时，将通过相应的稳定期和过渡架构来使用。它还表达了新元素与现有 ArchiMate 元素之间的关系。

4）能力增量评估视角，将每项能力增量与相关指标预期值以及实现能力增量的稳定期联系起来。能力增量评估视角描述了如何衡量所定义的指标，其目的是填补能力实现视角与如何分配目标值并根据该值评估增量之间的空白，从而得出评估结果。

6.5.2　使命任务工程方法

体系工程方法的核心是基于能力的正向体系规划设计，而能力的定义主要来自于体系运行时众多利益攸关方的需要、期望。使命任务（Mission）就是对体系运行的反映，是体系设计的初衷。使命任务工程就是采取系统性的工程流程和方法对体系使命任务开展分析，为体系设计提供顶层能力需求、运行场景等关键信息的输入。

1. 使命任务工程简介

军事领域的使命任务被定义为任务作业及其目的，需明确指出要采取的行动及其理由。更简单地说，使命任务就是分配给个人或组织的职责。在国防采办从基于威胁向基于能力的范式转型后，美国国防部将使命任务集成管理（Mission Integration Management）作为采购、工程和运营部门的一项核心活动，重点关注围绕使命任务的各种要素的集成。使命任务集成管理是对概念、活动、技术、需求、计划和预算计划的同步、管理和协调，指导以端到端任务为重点的关键决策。使命任务工程（Mission Engineering，ME）是其中的技术子要素，为需求流程提供基于任务的工程产出，指导原型设计，提供设计方案，进而为装备投资决策提供决策支持。

使命任务工程是一种自上而下的方法，可以从任务的角度确定增强能力、技术以及系统相互依赖性，从而指导原型开发、试验和体系需求，以实现参考任务并缩小任务能力差距。

使命任务工程在作战任务背景下使用系统和体系，通过提升作战能力以满足作战人员的任务需求，让利益攸关方了解如何建造正确地东西，而不仅仅是正确地建造东西。使命任务工程使用经过验证的任务定义和值得信赖的、经过整理的数据集作为分析的基础，以回答一系列作战或战术问题。对结论的共同评估和对分析输入的理解有助于领导层为支持作战人员和联合任务的决策寻求最佳行动方案。使命任务工程流程的关键问题包括：

1）使命任务是什么？

2）使命的边界是什么，它必须如何与其他使命互动？

3）使命的绩效衡量标准是什么？

4）什么是任务能力差距？

5）新能力如何改变我们的作战方式？

6）能力或系统的变化对任务和架构意味着什么？

7）任务性能对组成技术、产品和能力性能的敏感性如何？新能力如何最好地与传统系统集成或取代传统系统？我们又该如何优化这种平衡，为任何特定任务提供最具杀伤力、最经济实惠的综合能力？

使命任务工程是一种分析和数据驱动的方法，用于分解和分析任务的各个组成部分，以确定可衡量的权衡并得出结论。根据提出的问题以及对特定情景和相关背景的理解程度，使命任务工程分析（研究的一部分）可能会假设一种新概念、系统、技术或战术，可能会在未来的军事行动中产生卓越的价值。然后，使命任务工程实践者会设计一个分析实验，对完成任务的基线方法与每个备选案例（也称为试验案例）进行测量和比较。

2. 使命任务工程流程

使命任务工程流程如图 6-10 所示。问题陈述、使命任务定义及特征化和使命任务指标应提前确定、清楚理解并记录在案。制定具有这种详细程度的计划将极大地促进执行全面的工程分析，以探索任务方法的结果，并为后续建议的合作提供支持。

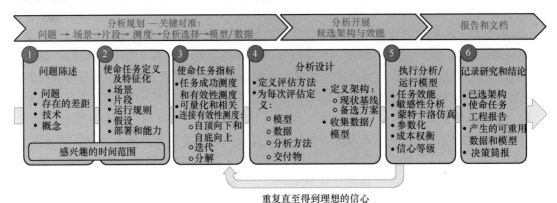

图 6-10　使命任务工程流程

（1）问题陈述——确定关键问题　为确保分析设计正确，必须通过阐明目的和提出需要回答的相关问题来启动使命任务工程研究。这些信息非常关键，因为它们会推动整个使命任务工程分析过程中的其他因素，如确定利益攸关方，收集适当的数据和模型，确定有意义且可衡量的指标，所有这些都将用于为重大决策提供依据。在提出问题时，应考虑以下几点：我们到底想发现什么？我们想要了解什么？领导层希望做出什么决定？此外，问题陈述应充分阐明所关注的任务或技术领域，以及所寻求的理想答案。一些具体的研究问题包括：远程火力的最佳兵力组合是什么？使用定向能的任务效用是什么？如何将新兴技术（如人工智能）与任务线程进行最佳整合？

（2）使命任务定义及特征化　任务定义和特征描述提供了适当的行动任务背景和假设，作为分析要研究的问题的输入。问题陈述描述了我们想要调查的内容，而任务定义和特征描述则同时描述了进入的条件和边界，如作战环境和指挥官对特定任务的预期意图或目标。

在定义任务和问题空间时，必须明确区分任务"是什么"和解决方案"如何做"。使命任务工程的目标是通过公平评估备选任务执行概念、变量和权衡空间，找出任务能力差距和最佳解决方案集。对任务定义的过度限制会人为地影响潜在解决方案。

1）时间范围。任务定义的一个关键因素是评估任务方法的时间框架。时间范围应反映任务发生的特定年份。它可以是"现在"（今天或当前），也可以是"未来"（即将到来的时间——近期或远期）。从具体的时间框架中可以推导出许多其他任务细节，如预期的威胁能力、对手的预期表现、技术成熟度等。因此，由于对手的能力会随着时间的推移而不断发展和变化，因此假设情景会有一个与之相关的时间框架。

2）任务场景和片段。任务具有从战略到战术的层次性。为了使命任务工程的目的，我们定义了两大类任务层级，以帮助确保任务定义中包含适当的要素（或变量）：场景（Scenario）和片段（Vignette）。场景为使命任务工程分析提供了总体背景，提供了行动的地理位置和整个任务的时间框架。场景应包括威胁和合作方的地缘政治背景、假设、约束、限制、战略目标和其他规划考虑因素等信息。此外，设想方案还将定义和描述行动的总体任务目标或任务成功标准。片段代表了范围更窄的场景子集。一个场景中可以有许多片段。一个片段可以看作是一个放大镜，只观察场景的一个方面。片段的目的是集中分析和必要的详细信息，如一组特定系统的有序事件、行为和交互。片段包括作战环境中的能力和威胁（威胁布局和对手的预期系统和能力），作为分析的输入或变量。

应根据问题陈述的需要，适当选择和改进任务场景和片段，以确保分析侧重于相关问题和关切事项。必须注意所选择的场景输入参数，因为它们会对分析结果和输出产生不同的影响，例如，"最有可能、最具代表性、最真实的"场景与"压力最大或压力最小"的场景。

3）假设和约束。分析可能需要局限于一组特定的问题、假设和限制条件。假设和限制条件应现实合理，以确保获得有用的结果。可以对设定初始条件和任务背景（如作战、任务活动、资源）的情景或小节，或对分析中的技术、系统或能力的性能特征进行假设和限制。假设是受限制的变量，在数据不够完善的情况下，可以允许这些变量进行交换，以设定分析偏离的基线。总之，对于任何使命任务工程分析，我们必须做到确定并理解假设，验证这些假设，以及将这些假设转化为通过分析传播的变量，确定并探索任务定义中的不确定性领域。

（3）使命任务指标（衡量成功与成效的标准）　指标是量化评估的衡量标准，通常用于评估、比较和跟踪任务或系统的绩效。工程人员需要确定一套完善的衡量标准，用于评估任务使能活动各组成部分的完整性和有效性。任务衡量标准是用于评估执行任务的每种备选方法的标准。使命任务工程中的指标体系可以分为以下层级：

● 任务成功测度是产生预期结果或效果的能力，通过以有效性测度为形式的标准来衡量。MOE 有助于确定一项任务是否达到了预期效果。MOE 是用于评估系统行为、能力或运行环境变化的标准，与衡量最终状态的实现、目标的达成或效果的产生息息相关。

- MOE 有助于衡量条件的正负变化，如"在不损失资本资产的情况下完成任务"。MOE 有助于回答"系统是否在做正确的事情？"举例来说，"提供安全可靠的环境"目标的MOE 可包括：①减少叛乱活动；②提高民众对东道国安全部队的信任度。
- 性能测度有助于衡量系统任务的完成情况。它们能回答"是否采取了行动？"或"系统是否做得正确？"等问题。

1）选择有效性指标。从任务定义中的场景或片段的总体目标开始，需要详细定义任务的 MOE，以回答利益攸关方感兴趣的问题。衡量标准将根据分析级别（即战役级别或任务级别）而有所不同。MOE 要发挥作用，就必须既可量化又有针对性。使命任务工程的一个关键原则是量化执行任务的替代方法的功效。因此，MOE 应反映指挥官的意图和目标，并包括回答分析或研究问题的可衡量标准。在可能的情况下，应为目标设定一个范围或具体值。在解决可量化问题时，MOE 应涉及"成功"类衡量标准（应最大化的衡量标准）、"损失"类衡量标准（应最小化或避免的衡量标准）以及比率（两个值或衡量标准的比较）。

MOE 要具有相关性，就必须与所分析的任务有明确的联系。MOE 基于两个主要因素：①通过任务定义从问题陈述中自上而下地推导出任务目标（即指挥官意图）；②自下而上地解释为执行任务而提出的组成方法和系统以及相关的建模和分析可用性。制定相关的 MOE 是一个反复的过程，需要平衡自上而下和自下而上的输入，使其与关注程度相匹配。

虽然 MOE 是每个场景或片段所特有的，但可以考虑以下通用的 MOE 类别：

- 任务满意度——最终目标的实现。
- 损失——因对手行动而损失的设备、人员。
- 支出——行动期间消耗的消耗品；例如，有多少资产用于传递信息或摧毁目标。
- 成本——行动备选方案中使用的系统/技术/概念的开发成本、行动成本。
- 时间——任务行动的持续时间。
- 重复——为达到可接受的任务满意度而通过的任务次数。
- 准备状态——随时准备交战的态势。
- 不确定性——上述衡量标准的不确定性。
- 任务投资回报率———项指标/措施与另一项指标/措施的比率。任务投资回报率评估成功实现一个或多个不同的行动目标的效率，例如，摧毁的目标数量与消耗的资产数量之比。投资回报率尤其有助于根据所使用武器的类型和数量以及每种武器的（摊销）成本来确定成本效益效率。进行使命任务工程分析的一个主要目的是为规划、计划和预算执行过程提供信息。成本类型的投资回报率有助于为购置或技术投资决策提供信息，无论是作为物资还是非物资解决方案。

2）指标的追溯性。在制定每种备选方法的过程中，衡量指标会不断演变。只有在了解了需要回答的问题、任务（即目标）以及评估的活动、任务和系统之后，最终有效的衡量指标往往才会出现。随着每种替代方法（各种系统）的开发和完善，可能会重新审视 MOE，以确保所选方法与回答研究问题相关。在选择衡量指标时，应考虑到对总体任务目标具有重要意义的活动、任务和系统中的潜在权衡。

（4）分析设计 简单来说，使命任务工程分析通过研究作战环境、威胁、活动/任务以及当前（现在）或未来任务中使用的能力/系统之间的相互作用来评估任务。使命任务架构（Mission Architecture，MA）代表了执行任务的详细结构。架构是全面记录所有任务要素与其他要素、活动、威胁和整体态势背景之间关系的手段。在使命任务工程中，这一过程被称为"分析设计"。

1）使命任务架构。使命任务架构可视为执行任务的"业务模型"。因此，所选择的架构必须符合使命任务在场景、部队部署和战役层面的更大构架。对于每种方法，"现状"和假设的"未来"线程都可以用架构术语（简称为"视图"）来描述任务要素的作战视图、系统视图和/或技术视图，显示任务构建的每个主要要素之间的通信层和节点联系。

使命任务架构是对概念、方法和系统体系的概念建模，可根据有助于实现任务目标的其他流程、实体和系统，审查流程的细节、时间安排、互动、数据、能力和性能。它使整个部门能够有组织地共享信息。使命任务架构可以处理由许多并发流程和实体组成的整体活动，也可以只专注于一个实体和流程。任务架构通过一系列"视图"来说明/突出具体细节。例如，一种常见的视图是行动概览，它描述了装备和人员的总体预期军事行动；另一种视图是实现这些行动的每项任务和活动的顺序流程；还有一种视图是信息交换示意图，用于促成和触发这些任务和活动。

2）定义使命任务线程（Mission Thread，MT）和使命任务工程线程（Mission Engineering Thread，MET）。任务架构的一个子要素是任务线程，它包括在一个场景或片段中完成任务的端到端任务或活动，可以简单地称为"任务方法"，即为完成既定目标而执行的任务。线程定义了系统、人员、数据、方法、战术、时间和接口如何相互作用的事件链中的任务执行顺序，以完成必要的任务，应对威胁和其他变量，实现任务目标。这种端到端任务结构的例子包括杀伤链（动能）、效应链（非动能）或价值链（商业领域）。在一个场景或片段中，可能会有多个任务线程在一段时间内相互连接以执行任务。使命任务线程架构如图6-11所示。

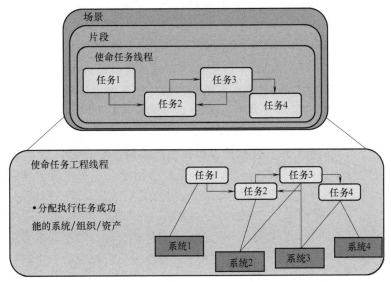

图 6-11　使命任务线程架构

随着与具体系统、技术或人员相关的细节的增加，通用任务线程变成了使命任务工程线程。本书第 5 章介绍的 UAF 架构建模技术支持对使命任务架构、使命任务线程、使命任务工程线程的正规、图形化建模表达。

3）定义并收集支持模型、数据和分析方法。使用基于分析和计算的模型有助于体现执行任务的操作和技术手段，从而促进使命任务工程的发展。模型的使用可使使命任务工程实践者之间的分析结构保持一致并重复使用。最重要的是，使命任务工程从业人员必须注意整理或管理他们所使用的模型，以便捕捉数据元素、假设实现和假设，并将其归档，以追溯到权威来源。

模型不仅是传统的模拟，还包括数学表示、逻辑表达和概念过程步骤，或其中一个或所有要素的组合。例如，模型或表示法可用于预测系统在各种条件下或各种环境中的性能或生存状况，或预测它们如何相互影响以执行任务。模型可提供有用的可视化效果，以支持各种分析和研究（如权衡空间、敏感性、差距或军事效用分析）。作为使命任务工程的一部分而开发、收集、整合和使用的模型类型包括系统模型、设计模型、专业工程模型、验证与确认模型、制造模型、管理模型等。

（5）执行分析/运行模型 使命任务工程分析包括通过使用数据和模型的分析和计算手段，对小节、小节中的任务线程或跨小节/线程的概念进行评估。选择最有利的分析类型将取决于问题陈述、使命任务工程线程和相关指标。分析结果可能会找出任务能力差距，并提供衡量标准，为投资新能力或未来作战新方法的决策提供依据。

以下是使命任务工程人员在确定和进行最适合研究的分析时应考虑的事项：

1）确定应进行的敏感性分析。了解影响输入的基线假设及其如何影响输出的敏感性。

2）解决是否需要对假设或输入进行优化和/或参数化的问题。

3）确定最适用的分析方法。例如，仿真工具、蒙特卡洛分析、马尔可夫链、回归分析、成本/成本效益分析等。

4）识别并了解整个模型系统的误差和不确定性传播。跟踪并测量分析中使用的数据和分析结果的误差/置信度，了解数据和模型的保真度，了解假设、近似值、使用的模型、保真度等。

（6）记录研究和结论 使命任务工程分析的主要产品包括：在分析报告和决策简报中记录的结果；参考或推荐的任务架构，以及可重复使用的经整理的数据模型（从参考架构中得出）。这些使命任务工程产品和制品可确定并量化任务能力差距，有助于将注意力集中在满足未来任务需求的技术解决方案上，为需求、原型和采购提供信息，并支持能力组合管理。

1）分析报告/决策简报。最终分析报告和相关决策简报材料应讨论利益攸关方在研究开始时确定的分析总体目标。报告应包括前期规划（问题、任务定义、场景和片段、MT/MET、度量标准、分析设计和产出），并应讨论是什么影响或推动了分析框架、假设和执行。

2）参考架构。参考架构描述了分析得出的首选任务架构，并描述了任务定义、假设和限制、方法、置信度、不确定性和其他分析理由，以清楚地传达结果。参考这一修饰词强调的是根据分析结果首选的特定架构。参考架构及其理由分析应被视为一个综合产品，由一个或多个 MT/MET 的分析演变而来，而 MT/MET 又是由相互依存的任务视图组成的。架构的使用提供了一种明确比较和对比多个任务内部和任务之间的任务要素和属性的方法。例如，可对各特派团的未来技术进行评估，以揭示其提供的价值，并为有关投资优先级的决策提供信息。

3）编辑数据、模型和架构。随着分析的开发和完成，需要对数据、模型和架构进行适当的收集和整理，以便在未来的分析中进行保存、共享和发掘。

6.5.3 体系工程中的博弈论方法

体系问题最早主要涉及国防、政府等相关领域，在这些领域中体系类型主要是指挥型或公认型（参见 6.2.1 节定义）。但随着体系问题在商业、供应链等领域受到越来越多的关注，协作型体系甚至虚拟型体系正变得越来越重要。在这种情况下，体系一般没有权威的中央管理者，而是由成员系统自愿选择是否加入并留在体系中开展协作。对于协作型和虚拟型体系而言，类似基于能力的规划、使命任务工程等自顶向下的顶层设计方法显得不适用，这主要决定于协作型体系中成员系统的分布式、独立决策模式。在协作型体系中，每个成员系统都将根据其期望从不同行动中获得的价值做出决定，这可能会产生复杂的动态效应，有时甚至会违背直觉。在这种情况下，一个成员系统最合理的局部决策实际上会导致每个成员系统的价值都在减少。因此，协作型和虚拟型体系的工程核心问题就是要找到一种协作机制（Mechanism），激励每个成员系统以一种能为整个体系带来预期涌现效应的方式开展协作。而博弈论方法为协作型体系和虚拟型体系的这一机制设计与分析提供了理论框架。

1. 博弈论在体系工程中的应用现状

博弈论（Game Theory）建立于 20 世纪 40 年代，其研究内容正类似协作型体系中出现的那种分布式独立决策。博弈论在多个领域的体系问题中得到应用，例如电力基础设施、信息系统基础设施、空间和地区探测、交通运输、国防、应急管理、环境控制等。在这些领域，博弈论被用于解决以下体系工程问题：

（1）体系形成和解体 如何吸引并留住体系的成员系统是博弈论在体系工程中的主要应用。通常方法是将协作型体系视为一场博弈，其中每个成员系统都是一个参与者。每个参与者都可以选择加入或不加入体系。而要分析的问题是如何为各成员系统提供足够强的合作激励，以实现体系目标。参与者的策略可以通过不同的方式进行理论分析，例如合作意愿基于同情、信任、恐惧和贪婪等力量；比较始终合作、不同版本的模仿对手行为（又称针锋相对）或随机选择等策略；注重回报最大化或风险最小化的替代方案；考虑成本效益平衡等。例如在智能电网应用中，采用博弈论方法解决的核心问题是消费者愿意将多少消费控制权转移给生产者以优化生产，以及吸引消费者加入体系所需的激励措施。

（2）体系安保 体系安保问题是电力、信息基础设施领域体系设计的关键问题。这种博弈的参与者通常是攻击者和防御者，后者是系统服务的所有者。分析试图找出不同的攻击和响应模式会如何影响系统服务的重要突发特性，并以此设计出最具成本效益的防御策略。

（3）体系架构 协作型体系的架构设计可以被看作是一个中央决策者（体系架构师）与若干控制成员系统设计的决策者之间的博弈。在这一背景下，体系架构被视为一组模块，这些模块是在可能的链接数量受到一定限制的情况下，由成员系统选择形成的连接所产生的。

博弈论模型在上述体系工程问题中的应用主要包括：①原型博弈，例如因徒困境、雄鹿狩猎或追逐—逃避；②针对特定问题定制的博弈模型，涉及非零和、重复博弈、连续或微分博弈、贝叶斯或随机博弈等情况。针对实际中体系工程问题的复杂性，简单的分析方法存在不足，不同的仿真技术得到应用。最常见的方法是基于代理的模拟（可以清晰定义代理、游戏参与者和成员系统之间存在的直接对应关系结构）、蒙特卡洛模拟（可以评估不同的起始条件、参数、策略等对一组异构系统的影响）、基于网络的仿真（可以捕捉代理之间的关键关系）等。

2. 博弈论在体系工程中的应用流程

博弈论在体系工程中的应用框架如图 6-12 所示。该方法包括两个主要活动：建模和分析，其中建模旨在用博弈论术语捕捉体系工程问题，分析则使用该模型来评估问题的备选解决方案。随着对问题理解的加深，这些活动之间往往需要反复进行。

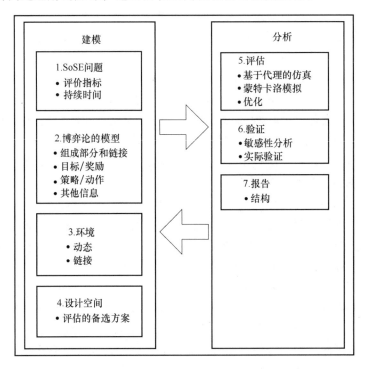

图 6-12　博弈论在体系工程中的应用框架

（1）建模　建模包括四个步骤，分别描述问题、博弈论模型、环境以及可以寻求解决方案的设计空间。

1）问题。建模必须说明要分析的体系工程问题是什么。具体例子包括体系的形成和解体、安全性、治理和控制、获取、架构和政策设计。问题陈述还应包括如何评估解决方案，通常这基于体系的一系列涌现特性。这些属性需要定义，包括如何测量。情况的持续时间也很重要。

2）博弈论模型。博弈中的参与者通常是体系的成员系统，但也可能包括与体系交互的外部实体。后者的一个例子是安全问题中的攻击者或交通系统中的周边交通。与此相关的还有各组成要素之间可能形成的联系，这可能会对它们所能获得的信息以及如何相互影响造成限制。此外，每一类参与者都有自己的目标和回报，这些目标和回报需要用效用或报酬函数来模拟。效用不一定是货币效用，也可以是其他各种效用，这取决于问题的性质。最后，还需要了解每个参与者对彼此的了解程度，包括内部状态、策略、目标等。

3）环境。在实际体系工程中，了解成员系统相互作用的环境至关重要。这种环境通常包含自然元素，它们既相互影响，又与某些成员系统相互作用，因此必须了解其动态变化。收益往往可以用环境的属性来表示，因此环境模型对于了解各成员系统可能采取的各种行动的后果至关重要。环境还可以通过环境要素在参与者之间建立间接联系，这就扩展了2）中的网络结构。

4）设计空间。在确定了问题、参与者和环境之后，接下来就是了解有哪些替代解决方案需要分析。一个很常见的问题是，相关人员应采用哪些决策策略，但也可能涉及应向他们提供哪些信息。每种方案通常都有不同的相关成本，因此最终意味着要进行权衡分析。

（2）分析 分析过程中，要对设计空间中的备选方案进行评估，然后对假设进行验证，并报告结果。

1）评估。评估设计空间中不同选项的具体方法取决于问题的具体情况，但在许多情况下，基于代理的仿真是一个很好的备选方法。如果需要评估大量的组合参数，蒙特卡洛模拟是一个很好的补充。如果存在明确的目标函数，也可以采用优化技术。

2）验证。根据评估结果，将对设计空间中不同方案的利弊得出不同的结论。然而，在大多数情况下，这些结论将取决于大量或多或少任意选择的参数，因此需要对结果进行验证。在最好的情况下，这应该在实际应用中进行，至少应该对假设进行敏感性分析。

3）报告。在报告结果的过程中，强烈建议清楚地介绍上述不同步骤是如何进行的，并明确说明所有的考虑和决定。

6.5.4 体系工程中的建模仿真技术

与系统工程类似，体系工程可以通过建模与仿真技术得到多种形式的支持。关于建立体系架构、使命任务架构等体系工程核心流程内容，本书第5章介绍的架构建模技术（例如UAF等）可以帮助采用正规的模型方式支持体系工程中的架构开发活动。除此之外，以下几种仿真方法对体系工程中的仿真分析非常重要：

1）蒙特卡洛模拟。这类仿真采用大规模重复试验的方法，对每个变量的概率分布进行取样，产生各种可能的结果。它们不仅能得出未知统计变量平均值的近似值，还能得出偏差、方差、相关性等。

2）系统动力学/连续仿真。这是一种系统动态仿真，其中系统状态随时间不断变化，通常用微分方程来描述。当应用于系统或系统的系统时，它们通过模拟内部反馈回路、有时间延迟的流动以及存量和堆积，有助于理解非线性、高度互联的系统随时间变化的行为。

3）离散事件仿真。这是一种系统动态仿真，其中系统状态会在定义事件发生时发生瞬时变化。状态变化的性质和发生变化的时间需要精确描述。

4）基于代理的仿真。代理是"智能软件对象"，它们感知所处环境，努力实现自己的目标，与其他代理交流，在所处环境中行动，观察结果，并进行相应的学习。它们之间的互动受规则制约，它们自下而上地构建系统。

1. 体系工程中的协同仿真

对于体系工程问题而言，可组合性是体系工程建模与仿真的核心。可组合性（Composability）被定义为"以各种组合方式选择和组装仿真组件并将其纳入仿真系统的能力"。可组合性侧重于将异构的独立仿真系统组合成一个更大的仿真系统。通常情况下，体系中每个成员系统都有一个或多个模型，这些模型将被组合成体系模型。正如仿真是系统工程师的基本工具一样，可组合性允许创建仿真系统联盟，使其成为体系工程的基本工具。可组合性如果运用得当，体系工程就能将各成员系统的仿真组合成一个单一的仿真或仿真联盟，从而代表体系，并让体系工程深入了解体系及其行为。如果操作不当，可组合性可能会导致严重的错误。

为解决体系工程建模与仿真的可组合性问题，协同仿真（Co-Simulation）概念是主要的技术途径。Steinbrink 将协同仿真定义为"在运行环境中协调执行两个或多个模型"。从这一定义中可以得出仿真比较的两个维度（见图 6-13）。一方面，可以通过模型或建模工具的数量来进行区分；另一方面，可以通过求解器或执行仿真引擎的数量来进行区分。以下是包括协同仿真在内的仿真类型：

（1）经典仿真　用一个仿真引擎执行一个模型被称为经典仿真。考虑到体系由多类型系统（代表多类型模型）组成的特征，这种完整的单一仿真类型在体系工程中可能并不适合。

（2）混合/合并仿真　由于每个成员系统都有自己的独特模型，因此至少需要混合/合并仿真来进行体系的整体仿真。这种类型允许一个求解器联合执行或耦合多个模型。

（3）并行仿真　并行仿真通过额外的求解器扩展了经典仿真，例如减少计算时间，因此并行仿真适用于大规模网格的复杂问题。尽管如此，整个系统仍然只有一个模型，但执行工作却分布在多个仿真引擎上。

（4）协同仿真　通过协同仿真，不同的模型可由各自独立的仿真引擎执行。这种灵活的设置允许单独交换整个仿真实体。因此，即使是针对多个领域独立开发的完整模拟器，也可以一起运行。协同仿真还包括硬件和软件组件的交互。硬件/软件协同仿真包括"硬件在回路"的测试方法以及硬件或软件组件的一般实现。人机界面也可集成到协同仿真设置中，用于仿真硬件/软件与人类行为（"人在回路"）。

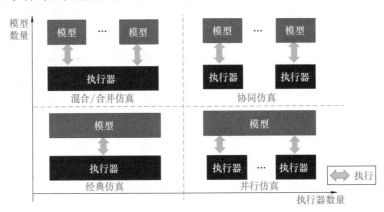

图 6-13　协同仿真与其他仿真类型的区别

使用多个（可能是独立开发的）仿真单元需要进行协调，特别是控制不同的定时行为。仿真单元可以按照离散事件（Discrete Event，DE）或连续时间（Continuous Time，CT）运行。将这些单元耦合在一起会产生不同的协调方法。离散事件单元仅在事件触发的离散时间点改变其值，因此可以通过事件处理进行协调。连续时间单元可以在恒定的时间框架内通过值交换进行协调，这可能会导致精度下降，具体取决于特定的仿真模型。

2. 协同仿真标准框架

当前协同仿真的标准框架主要有：

（1）功能样机接口（Functional Mock-up Interface，FMI） 功能数字样机接口（Functional Digital Mock-Up，FDMU）是将传统数字样机接口（Digital Mock-up Interface，DMI）与行为仿真相结合的概念。为了实现连续时间协同仿真，可以通过功能样机接口提供的标准化接口将两者连接起来。当前功能样机接口已成为一种国际标准。如前所述，协同仿真使用不同的模型和/或求解器，FMI 可以利用不同支持工具的模型实现整体仿真。由 FMI 实现的模型称为功能样机单元（Functional Mock-up Unit，FMU）。FMU 是一个归档文件，由 XML 文件（FMU 所有变量的定义）、C 代码（执行模型方程的函数）和其他数据（如模型图标）组成。通过标准接口，FMU 模块可以集成到更大的模型中。

（2）Modelica Modelica 是一种面向对象的建模语言，适用于物理模型，如机械、电气、电子、液压、热、控制或面向过程的子组件。它提供了一个开放的标准，允许通过数学公式对所有工程学科的复杂物理系统进行正规的描述。

（3）建模与仿真高级架构（High Level Architecture for Modeling and Simulation） FMI 是 CT 协同仿真的标准，而高级架构（HLA）则是 DE 协同仿真的标准。它是美国国防部（DoD）在研究分布式并行仿真时发明的。其主要目标是找到一种连接军事训练模拟器的可能性。目前高级架构已被用于强调互操作性和可重用性（包括时间管理互操作性）的民用应用中。

（4）OPC 统一架构（OPC Unified Architecture，OPC UA） OPC UA 是一种面向服务的架构，用于机器到机器的通信。它提供了一个语义信息模型，其主要特点是面向对象、可扩展性和直接访问过程数据和元数据。目前，OPC UA 支持多种不同扩展、性能或功能的系统。

（5）离散事件系统规范（Discrete Event System Specification，DEVS） DEVS 是一套用于指定网络物理系统离散事件仿真模型的规范，可用于支持模块化模型设计。DEVS 描述了离散时间仿真问题，其中时间步长 t 是离散变量。每个过渡步必须是 t 的倍数，这就限制了输入和输出之间的持续时间。另外，离散事件仿真是连续的，这意味着任何一对事件都可以有不同的时间步长。在 DEVS 中，每个仿真模型都被描述为一个 DEVS 原子模型，它具有输入和输出端口。

6.6 总结

体系是具有独特特点的一类系统，其形式广泛存在于智能制造、军事国防等领域。体系工程方法针对体系的特点扩展了系统工程方法，其重点是对体系使命任务和能力、系统成员系统关系、体系生命周期演进的分析和管理。本章首先在一般体系定义及特征的基础上总结智能制造的体系特征以及面临的体系挑战，作为背景知识帮助大家理解体系研究在智能制造中的价值（Why）。体系工程的定义重点介绍其作为系统工程的新方向的发展历程，以及与系统工程的差异，帮助大家了解什么是体系工程（What）。体系工程流程、相关方法和建模仿真技术总体回答了体系工程当前的主流做法（How）。体系工程流程是工程实践的步骤指南；基于能力的规划、使命任务工程、博弈论方法则是工程流程特定阶段的方法模板；建模与仿真技术则是方法的技术使能，其中架构建模技术在本书第 5 章已进行了详细介绍，本章主要介绍了体系工程中协同仿真的相关技术标准。

6.7 拓展阅读材料

1）*Modeling and Simulation Support for System of Systems Engineering Applications* 一书从背景基础、理论与方法和应用三个方面对体系工程进行了介绍。

2）*Guide to Modeling and Simulation of Systems of Systems* 一书详细介绍了离散事件系统规范仿真建模形式和系统实体结构仿真模型本体的相关内容，用于支持体系虚拟构建和测试。

习题

1）参考 6.2.1 节中对体系的定义，思考并举例说明四类体系的异同。

2）参考表 6-1，以飞机和机场为例比较单一系统的系统工程和体系工程的差异。

3）对比分析军事领域体系工程流程和基于 WAVE 模型的体系工程流程的异同。

4）列出基于能力的规划方法和使命任务工程方法明确支持的体系工程流程任务。

5）结合本书第 5 章介绍的 UAF 领域元模型与架构开发方法，列出 UAF 明确支持的使命任务工程的任务。

参 考 文 献

［1］ PORTER M E, HEPPELMANN J E. How smart, connected products are transforming companies ［J］. Harvard business review, 2015, 93（10）：96-114.

［2］ PORTER M E, HEPPELMANN J E. How smart, connected products are transforming competition ［J］. Harvard business review, 2014, 92（11）：64-88.

［3］ BERRY B J L. Cities as systems within systems of cities ［J］. Papers in regional science, 1964, 13（1）：147-163.

［4］ JAMSHIDI M O. System of systems engineering-new challenges for the 21st century ［J］. IEEE Aerospace and Electronic Systems Magazine, 2008, 23（5）：4-19.

［5］ CARLOCK P G, FENTON R E. System of Systems（SoS）enterprise systems engineering for information-intensive organizations ［J］. Systems engineering, 2001, 4（4）：242-261.

［6］ Systems and software engineering—System of systems（SoS）considerations in life cycle stages of a system：ISO/IEC/IEEE 21839：2019 ［S/OL］. http：//www. iso. org/standard/71955. html.

［7］ United States Government Defense Acquisition University. Defense acquisition guidebook ［M］. Charleston：

Creatspace Indep endent Pub, 2012.

［8］　Office of the Under Secretary of Defense. DoD systems engineering guide for systems of systems v1.0 ［EB/OL］. ［2024-04-17］. https：//acqnotes. com/wp-content/uploads/2014/09/DoD-Systems-Engineering-Guide-for-Systems-of-Systems-Aug-2008. pdf.

［9］　Director of Systems Engineering Office of the Director, Defense Research and Engineering. Systems engineering guide for systems of systems：summary ［EB/OL］. ［2024-04-17］. https：//acqnotes. com/Attachments/Summary%20-%20Systems%20Engineering%20Guide%20for%20Systems%20of%20Systems. pdf.

［10］　INCOSE. INCOSE systems engineering handbook：a guide for system life cycle processes and activities ［M］. Hoboken：John Wiley & Sons, 2023.

［11］　Systems and software engineering—Taxonomy of systems of systems：ISO/IEC/IEEE 21841：2019. ［S/OL］. http：//www. iso. org/standard/71957. html.

［12］　MAIER M W. Architecting principles for systems-of-systems ［J］. Systems engineering：the journal of the international council on systems engineering, 1998, 1（4）：267-284.

［13］　BOARDMAN J, SAUSER B. System of systems-the meaning of ［C］//Proceedings of the 2006 IEEE/SMC international conference on system of systems engineering. Los Angeles, CA, USA, April 24-26, 2006. Los Angeles：IEEE, 2006.

［14］　ABBOTT R. Open at the top; open at the bottom; and continually（but slowly）evolving ［C］//Proceedings of the 2006 IEEE/SMC international conference on system of systems engineering. Los Angeles, CA, USA, April 24-26, 2006. Los Angeles：IEEE, 2006.

［15］　TEKINERDOGAN B, MITTAL R, AL-ALI R, et al. A feature-based ontology for cyber-physical systems ［M］//Multi-paradigm modelling approaches for cyber-physical systems. New York：Academic press, 2021：45-65.

［16］　BOULDING K E. General systems theory—the skeleton of science ［J］. Management science, 1956, 2（3）：197-208.

［17］　DAHMANN J, REBOVICH G, LANE J A, et al. An implementers′view of systems engineering for systems of systems ［C］//Proceedings of the 2011 IEEE international systems conference, Montreal Q C Canada April 4-7, 2011. Piscataway：IEEE, C2011：212-217.

［18］　TIM L. Tool and techniques—DANSE ［J］. Insight, 2016, 19（3）：55-58.

［19］　Systems and software engineering—Guidelines for the utilization of ISO/IEC/IEEE 15288 in the context of system of systems（SoS）：ISO/IEC/IEEE 21840：2019 ［S/OL］. http：//www. iso. org/standard/71956. html.

［20］　DAVIS P K. Analytic architecture for capabilities-based planning, mission-system analysis, and transformation ［M］. Monica：Rand, 2002.

［21］　THE OPEN GROUP. TOGAF 9. 2 standard ［EB/OL］. ［2024-04-17］. https：//pubs. opengroup. org/architecture/togaf9-doc/arch/index. html.

［22］　PAPAZOGLOU A. Capability-based planning with TOGAF® and ArchiMate®［D］. Enschede：University of twente, 2014.

［23］　POZA, SOUPA A. Mission engineering ［J］. International journal of system of systems engineering, 2015, 6（3）：161-185.

［24］　NEUMANN J V, MORGENSTERN O. Theory of games and economic behavior：60th anniversary commemorative edition ［M］ Princeton：Princeton university press, 2007.

［25］　PETTY M D, WEISEL E W. Model composition and reuse ［M］ New York：Academic press, 2019：57-85.

［26］　Steinbrink C. A non-intrusive uncertainty quantification system for modular smart grid co-simulation ［D］. Oldenburg：Carl von ossietzky universitaet oldenburg, 2017.

第7章

智能制造的数字工程

章知识图说

7.1 引言

在当今全球化和信息化的时代，智能制造正成为引领制造业变革的重要力量。作为技术融合和创新的引擎，数字工程逐渐成为智能制造的基石，其通过深度融合先进的信息技术、工程技术和制造技术，为传统制造业注入了新的活力，推动了制造业向更高效、更智能、更可持续的方向发展。

面向智能制造的数字工程是指制造业企业以数据和模型为驱动，通过实现设计数字化、生产数字化和销售数字化，全方位优化生产制造流程和产品全生命周期，进而助力制造企业实现降本增效的运营成果。因此，深入研究和应用数字工程对于推动智能制造的发展具有重要意义。本章将从数字工程的权威指导文件出发，在介绍数字工程基本概念的基础上深入剖析全球数字工程战略规划的核心内容与实践案例，阐述数字工程在智能制造中的角色及其创新推动力，展现其在智能制造领域的领先地位与成功经验，以期为制造业的转型升级和高质量发展提供有益的参考和启示。

7.2 数字工程概述

数字工程是一种集成的数字方法，采用系统的数据和模型权威来源作为连续体，支持从概念到废弃的全生命周期活动。而智能制造中的数字工程，核心在于运用云计算、大数据、物联网、人工智能等新一代信息技术，实现对现实世界对象的数字化表达，达到制造全过程数字化、在线化、智能化的目的，从而优化生产流程，提升产品质量和效率，为企业带来创新推动力和竞争优势。

7.2.1 背景介绍

数字工程背景源于全球制造业的数字化转型需求以及信息技术的迅猛进步，数字化转型已成为企业提升竞争力的关键，数字工程则通过应用先进的信息技术和数字化手段，实现了制造过程的智能化、高效化和可持续化。同时，云计算、大数据、物联网、人工智能等新一代信息技术的发展，为数字工程提供了强大的技术支持和广阔的创新空间。因此，数字工程的应用范围不断拓展，正推动制造业向更高水平发展。

国际数字工程背景与全球制造业的数字化转型趋势、新一代信息技术的迅猛发展以及各国政府提出的制造业发展战略紧密相连。在这一大背景下，从 2015 年起，美国国防部决定实施数字工程战略，欧洲一些国家也相继颁布了数字工程战略，这为全球军事工业及相关领域的发展提供了新的动力和方向。数字工程战略的发布具有鲜明的时代背景和强烈的现实需求，同时也是基于现实因素综合考量的必然选择。

首先，数字工程的发展来自军事领域乃至于整个制造业受到第四次工业革命浪潮的推动。数字化与智能化的深度融合是第四次工业革命的显著特征之一，这也为智能制造下的数字工程提出了新的发展空间。在此背景下，各国陆续推出相关战略以支持数字工程的发展。2013 年，德国首先提出"工业 4.0 战略"，代表了工业生产的数字化、网络化和智能化的新阶段；2015 年，我国推出《中国制造 2025》，以加快新一代信息技术与制造业深度融合为主线推进智能制造实现由大变强的历史跨越；同年，日本提出《机器人新战略》，旨在确保日本机器人领域的世界领先地位；2019 年，美国发布未来工业发展规划，通用电气公司、电话电报公司、国际商用机器公司、英特尔公司以及思科公司等几家工业巨头发起并成立了"工业互联网联盟"，主导了工业互联网领域的技术话语权，后面又有美、日、德等国的 100 家企业及组织陆续加入。伴随着第四次工业革命的深入推广，以物联网、大数据、机器人以及人工智能为代表的数字技术所驱动的社会生产方式产生了显著变化，生产方式从大规模制造转向智能制造、绿色节能制造等领域，显著提升了生产效率。与此同时，云计算、物联网、人工智能、数字孪生等新技术的不断涌现，共享经济、数字工厂、"智慧+"等各种新业态、新模式的出现，不断催生当前社会发展的新动能，为数以亿计的用户、万物互联的社会持续提供技术支撑。在军事领域，自 2016 年起美军专门研究系统工程的部门在多次重量级会议/项目中提到数字工程和数字工程战略，认为第四次工业革命带来的必将是数字时代，实施数字工程将成为其面向数字时代完成数字化转型的关键。因此，将数字工程定义为第四次工业革命的引领技术，是基于模型的系统工程发展的最新阶段。

其次，面对国际局势的紧张和地区冲突的升级，数字工程战略的提出也是为了提升装备采购的敏捷性和适应性。在这一背景下，各国需要构建创新、高效且敏捷适应的采购文化，以迅速向一线部队交付先进武器，同时确保经济可承受性和保障连续性。为应对这一挑战，美国国防部提出了"更优购买力 3.0"倡议，旨在通过创新、技术优势和质量来获取具备统治性的能力。此外，美军还实施了"国防创新倡议"这一顶层行动方案，以落实其"第三次抵消战略"，其国防科技博弈是核心，目的是以快制胜。而欧盟则通过其"地平线 2020"研究与创新计划，大力支持数字技术的研究与应用。该计划旨在促进数字创新，加强欧洲在智能制造、人工智能和网络安全等领域的领导地位。此外，欧盟还通过"数字单一市场"战略，推动成员国之间的数字经济一体化，以提高整体竞争力和应对外部挑战。

最后，预算控制和供应链安全等多重约束条件，也是各国在装备采购领域必须面对的现实挑战。在这一背景下，通过数字化、智能化等数字工程手段实现最大利益的企业，将更有可能在竞争中脱颖而出。同时，构建安全供应链和实现风险控制也成为各国政府和企业的重要任务。

因此，从 2015 年起，美国提出了数字工程战略，旨在通过应用先进的信息技术和数字化手段，实现装备研发、采购和维护的智能化、高效化和可持续化。美国国防部 2018 年 6 月正式发布《数字工程战略》全面推行数字工程转型，以期在装备发展模式上对他国形成代差优势，进而巩固其军事强国的地位。伴随着《数字工程战略》指导文件的发布，美国各军种也紧随其后陆续制定发布了一系列数字工程战略实施规划，系统布局加快推进实施数字工程。美国空军 2019 年 7 月发布了《空军白皮书：数字空军》战略白皮书，其目标是在管理和共享信息方面进行根本性变革，摒弃老旧的流程、系统和思维定势，寻求利用技术的新途径从以平台为中心的作战转向以网络为中心的作战，将空军打造成一个利用集成数字环境的"数字空军"。2020 年 6 月，美国海军发布了《海军与海军陆战队数字系统工程转型战略》，实现从文档为中心的工程模式到以数字工程为中心的模式转变，提出了 5 条具体行动路线，重构海上联合作战体系发展和运用的新范式。而美国太空军则于 2021 年 5 月发布了《太空军数字化军种愿景》，提出加快创建一支互联、创新、数字主导的太空部队，并提出对四大领域进行重点建设。随即而来的是美国陆军于 2021 年 10 月发布的《美国陆军数字化转型战略》，提出加快建设一支数字赋能、数据驱动型陆军，并提出了 6 条具体行动路线，如图 7-1 所示。

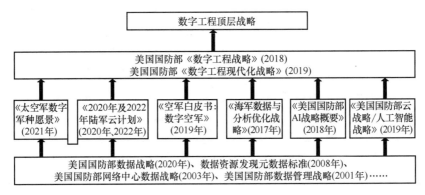

图 7-1　美国国防领域数字战略总体概览

除了美国以外，欧盟近年也持续更新了《数字欧洲计划》系列文件，通过数字基础设施、创新和技术发展，强调数据安全和隐私保护的重要性，构建可信赖的数字环境为欧盟成员国的数字化转型提供了统一指导和支持，促进了欧洲数字经济的整体发展。为了给全球范围内的数字工程实践提供统一的指导和规范，促进国际交流与合作，国际标准化组织通过制定和更新与数字工程相关的国际标准推动了数字技术的不断发展和创新，为各国数字工程的实施提供了技术支持和保障。

在我国，2023 年 2 月 27 日中共中央、国务院印发了《数字中国建设整体布局规划》，提出了"2522"的整体布局框架，夯实数字基础设施和数据资源体系"两大基础"，推进数字技术与经济、政治、文化、社会、生态文明建设"五位一体"深度融合，强化数字技术创新体系和数字安全屏障"两大能力"，优化数字化发展国内国际"两个环境"。

以上指导文件在推动数字工程发展和数字化转型方面都具有重要意义。它们为各国政府、企业和组织提供了重要的参考和指导，有助于推动全球数字经济的持续发展和创新。

总的来说，智能制造的数字工程作为现代制造业的核心驱动力，正以前所未有的速度推动着行业的转型与升级。通过深度整合先进的信息技术和制造技术，数字工程不仅显著提升了制造过程的自动化和智能化水平，还实现了生产资源的优化配置和高效利用。它的重要性与价值体现在多个方面：首先，数字工程大幅提高了生产效率，降低了生产成本，为企业创造了巨大的经济效益；其次，它提升了产品质量和客户满意度，增强了企业的市场竞争力；最后，数字工程还为制造业的可持续发展提供了有力支撑，促进了绿色制造和循环经济的发展。因此，智能制造的数字工程无疑是推动制造业迈向高质量发展的关键力量，其重要性和价值不言而喻。

7.2.2　数字工程的定义

数字工程是一种集成的数字化方法，使用系统的权威模型源和数据源，以在生命周期内可跨学科、跨领域连续传递的模型和数据，支撑系统从概念开发到报废处置的所有活动。美国国防部将转型为以数字化连接的端到端复杂组织体，通过安全手段将人员、流程、数据和能力进行无缝集成，实现利用模型对系统跨生命周期的权威数字化表达，并且融入先进计算、大数据分析、人工智能、自主系统和机器人等技术提升工程能力。

1. 数字工程基本概念

数字工程，作为一种创新的工程范式，正逐渐引领着现代制造业与复杂产品研制的革命性创新。随着新一代信息技术的跨越式发展，产品复杂性、集成性和综合性特征日益凸显，这对多学科融合的工程实践构成了巨大挑战。传统的烟囱式信息传递方式以及线性的、以文本为中心的流程，已难以灵活有效地应对快速变化的不确定性需求，甚至成为阻碍业务模式变革和业务能力提升的关键因素。基于文档的工程实践在采购活动和决策过程中往往产生大量非连续、非结构化的静态数据，这不仅造成了数据冗余，甚至可能导致数据爆炸。为了解决上述问题，数字工程应运而生，为复杂产品研制和制造业的数字化转型提供了有力支撑。数字工程的核心在于采用MBSE，通过构建和完善数字世界模型，实现全过程、全要素、全参与方的数字化、在线化、智能化管理。它利用权威的数据和模型作为跨学科传递的连续统一体，支持从概念到部署的产品全生命周期活动。数字工程不仅是MBSE在数字化时代的深化，也是传统系统工程理论方法的拓展。通过数字工程的应用，企业可以更加高效地管理复杂产品的设计、制造、测试和维护等环节，提升工程实践的效率和精准度。同时，数字工程还有助于打破信息孤岛，实现数据的有效共享和协同工作，促进业务模式变革和业务能力提升。

在国内，数字工程被定义为利用数据模型和云计算、大数据、物联网、移动互联网、人工智能等新一代信息技术，结合先进的精益建造理论方法，实现全过程、全要素、全参与方的数字化、在线化、智能化。这一定义凸显了数字工程在提升工程效率和智能化水平方面的重要作用，强调其在制造业数字化转型中的核心地位。而在国外，美国国防部系统工程研究中心首次提出了数字工程的概念，并在后续发布的《数字工程战略》中进行了正式定义，相关文件如图7-2所示。根据美国国防部的定义，数字工程是一种集成的数字方法，它采用系统的数据和模型权威来源作为连续体，支持从概念到废弃的全生命周期活动。这一定义强调了数字工程在支持产品全生命周期活动方面的能力，特别是通过权威的数据和模型实现跨学科的信息传递，以应对复杂产品研制过程中的挑战。此外，国际标准化组织和其他一些专业机构也在其相关标准和文献中对数字工程进行了定义和解释。这些定义大多围绕数字工程在提升工程效率、优化资源配置、促进可持续发展等方面的作用展开，强调了其在现代工业体系中的重要性和价值。综上所述，国内外专业机构对数字工程的定义虽然表述上有所差异，但都强调了其作为一种集成化、数字化的工程方法，旨在提升工程效率、实现全生命周期的数字化管理，并推动工业体系的转型升级和创新发展。这些定义共同构成了数字工程领域的基本认识和共识，为相关研究和应用提供了重要参考。

2023年12月《数字工程》　　　2019年7月《数字工程现代化战略》　　　2018年6月《数字工程战略》

图 7-2　美国国防领域数字战略指导文件

从美国国防部给出的指南来看，采用了"国防采办大学"（Defense Acquisition University，DAU）的数字工程定义：

"数字工程是一种集成的数字方法，采用系统的数据和模型权威来源作为连续体，支持从概念到废弃的全生命周期活动。"

（Digital Engineering is an integrated digital approach that uses authoritative sources of systems data and models as a continuum across disciplines to support life cycle activities from concept through disposal.）

美国国防部对数字工程的定义是一种集成的数字化方法，旨在通过在整个产品生命周期内连续应用模型和数据，来支撑从概念开发到报废处置的所有活动。这一方法在人工智能、大数据分析、自主系统和超级计算等技术的支持下，显著提升了工程能力，并推动了产业升级。

数字工程生态系统是一个集基础设施、环境与方法于一体的复杂网络，其核心在于促进利益攸关方通过权威的真相源（Authoritative Source of Truth，ASoT）自由交换数字工件（Digital Workpiece）。这种交换不仅加速了数据在系统全生命周期内的流通，还使得来自不同阶段、不同部门的数据得以快速查找、比对和使用，进而推动了数字论证与数字交付的实现。数字工件，作为工程工件数字化的关键成果，为信息和模型在跨平台、跨生命周期和跨领域的共享提供了可能。无论是数字对象（如模型、数据集、文档和图片）还是物理对象（如物理产品或零件），均可通过数字化手段转化为数字工件，实现信息的无缝对接和高效利用。尽管当前对数字工程的定义存在多样性，但其核心共性在于依托 MBSE 和数字线索，通过多方法集成，实现工程实践的全生命周期数字化，以下是数字工程生态系统的核心概念：

1）权威真相源。在数字工程的实践中，权威真相源扮演着至关重要的角色。它不仅是确保数据准确、一致性的基石，也是实现数字工程高效运作的关键。权威真相源用于支撑工程决策、提升设计效率和优化制造过程，确保工程团队在设计和制造过程中使用准确、一致的数据，避免信息冗余和误差。

2）数字工件。作为数字工程中的虚拟模型、数据和文档，在数字工程中具有重要地位。这些数字工件具有高度的可重用性和可扩展性，能够支持快速的产品迭代和优化。通过数字工件，工程团队能够更好地理解产品的复杂性，实现跨领域的协同工作，提升工程活动的效率和准确性。

3）基于模型的系统工程。数字工程的核心方法之一。它强调以模型为中心，通过构建系统的数字模型来分析和优化产品设计和制造过程。MBSE能够综合考虑产品的各个方面，包括性能、可靠性、成本等，实现跨学科、跨领域的协同工作，降低风险和成本。

4）数字孪生（Digital Twin）。在虚拟环境中创建一个与实际产品或系统相对应的数字化副本，通过实时数据采集、分析和模拟，实现对实际产品或系统的实时映射和预测。数字孪生能够帮助工程团队更好地理解产品的性能和行为，发现潜在问题并进行优化，提升产品质量和可靠性。同时，数字孪生还可以用于模拟和测试新的设计方案，减少实物测试的次数和成本，加速产品上市进程。

5）数字线索（Digital Tread）。在数字工程中扮演着追踪和记录产品全生命周期内所有活动和变更的角色。它提供了从概念到报废的完整记录，有助于工程团队理解产品的历史、现状和未来趋势。通过数字线索，工程团队能够及时发现和解决问题，优化设计和制造过程，提升产品质量和客户满意度。

综上所述，对数字工程的定义强调了其在支持产品全生命周期活动、提升工程能力和推动产业升级方面的重要作用。通过权威真相源、数字工件、MBSE、数字孪生和数字线索等关键概念的运用，数字工程正在为现代制造业和国防领域的发展提供有力支撑。数字孪生作为数字工程的重要组成部分，正在推动产品设计和制造过程的数字化转型，提升产品质量和效率。

2. 数字工程的意义

随着科技的不断进步，数字工程逐渐崭露头角，成为推动各行各业创新发展的重要力量。其中，国际防务领域在数字工程领域的探索与实践尤为引人注目，其不仅推动了国防工业的快速发展，更为智能制造领域带来了深远的影响。

在人工智能、大数据分析、自主系统和超级计算等技术的牵引下，数字工程不仅提升了工程能力，更推动了产业升级。在国际防务领域，数字工程的应用解决了装备采购过程中的效率低下等问题，推动了装备发展的数字化转型。

首先，数字工程实现了产品设计的数字化，使得产品的性能、设计规格和传感器保真度等关键参数能够在计算机模拟过程中得到测试、分析、改进和准确评估。这种数字化的设计方式不仅提高了设计效率，更确保了产品的性能和质量。

其次，数字工程推动了智能制造的自动化和智能化。通过数字模型和数据的应用，智能制造系统能够实现对生产过程的精确控制，减少人为干预，提高生产效率。同时，数字工程还支持对生产数据进行实时分析和处理，为生产决策提供有力支持，推动智能制造向更高水平发展。

此外，数字工程还为智能制造的协同创新提供了平台。通过数字工程系统，不同领域的专家可以共同参与到产品设计和生产过程中，实现跨学科、跨领域的协同创新。这种创新模式不仅有助于解决复杂问题，更能够推动技术的不断进步和产业的持续升级。

总的来说，各国在数字工程领域的探索与实践为智能制造带来了重要的启示和推动。数字工程不仅提高了产品设计和生产的效率和质量，更推动了智能制造的自动化、智能化和协同创新。随着数字工程技术的不断发展和完善，相信未来智能制造领域将会迎来更加广阔的发展前景。

3. 数字工程与系统工程的关系

数字工程生态系统涵盖了系统工程的技术流程和技术管理流程，自下而上三层嵌套：底层是技术数据和工程知识管理系统，包括工程标准、需求数据、设计和制造数据、试验数据、供应数据、使用数据、维护数据、工程能力数据等数据库；中间层是贯穿数字工程生态系统的纽带，核心是跨生命周期的数字系统模型、数字线索和数字孪生，将兴趣系统的多领域、多物理、多层级分析工具集成，利用技术数据和工程知识以及系统的权威数字化表达，对成本、进度和性能、经济可承受性、风险以及风险缓解策略进行分析，支撑企业采购；顶层是企业采购系统，包括顶层的采购里程碑决策，各层级的系统工程技术评审，项目层次的成本分析、需求论证、成本/进度/性能权衡。

传统系统工程方法的数字化应用与基于模型的系统工程是数字工程的两大核心组成部分。这两者虽然都致力于提升系统工程的效率和效能，但各有其独特的侧重点。

传统系统工程方法的数字化应用强调的是通过集成新的数字技术来规范化和信息化系统工程过程。这种方法关注利用数字化技术来优化系统工程的流程，提高工作效率，并确保工程效能的提升。

而基于模型的系统工程则侧重于使用标准一致的形式化方法，对工程工件进行多视图模型化表达。这种方法强调需求、功能、逻辑和物理之间的一致性和追溯性，确保在整个系统生命周期中，各个部分能够相互协调、相互支持。

数字工程与传统系统工程的主要区别在于以下几个方面：

1）数字工程利用权威真相源在系统生命周期中共享数据，从而消除了对纸面合同数据需求列表和大规模设计评审的依赖。

2）数字工程强调在物理系统开发之前，先在模型中进行设计和验证，确保设计的可行性和有效性。

3）通过权威真相源提供的连续反馈信息，数字工程能够进行任务效能的优化，提高系统的整体性能。

4）数字工程使得需求变得可传递，从而能够更好地强化关键性能参数，确保系统能够满足预期的要求。

5）数字工程与基于模型的系统工程的主要区别在于模型的类型和应用范围。基于模型的系统工程主要关注形式化的系统模型（如原理图模型）在系统工程实践中的应用和全生命周期内的传递。而数字工程则更广泛地涵盖了各种模型，包括数字孪生模型、数学模型和3D模型等，并将这些模型作为全生命周期中传递的连续统一体。

综上所述，数字工程通过整合新技术和模型化方法，实现了系统工程的数字化转型和优化，提高了工程效率和效能，为现代系统工程的发展注入了新的活力。

7.2.3 国际数字工程战略概述

1. 定义与概述

2018年6月，美国国防部发布了《数字工程战略》，旨在推进数字工程在装备全生命周期管理中的应用，实现数字化转型，如图 7-3 所示。该战略将传统的线性采购流程转变为动态过程，并从基于文档的方式转变为基于模型的方式，构建了基于模型的数字工程生态系统。数字工程将使利益攸关方能够与数字技术进行交互，并以新的、突破性的方式解决问题。同时，向数字工程转型将解决部署和使用美国国防系统的复杂性、不确定性和快速变化带来的长期存在的挑战。通过提供更加敏捷和响应式的开发环境，数字工程将为打赢未来战争提供坚实的基础。

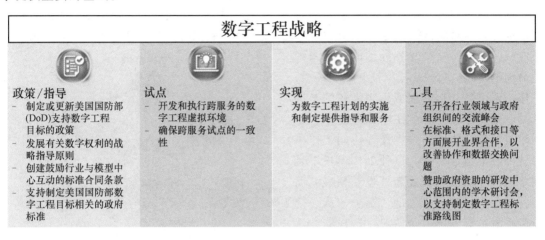

图 7-3　美国国防领域数字工程战略

该战略明确了五大目标，具体如图 7-4 所示。

2. 建立全生命周期模型的正式流程，为决策提供参考

第一个目标建立正式的计划、开发和使用模型，将其作为跨生命周期连续体执行工程活动的一个组成部分，这也将为项目和整个企业支持一致的分析和决策制定奠定基础。

（1）确立一致的、完整的、权威的模型数据来源　这一目标旨在将主要的通信方式从传统的文档转变为数字模型和数据，从而实现对一组共享的数字模型和数据的访问、管理、分析、使用和分发。通过这种转变，利益攸关方能够获取到最新、权威且一致的信息，确保在整个项目生命周期中做出基于数据的一致性分析和决策。

图 7-4　美国国防领域数字工程战略五大目标

（2）引入技术创新，提升工程实践能力　这个目标超越了传统的基于模型的方法，结合了技术和实践的进步。同时，数字工程方法还支持在连接的数字端到端企业中快速实施创新。

（3）建立支持跨部门活动、协作和沟通的基础设施环境　该目标促进了具有鲁棒性的基础设施和环境的建立，以支持数字工程目标。它结合了信息技术基础设施和先进的方法、过程和工具，以及加强知识产权、网络安全和安全分类保护的协作可信系统。

（4）塑造数字化文化氛围并提高人员素养，以支持全生命周期的数字工程　最终目标是结合变更管理和战略沟通的最佳实践，以转变文化和劳动力。同时也需要集中精力来领导和执行变革，并支持组织向数字工程的过渡。

3. 总体目标

（1）目标1：形式化模型的开发、集成和使用　在生命周期的早期阶段，模型允许在实际实例化解决方案之前对其进行虚拟探索；在解决方案的生命周期中，模型逐渐成熟，并且可以成为物理对应物的有用复制品，用于虚拟测试和后勤维持支持。该目标关注形式化的建模应用，以支持从概念到处理的所有系统生命周期阶段。形式化模型被开发、集成，并作为跨生命周期的权威事实来源的基础使用，如图7-5所示。在虚拟环境中，不同学科和领域能够同时操作并协同工作于系统的各个组成部分。这种工作模式不是简单地丢弃旧模型并重新开发新模型，而是将模型作为连续发展的一部分，从一个阶段平滑过渡到下一个阶段。这样的方法确保了模型在整个系统生命周期中的持续性和连贯性，促进了跨学科的整合和知识的积累。

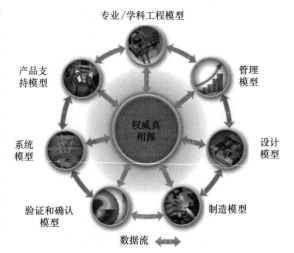

图 7-5　形式化模型的开发、集成和使用

（2）目标2：权威真相源　该目标为跨组织的涉众访问、管理、保护和分析形式化模型中的模型和数据提供了权威的事实来源。其通信的主要手段从静态和断开连接的工件转移，并将范式转移到模型和数据，作为连接传统的孤立元素的基础，并在整个生命周期中提供集成的信息交换。权威真相源如图7-6所示，涉众能够使用跨生命周期的共享知识和资源，确保权威真相源的统一性。

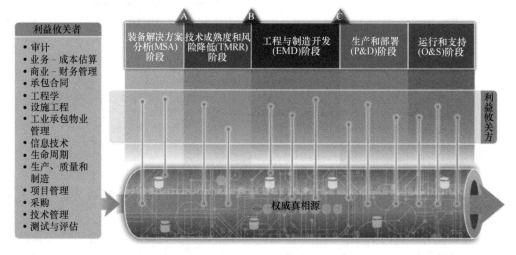

图 7-6　权威真相源

1）确定真理的权威来源。权威真相源作为技术基线的核心，记录了系统状态和历史，确保了模型和数据的一致性和可追溯性。它通过传播变更，降低错误数据风险，加强配置控制。其目标是确保数据的准确性和及时性，通过预先规划和模型使用，设定明确期望，促进跨学科和生命周期的无缝数据集成。

2）管理权威的真理来源。组织将制定政策和程序，确保权威真相源的正确使用，并通过治理确保数据在全生命周期中的正式管理和可靠性。这将通过标准化流程来维护模型和数据的完整性和质量，同时确保符合组织和业务规则。权威真相源将作为信息管理和交流的核心，覆盖从概念到处置的全过程，为项目提供跨企业的知识支持，促进团队协作，确保访问最新模型和数据，实现工作无缝集成。

（3）目标3：结合技术创新改进工程实践　该目标旨在使数字工程组织能够通过快速创新和使用先进技术来保持技术优势。在目标1和目标2中基于模型的方法基础上，该目标注入了技术和实践方面的进步，以构建端到端数字企业。通过数字化连接利益攸关方、流程、能力和数据，数字工程组织将有能力分析和快速适应，以便使能力现代化，并做出更及时和相关的决策。结合技术创新改进工程实践的例子如图7-7所示。

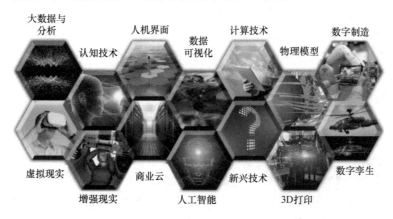

图7-7　结合技术创新改进工程实践的例子

1）建立端到端的数字化工程企业。数字工程战略的愿景是建立一个工程企业，在整个系统的生命周期中连接数字世界和物理世界。端到端的数字化企业采用基于模型的方法，在先进技术支持的数字互联环境中进行从概念到处置的全生命周期活动。在生命周期的早期阶段，重点是评估概念，吸引用户，并使用数字化表示来明确权衡空间探索。在生命周期的后期，关注的焦点是最终产品的生产、交付和维护，其目标是沿着最终项目不断地进化数字表示，从数字环境中获得持续的洞察力和知识。

2）利用技术创新改进数字化工程实践。数字工程战略的愿景是建立一种企业能力，可以安全地利用数据和分析来实现洞察力，并实现更快、更好的数据驱动决策，同时随着设计的发展，通过捕获和持续评估数据，可以在短时间内比较和优化潜在的改进和选项。实现端到端的数字化企业，自动化任务和流程，以及做出更智能、更快的决策，都需要改变人机交互方式的下一个前沿技术。与传统系统相比，机器现在能够构建知识，持续学习，理解自然语言，推理并与人类更自然地互动。

（4）目标4：建立一个支持性的基础设施和环境，以跨涉众执行活动、协作和沟通　该目标侧重于构建数字工程基础设施和环境（图 7-8），以支持所有数字工程目标。目前的 IT 基础设施和环境不能完全支持数字工程利益攸关方的需求。它们通常是复杂且不安全的，是难以管理、控制和支持的，因为它们的使用因程序而异。数字工程领导组织将推进其基础设施和环境朝着更加统一、协作、互信的环境发展。

1）开发和使用数字工程 IT 基础设施。数字工程 IT 基础设施包括硬件、软件、网络和相关设备的集合，它们是推进实践状态的关键推动者和基础，而可靠、可用、安全和可连接的信息网络是在整个生命周期中执行数字工程活动所必需的。数字工程战略将计划并部署数字工程硬件和软件解决方案，以满足劳动力和相关数字工程活动的需求，同时考虑模块化方法和广泛的硬件和软件解决方案，以在建立数字端到端企业时提供灵活的可扩展性、可观的成本节约和快速部署能力。

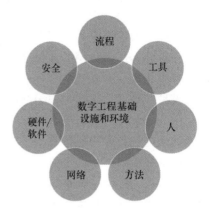

图 7-8　数字工程基础设施和环境

2）开发和使用数字工程方法。数字工程战略正在推动组织向更高效的工程方法转型。这包括对工程流程和指导原则的现代化，整合创新技术、权威真相源、建模技术、劳动力发展和文化变革。战略强调评估和选择跨学科、可扩展的数字工具，重视工具间的标准化接口和数据交换能力。关键工具特性包括可视化、分析、模型管理、互操作性、工作流、协作和定制支持。

3）保护 IT 基础设施和知识产权。数字工程战略强调在数字化转型过程中保护模型和数据的安全性、可用性和完整性。这要求必须降低网络风险，确保数字环境免受内外威胁。同时，必须保护知识产权和敏感信息，促进政府与工业界的合作。网络安全将被整合到数字工程的规划和执行中，以确保 IT 基础设施安全并支持工程目标。数字工程将与合作伙伴共同识别和缓解高风险漏洞，更新方法和工具以实现安全的数据和模型交换。同时，保护知识产权是一项复杂任务，需要政府和行业合作伙伴共同努力，确保版权、商标、专利和敏感信息的安全，同时保障信息的自由流动。

（5）目标 5：转变文化和劳动力，在整个生命周期中采用和支持数字工程　第五个目标采用系统的方法来规划、实施和支持数字工程转型。这种转变要求相关部门超越技术来解决劳动力方面的挑战，其中包括组织的共享价值观、信仰和行为。这些规范和信念从根本上影响着人们的行为和操作。为了成功实施数字工程，顶层规划部门需要深思熟虑，努力改造劳动力，以促进文化变革，可采用培训、教育、战略沟通和持续改进的方法，如图 7-9 所示。

1）完善数字化工程知识库。数字工程战略推动了知识库的持续发展和组织化，要求顶层部门通过统一术语和深化

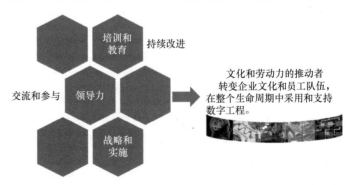

图 7-9　转变文化和劳动力

概念理解来确保工程活动的一致性和严谨性。面对现有标准不足以覆盖跨领域模型和数据交换的挑战，相关部门必须评估并更新政策、指导和标准，以适应基于模型的采购流程，这不仅涉及从纸质到数字化的转变，还包括自动化手工任务和促进协作。此外，相关数字指导部门应加强信息共享网络，以支持数字工程的制度化和跨领域整合。

2）领导和支持数字化工程转型工作。数字工程战略要求对变革进行管理，培养创新和持续改进的文化。领导者通过塑造团队价值观、态度和信念，鼓励个人成长和贡献，以实现转型。数字工程改变了工作方式，因此领导者需清晰传达愿景和战略，明确组织目标和方向。有效的沟通策略和跨学科协作对于建立共识至关重要。领导层需消除障碍，提供必要资源，设定里程碑，并明确角色和责任，以推动数字工程愿景的实现。

3）建立和准备劳动力。劳动力培训和教育对于数字化工程转型至关重要，它有助于提升个人、团队和组织的知识、能力和技能。相关部门需全面教育员工，涵盖新概念、方法、流程和工具，同时鼓励形成新习惯和行为。实践操作对于组织获得经验和适应新方式至关重要。利益攸关方的参与对于整个生命周期中的决策、设计和交付数字功能至关重要。

7.2.4 国内数字工程相关指导文件

我国正处于数字工程和智能制造领域的转型时期，这场变革不仅加速了传统制造业的升级步伐，而且为国家经济增长注入了新动力。在这一转型过程中，我国政府发挥了核心作用，通过一系列战略性指导文件，为我国制造业的未来发展指明了方向，并在全球制造业竞争中确立了有利地位。

2015年5月，国务院发布了《中国制造2025》，这是一项具有里程碑意义的战略规划，标志着我国制造业转型升级的国家级战略正式启动。该规划为我国制造业的未来发展提供了清晰的蓝图，并明确了智能制造作为实现制造强国目标的关键路径。《中国制造2025》强调了创新驱动、智能转型、绿色发展等九大战略任务，旨在推动我国从制造大国向制造强国的转变。

为了进一步细化智能制造的发展目标和实施路径，工业和信息化部、财政部于2016年12月发布了《智能制造发展规划（2016—2020年）》。该规划为智能制造的发展提供了具体的行动指南，包括提升制造业的数字化、网络化和智能化水平，推动制造过程的自动化和智能化。

随着工业互联网的兴起，国务院在2017年发布了《国务院关于深化"互联网+先进制造业"发展工业互联网的指导意见》，旨在通过工业互联网平台的建设，促进制造业资源的优化配置和生产流程的智能化改造。同年，国务院还发布了《新一代人工智能发展规划》，突出了人工智能技术在智能制造中的应用，推动了人工智能与制造业的深度融合。

此外，专业机构和行业组织也发布了多项指导文件和研究报告，进一步丰富了智能制造的理论基础和实践指导。2017年，工业互联网产业联盟发布了《工业互联网平台白皮书》，系统阐述了工业互联网平台的架构、关键技术及其在制造业中的应用，为工业互联网平台的建设和应用提供了指导。同时，该联盟还发布了《工业互联网安全解决方案案例汇编》，收集了工业互联网安全领域的典型解决方案和案例，为工业互联网安全提供了实践参考。

2018年，国家智能制造标准化总体组发布了《国家智能制造标准体系建设指南（2018年版）》，为我国智能制造的标准化工作提供了指导，构建了统一的标准体系，确保了智能制造相关技术和产品的兼容性和互操作性。

2019 年，赛迪研究院发布了《"工业互联网平台+数字仿真"发展白皮书》，深入探讨了工业互联网平台与数字仿真技术结合的发展趋势，为制造业数字化转型提供了理论支持和实践指导。同年，赛迪工业互联网首席研究员在《工业互联网平台赋能制造业数字化转型方法论》中，详细阐述了工业互联网平台如何为制造业的数字化转型提供动力和方法。

2020 年，《中国数字孪生应用白皮书》的发布，标志着我国对数字孪生技术在智能制造中应用的重视。该白皮书全面介绍了数字孪生技术的概念、关键技术、应用场景及其在制造业中的实践案例，为推动制造业的创新发展提供了新的思路。

这些指导文件和研究报告的发布，体现了我国政府和专业机构对数字工程和智能制造领域的全面布局和深入探索。它们不仅为我国制造业的数字化转型提供了丰富的理论资源和技术指导，也展示了我国在全球智能制造领域的积极探索和创新实践。通过这些政策文件和专业报告的深入实施，我国正逐步构建起一个更加智能、高效、绿色的制造业体系，为实现制造强国的目标奠定了坚实的基础。同时，我国也为全球智能制造的发展贡献了独特的智慧和方案，与国际社会共同推动制造业的繁荣和进步。

7.3 数字工程在智能制造中的角色

智能制造是一个不断演进的大系统，作为制造业和信息技术深度融合的产物，它的诞生和演变与信息化发展相伴而生。当前，工业互联网、大数据及人工智能实现群体突破和融合应用，以新一代人工智能技术为主要特征的信息化开创了制造业数字化、网络化、智能化的新阶段。然而，对我国大多数制造业企业来说，特别是广大中小企业还远远没有实现"数字化制造"，必须扎扎实实完成好数字化"补课"，打好数字化基础。因此，以智能制造为主攻方向，推动制造业数字转型、智能升级，实现智能制造的数字工程成为亟须解决的问题。

数字工程在智能制造中扮演着举足轻重的角色，其重要性日益凸显。随着信息技术的迅猛发展，数字工程已成为推动智能制造变革的核心力量。作为持久权威的真相源，数字工程为智能制造提供了稳定可靠的数据支撑，确保了生产过程的精准可控。同时，以数字孪生和数字线索为支撑的智能制造系统，通过虚拟与现实的无缝对接，实现了从产品设计、生产流程到质量控制的全面优化。此外，数字工程还推动了智能制造的快速创新，为企业提供了灵活多变的解决方案，助力其在激烈的市场竞争中脱颖而出。

在智能制造领域，数字工程不仅提升了生产效率和质量，还降低了生产成本和资源消耗。它使得生产过程更加透明、可预测和可控，为企业的可持续发展奠定了坚实基础。因此，深入研究和应用数字工程，对于推动智能制造的发展具有重要意义。

7.3.1 持久权威的真相源

在数字工程领域，基于模型的系统工程已成为一种广泛应用的方法，旨在通过模型和模型之间的互操作性来优化和整合系统工程活动。在这一方法中，权威真相源发挥着至关重要的作用，它是确保数据一致性、完整性和准确性的基石。

权威真相源是一个集中存储和管理系统相关数据的地方，这些数据是经过验证和确认的，被视为真实可靠的。这些数据包括但不限于系统需求、设计参数、接口定义、测试结果等。权威真相源的重要性在于它提供了单一、可信赖的数据源，避免了数据冗余、不一致和冲突的问题。

1. 权威真相源定义

权威真相源作为系统工程领域的核心支柱，融合了先进模型与数据库的精华，旨在系统化地管理并存储系统全生命周期内所有版本的规范化建模与标准化数据。它不仅为设计过程提供数据和模型的便捷提取，确保数据的一致性，更通过跟踪与追溯、验证与确认、可视化展示及报告自动生成等功能，为系统工程提供全方位的数字化支持。

在权威真相源中，"权威"二字意味着其无可替代的核心地位。在系统工程的实施过程中，权威真相源中的数据与模型具备绝对的支配能力，能够影响和驱动其他系统部分的行为，确保整个系统的协调一致。而"真相"则是对其数据准确性和可靠性的最高赞誉，其中的数据与模型都经过严格的审核与验证，确保其真实无误，从而为系统工程实施的正确性提供有力保障。"源"作为权威真相源的又一核心特质，象征着数据与模型的起源与归宿。在系统工程的全流程中，无论是初步设计、深入分析还是最终决策，权威真相源都是数据和模型不可或缺的源泉。同时，这些数据和模型在经过一系列的处理和分析后，又会回到权威真相源，形成一个持续更新的循环。

权威真相源所包含的模型是对所关注系统、实体、现象或流程的精准刻画，主要包含技术结构模型和项目管理模型。其中，技术结构模型详细描绘了系统的组件、关系、接口、架构等核心要素；而项目管理模型则涵盖了团队配置、职责划分、风险管理等关键方面。这些模型共同构建了一个完整、立体的系统视图，为系统工程提供了坚实的理论基础。

在数据层面，权威真相源是一个全面、实时的数据仓库。它汇集了设计、运营、维修保障、分析与报告以及参考等各类数据，为系统工程提供了丰富的数据资源。这些数据不仅支持了系统的日常运行和维护，更为系统的优化和升级提供了有力的数据支持。

2. 权威真相源构建目标

构建权威真相源的总目标是确保在正确的时刻，将正确的模型和数据精准地提供给正确的使用者，以推动正确的系统工程实践。为实现这一目标，需要满足以下具体目标：

1）权威真相源应促进建模实践的发展，通过提供精确、全面的模型和数据，为利益攸关方提供更加准确、细致的系统行为描述，从而支持他们做出更加明智的决策。

2）权威真相源旨在提升工程的系统组织性，通过整合和优化系统内部的各个组成部分，降低系统工程实施过程中的复杂度，使工程团队能够更好地管理不断增长的系统复杂度，提高整体工作效率。

3）权威真相源还通过权威信息共享，记录已经做出的分析和决策，为项目技术管理提供有力支持。这有助于项目团队在后续工作中快速获取关键信息，避免重复劳动，从而提高工作效率和质量。

4）权威真相源致力于提高系统设计的重用性，通过有效管理和利用历史数据和模型，消除项目生命周期各个阶段知识和投资流失的情况，缩小开发成本，为项目的可持续发展奠定坚实基础。

构建权威真相源是实现系统工程高效、准确、可持续发展的关键举措，它将为系统工程实践提供强有力的数据和信息支持，推动系统工程领域的不断进步和发展。

3. 权威真相源的重要性

（1）支持多领域协同　在复杂系统开发中，不同领域的工程师需要共享和交换数据。权威真相源提供了一个统一的数据平台，确保数据的准确性和一致性，从而促进多领域之间的协同工作。

（2）优化决策过程　基于权威真相源的数据，系统工程师可以进行更深入的分析和模拟，从而做出更明智的决策。这些数据为决策提供了有力的支持，提高了决策的质量和效率。

（3）简化变更管理　当系统需求或设计发生变化时，权威真相源能够记录这些变化，并通知利益攸关方。这使得变更管理变得更加简单和高效，减少了因数据不一致而导致的错误和延误。

4. 权威真相源的实施原则

为保持持久权威的真相源，实现和管理权威真相源需要遵循一系列原则和方法：

（1）明确数据范围与标准　需要明确权威真相源应包含哪些数据，以及数据的格式、精度和更新频率等标准。这有助于确保数据的完整性和一致性。

（2）选择合适的数据存储技术　根据数据的规模和复杂性，可以选择关系型数据库、NoSQL 数据库或数据仓库等技术来存储和管理数据。这些技术应能够提供高效的数据查询、更新和同步功能。

（3）建立数据验证与审查机制　为了确保数据的准确性，需要建立严格的数据验证和审查机制。这包括对数据的来源进行核实、对数据进行格式和逻辑检查等。

（4）维护数据一致性与安全性　在数据更新和修改过程中，需要采取措施确保数据的一致性和安全性。例如，可以使用版本控制来跟踪数据的变更历史，使用加密技术来保护数据的隐私和安全。

在实际应用中，权威真相源已经被广泛应用于各种领域。以航空航天为例，权威真相源被用于管理飞行器的设计数据、性能参数和测试结果。这些数据对于确保飞行器的安全性和性能至关重要。通过权威真相源，工程师可以方便地访问和共享这些数据，从而提高设计效率和质量。在汽车工业中，权威真相源同样发挥着重要作用。汽车的设计和开发涉及多个领域和部门，需要共享大量的数据。通过权威真相源，不同领域的工程师可以协同工作，确保数据的准确性和一致性。这有助于减少设计错误和重复工作，提高汽车的性能和可靠性。

尽管权威真相源在 MBSE 中发挥着重要作用，但其实现和管理也面临着一些挑战。随着系统的规模和复杂性不断增加，权威真相源需要处理的数据量也在快速增长。这对数据存储、查询和更新提出了更高的要求。此外，随着技术的不断发展，新的数据存储和管理技术不断涌现，如何选择和集成这些技术以适应不同的应用场景也是一个挑战。未来，权威真相源的发展将呈现以下趋势：

1）集成化。权威真相源将与更多的系统工程工具和方法进行集成，形成一个更加完整和统一的系统工程平台。这将有助于进一步提高系统工程的效率和质量。

2）智能化。借助人工智能和机器学习技术，权威真相源将能够实现更高级的数据分析和预测功能。这将有助于系统工程师更好地理解和优化系统的性能和行为。

3）云化。随着云计算技术的普及，权威真相源将越来越多地部署在云端。这将有助于提高数据的可用性和可扩展性，同时降低维护成本。

权威真相源作为 MBSE 中的核心概念，对于确保系统工程的数据一致性、完整性和准确性具有重要意义。通过实现和管理权威真相源，可以支持系统工程师在设计和分析系统时依赖准确和一致的数据，提高工作效率和决策质量。随着技术的不断进步和应用场景的扩展，权威真相源将在未来发挥更加重要的作用，推动系统工程领域的持续创新和发展。

7.3.2 数字工程支撑的智能制造系统

随着科技的飞速发展与工业 4.0 时代的到来，智能制造系统已成为推动产业升级与创新的关键引擎。在这个背景下，以数字孪生与数字线索为关键要素的数字工程作为智能制造的核心支撑技术，正逐渐展现出其独特的魅力和潜力。

数字孪生作为一种虚拟与现实相结合的先进技术，通过构建物理世界的数字副本，实现对制造过程的精确模拟、预测和优化。它不仅能够提升生产效率、降低运营成本，还能够在产品设计、生产规划、设备维护等各个环节中发挥重要作用。数字线索则是连接物理世界与数字世界的桥梁，它记录了产品在全生命周期内的所有信息，为企业的决策分析提供了宝贵的数据支持。

以数字孪生与数字线索为支撑的智能制造系统，不仅实现了生产过程的可视化、可控化，还推动了制造业向智能化、网络化、服务化的方向发展。在这个系统中，生产过程被赋予了更高的灵活性和自适应性，能够快速响应市场变化，满足客户的个性化需求。同时，通过数据挖掘和分析，企业能够更深入地了解市场趋势和客户需求，为未来的产品创新和市场拓展提供有力支持。

以数字工程为支撑的智能制造系统，正以其独特的优势和潜力，引领着制造业向更加智能、高效、可持续的方向发展。因此，在未来的发展中，它将为制造业的转型升级和创新发展注入新的活力。

1. 数字孪生/数字线索

数字孪生技术不仅是智能制造深入发展的必然阶段，更是智能制造的推进抓手和运行体现。其核心在于分析、推理与决策，与制造业智能化提升的本质内涵紧密呼应。智能制造的闭环过程与数字孪生利用多源数据进行虚拟映射的理念高度一致，共同反映实体装备的全生命周期过程。随着技术应用的深入，数字孪生已从产品级拓展至产线、车间、工厂的系统级，并实现了从三维可视化到决策推理模型的转变，成为智能制造理念的具体体现。此外，数字孪生与产品研制生产的各阶段深度融合，从设计分析到生产制造，再到试验测试与服役运维，为制造业新模式的形成提供了有效支撑。通过与全生命周期跨地域、跨专业的综合研制集成融合，数字孪生技术正助力制造业向更加智能、高效的方向发展。

美国空军协同工作小组与工业界共同定义了数字线索、数字系统模型和数字孪生三个关键概念，这些概念在智能制造领域扮演着重要角色。

1）数字线索被定义为一个可扩展、可配置的企业级分析框架，旨在无缝地加速企业数据、信息和知识系统中权威数据、信息和知识的相互作用。它基于数字系统模型的模板，提供访问和集成不同数据的能力，并将其转换为可操作的信息，从而为决策者提供产品生命周期的信息。

2）数字系统模型是由所有利益攸关方生成的，集成了权威数据、信息、算法和系统工程过程的设备系统数字表示。它为设备系统提供了一个全面的数字化描述，作为数字线索和数字孪生的基础。

3）数字孪生是充分利用物理模型、传感器更新、运行历史等数据，集成多学科、多物理量、多尺度、多概率的仿真过程，在虚拟空间中完成映射，从而反映相对应的实体装备的全生命周期过程。它由数字线索实现，利用最佳可用模型、传感器信息和输入数据来镜像和预测物理系统全生命周期内的活动和性能。数字孪生能够实现对物理系统的精确模拟和预测，为决策者提供重要依据。

数字线索、数字系统模型和数字孪生在智能制造领域各自扮演着独特而重要的角色。数字线索侧重于对数据流的组织和管理。它强调在正确的时间将正确的信息传递到正确的地方，实现数据的可追溯性。数字线索作为一个可扩展、可配置的企业级分析框架，能够将所有数字孪生功能连接在一起，涵盖了设计、性能、制造、维护等各个阶段的数据流，为产品生命周期的信息管理提供了强大的支持。数字系统模型侧重于实现设备系统数字表示的政策指导和结构，为设备系统的全面数字化描述提供了体系化、模板化的指导。这种模型集成了权威数据、信息、算法和系统工程过程，为设备系统的数字化表示提供了清晰的结构和框架。数字孪生侧重于对物理模型的动态、高保真数字化表达。它利用传感器信息不断更新数字模型，确保模型与物理系统的实时状态保持同步。通过数字孪生，可以实现对物理系统的性能、损伤和寿命等进行预测，为决策者提供关键的信息支持。

三者之间存在着紧密的联系。数字线索通过组织和管理数据流，将数字孪生和数字系统模型紧密地结合在一起。数字系统模型为数字孪生提供了基础的结构和框架，而数字孪生则利用数字线索提供的数据流进行实时更新和预测。同时，数字线索与支撑数字孪生的工具相结合，可以将数字孪生扩展到产品生命周期，支持传递设计、性能、可制造性和维修性等所有数据流。

以某航空航天设备的事故为例，数字线索可以在整个设备生命周期中进行追溯，通过整合设计/性能数据、产品数据以及供应链数据等信息，快速锁定问题所在。这种追溯能力使得数字线索在故障排查和问题定位方面具有重要的应用价值。

综上所述，数字线索、数字系统模型和数字孪生在智能制造中各自发挥着不可替代的作用，它们之间的紧密联系共同构成了智能制造的核心支撑体系。通过这三者的协同作用，企业能够更好地理解和管理产品生命周期中的信息，提高决策效率和产品质量，推动制造业的智能化发展。

2. 数字孪生与智能制造的关系及其应用方向

数字孪生技术在产品设计、制造过程监控、质量控制、供应链管理等方面具有广泛应用。它可以帮助企业实时分析生产数据，优化生产流程，提高生产效率和质量，降低成本。此外，数字孪生技术还能与物联网、3R（减少原料 Reduce、重新利用 Reuse、物品回收 Recycle）技术结合，实现可视化与虚实融合，进一步提升智能制造的水平。总之，数字孪生技术为智能制造提供了强大的支持，推动了制造业的智能化发展。

（1）数字孪生与赛博物理系统的关系　赛博物理系统作为智能制造的核心模式，体现了动态感知、实时分析、自主决策、精准执行的闭环过程，支持了装备/系统的自适应、自组织的智能化发展理念，数字孪生是赛博物理系统的具体体现，重点是突出虚实融合下的数据处理、仿真分析、虚拟验证及运行决策等。

（2）数字孪生与工业物联网/工业互联网的关系 数字孪生是闭环信息物理系统的典型体现，具有"虚实同步、以实融虚、以虚控实"特点，工业互联网/工业互联网资源状态及控制的泛在化基础设施是支持数字孪生得以实现的基础，同时数字孪生也是工业互联网平台贯通软硬环节的有效支撑。

（3）数字孪生与工业软件的关系 工业软件是产品研发过程中知识经验的软件物化，是服务化特点的源头支撑。数字孪生闭环过程中的数字孪生体是工业软件的重要体现方式，体现了对物理对象的几何、物理、行为、规则及约束的多维，不同粒度的多空间，推进演化/实时过程/外部干扰的多时间等尺度的综合。

（4）数字孪生与大数据/人工智能的关系 数字孪生体是数字孪生的核心，体现了数据分析、推理决策等，大数据所体现的是对工业物联/互联支持下海量状态数据和历史运行经验数据的分析处理，人工智能所体现的是对案例训练和规则推理，大数据/人工智能是支撑数字孪生体向智能化纵深发展的重要技术。

（5）数字孪生与AR/VR/MR的关系 虽然数字孪生的本质是推理决策，但目前数字孪生比较多的应用领域还是具有三维可视化需求的外在展示，从而与目前AR/VR/MR等新型显示及应用技术具有自然的密切关系，能够构建一个更加丰富的全态化拟真展示模型，提升虚拟融合的交互直观度和深度。

（6）数字孪生与设备健康管理的关系 数字孪生在资产密集型行业应用主要以设备维护为重点，涉及以设备健康管理为核心的数字化移交及运行监控。设备性能数字孪生用于故障预测、健康管理及预测性维护，并反馈运行信息给设计以优化设计，改善产品性能。

（7）数字孪生与基于模型系统工程的关系 MBSE是实现全生命周期集成研发的核心思想，数字孪生将促进建模、仿真与优化技术无缝集成到产品生命周期的各个阶段，也是面向加工、装配等面向产品生命周期设计技术发展的重要使能基础，是推动MBSE核心思想发展的重要着力点。

（8）数字孪生与数字线索的关系 数字线索是从过程业务数据驱动的角度实现全生命周期集成的重要技术，从狭义角度而言，为全生命周期各阶段业务模型的处理提供数据衔接传递支持；从广义角度而言，为整个全生命周期链条提供统一的信息模型规范支持，是数字孪生体在不同尺度上的数据获取与分析方面的具体体现，是数字孪生闭环控制模型的重要支撑。

7.3.3 数字工程推动智能制造快速创新

以"模型+数据"双轮驱动，随着数字工程的逐渐落地，新一代智能制造正迎来前所未有的发展机遇。数字化工程和智能技术整合数字、物理和虚拟领域，正在重新定义产品开发和制造的方式。数字化工程带来了下一代智能产品、服务和运营，可提高最终用户的价值。作为革新和增强传统制造过程，加速未来技术发展的途径而言，数字化工程正处于首要地位。数字化工程可以获取数据以实现卓越的业务，同时它还充当了将实时过程与数字领域相结合的桥梁。数字工程作为智能制造的核心驱动力，正在全球范围内推动制造业实现创新突破，其中我国、欧洲和美国都在积极构建以数字模型为中心的生态系统，以加速制造业的数字化转型。

在模型驱动方面，数字工程通过构建高度精确的数字系统模型，将产品的设计、制造、运维等全生命周期环节纳入统一的管理框架。这些模型不仅集成了权威数据、信息和算法，还融入了系统工程过程，为智能制造提供了全面、细致的指导。借助数字系统模型，企业可以更加准确地预测产品的性能，优化制造流程，提高生产效率，进而实现产品质量和经济效益的双重提升。

同时，数据驱动在智能制造中也发挥着举足轻重的作用。数字工程通过集成和分析海量数据，为企业提供了决策支持和创新动力。从生产现场的实时数据到供应链管理的物流信息，从客户反馈的市场数据到产品使用的行为数据，数字工程都能够进行有效整合和深度挖掘。这些数据不仅可以帮助企业及时发现潜在问题，优化资源配置，还能够为新产品开发和市场拓展提供有力支持。

2022年8月2—4日，美国空军数字化转型办公室牵头与戴顿大学、相关企业合作举办了数字化转型峰会，会议传递出美国国防部正在寻求采用模型、数据、开放式架构和现代工具等"数字优先"的方法来构建武器装备全生命周期的网络-物理系统，加速推动美军数字化转型。同时，我国在国防领域也在积极推进数字化转型，通过军民融合战略，促进民用技术与军事应用的深度融合，以增强国防科技实力和提升军事装备现代化水平。

在"模型+数据"双轮驱动下，数字工程推动智能制造实现了快速创新。一方面，通过数字系统模型的优化和迭代，智能制造的生产流程和产品质量得到了持续提升；另一方面，借助数据驱动的决策分析，企业能够更加精准地把握市场脉搏，响应客户需求，进而实现业务模式和竞争优势的创新突破。

总之，数字工程以"模型+数据"双轮驱动，为新一代智能制造的快速创新提供了强大动力。随着技术的不断进步和应用场景的拓展，数字工程将继续引领智能制造走向更加智能、高效、可持续的未来。同时，我国制造业正处于迈向全球价值链中高端，提升核心竞争力的关键阶段。加快制造业数字化转型，用数字化为先进制造赋能，有利于促进制造业质量变革、效率变革、动力变革。

7.4 数字工程的实际应用案例

在当今数字化浪潮席卷全球的背景下，数字工程作为推动制造业转型升级的关键力量，正日益展现出其强大的应用潜力和价值。数字工程通过综合运用先进的数字化技术，为制造业提供了更高效、更精准、更智能的解决方案，从而实现了生产过程的优化和产品质量的提升。

本节聚焦数字工程的实际应用案例，通过具体实例来展示数字工程在制造业中的广泛应用和显著成效。这些案例涵盖了从产品设计、生产制造到运营管理等多个环节，通过数字工程技术的应用，不仅提高了生产效率和产品质量，还为企业带来了显著的经济效益和竞争优势。

通过对这些实际应用案例的深入分析，本节更加清晰地看到数字工程在推动制造业转型升级中的重要作用，以及它所带来的深远影响。同时，这些案例也将为其他制造业企业提供有益的借鉴和启示，推动数字工程在更广泛的领域得到应用和推广。

7.4.1　无人水下航行器数字化工程案例研究

近年来，数字工程和 MBSE 已成为美国国防部的行业标准。数字工程被定义为"利用系统数据和模型的权威来源作为跨专业的连续体来支持从概念到处置的生命周期活动的综合数字方法"。许多组织已经适应了数字工程方法，并开始提供培训项目，重点关注数字工程的各种组成部分以及帮助支持这些过程的工具。

根据美国海军未来舰队发展计划，未来 30 年，美国海军将大力发展海上无人系统，并重点瞄准这类系统发展数字基础设施。美国海军计划采购一种数字基础设施，并通过逐步增强其人工智能能力，使这种数字基础设施能够自主操作海上无人系统。根据美海军官员的说法，为了开发无人系统自主能力，需要专门的工具、技术和计算基础设施，例如：可用于仿真的软件模型；自主软件开发过程和任务规划；具有分析和机器学习功能的大型数据存储库；可快速购买并集成到海军系统中的商用软件和技术。

为了推进该领域的这些发展，美国海军正在建立称为"海上无人自主体系架构"的一套自主功能软件开发规则。该体系架构旨在确保海军软件与多个承包商提供的其他软件、无人系统和有效载荷兼容。

此外，美国海军计划建立自主集成实验室，旨在支持承包商自主功能软件的测试和开发。根据美国海上无人系统办公室称，美国海军计划利用该实验室快速更新软件，并在对水下的物理原型进行测试之前，对无人系统进行建模和仿真模拟。

无人水下航行器（Unmanned Underwater Vehicle，UUV）作为一种重要的海洋探测工具，受到了军事领域的高度重视。Bluefin Robotics 公司凭借其在自主水下航行器领域的先进技术，成功获得了一项重大合同，负责研发和生产一种高性能的无人潜航器，用于执行深海探测、目标跟踪和水下通信等任务。

美国海军研究生院的伊卡洛斯团队创建了一个基于无人潜航器的数字工程案例研究，通过执行 MagicGrid 架构开发方法，提供了使用 Cameo Systems Modeler 开发架构的强大视图。案例研究包括通过中间件软件（ModelCenter MBSE）连接该架构模型，以直接驱动多个工程分析工具（Excel、MATLAB/Simulink、CAD）。通过实验设计对设计进行改进，并通过软件工具（ModelCenter Explore）实现可视化。本案例研究提供给美国海军水面作战中心韦内姆港分部，作为系统工程师和系统后勤人员培训的补充，以填补现有培训的空白。

该项目的目标有两个：一是开发一个完整的理论 UUV 的体系结构模型，并演示如何将其连接到各种工程分析软件；二是开发一系列的视频和书面教程，介绍如何在 Cameo Enterprise Architecture 中构建这个架构模型。主要假设是用户理解 MBSE 和 DE 的一些核心概念，但在应用这些概念或建模方面没有必要的经验。在选择这个假设时，它允许项目范围包括对所有潜在用户进行有用的指导。接下来的假设是，该项目是为了增加而不是取代现有的培训。这使得该项目可以独立存在，并在需要时可供使用，包括零散应用。

在项目研究报告中详细阐述了 MagicGrid 黑白盒分析过程及其分解的 3 个域：问题域、解决方案域和实现域，如图 7-10 所示。每个域被进一步细分，并对 UUV 等系统的结构给出了更精细的细节。

其结果是全面的 MBSE 体系结构模型——UUV。该模型不必专门用于设计一个 UUV 的系统架构，也可以应用于许多其他复杂系统，特别是无人系统。通过 MagicGrid 过程分解架

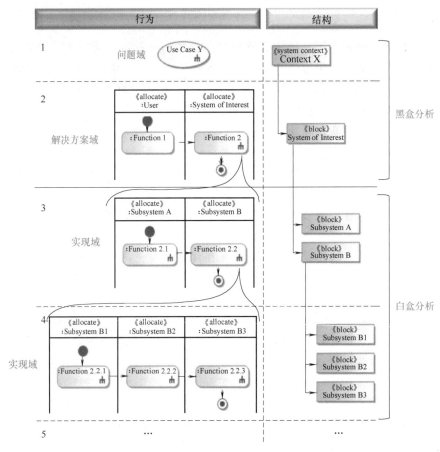

图 7-10　MagicGrid 黑白盒分析

构开发的每个步骤，可以得到一个可以理解的设计和工作流程。用户可以选择交付的方式，包括高清视频、音频、书面教程或这些方式的任何组合。由于优选的交付方式取决于用户偏好、设备和环境等因素，因此再次选择时可以获得更大的整体可用性。

该项目开发了一个理论 UUV 的全面 MBSE 模型，并提供翔实的教程来说明系统架构开发过程的细节。使用 Model Center 和相关工程分析软件的教程和实例进一步加强了用户对 DE 的理解：虽然他们已经意识到 Model Center 和 Cameo 将工程分析工具与 MBSE 架构联系起来的能力，但他们现在有一个如何执行的实例。这些可交付成果向用户提供如何设计、创建、管理和使用 MBSE 架构以及实施数字工程进行分析的完整范例和教程。

无人水下航行器数字化工程实际案例展示了数字化技术在海洋探测领域的重要应用。通过引入先进的硬件设计、智能化控制系统和数据处理技术，无人水下航行器能够实现更高效的探测和更精准的数据收集。未来，随着技术的不断进步和应用场景的拓展，无人水下航行器将在海上作战和情报收集中发挥更加重要的作用。同时，该案例也为其他国家和领域的无人水下航行器发展提供了有益的参考和借鉴。

7.4.2　F35 数字线索和先进制造实践案例

目前，F35 项目正朝着全速生产和加强关键战略原则的方向前进。在这一过程中，精益制造部署，使用低风险材料和可支持的低可观察性，以及实施数字线索技术等战略原则发挥着至关重要的作用。F35 的发展和早期生产得益于分阶段采用数字线索的明智决策，如图 7-11 所示。设计师们精心制作 3D 实体模型，并构建它们以支持工厂自动化，同时为下游制造和维护功能提供极大便利。最近，通过运用激光扫描和结构光技术，F35 在技术上实现了从设计到建成的快速配置验证，这一创新举措无疑为项目的顺利推进注入了强大动力。

数字线索的理念在 F35 项目中得到了全面应用，通过工程和下游功能（包括制造和维护）创建、使用和重用 3D 模型，实现了项目的高效运转。在数字线索实施的第一阶段，工程师们便制作了精确的 3D 工程模型和 2D 图样，并将合作伙伴和供应商的模型、3D 工具设计、图样、规格及相关分析数据发布到通用的产品生命周期管理系统中，实现了数据的可访问性和配置集成。这一举措不仅提高了工作效率，更为项目的长远发展奠定了坚实基础。

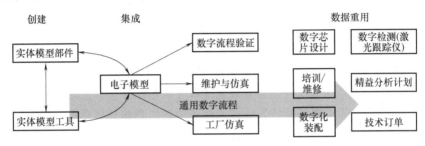

图 7-11　F35 数字线索

制造业在工具和工厂布局方面充分利用 3D 模型，显著优化了设施的开发与安装流程。对于诸多机身部件，工程团队能够生成缩减尺寸的图样，这不仅降低了工程成本，还推动了供应商数控加工的高效进行。基于数字线索的复合材料采用先进的纤维铺放技术，确保了材料应用的精准与高效。由于实体模型中包含了主工程数据，因此能够直接将坐标测量机的检测点编程到实体模型中，大大提高了检测的精确性和效率。这些模型还进一步支持了之前讨论的低可见性结构处理过程，包括外模线/内模线的加工和固化层压补偿，为 F35 的隐身性能提供了有力保障。

在 F35 项目中，数字线索技术发挥了至关重要的作用，显著提升了生产效率和变化管理分析水平。项目团队引入了先进的几何尺寸和公差系统，并通过制造工程进行了深入的变化管理分析。这一过程涉及使用专业的 3D 软件执行复杂的装配变化研究，旨在识别关键装置，并收集促进变型研究的过程能力数据。随后，团队创建了包含装配基准方案的变型管理文件，为后续的工程公差定义提供了坚实的基础。

通过这一系列的变异分析，工程公差得以精确定义，并顺利流入模型和工具中，进而推动了关键特性（Key Characteristics，KC）的识别。关键特性是指那些在规定的公差范围内，材料、工艺或部件（包括组件）的变化会显著影响产品特性、配合、性能、使用寿命或可制造性的因素。在 F35 项目中，团队在早期阶段就确定了许多 KC，但也意识到在未来的项目中可能需要根据实际情况对选择进行微调。

在数字化线程转型的第二阶段，团队致力于构建支持工厂自动化的工程数据。例如，通过引入自动钻孔和机器人涂层应用等先进技术，显著提升了生产过程的自动化水平，如图7-12、图 7-13 所示。目前，所有 F35 合作伙伴都在使用自动化钻孔技术，并且已经实现了总孔数 20%的自动化钻孔。这一举措不仅提高了生产效率，还为后续的制造和维护流程奠

图 7-12　通过数字线索实现
　　　　　自动钻孔

图 7-13　机器人涂层应用

定了坚实的基础。

在数字化线程转型的第三阶段，团队致力于直接将数字线索技术应用于机械师的实际工作中，以创建诸如工作指令图形等产品。三维实体模型为这些图形的生成提供了极大的便利，通过可视化软件工具，机械师能够直观地理解并执行工作任务。理想情况下，这些图形能够指导车间内的机械师或现场维护人员，大幅减少他们理解任务所需的时间。然而，在实际生产过程中，由于 F35 项目的工程和制造同步发展，图形需要经常更新以适应不断变化的工程要求、工具配置和规划调整。

随着生产节拍的加快（即生产率的提升），新的刀具位置不断增加，单位工时也在逐渐减少。因此，制造顺序需要通过不断分解计划卡并重新制作图形来进行调整。为了避免静态图形成本过高的问题，团队采取了将图形直接提供给工厂车间的方式。这通过允许机械师从他们的工作终端访问可视化工具来实现，从而确保了生产过程中的实时性和灵活性。这一举措不仅提高了生产效率，还为 F35 项目的持续优化和升级奠定了坚实基础。

在 F35 项目中，数字线索的应用带来了显著的优势，具体体现在以下几个方面：

1）数字线索有力推动了基础训练计划的发展，为项目的顺利进行提供了坚实的技术支撑。

2）通过引入自动化技术，项目成功减少了手工劳动，大幅提高了产品质量和生产效率。这不仅降低了人力成本，还显著提升了产品的整体竞争力。

3）数字线索还实现了工厂车间的集成，使得各个生产环节能够无缝衔接，提高了整体生产效率。

4）利用数字线索技术（如激光扫描和结构光）进行配置验证的机会也大大增加，为项目的精确执行提供了有力保障，使用了非接触计量的方法，如图 7-14 所示。

在过去的五年里，数字技术呈现出爆炸式增长，整个行业也在不断发展。F35 项目从新技术的应用中受益匪浅，并处于有利地位，能够积极邀请并推动进一步的技术开发。通过可负担性投资、非航空航天和国防工业在人工智能、增强现实、机器学习等领域的商业发展，以及工业 4.0 的

图 7-14　非接触计量的方法

兴起，F35 项目将继续实现技术创新和升级。随着对未来技术的关注，F35 项目还将应用于

更广泛的国防工业和洛克希德·马丁公司的其他项目，帮助它们保持技术优势，共同推动整个行业的进步。在飞机维护领域，制造技术同样具有广泛的应用前景，包括自动化测量技术、无人机检测和数据集成等。F35项目将继续致力于创新，通过先进制造技术的实施，不断增加作战人员的能力，并持续降低成本。这将为项目的长期发展提供强大的动力，并在维护交付的飞机方面带来显著的好处。

7.4.3 基于数字工程的生产制造智能化转型案例

随着新一代信息技术的迅猛发展，云计算、物联网、大数据、移动互联和人工智能等技术正在与制造业深度融合，推动制造业向智能化、互联化方向转型升级。在这样的背景下，各国纷纷提出了各自的制造发展战略，如工业4.0、工业互联网、中国制造2025等，旨在实现制造的物理世界和信息世界的互联互通与智能化操作。这些战略虽然产生的背景和具体内容有所不同，但它们共同面临一个关键挑战，那就是如何实现物理世界与信息世界之间的交互与共融。为此，数字孪生车间的概念应运而生。

数字孪生车间是一种全新的车间运行模式，它在新一代信息技术和制造技术的共同推动下，通过物理车间与虚拟车间的双向真实映射与实时交互，实现了车间全要素、全流程、全业务数据的集成和融合。这种模式下，物理车间、虚拟车间和车间服务系统形成了一个紧密的闭环，它们之间可以实时地交换数据、共享信息，从而实现对车间生产要素、生产活动计划和生产过程控制的精准管理。

1. 数字孪生车间组成

数字孪生车间主要由四个部分组成：物理车间、虚拟车间、车间服务系统和车间孪生数据，如图7-15所示。物理车间是实际进行生产制造的地方，它包含了各种生产设备、工艺流程和操作人员。虚拟车间是一个数字化的虚拟环境，它可以根据物理车间的实际情况进行建模和仿真，从而实现对生产过程的虚拟化管理。车间服务系统负责提供各种服务支持，如数据采集、分析、优化等，为物理车间和虚拟车间的运行提供有力保障。车间孪生数据是数字孪生车间的核心，它包含了物理车间和虚拟车间的所有相关信息，是实现两者交互与共融的关键。通过数字孪生车间的运行，企业可以实现对生产过程的实时监控、预测和优化，提高生产效率和质量，降低生产成本和风险。同时，它还可以为企业提供更加精准的市场预测和决策支持，帮助企业更好地应对市场变化和竞争挑战。

其中，物理车间是车间客观存在的实体集合，主要负责接收车间服务系统下达的生产任务。它严格按照虚拟车间仿真优化后预定义的生产指令，执行生产活动并完成生产任务。此外，物理车间还需具备以下能力：

1）异构多源实时数据的感知接入与融合能力。为了实现这一目标，需要一套标准的数据通信与转换装置。这套装置能够统一转换生产要素的不同通信接口和通信协议，实现数据的统一封装。通过采用基于服务的统一规范化协议，将车间实时数据上传至虚拟车间和车间服务系统。

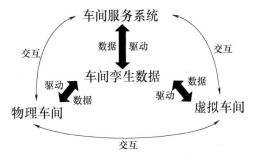

图7-15 数字孪生车间主要系统组成

2）车间"人-机-物-环境"要素共融的能力。物理车间中的异构生产要素需实现共融，以适应复杂多变的环境。每个生产要素个体不仅可以根据生产计划数据、工艺数据和扰动数据等规划自身的反应机制，还可以根据其他个体的请求做出响应，或者请求其他个体做出响应。在全局最优的目标下，各生产要素个体之间进行协同控制与优化。

虚拟车间是物理车间的忠实的完全数字化镜像。它主要负责对生产计划/活动进行仿真、评估及优化，并对生产过程进行实时监测、预测与调控等。

车间服务系统是数据驱动的各类服务系统功能的集合或总称。它主要负责在车间孪生数据驱动下对车间智能化管控提供系统支持和服务，如对生产要素、生产计划/活动、生产过程等的管控与优化服务等。

车间孪生数据是物理车间、虚拟车间和车间服务系统相关的数据，以及三者数据融合后产生的衍生数据的集合。它是物理车间、虚拟车间和车间服务系统运行及交互的驱动。与传统的以人的决策为中心的车间相比，"人-机-物-环境"要素共融的物理车间具有更强的灵活性、适应性、鲁棒性与智能性，能够更好地应对生产过程中的各种挑战，实现高效、精准、智能的生产制造。

2. 虚拟车间

虚拟车间是一个集合了多种模型的数字化环境，旨在模拟和优化物理车间的运行过程。它主要由三个层面的模型构成。

（1）要素层面的模型　这些模型主要关注人、机、物、环境等车间生产要素的数字化/虚拟化表示。几何模型用于描述这些要素的形态和结构，而物理模型则刻画它们的物理属性和特性。

（2）行为层面的模型　这类模型主要描述在驱动（如生产计划）和扰动（如紧急插单）作用下，车间中各要素的行为特征。它们能够刻画行为的顺序性、并发性、联动性等，以反映车间运行的动态过程。

（3）规则层面的模型　这些模型基于车间运行及演化的规律，建立评估、优化、预测、溯源等功能的规则体系。它们为虚拟车间的仿真、分析和优化提供决策依据。

在生产前，虚拟车间利用与物理车间高度逼近的模型，对生产计划进行迭代仿真分析，模拟整个生产过程，以便及时发现潜在问题并进行调整优化。在生产过程中，虚拟车间不断收集物理车间的实时数据，对其运行过程进行连续的调控与优化，确保生产的高效和稳定。此外，虚拟车间还具备逼真的三维可视化效果，能够为用户带来沉浸感和交互感，提升工作效率。通过与物理车间的实时交互和信息叠加，虚拟车间实现了与物理车间的无缝集成，为车间的智能化管控提供了有力支持。

3. 车间服务系统

车间服务系统是车间智能化管控的核心支持系统，它基于车间孪生数据，为生产要素、生产计划/活动、生产过程等提供全面的管控与优化服务。当接收到生产任务时，车间服务系统会根据任务需求和约束条件，生成相应的资源配置方案和初始生产计划。在生产开始前，系统会利用虚拟车间对生产计划进行仿真、评估及优化，根据反馈数据对生产计划进行修正，确保计划的可行性和高效性。在生产过程中，车间服务系统会实时接收物理车间的生产状态数据，并与虚拟车间的仿真、验证与优化结果进行比对和分析。根据这些实时反馈，系统能够灵活调整生产计划，以适应生产需求的变化，确保生产过程的稳定性和连续性。通过有效集成多层次管理功能，车间服务系统实现了对车间资源的优化配置和管理，生产计划的优化以及生产要素的协同运行。这不仅能够降低生产成本，提高生产效率，还能够为企业创造更大的经济效益。总的来说，车间服务系统在数字孪生车间中发挥着至关重要的作用，它通过数据驱动的方式，为车间的智能化管控提供了强有力的支持，帮助企业实现高效、精准、智能的生产制造。

车间孪生数据是数字孪生车间的核心组成部分，它由物理车间、虚拟车间和车间服务系统相关的数据以及三者融合产生的数据构成。这些数据为车间的智能化管控提供了全面的信息支持。物理车间相关的数据涵盖了生产要素、生产活动和生产过程等多个方面。其中，生产要素数据包括人员、设备、物料等的状态信息；生产活动数据反映了各项生产任务的执行情况；而生产过程数据则详细记录了产品从原材料到成品的整个制造过程，如工况数据、工艺数据和生产进度等。虚拟车间相关的数据主要关注于虚拟车间的运行及其所需的数据，包括：模型数据，用于构建车间的虚拟模型；仿真数据，用于模拟车间的运行过程；以及评估、优化、预测等数据，用于对车间的性能进行分析和预测。车间服务系统相关的数据则涵盖了从企业顶层管理到底层生产控制的所有信息，包括供应链管理数据、企业资源管理数据、销售/服务管理数据、生产管理数据和产品管理数据等，为车间的智能化管控提供了全面的决策支持。

三者融合产生的数据是通过对物理车间、虚拟车间和车间服务系统的数据进行综合、统计、关联、聚类、演化、回归及泛化等操作得到的衍生数据。这些数据不仅消除了信息孤岛，还为车间的智能化管控提供了更为全面和深入的信息。总的来说，车间孪生数据为数字孪生车间提供了全要素、全流程、全业务的数据集成与共享平台。通过深度的数据融合和不断地更新与扩充，这些数据驱动了物理车间、虚拟车间和车间服务系统的运行及两两交互，为实现车间的智能化管控提供了有力的支持。

数字车间的虚实融合特点主要体现在以下两个方面：一方面是，物理车间与虚拟车间之间建立了双向真实映射的关系。虚拟车间通过虚拟现实、增强现实、建模与仿真等技术，对物理车间中的要素、行为、规则等多维元素进行高度真实的建模，从而得到对应的几何模型、行为模型和规则模型等，真实还原物理车间的状态。同时，物理车间则严格按照虚拟车间定义的生产过程以及仿真和优化的结果进行生产，确保生产过程的持续优化。这种双向映射关系使得物理车间与虚拟车间能够并行存在，一一对应，并共同进化。另一方面是，物理车间与虚拟车间之间实现了实时交互。在数字车间运行过程中，物理车间的所有数据被实时感知并传送给虚拟车间。虚拟车间则根据这些实时数据对物理车间的运行状态进行仿真优化分析，并对物理车间进行实时调控。这种实时交互使得物理车间与虚拟车间能够及时掌握彼此的动态变化，并实时做出响应，从而不断优化生产过程。此外，数字车间的集成与融合主要体现在以下三个方面：

1) 车间全要素的集成与融合。通过物联网、互联网等信息手段，物理车间的人、机、物、环境等各种生产要素被全面接入信息世界，实现了彼此间的互联互通和数据共享。这种集成和融合使得各要素能够得到合理的配置和优化组合，保证生产的顺利进行。

2) 车间全流程的集成与融合。虚拟车间实时监控生产过程的所有环节，通过关联、组合等作用，对物理车间的实时生产状态数据进行自动分析、综合，及时挖掘出潜在的规律规则，最大化地发挥车间的性能和优势。

3）车间全业务的集成与融合。由于数字车间中车间服务系统、虚拟车间和物理车间之间通过数据交互形成了一个整体，车间中的各种业务被有效集成，实现数据共享，消除信息孤岛，从而在整体上提高了数字车间的效率。这种全要素、全流程、全业务的集成与融合为数字车间的运行提供了全面的数据支持与高质量的信息服务。

综上所述，数字车间通过实现物理车间与虚拟车间的双向真实映射和实时交互，以及全要素、全流程、全业务的集成与融合，为车间的智能化管控提供了强大的支持，提高了生产效率和质量。

数字车间关键技术作为未来车间运行的新模式，在推动先进制造模式和战略的发展上，具有不可忽视的潜在作用。它对于实现工业 4.0、工业互联网、基于信息物理系统的制造、中国制造 2025、互联网+制造、云制造以及面向服务的制造等先进制造模式和战略都具有重大意义。数字车间关键技术如图 7-16 所示。

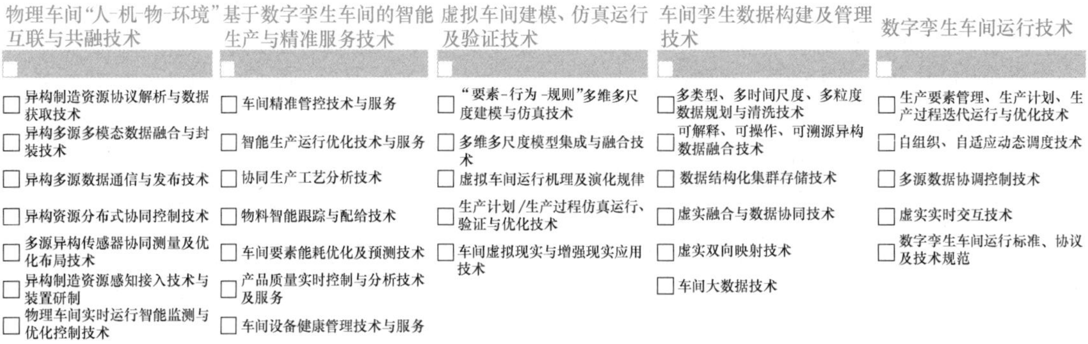

物理车间"人-机-物-环境"互联与共融技术	基于数字孪生车间的智能生产与精准服务技术	虚拟车间建模、仿真运行及验证技术	车间孪生数据构建及管理技术	数字孪生车间运行技术
□ 异构制造资源协议解析与数据获取技术	□ 车间精准管控技术与服务	□ "要素-行为-规则"多维多尺度建模与仿真技术	□ 多类型、多时间尺度、多粒度数据规划与清洗技术	□ 生产要素管理、生产计划、生产过程迭代运行与优化技术
□ 异构多源多模态数据融合与封装技术	□ 智能生产运行优化技术与服务	□ 多维多尺度模型集成与融合技术	□ 可解释、可操作、可溯源异构数据融合技术	□ 自组织、自适应动态调度技术
□ 异构多源数据通信与发布技术	□ 协同生产工艺分析技术	□ 虚拟车间运行机理及演化规律	□ 数据结构化集群存储技术	□ 多源数据协调控制技术
□ 异构资源分布式协同控制技术	□ 物料智能跟踪与配给技术	□ 生产计划/生产过程仿真验证与优化技术	□ 虚实融合与数据协同技术	□ 虚实实时交互技术
□ 多源异构传感器协同测量与优化布局技术	□ 车间要素能耗优化及预测技术	□ 车间虚拟现实与增强现实应用技术	□ 虚实双向映射技术	□ 数字孪生车间运行标准、协议及技术规范
□ 异构制造资源感知接入技术与装置研制	□ 产品质量实时控制与分析技术及服务		□ 车间大数据技术	
□ 物理车间实时运行智能监测与优化控制技术	□ 车间设备健康管理技术与服务			

图 7-16 数字车间关键技术

首先，数字车间通过数字化技术，实现了设备之间的互联互通，使得设备可以实现程序网络通信，数据远程采集，程序集中管理，大数据分析以及智能化决策支持。这种智能化、网络化的管理方式大大提高了设备的运行效率，降低了生产成本，为工业 4.0 的实现提供了有力的技术支撑。

其次，数字车间通过实时的数据采集和分析，实现了对生产过程的实时监控和优化。这不仅可以提高生产效率和产品质量，还可以减少能源消耗和物料浪费，为工业互联网和基于信息物理系统的制造提供了实现的基础。

再者，数字车间在推动中国制造 2025 的进程中，发挥着关键作用。通过数字车间的建设，企业可以逐步实现生产过程的智能化和数字化转型，提高制造业的创新能力和核心竞争力，推动我国制造业向高质量发展。

最后，数字车间还与互联网+制造、云制造以及面向服务的制造等先进制造模式紧密相关。它通过互联网、云计算等技术，实现了生产资源的优化配置和共享，提高了制造业的灵活性和响应速度，为这些先进制造模式的实现提供了可能。

总的来说，数字车间作为一种未来车间运行的新模式，对于推动先进制造模式和战略的发展具有重大的潜在推动作用。随着技术的不断进步和应用的深入，数字车间将在未来的制造业中发挥更加重要的作用。

7.5 数字工程的挑战和解决方案

在智能制造数字化转型的浪潮中，数字工程无疑成了推动行业变革的重要力量。然而，伴随着其带来的巨大潜力和机遇，数字工程同样面临着诸多挑战。这些挑战不仅来自技术层面的复杂性，还涉及组织结构的调整，人才培养的滞后以及数据安全和隐私保护的问题。为了克服这些挑战，本节深入剖析数字工程的本质，探索有效的解决方案，以推动智能制造数字化转型顺利进行。

为了应对这些挑战，必须采取一系列有效策略。首先，加强技术研发和创新，提升数字工程技术的成熟度和可靠性。其次，推动组织结构的变革，建立更加灵活和高效的协作机制。同时，注重人才培养和引进，为数字工程提供有力的人才保障。

在推进数字工程的过程中，必须确保数据安全和隐私保护，建立完善的数据管理体系和隐私保护机制，保障数据的安全性和合规性，是确保数字工程健康发展的重要一环。总之，数字工程作为智能制造数字化转型的重要支撑，既面临挑战也蕴含机遇。相关企业也应积极迎接挑战，抓住机遇，推动数字工程的持续健康发展，为智能制造的未来发展注入新的活力。

7.5.1 数字工程面临的挑战

在数字化浪潮的推动下，数字工程作为智能制造的核心引擎，正面临着前所未有的挑战。首先，在技术层面上，数字工程需应对数据处理的准确性、系统集成与互操作性的复杂问题，确保算法模型的优化与适应性。组织结构上，需打破传统边界，建立高效协作机制，以适应快速变化的市场需求。同时，人才培养的滞后也成为制约数字工程发展的瓶颈，跨学科人才的缺乏和创新能力不足亟待解决。更为关键的是，数据安全和隐私保护问题日益凸显，保障用户隐私和数据安全成为数字工程不可忽视的重要任务。面对这些挑战，我们必须以开放的心态、创新的思维和不断探索的精神，积极寻求解决方案。只有克服这些难题，数字工程才能充分发挥其潜力，为智能制造的未来发展注入新的活力和动力。

1. 技术层面的复杂性

数字工程作为现代工程领域的核心力量，正面临着技术层面复杂性的挑战。这种复杂性包括：数据集成与处理烦琐，模型标准化与跨学科集成困难，算法模型优化与适应性要求高，以及系统安全与稳定性。

深入研究这些技术层面的复杂性，对于推动数字工程的进一步发展和优化至关重要。攻克数据集成与处理的难题可以提升数据的准确性和可靠性，为数字工程提供坚实的数据基础。同时，实现模型的标准化与跨学科集成，有助于打破学科壁垒，促进不同领域间的合作与交流，推动数字工程向更高层次发展。

（1）模型的标准化与跨学科模型的集成 数字工程的核心在于通过动态的以数据和模型为中心的流程，取代传统的线性的以文档为中心的方法，实现全生命周期内跨学科、跨部门的协同工作。在这一过程中，涉及多个学科和领域的模型集成变得尤为关键。为确保模型的正确性和一致性，需要建立统一的数据和模型标准，以支持跨部门和跨生命周期的信息传递。此外，还需要规范系统模型在表达具体系统工程流程和工程实践流程中的应用，确保模型能够准确反映工程实践的真实情况。

（2）数据和模型的快速验证　数字工程虽然确保了信息的可追溯性，但如何快速验证修改后的数据和模型的正确性，仍是提高效率、降低成本的关键。验证过程的准确性和效率直接影响到工程实践的进展和结果。因此，需要开发高效的验证方法和工具，确保数据和模型在修改后能够迅速得到验证，减少因使用错误数据造成的返工和延误。

（3）数据和模型的多视图表达与需求的一致性传递　不同的利益攸关方对模型的需求各异，这要求数字工程能够提供多样化的视图表达以满足不同用户的需求。同时，保持需求在传递过程中的一致性也是数字工程的重要任务。为实现这一目标，需要开发灵活的数据和模型表达方法，以及有效的需求管理机制，确保信息在传递过程中不失真，不遗漏。

（4）数据采集与处理的准确性问题　在数字工程中，数据的准确性和完整性对模型的精度和可靠性具有决定性的影响。因此，数据采集和处理的准确性问题成为数字工程面临的重要挑战。为确保数据的准确性，需要采用先进的数据采集技术和方法，如传感器技术、物联网技术等，同时还需要对数据进行严格的质量控制和校验。在数据处理方面，需要采用合适的算法和方法对数据进行清洗、转换和整合，以消除数据中的噪声和异常值，提高数据的可靠性和一致性。

（5）系统集成与互操作性的挑战　数字工程涉及的系统和模型往往来自不同的学科和领域，它们之间的集成和互操作性成为一项艰巨的任务。为实现不同系统和模型之间的无缝连接和协同工作，需要解决接口标准化，通信协议一致性，数据格式转换等一系列技术问题。此外，还需要考虑不同系统和模型之间的语义差异和兼容性问题，以确保信息的准确传递和共享。

（6）算法模型优化与适应性难题　随着工程实践的不断深入和变化，算法模型需要不断优化和适应新的场景和需求。然而，在实际应用中，算法模型的优化往往面临数据稀疏、计算资源有限等挑战。同时，不同的应用场景和需求也对算法模型的适应性提出了更高的要求。因此，需要不断研究新的算法和优化方法，以提高模型的精度和效率，并增强其适应不同场景的能力。

2. 组织结构的调整需求

随着信息技术的迅猛发展和数字化转型的深入推进，组织结构的调整需求日益凸显。传统的组织结构往往过于僵化，难以适应快速变化的市场环境和技术革新。因此，企业需要打破传统组织边界，建立更加灵活、高效的组织结构，以适应数字工程的发展需求。

（1）打破传统组织边界的难题　数字工程要求企业打破传统的组织边界，实现更为灵活和高效的跨部门、跨层级的协作。然而，这一过程中面临着诸多挑战。首先，传统的组织结构和文化往往强调部门之间的界限和独立性，导致员工缺乏跨部门协作的意识和能力。其次，不同部门之间可能存在利益冲突和目标不一致的问题，使得跨部门协作难以顺利进行。此外，传统的层级结构也可能阻碍信息的流通和决策的效率，影响数字工程的推进。

（2）建立跨部门协作机制的挑战　数字工程需要不同部门之间紧密协作，共同推进项目的实施和优化。然而，建立有效的跨部门协作机制并非易事。首先，不同部门之间可能存在沟通障碍和信息不对称的问题，导致信息传递不畅或误解。其次，权责不清和利益不一致也可能导致部门间的矛盾和冲突。此外，缺乏统一的协作标准和流程也可能影响协作的效果和效率。

（3）决策流程与信息共享的优化　数字工程要求企业优化决策流程，实现快速、准确的决策。然而，传统的决策流程往往烦琐、低效，难以满足数字工程的需求。同时，信息共享的不足也可能导致决策失误或延误。因此，企业需要建立高效的信息共享机制，确保各部门能够实时获取所需信息，支持决策的制定和执行。

除了上述三个方面，数字工程在组织结构的调整过程中还面临着其他挑战。例如，技术更新和人才培养的需求使得企业需要不断调整其技术基础设施和人才结构；数据安全和隐私的保护也是数字工程中不可忽视的问题；变革管理的要求使得企业需要有效地管理数字化转型过程中的文化、工作方式和业务流程的变革。数字工程在组织结构的调整过程中面临着多方面的挑战。企业需要打破传统组织边界，建立有效的跨部门协作机制，在优化决策流程与信息共享等方面做出努力，以应对这些挑战并实现数字工程的顺利推进。同时，企业还需要关注技术更新、人才培养、数据安全和隐私保护以及变革管理等方面的问题，确保数字工程的顺利实施和长期效益的实现。

3. 人才培养的滞后

在数字工程迅猛发展的当下，人才培养的滞后问题逐渐凸显，成为制约其进一步发展的核心难题。跨学科人才的稀缺，创新能力培养的不足以及人才引进与激励机制的不完善，是这一挑战的主要方面。面对这些问题，企业必须正视并采取有效措施，加强跨学科人才的培养，提升创新能力培养水平，同时完善人才引进与激励机制。只有这样，才能为数字工程的发展提供坚实的人才支撑，推动其与社会进步的深度融合。

（1）跨学科人才的缺乏　数字工程涉及计算机科学、数据分析、工程管理等多个领域的知识，要求人才具备跨学科的知识结构和技能。然而，当前教育体系以专业细分为主，缺乏培养跨学科人才的有效机制，导致企业在推进数字工程时难以找到合适的人才支持。

（2）创新能力培养与提升的困境　数字工程需要不断创新以应对市场和技术变化，但当前的教育和培训模式往往侧重于知识传授，缺乏对学生创新精神和创新能力的培养。这导致人才在面对数字工程中的实际问题时，缺乏独立思考和解决问题的能力，难以提出具有创新性的解决方案。

（3）人才引进与激励机制的完善　数字工程人才市场竞争激烈，企业在引进人才时面临成本高、难度大等问题。同时，对于已有人才的激励机制也缺乏针对性和有效性，难以激发人才的创新潜力和工作热情。这可能导致人才流失，工作效率低下，进一步加剧了人才培养滞后的问题。

4. 数据/模型风险问题

随着信息技术的快速发展，数字工程在风险管控领域的应用愈发广泛。然而，数字工程在数据/模型风险管控中面临多重挑战。首先，数据质量问题严重影响模型的预测准确性，增加了风险。其次，模型复杂性的增加导致可解释性降低，使得风险管控人员难以判断其可靠性。此外，技术更新的快速步伐和监管政策的不断变化也给数字工程风险管控带来了挑战。本节旨在深入探讨这些挑战，为数字工程在风险管控中的应用提供有价值的参考。

（1）数据质量的难题　数据作为数字工程的核心要素，其质量问题始终是风险管控过程中的关键难题。数据的准确性、完整性和一致性直接关系到模型的训练效果和预测准确性。不准确或缺失的数据可能导致模型产生偏差，从而加剧风险。因此，确保数据质量是风险管控的重要一环。

（2）模型复杂性的困扰　随着技术的不断演进，模型变得越来越复杂，能够处理更多的变量和关系。然而，这种复杂性也带来了模型可解释性降低的问题。复杂的模型难以理解和解释，使得风险管控人员难以判断其可靠性和有效性。此外，复杂的模型可能更容易受到攻击或产生不可预测的结果，增加了潜在风险。

（3）技术更新的挑战　数字工程领域的技术日新月异，新的算法、工具和平台不断涌现。然而，技术的快速更新也带来了挑战。新技术往往未经充分验证和测试，存在未知的风险和漏洞。企业需要紧跟技术发展的步伐，评估新技术的适用性、安全性和稳定性，以应对技术更新带来的风险。

（4）监管政策的适应难题　数字工程在风险管控中的应用受到诸多监管政策和法规的约束。然而，由于技术的快速发展和变化，监管政策往往难以迅速适应。这导致一些新兴的数字工程应用可能面临合规性风险。企业需要密切关注监管政策的变化，及时调整策略，确保数字工程应用符合法规要求。

7.5.2　数字工程解决方案

随着数字化时代的推进，数字工程在智能制造领域的作用日益凸显。然而，面对技术革新和风险环境的复杂性，数字工程需要寻求全方位的解决方案。本节将从以下五个方面提出解决策略：一是加强技术研发与创新，不断引入新技术，提升数据处理和模型预测能力；二是推动组织结构的变革，构建灵活高效的组织架构，促进跨部门协作；三是加强人才培养与引进，培养复合型人才，为数字工程提供有力的人才支撑；四是健全数据/模型风险管控制度，确保数据的安全性和隐私性，为数字工程的稳健发展提供保障；五是建立模型风险评估机制。通过这五个方面的综合施策，将共同推动数字工程在风险管控领域实现更大的突破和发展。

1. 加强技术研发与创新

在数字工程领域，技术研发与创新是推动其持续进步的核心动力。为了应对风险管控领域日益复杂的技术挑战，企业需要从投入研发资源，突破技术瓶颈以及加强与高校、研究机构的合作等多方面入手，推动技术创新成果的转化与应用。

（1）投入研发资源，突破技术瓶颈　加大研发资源的投入，为技术研发与创新提供坚实的物质保障。增加对数字工程领域的资金投入，包括人力、物力等资源的配备，设立专项研发基金，用于支持创新项目的研发和实施。同时，鼓励企业积极参与研发活动，通过产学研合作等方式，推动数字工程技术的快速发展。

突破技术瓶颈，攻克数字工程领域的关键技术难题。针对数据质量问题、模型预测准确性等挑战，加强基础研究和应用研究的投入，深入探索数字工程技术的内在规律和原理。通过深入研究新技术、新方法，不断提升数字工程技术的性能和稳定性，提高风险管控的准确性和效率。

（2）加强与高校、研究机构的合作　加强与高校、研究机构的合作，共同推动数字工程技术的创新与发展。高校和研究机构拥有丰富的人才资源和科研实力，是数字工程技术创新的重要推动力量。通过建立紧密的合作关系，实现资源共享和优势互补，共同开展数字工程技术的研发和应用。通过合作研发、技术转移、人才培养等方式，促进技术创新成果的转化和应用。

（3）推动技术创新成果的转化与应用　在推动技术创新成果的转化与应用方面，建立高效的转化机制和应用平台。设立成果转化基金，用于支持创新成果的商业化应用。同时，加强技术转移机构的建设，推动技术创新成果在行业内的推广应用。通过加强与行业企业的合作，促进技术创新成果在风险管控领域的实际应用，实现数字工程技术的社会效益和经济效益。

综上所述，加强技术研发与创新是数字工程领域持续发展的关键所在。通过投入研发资源，突破技术瓶颈，加强与高校和研究机构的合作以及推动技术创新成果的转化与应用等多方面的努力，将不断提升数字工程技术的水平和能力，为风险管控领域的发展注入新的活力和动力。

2. 推动组织结构的变革

在数字工程推进过程中，推动组织结构的变革成为一项关键任务。通过减少管理层级，引入现代化管理工具，建立协作平台以及培养员工变革意识，打破部门壁垒，提高整体工作效率，推动数字工程不断向前发展。这些努力将为数字工程的持续进步和创新奠定坚实基础，为风险管控领域注入新的活力和动力。

（1）优化组织结构，提升决策效率　对现有的组织结构进行梳理和优化，以适应数字工程的发展需求。减少管理层级，实现组织结构的扁平化，以加快决策流程，提升决策效率。同时，根据项目的需求快速组建和调整项目团队，提高响应速度和创新能力。

引入现代化管理工具和技术，如项目管理软件、协同办公平台等，帮助组织更好地管理项目、任务和人员。这些工具和技术能够实现信息的实时共享和更新，减少沟通成本，提高决策的准确性。

（2）建立跨部门协作平台，推动信息共享　建立跨部门协作平台，打破部门壁垒，促进信息共享和交流。通过在线协作系统或定期的跨部门沟通会议，各部门可以共享项目进展、数据资源、技术成果等信息，避免信息孤岛现象发生。

平台上，各部门可以实时讨论和交流，促进相互理解和信任，形成合力推动数字工程的发展。这种协作方式有助于打破部门间的隔阂，实现资源的共享和互补，提升整体工作效率。

（3）培养组织文化的变革与创新意识　通过培训、激励和宣传等方式，培养员工的变革意识和创新精神。鼓励员工积极参与数字工程的研发和应用，提出创新性的想法和建议。

建立容错机制，允许员工在创新过程中犯错误，并从错误中学习和成长。对于在数字工程推进过程中做出突出贡献的员工给予表彰和奖励，树立榜样效应，激发更多员工的创新热情。

综上所述，通过优化组织结构，建立跨部门协作平台以及培养组织文化的变革与创新意识等多方面的努力，可以有效推动组织结构的变革，为数字工程的持续发展奠定坚实的基础。这将有助于提高组织的决策效率、协作能力和创新能力，推动数字工程不断向前发展。

3. 加强人才培养与引进

在数字工程迅猛发展的时代背景下，人才作为推动项目成功的关键因素，其培养与引进工作显得尤为重要。为确保数字工程的顺利实施和持续创新，企业必须高度重视人才培养与引进工作，可以从设立人才培养计划，激励创新氛围，引进优秀人才等多方面入手，为数字工程注入新的活力和智慧。

（1）设立人才培养计划，提升跨学科能力　首先，应设立针对性强的人才培养计划，以满足数字工程对人才的需求。该计划应涵盖技术培训、项目管理、团队协作等多个方面，旨在提升人才的综合素质和跨学科能力。通过定期举办培训课程、研讨会等活动，为员工提供学习新知识和技能的机会，帮助他们不断拓展知识边界，提升专业技能。

同时，注重跨学科能力的培养也是人才培养计划的重要一环。鼓励员工参与跨部门的合作项目，通过实践锻炼提升他们的跨学科协作能力。此外，还可以设立跨学科研究团队，集中优势资源，推动不同领域之间的交叉融合，为数字工程的发展提供源源不断的创新动力。

（2）激励创新氛围，培养创新思维　创新是数字工程发展的核心驱动力。因此，营造激励创新的工作氛围，培养员工的创新思维至关重要。可以通过设立创新奖励机制，对在数字工程领域取得突出创新成果的员工给予表彰和奖励，激发员工的创新热情。

此外，鼓励员工提出新想法、新建议，允许他们在一定范围内进行尝试和探索。对于具有潜力的创新项目，提供必要的支持和资源，帮助他们将创新想法转化为实际成果。同时，加强内部沟通与交流，促进不同思想之间的碰撞与融合，为创新思维的产生提供土壤。

（3）引进优秀人才，提升团队整体素质　除了内部培养外，引进优秀人才也是提升数字工程团队整体素质的重要途径。可以通过与高校、研究机构等建立合作关系，吸引优秀人才加入数字工程团队。同时，利用招聘平台、猎头公司等渠道，积极寻找具有丰富经验和专业技能的人才，为团队注入新的活力。

在引进人才的过程中，注重人才的匹配度和发展潜力。通过面试、笔试等环节，全面了解人才的专业背景、技能水平、创新能力等方面的情况，确保引进的人才能够迅速融入团队并发挥作用。同时，为引进的人才提供必要的培训和指导，帮助他们快速适应新的工作环境和岗位要求。

综上所述，通过设立人才培养计划，激励创新氛围以及引进优秀人才等多方面的努力，可以加强数字工程实施过程中的人才培养和引进工作。这将有助于提升团队的整体素质和创新能力，为数字工程的持续发展提供有力的人才保障。

4. 健全数据/模型风险管控制度

随着信息技术的迅猛发展，数字工程已成为推动社会进步与创新的重要力量。然而，在数字工程的实施过程中，数据和模型风险问题日益凸显，成为制约项目成功的关键因素。因此，健全数据/模型风险管控制度显得尤为重要。健全的数据/模型风险管控制度不仅有助于提升数字工程的整体质量，还能够增强项目的竞争力和可持续发展能力。因此，在数字工程实施过程中，相关企业应高度重视风险管控制度的建设和完善，为项目的成功实施提供坚实的保障。

（1）完善数据管理制度　首先，建立严格的数据采集、存储、处理和使用规范，确保数据的准确性和完整性。对数据的来源进行验证，防止使用不准确或误导性的数据。同时，建立数据备份和恢复机制，以防数据丢失或损坏。

（2）强化数据质量控制　在数据采集阶段，应设定明确的数据质量标准，包括数据的准确性、完整性、一致性和可用性等方面。采用合适的数据清洗和预处理技术，去除异常值、重复值等，确保数据质量满足模型训练和应用的需求。

5. 建立模型风险评估机制

在模型开发和应用过程中，应建立模型风险评估机制，对模型的性能、稳定性和可靠性进行全面评估，这包括模型的预测准确性、泛化能力、鲁棒性等方面的评估。通过定期评估和调整模型参数，确保模型能够适应不同的数据环境和业务场景。

（1）实施模型验证和监控　对模型进行定期的验证和监控，确保其在实际应用中的有效性。通过对比模型预测结果与实际结果，分析模型的误差来源和改进方向。同时，建立模型异常检测机制，及时发现和解决模型在运行过程中出现的问题。

（2）加强风险预警和应对能力　建立风险预警系统，对数据和模型风险进行实时监控和预警。通过设定风险阈值和触发条件，及时发现潜在风险并采取相应的应对措施。同时，制定应急预案，对可能出现的风险事件进行模拟演练和应对准备，确保在风险发生时能够迅速响应和处理。

（3）提升风险意识和技能水平　加强员工对数据和模型风险的认识和理解，增强风险意识。通过定期的培训和教育活动，提升员工在数据处理、模型开发和风险管控等方面的技能水平。同时，建立激励机制，鼓励员工积极参与风险管控工作，共同推动数字工程的安全稳定发展。

综上所述，通过完善数据管理制度，强化数据质量控制，实施模型验证和监控，加强风险预警和应对能力以及提升风险意识和技能水平等多方面的努力，可以健全数字工程实施过程中的数据/模型风险管控制度，确保项目的安全、稳定和高效运行。

7.6　总结

本章介绍了研究智能制造的数字工程的战略意义、内涵及其在智能制造中的角色，阐述了数字工程的背景、方法、范式和特征，并综合介绍了数字工程的实际应用案例，最后展望了数字工程未来的挑战和解决方案。新一代智能制造将从根本上引领和推进第四次工业革命，为我国实现制造业换道超车、跨越发展带来历史性机遇。

7.7　拓展阅读材料

1）*Digital Engineering Strategy*。

2）*Department of Defense Directive*（*DODD*）*5000. 02*。

3）*Effective Model-Based Systems Engineering*，作者 John M. Borky 和 Thomas H. Bradley。

4）*SYSMOD—System Modeling Toolbox—Pragmatic MBSE with SysML*，作者 Tim Weilkiens。

5）*Model-Based Systems and Architectural Engineering*，作者 Jean-Luc Voirin、Jean-Luc Wippler、Stéphane Bonnet、Daniel Exertier。

6）书籍《智能制造系统中的建模与仿真：系统工程与仿真的融合》，作者朱文海、郭丽琴。

　　7）书籍《新一代数字化工程设计》。

　　8）书籍《华为数字化转型之道》。

习题

　　1）请解释什么是数字工程。它与传统工程方法有何不同？

　　2）实施数字工程的目标有哪些？

　　3）权威真相源的定义及其目标是什么？

　　4）请根据你的理解，简单介绍数字孪生和智能制造的关系。

　　5）讲讲数字工程在你的研究领域内有哪些帮助？

　　6）在实施数字工程的过程中，组织可能会面临哪些技术挑战？

　　7）在国际防务领域，一般如何通过《数字工程战略》来指导其武器系统的开发和维护？

　　8）研究并介绍一个成功的数字工程案例，包括它的实施过程、面临的挑战以及取得的成果。

　　9）你认为数字工程未来的发展趋势是什么？它将如何影响相关行业？

　　10）数字工程如何与人工智能、机器学习、大数据等其他技术相结合，以提升工程能力？

参 考 文 献

[1]　Office of the Deputy Assistant Secretary of Defense for Systems Engineering. Digital engineering strategy [R/OL]. http：//www. innovation 4. cn/library/r55125.

[2]　PONKIN I. The digital and the trends in military technology and related regulatory developments：look at foreign experience [J]. International journal of open information technologies，2024，12（2）：75-83.

[3]　CAMPAGNA J M，BHADA S V. Strategic adoption of digital innovations leading to digital transformation：a literature review and discussion [J]. Systems，2024，12（4）：118.

[4]　王林尧，赵滟，张仁杰. 数字工程研究综述 [J]. 系统工程学报，2023，38（2）：265-274.

[5]　GOBBLE M A M. Digital strategy and digital transformation [J]. Research-technology management，2018，61（5）：66-71.

[6]　ZIMMERMAN P. Digital engineering strategy and implementation [EB/OL].（2019-04-03）[2024-04-17]. http：//www. nist. gov/system/files/documents/2019/04105 10_zimmerman_destrategyimp_nist_mbe_summit_vf. pdf.

[7]　LI C，AKHTAR O，ETLINGER S，et al. The 2020 state of digital transformation [EB/OL].[2024-04-17]. http：//www. prophet. com/pdf/the-2020-state-of-digital-transformation/.

[8]　Department of Defense office of prepublication and security review. DoD digital modernization strategy：DoD information resources management strategic plan FY19-23 [EB/OL].（2019-07-12）[2024-04-17]. http：//max. book118. com/html/2019/0723/6104055143002050. shtml.

[9]　刘亚威. 管窥美军数字工程战略：迎接数字时代的转型 [J]. 科技中国，2018，（3）：30-33.

[10]　KRAFT E M. Digital engineering enabled systems engineering performance measures [C]//2020AIAA

Scitech Forum，January 6-10，2020，Hyatt Regency Orlando，Florida. ［s. l. ］：SFPL，2020.

［11］　SÖDERBERG R，WÄRMEFJORD K，CARLSON J S，et al. Toward a digital twin for real-time geometry assurance in individualized production ［J］. CIRP annals，2017，66（1）：137-140.

［12］　陶飞，刘蔚然，张萌，等. 数字孪生五维模型及十大领域应用 ［J］. 计算机集成制造系统，2019，25（1）：1-18.

［13］　崔艳林，王巍巍，王乐. 美国数字工程战略实施途径 ［J］. 航空动力，2021，（4）：84-86.

［14］　SÖDERBERG R，WÄRMEFJORD K，MADRID J，et al. An information and simulation framework for increased quality in welded components ［J］. CIRP annals，2018，67（1）：165-168.

［15］　中国航空综合技术研究所. "数字三位一体"推动美国空军采办模式变革：美国空军 2019/2020 财年 "数字三位一体"实施进展 ［J］. 航空标准化与质量，2021（4）：7-8.

［16］　陶飞，张萌，程江峰，等. 数字孪生车间：一种未来车间运行新模式 ［J］. 计算机集成制造系统，2017，23（1）：1-9.

［17］　刘亚威. 面向飞行器结构健康管理的数字孪生及应用研究综述 ［J］. 测控技术，2022，41（1）：1-10.

第 8 章

智能制造系统优化

章知识图谱

导学视频

8.1 引言

本章探讨智能制造系统优化的相关内容，主要包括数学规划、应用随机模型以及智能优化算法等方面。首先，介绍数学规划的基本原理和方法，探讨其在智能制造系统优化中的应用。其次，讨论应用随机模型对制造系统进行建模和分析的方法，包括离散时间马尔可夫模型、连续时间马尔可夫模型、广义马尔可夫模型以及排队模型等。最后，介绍几种常用的智能优化算法，包括遗传算法、模拟退火算法和粒子群算法等。

通过学习本章内容，读者能够了解智能制造系统优化的基本理论和方法，掌握应用相关技术解决实际问题的能力，以及提高制造系统的效率和性能的理论基础和实践方法。

8.2 数学规划

数学规划（Mathematical Programming），又被称为数学优化（Mathematical Optimization），是一种利用数学模型来解决优化问题的方法。它通过建立数学表达式来描述问题的目标函数和约束条件，并通过数学方法来寻找使目标函数达到最优值的决策变量值。

数学规划的应用范围非常广泛，几乎涵盖了所有需要进行决策和优化的领域，在工程、管理、生产、运输、金融等领域中有着深远的影响。数学规划为决策者提供了一种科学、系统和高效的决策工具，能够有效地解决复杂的实际问题。

8.2.1 数学规划概述

在影响人们日常生活的诸多领域中，一类问题经常出现：如何对有限的资源进行分配，使得最终方案在满足一定要求的条件下，能够让某个或某些指标达到最好的状态。这类问题被称为最优化（Optimization）问题。在学术界，最优化问题往往使用数学的方式来刻画并求解，因此也被称为数学规划问题。数学规划问题主要指在一定约束条件下，最大化或最小化一个实数或者整数变量的实函数问题，对这类问题数学性质、求解算法和应用实现的研究被统称为数学规划。数学规划为许多复杂的决策问题和配置问题提供了简化和求解的路径，逐渐成为解决大量实际应用问题的有力工具。

目前数学规划的主要研究领域包括线性规划、整数规划、非线性规划、动态规划等。

8.2.2 线性规划

在现代管理科学中，线性规划（Linear Programming，LP）扮演着至关重要的角色。作为一种数学优化方法，线性规划起源于 20 世纪中叶，其发展与运筹学的兴起紧密相连。1939 年，苏联数学家 Leonid Kantorovich 在研究生产管理问题时，首次提出了线性规划的概念。随后，美国数学家 Tjalling C. Koopmans 和 George B. Dantzig 等人的工作进一步推动了线性规划理论的发展。特别是 George B. Dantzig 在 1947 年提出的单纯形法（Simplex Method），为线性规划问题的求解提供了一种高效算法，他也因此被誉为"线性规划之父"。

线性规划的历史不仅见证了数学与实际问题的结合，也反映了人类在面对有限资源时寻求最优解的不懈追求。从工业生产到经济计划，从物流运输到金融投资，线性规划的应用领域日益广泛，其成为现代决策科学的核心组成部分。

1. 定义

首先通过一个简单的例子来直观理解线性规划。假设一家生产公司生产两种产品：甲和乙，且是某种连续生产产品（如饮品，即允许其取值为连续值）。这两种产品都需要在两种不同的机器（机器 A 和机器 B）上加工，每种机器的加工时间和产品的利润不同。公司希望在有限的机器工作时间内最大化其总利润。这个问题可以转化为一个线性规划问题，其中决策变量是甲和乙产品的生产量，目标函数是利润最大化，而约束条件则包括每种机器的工作时间限制。

假设甲的生产数量为 x_1，乙的生产数量为 x_2。产品甲在 A、B 机器上的加工时间为 a_{11}、a_{12}，产品乙在 A、B 机器上的加工时间分别为 a_{21}、a_{22}。机器 A、B 的可用工作时间分别为 b_1、b_2，甲、乙的利润分别为 c_1、c_2，则对应的规划模型可以建立为

$$\max c_1 x_1 + c_2 x_2 \tag{8-1}$$

$$\text{s. t. } a_{11} x_1 + a_{21} x_2 \leqslant b_1 \tag{8-2}$$

$$a_{12} x_1 + a_{22} x_2 \leqslant b_2 \tag{8-3}$$

$$x_1 \geqslant 0, x_2 \geqslant 0 \tag{8-4}$$

可以发现，其目标函数和所有的约束函数均为线性函数，是一个线性规划模型。一般的线性规划问题可以表述如下：

$$\min \boldsymbol{c}^{\mathrm{T}} x \tag{8-5}$$

$$\text{s. t. } a_i^{\mathrm{T}} x \leqslant b_i, i = 1, \cdots, m \tag{8-6}$$

$$x \in \mathbf{R}, x \geqslant 0 \tag{8-7}$$

式中，向量 $\boldsymbol{c}$，a_1，a_2，$\cdots$，$a_m \in \mathbf{R}$，b_1，$\cdots$，$b_m \in \mathbf{R}$ 是问题参数，决定了对应于特定问题的目标函数和约束函数的参数值；$x \in \mathbf{R}$ 为决策变量，其取值范围大于或等于 0。

2. 单纯形法

单纯形法是求解线性规划问题的一个经典算法，只需要对解空间中的少部分可行极点进行检查即可找到线性规划问题的最优解。在线性规划问题中，最优解处在可行域的某个极点上。单纯形法可以有选择地改进问题的搜索方向，从而无须遍历每一个极点，避免了大量的无效搜索。在这一过程中，定义"基变量"为不为 0 的变量，"非基变量"为强制等于 0 的

变量，基变量构成的集合叫作"基底"。通过迭代选择变量入基和出基，即可在不同的极点上行进，在有限次迭代后就能发现使得目标函数值达到最优的极点。

单纯形法一般包含如下步骤：

（1）标准化问题　将所有的不等式约束转换为等式约束。这通常通过引入松弛变量来完成。例如，对于每个约束 $a_{ij}x_j \leqslant b_i$，引入松弛变量 s_i 使得 $a_{ij}x_j + s_i = b_i$。确保目标函数是最大化形式。如果是最小化问题，可以通过取目标函数的负值来转换。

（2）构建初始单纯形表　创建一个表格，列出所有的决策变量、松弛变量、人工变量（如果需要）以及目标函数。将约束条件转换为等式，并填充到表格中，将目标函数的值放在表格的第一行，这一行称为"目标函数行"。

（3）选择进入基底的变量　在目标函数行中，找到具有最大绝对值的负系数的变量进入基底，该变量称为进基变量。

（4）选择离开基底的变量　在约束条件中，找到进入基底的变量所在的列，逐行计算右端项（"解"一列）和该列中系数（即进基变量的系数）比值，选择比值为正且最小的元素对应的行，该行当前对应的基变量即是要被替换离开基底的离基变量，这一基于比值的选择步骤称为"比值测试"。如果所有比值都为负或无穷大，则问题无解。

（5）进行枢轴操作　将所选离基变量先前所在的行中进基变量的系数化为 1，使用高斯消元法，将其余行该进基变量的系数均化为 0。更新单纯形表，包括目标函数值和所有约束条件。

（6）迭代过程　重复步骤（3）~（5），直到目标函数行中没有负系数为止。这意味着找到了最优解。

（7）检查解的可行性　如果在迭代过程中，所有决策变量的值都保持非负，则得到的解是可行的。如果有负的决策变量，说明问题无解或需要重新定义问题。

（8）得出最优解　如果目标函数行中没有负系数，并且所有决策变量都是非负的，那么当前的基就是最优解。最优解可以通过查看单纯形表中的决策变量和目标函数值来确定。

作为例子，考虑如下线性规划模型：

$$\max z = 5x_1 + 4x_2 \tag{8-8}$$

$$\text{s. t. } 6x_1 + 4x_2 \leqslant 24 \tag{8-9}$$

$$x_1 + 2x_2 \leqslant 6 \tag{8-10}$$

$$-x_1 + x_2 \leqslant 1 \tag{8-11}$$

$$x_2 \leqslant 2 \tag{8-12}$$

$$x_1, x_2 \geqslant 0 \tag{8-13}$$

引入松弛变量，将其整理为如下等式约束形式：

$$\max z = 5x_1 + 4x_2 + 0s_1 + 0s_2 + 0s_3 + 0s_4 \tag{8-14}$$

$$\text{s. t. } 6x_1 + 4x_2 + s_1 = 24 \tag{8-15}$$

$$x_1 + 2x_2 + s_2 = 6 \tag{8-16}$$

$$-x_1 + x_2 + s_3 = 1 \tag{8-17}$$

$$x_2 + s_4 = 2 \tag{8-18}$$

$$x_1, x_2, s_1, s_2, s_3, s_4 \geqslant 0 \tag{8-19}$$

对目标方程进行整理，得到其等价的等式形式：

$$z - 5x_1 - 4x_2 = 0 \qquad (8\text{-}20)$$

按照此模型，初始单纯形表可以表述为表 8-1。

表 8-1 初始单纯形表

基	z	x_1	x_2	s_1	s_2	s_3	s_4	解
z	1	−5	−4	0	0	0	0	0
s_1	0	6	4	1	0	0	0	24
s_2	0	1	2	0	1	0	0	6
s_3	0	−1	1	0	0	1	0	1
s_4	0	0	1	0	0	0	1	2

对照可以发现，当前的 $z = 5x_1 + 4x_2$ 并未取到最优，因为仍然可以选择在目标函数中具有正值的 x_1 或 x_2 进基（对应地，在目标函数行中系数为负，因为目标函数行的形式为 $(z - 5x_1 - 4x_2 = 0)$）。根据前文，应当选择具有最大绝对值负系数的 x_1 进基。

接下来在 s_1，s_2，s_3，s_4 中选择出基变量，右端值（即表格中"解"一列）与 x_1 在这些行中系数的比值分别为 $\frac{24}{6} = 4$，$\frac{6}{1} = 6$，$\frac{1}{-1} = -1$，$\frac{2}{0} = \infty$。不考虑分母为负和零的情况，可以发现 x_1 应当替换 s_1 进基（比值为正且最小），同时需要将这行之外其他行 x_1 的系数均通过消元变换为 0（枢轴操作）。一次迭代后的单纯形表见表 8-2。

表 8-2 一次迭代后的单纯形表

基	z	x_1	x_2	s_1	s_2	s_3	s_4	解
z	1	0	$-\dfrac{2}{3}$	$\dfrac{5}{6}$	0	0	0	20
x_1	0	1	$\dfrac{2}{3}$	$\dfrac{1}{6}$	0	0	0	4
s_2	0	0	$\dfrac{4}{3}$	$-\dfrac{1}{6}$	1	0	0	2
s_3	0	0	$\dfrac{5}{3}$	$\dfrac{1}{6}$	0	1	0	5
s_4	0	0	1	0	0	0	1	2

可以发现，表 8-2 和表 8-1 仍然存在相同的性质。此时 $z = \frac{2}{3}x_2 - \frac{5}{6}s_1$，此时 x_2 的系数仍然为正数，在目标函数行中则为负数。这意味着如果 x_2 进基，还能使得 z 的值增大，因此选择 x_2 作为此次迭代的入基变量。

此时对照各行 x_2 的系数和右端值，重复上一次迭代中的比值测试，可以发现 s_2 出基，x_2 进基对应的比值为正且最小，因此使 x_2 进基并进行枢轴操作，得到第二次迭代后的单纯形表，见表 8-3。

表 8-3 第二次迭代后的单纯形表

基	z	x_1	x_2	s_1	s_2	s_3	s_4	解
z	1	0	0	$\dfrac{3}{4}$	$\dfrac{1}{2}$	0	0	21

（续）

基	z	x_1	x_2	s_1	s_2	s_3	s_4	解
x_1	0	1	0	$\dfrac{1}{4}$	$-\dfrac{1}{2}$	0	0	3
x_2	0	0	1	$-\dfrac{1}{8}$	$\dfrac{3}{4}$	0	0	$\dfrac{3}{2}$
s_3	0	0	0	$\dfrac{3}{8}$	$-\dfrac{5}{4}$	1	0	$\dfrac{5}{2}$
s_4	0	0	0	$\dfrac{1}{8}$	$-\dfrac{3}{4}$	0	1	$\dfrac{1}{2}$

此时可以发现，第一行中的所有的系数均为 0 或正数，进行整理后得到 $z = -\dfrac{3}{4}s_1 - \dfrac{1}{2}s_2$，这意味着没有办法通过进一步增加某个变量来提升目标函数的值。换言之，此时即得到了该线性规划问题的最优解，据表 8-3 可知，该问题的最优解为

$$x_1 = 3, x_2 = \frac{3}{2}, z = 21 \tag{8-21}$$

同时还可以观察松弛变量的值，如果松弛变量的值为 0，则意味着使用了全部的该资源；否则资源仍然有剩余，是"充裕"的。

3. 灵敏度分析

灵敏度分析是线性规划中的一个重要组成部分，它帮助决策人员理解模型解对参数变化的敏感程度。在现实世界的决策问题中，模型的参数往往不是固定不变的，而是可能受到市场条件、政策变化、资源可用性等因素的影响。通过灵敏度分析，决策者可以评估这些变化对最优解的影响，从而为决策提供更全面的信息。

灵敏度分析主要关注以下几个方面：

（1）目标函数系数　分析目标函数中各系数变化对最优解的影响。

（2）约束条件　研究约束条件中的系数或常数变化对可行域和最优解的影响。

（3）资源和需求的变化　考虑资源限制或产品需求的变化对最优解的影响。

为了达成上述目标，灵敏度分析一般包含如下步骤：

（1）确定关键参数　识别模型中对决策影响最大的参数。

（2）设定参数变化范围　根据实际情况设定参数可能变化的范围。

（3）进行参数变化　在设定的范围内，逐个或同时改变参数值。

（4）重新求解模型　在新的参数值下，重新运行线性规划模型求解。

（5）分析结果变化　观察最优解（如目标函数值、决策变量值）的变化情况。

在实际决策场景下，决策者往往需要对当前建立的模型进行充分的灵敏度分析，从而对模型的特征和鲁棒性有更加清晰和明确的认知。灵敏度分析在许多决策场景下都有着举足轻重的作用，如风险评估、策略指定和预算规划等。

4. 对偶理论

对偶理论是线性规划中的一个重要概念，它提供了一种从原问题（Primal Problem）出

发，构造一个与之相关的问题（Dual Problem）的思路，能够辅助决策者更好地进行求解和分析，例如在一些情况下，对偶问题可能具有比原问题更好的数值特性，对其求解更加便捷。有时可以通过求解对偶问题获得原问题的上界或下界，通过这一界的刻画，决策者可以对原问题的现有可行解进行评估，或是对最优解进行验证。

对于最大化问题，其对偶问题的最优解提供了原问题目标函数的上界；对于最小化问题，其对偶问题则提供了原问题的目标函数下界，这一性质即被称为"对偶"。在线性规划中，原问题的最优目标函数值与对偶问题的最优目标函数值是相等的，这在实际求解过程中非常重要且有效，可以针对不同的问题设计更加高效和简便的算法。例如，在迭代优化算法中，可以使用原问题和对偶问题的解之间距离足够小作为算法的终止条件。

一般而言，可以通过如下方法构造原问题的对偶问题：

1）一个对偶变量对应原始问题的一个约束方程，对偶问题的约束则一一对应于原始问题的变量。

2）原始问题约束的右端项作为对偶目标函数的系数。

3）对应于原始变量的对偶约束，可以通过将原始变量的列转置为行来获得。

除此之外，构造对偶问题还需要考虑一些符号变化规则，见表8-4。

表 8-4　构造对偶问题的规则

极大化问题		极小化问题
约束		变量
$\geqslant$	$\rightarrow$	$\leqslant 0$
$\leqslant$	$\rightarrow$	$\geqslant 0$
$=$	$\rightarrow$	无限制
变量		约束
$\geqslant 0$	$\rightarrow$	$\geqslant$
$\leqslant 0$	$\rightarrow$	$\leqslant$
无限制	$\rightarrow$	$=$

原问题和对偶问题的示例见表8-5，供读者对照上文参考理解。

表 8-5　原问题和对偶问题的示例

原问题	对偶问题
$\max 5x_1 + 12x_2 + 4x_3$ s. t. $x_1 + 2x_2 + x_3 \leqslant 10$ $2x_1 - x_2 + 3x_3 = 8$ $x_1, x_2, x_3 \geqslant 0$	$\min 10y_1 + 8y_2$ s. t. $y_1 + 2y_2 \geqslant 5$ $2y_1 - y_2 \geqslant 12$ $y_1 + 3y_2 \geqslant 4$ $y_1 \geqslant 0, y_2$ 无限制

有兴趣的读者可以对上述原问题和对偶问题使用单纯形法或商业求解器进行求解。可以验证，原问题和对偶问题的最优解所对应的目标函数值是相等的。

8.2.3　整数规划

整数规划在日常生活中非常常见，例如，在许多日常场景中物品是不可分割的，订货量只能是某个整数；而在其他的一些问题中，常常会要求变量的值只能在0和1之中选择，这常见于用于表示"是"和"否"的"布尔变量"。这类包含整数变量的规划问题就被定义为"整数规划"。如果所有变量都要求是整数，则称之为"纯整数规划"；否则称之为"混合整数规划"。

1. 问题建模

整数规划在整体上与线性规划是一致的，但是其中部分或全部变量要求取值为整数。一般的整数规划问题可以表述如下：

$$\min \ c_1^{\mathrm{T}} x + c_2^{\mathrm{T}} y \tag{8-22}$$

$$\text{s. t. } \ a_i^{\mathrm{T}} x \leqslant b_i, i = 1, \cdots, m \tag{8-23}$$

$$a_i'^{\mathrm{T}} y \leqslant b_i', i = 1, \cdots, m' \tag{8-24}$$

$$x \in \mathbf{R}, y \in \mathbf{Z} \tag{8-25}$$

式中，向量 c，a_1，a_2，$\cdots$，a_m，a_1'，a_2'，$\cdots$，$a_m' \in \mathbf{R}$，b_1，$\cdots$，b_m，b_1'，$\cdots$，$b_m' \in \mathbf{R}$ 是问题参数，决定了对应于特定问题的目标函数和约束函数的参数值；x 是连续变量；y 是整数变量。

整数规划常常被用来解决包含"二元决策"的问题，例如在某个投资组合里是否要购入某个项目，再如在选择设施的建造地址时是否要在某地建设某种设施。这里以投资组合的选取为例，对整数规划的应用场景进行简单展示。

考虑如下 5 个 3 年期的项目，见表 8-6，表中给出了不同项目的每年支出及收益。当前目标为选择 3 年后收益最多的项目组合，并且每年的总支出不超过每年的可用资金。

表 8-6　项目选择问题

项目	每年支出			收益
	1	2	3	
1	5	1	8	20
2	4	7	10	40
3	3	9	2	20
4	7	4	1	15
5	8	6	10	30
可用资金	25	25	25	

上述问题等价于确定每一个项目是否需要被选择。引入二元变量 x_j，则有：

$$x_j = \begin{cases} 0, \text{如果不选择项目 } j \\ 1, \text{如果选择项目 } j \end{cases} \tag{8-26}$$

由此可以建立如下整数线性规划模型：

$$\max \ z = 20x_1 + 40x_2 + 20x_3 + 15x_4 + 30x_5 \tag{8-27}$$

$$\text{s. t. } 5x_1 + 4x_2 + 3x_3 + 7x_4 + 8x_5 \leqslant 25 \tag{8-28}$$

$$x_1 + 7x_2 + 9x_3 + 4x_4 + 6x_5 \leqslant 25 \tag{8-29}$$

$$8x_1 + 10x_2 + 2x_3 + x_4 + 10x_5 \leqslant 25 \tag{8-30}$$

$$x_1, x_2, x_3, x_4, x_5 \in \{0, 1\} \tag{8-31}$$

该模型可以通过下文的分支定界法手动求解，但更常用的方法是直接使用商业软件进行快速求解。最终获得的最优解为 $x_1 = x_2 = x_3 = x_4 = 1$，$x_5 = 0$，意味着除了第 5 个项目均要选择。

2. 分支定界法

分支定界法（Branch and Bound，B&B）是一种在优化问题中常用的算法，特别是在解决整数规划和组合优化问题时非常有效。这种方法的核心思想是通过系统地枚举所有可能的候选解，并在枚举过程中排除那些不可能比当前已知最优解更好的解，从而减少需要评估的候选解的数量。分支定界法结合了"分支"和"定界"两个策略：

分支（Branching）：算法从根节点开始，根据问题的特性，将问题分解为若干个子问题（分支）。每个子问题代表了原问题的一个潜在解决方案的一部分。这个过程类似于树的遍历，每个节点都会分支出更多的节点，直到达到叶节点，叶节点代表了完整的解决方案。

定界（Bounding）：在分支过程中，计算每个节点的界（一个估计值），这个界代表了从该节点出发到达叶节点的任何解的上界或下界。如果一个节点的界比当前找到的最优解还要差，那么这个节点及其所有子节点就可以被剪枝，即不再进一步探索。

一般的分支定界法步骤如下：

（1）初始化 将初始解（通常是问题的某个可行解）作为根节点加入待处理队列中。

（2）分支 从待处理队列中取出一个节点，根据问题的特性生成它的子节点。这些子节点代表了进一步限制或分割问题的解空间。

（3）定界 计算每个新生成的子节点的界，将其与已知的最优解进行比较。如果子节点的界优于当前最优解，则将其加入待处理队列；如果界不优于当前最优解，则将其剪枝。

（4）更新最优解 如果找到了一个界优于当前最优解的节点，更新最优解。

（5）重复迭代 重复步骤（2）~（4），直到待处理队列为空，或者达到了其他停止条件。

在分支时，经常选择一个被松弛为连续变量的整数变量，取其在松弛条件下的最优解（应当是一个非整数的值），分别向上和向下取整，作为约束分别加入原来的线性规划问题中，从而形成 2 个分支，每个分支节点上包含一个线性规划问题。考虑如下问题：

$$\max z = 5x_1 + 4x_2 \tag{8-32}$$

$$\text{s. t. } x_1 + x_2 \leqslant 5 \tag{8-33}$$

$$10x_1 + 6x_2 \leqslant 45 \tag{8-34}$$

$$x_1, x_2 \in \mathbf{Z} \tag{8-35}$$

使用分支定界法对其进行求解，其分支定界树如图 8-1 所示。通过不断增加新约束和分支，最终可以得到该问题的最优解。

在得到最优解之前，一共求解了 7 个线性规划问题。不断分支和增加约束的过程其实也是不断压缩松弛后线性规划的解空间到整数规划的可行域的过程。在每次分支和求解的过程中，得到的目标函数值还为后续的求解提供了上界/下界（对于最大化问题而言，松弛后的线性规划问题得到的最优目标函数值是其上界，反之则是其下界），这有助于在计算中进行合理的分支决策和剪枝，

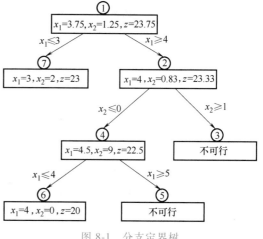

图 8-1 分支定界树

从而进一步缩小搜索空间，提升求解的效率。

8.2.4 非线性规划

非线性规划同样是数学规划的一个重要部分，涉及目标函数或约束条件中至少有一个非线性部分的优化问题。非线性规划在图形学、计算机科学、工程力学中都有着广泛的应用，如今的机器学习中深度神经网络的迭代都依赖于非线性规划的优化算法。

与线性规划相比，非线性规划问题的解空间更大，形式更灵活，但也更为复杂，通常没有简单的解析解。值得注意的是，在日常生活中的很多问题从严格意义来说都可以建模为更加精确的非线性规划问题。

1. 问题建模

一个规划问题往往具有如下形式：

$$\min f(x) \tag{8-36}$$
$$\text{s. t. } h(x) \geqslant 0 \tag{8-37}$$
$$g(x) = 0 \tag{8-38}$$
$$x \in \mathbf{R} \tag{8-39}$$

若其中任意函数为非线性函数，则称之为非线性规划。常见的非线性规划问题包括二次规划、凸规划等，包含了大量不同的分支。其中一些规划问题已经获得了非常高效的求解算法，但仍然有许多非线性规划问题无法通过已有算法在有限时间内获得全局最优解。

下面给出一个非线性规划案例。一家建筑公司承接了某房地产公司的承建项目，需要为一个居民小区布设 1 台快速充电桩。充电桩的位置可以自由选取。居民区的居民有 3 个固定的停车集中地，将整个居民区以西北角为原点建立直角坐标系后，3 个停车集中地的坐标分别是 (x_1, y_1)，(x_2, y_2)，(x_3, y_3)，整个居民区的坐标范围为 $[0, x_E] \times [0, x_S]$。

充电桩离停车地点越近，该停车地点的居民的充电就会越便利，反之则会导致居民产生不满情绪。不满情绪与距离的关系为 $g(d)$，是距离充电桩距离 d 的一个非减函数。3 个停车集中地车主的不满情绪阈值分别为 α_1，α_2，α_3，每个停车集中地车主的不满情绪都不能超过其阈值，请确定使得整体不满情绪最低的建设方案。

假设充电桩的建设坐标为 (x, y)，则距离停车集中地 i 的距离为 $d_i = \sqrt{(x-x_i)^2 + (y-y_i)^2}$，对应的不满情绪为 $h(d_i)$，根据当前场景，可以建立如下非线性规划模型：

$$\min \sum_{i=1}^{3} h(d_i) \tag{8-40}$$
$$\text{s. t. } h(d_i) \leqslant \alpha_i, i = 1,2,3 \tag{8-41}$$
$$d_i = \sqrt{(x-x_i)^2 + (y-y_i)^2}, i = 1,2,3 \tag{8-42}$$
$$0 \leqslant x \leqslant x_E, 0 \leqslant y \leqslant x_S \tag{8-43}$$

通过求解上述问题，决策者可以得到最优的充电桩建设方案。在实际的生产生活场景中，决策者面对的问题往往比这一问题更加复杂和多变，可能需要同时考虑多个相互矛盾冲突的个体需求，用于刻画"不满情绪"与"距离"的函数 h 也可能具有非常复杂的非线性结构。

2. 求解算法

本节介绍两种求解无约束问题的算法：直接搜索算法和梯度搜索算法。

直接搜索算法适用于严格的一元单峰函数，这一优化算法是更一般的多元优化算法设计的关键。其思路为找出已知包含最优解的不确定区间，通过不断缩小不确定区间的长度，逐渐逼近最优解，最终在允许的误差范围内得到一个最优解。常用的二分法能在有限时间内获得给定误差范围的最优解，并且具有收敛性保证。

对于一个给定的区间 $[x_L,\ x_U]$，二分法在其中点的左右两侧分别进行微小扰动 $\varepsilon>0$，获得 $x_a=\dfrac{x_L+x_U}{2}-\varepsilon$，$x_b=\dfrac{x_L+x_U}{2}+\varepsilon$。通过对这两个点函数值的比较，可以确定最优解所处的范围，如图 8-2 所示。例如，对于最小化问题，若 $f(x_a)<f(x_b)$，则容易判断最优点必定处在 $[x_L,\ x_a]$ 或 $[x_a,\ x_b]$ 上（图中给出了满足该条件的函数可能具有的形状特征），因此可以排除区间 $[x_b,\ x_U]$。由于 ε 可以取得足够小，因此可以认为 x_a，x_b 在最理想的情况下几乎重合，被去除的区间约占原区间的一半。

通过二分法，包含最优解的区间能够迅速收缩至一个非常小的区段，此时取这一区段的中点即可获得误差允许范围内的最优解。类似的区间搜索算法还有黄金分割搜索、斐波那契搜索等，其本质均是通过比较函数值削减区间，从而不断逼近最优解。

梯度搜索算法要求函数可微，通过沿着梯度方向上升或沿着负梯度方向下降快速获得局部最大或最小值，其终止条件为梯度向量为 0，这也是最优解的必要条件。在最大化问题中，基于梯度的更新公式为（在最小化问题中，使用的是负梯度）：

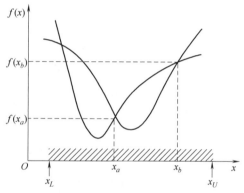

图 8-2　若 $f(x_a)<f(x_b)$，单峰函数最优点可能处于的区间

$$x_{k+1}=x_k+\alpha\,\nabla f(x_k) \tag{8-44}$$

式中，α 是每次更新行进的步长。这一步长可以设定为固定值，也可以通过对步长进行搜索确定最优步长。梯度更新的方法非常多样，甚至可以通过一些手段延伸至不可微的函数，但其本质均是沿着当前点的上升/下降方向行进，从而获得目标函数值的不断改良，直至收敛到局部最优。

8.2.5　动态规划

对于很多最优化问题，决策者仅需做一次决策即可，这种决策方法被称为单阶段决策。不过，现实生活中存在另一类问题，需要决策者按时间顺序做出一系列决策，这些决策的场景有一定的相似之处，且每次决策都会影响到一个特定的最终目标。这类现象被称为序贯决策过程（Sequential Decision Processes），而动态规划（Dynamic Programming）就是一类分析序贯决策过程的数学工具。1957 年，Bellman 正式发表了动态规划理论的著作，标志着动态规划成为数学规划的成熟研究分支之一。

1. 序贯决策过程与动态规划建模

序贯决策过程具备两个重要特点：①决策是按顺序做出的；②信息随着时间逐渐变化。按照决策阶段的性质，可以分为离散序贯决策和连续序贯决策；按照决策过程的范围，可以分为有限序贯决策和无限序贯决策。目前，研究与应用较多的是离散有限序贯决策，下文将针对离散有限序贯决策展开讨论。

一般，序贯决策过程可以用如下概念描述：

（1）阶段（Epoch）　指序贯决策过程的一个环节。这个环节会根据当前的信息做出一些影响后续过程的决策。

（2）状态变量（State）　表示序贯决策过程某阶段状态的变量，包含当前阶段的全部信息。状态变量应该具备如下性质：当某阶段状态变量给定，该阶段后的发展不受以前各状态的影响，这一性质被称为无后效性。

（3）决策变量（Decision）　在某个阶段做出的决策，它能对后续过程的状态施加影响。

（4）状态转移方程（Transition Equation）　在决策变量的影响下，描述前后两个阶段中过程状态之间关系的映射。

（5）策略（Policy）　由每个阶段的决策顺序组成的决策序列。

基于序贯决策过程的概念，动态规划的基本模型可以进行如下描述：

（1）基本定义　假设一个多阶段序贯决策过程作为一个具有 $K+1$ 个阶段的系统（System），用阶段变量 $n=0,1,2,\cdots,K$ 表示系统的各个阶段时间。定义状态空间（State Space）$S=\{s_1,s_2,\cdots,s_N\}$。对于每一个状态 $s_i \in S$ 时，可以采取决策的集合为 A_i，总的决策集合为 $A=A_1 \cup A_2 \cup \cdots \cup A_N$。

（2）策略　在某个阶段的决策定义为映射 $f_n:S \rightarrow A$，即系统在阶段 n 的每一个可能状态 s_i 对应着一个可采取的决策，有 $f_n(s_i) \in A_n \subset A$。系统的策略则为决策顺序组成的序列：$f=\{f_0,f_1,\cdots,f_K\}$。

（3）状态转移　在给定策略下，如果 n 阶段的状态 s_{i_n} 确定，那么 $n+1$ 阶段的状态 $s_{i_{n+1}}$ 也就完全确定，并可以通过状态转移方程描述两阶段状态之间的关系：

$$s_{i_{n+1}} = T_n(s_{i_n},f_n) \tag{8-45}$$

上面的概念大致是序贯决策过程概念的规范化。此外，动态规划还需要定义目标函数，以衡量所选定策略的优劣。一般可以取总支付作为目标函数。记 $r_n(s_{i_n},f_n)$ 为系统在阶段 n 状态为 s_{i_n} 时，决策 f_n 对应的支付；$V_{k,h}(s_{i_k},f)$ 对应使用策略 f，系统从阶段 k 的状态 s_{i_k} 直到阶段 h 对应的总支付。$V_{k,h}(s_{i_k},f)$ 具备如下的递推关系：

$$V_{h,h}(s_{i_h},f) = r_h(s_{i_h},f_h) \tag{8-46}$$

$$V_{k,h}(s_{i_k},f) = r_k(s_{i_k},f_k) + V_{k,h}(s_{i_k},f), k=0,1,\cdots,h \tag{8-47}$$

可以看出，当 $k=0$，$h=K$ 时，$V_{1,K}(s_{i_0},f)$ 即为对初始状态为 s_{i_0} 的原问题采取策略 f 的总支付。

2. 动态规划的求解

一个问题能否采用动态规划方法获得最优解，取决于该问题是否具备两个特征：最优子结构（Optimal Substructures）和重叠子问题（Overlap Subproblems）。前者的要求为"整个问题的最优解包含着子问题的最优解"，可以保证整个问题的最优解不会在求解子问题时的最优解时遗失；后者的要求为"整个问题可以被分解为子问题，且子问题的最优解和最优值可以被递归应用于其他子问题"，保证了动态规划相比于穷举能够有效简化计算，提高求解效率。

对于动态规划的求解，最主要的任务是建立前后阶段各个指标之间的递归关系。下面以离散的有限决策过程的确定性动态规划为例，说明递归关系的结构，介绍经典的动态规划求解算法：后向法（Working Backward）。

如上一节所述，系统状态转移的递归关系由状态转移方程确定，目标函数的递归关系则由最优化方向和状态转移方程确定。不妨假设最优化方向为最小化目标函数，对于一个 $K+1$ 个阶段，初始状态为 s^0 的系统，记从初始阶段出发直到阶段 K 的优化目标为 $G_0(s^0)$，有：

$$G_0(s^0) = \min_f V_{1,K}(s^0, f) \tag{8-48}$$

通过类似的方式定义 $G_k(p)$，$p \in S$，$k = 1, \cdots, K$ 为从阶段 k 的状态 p 开始直到最后阶段 K 的优化目标，那么可以得到优化目标的递归关系如下：

$$G_K(p) = \min_f V_{K,K}(p, f) = r_K(p, f_h) \tag{8-49}$$

$$G_n(p) = \min_f V_{n,K}(p, f) = \min_{f_n}\{r_n(p, f_n) + G_{n+1}[T(p, f_n)]\} \tag{8-50}$$

$$G_0(s^0) = \min_f V_{0,K}(s^0, f) = \min_{f_0}\{r_0(s^0, f_0) + G_1[T(s^0, f_0)]\} \tag{8-51}$$

$$n = 1, \cdots, K-1, p \in S \tag{8-52}$$

根据目标函数的递归关系，可以完成目标函数 $G_0(s^0)$ 的计算。首先，对于阶段 K 的每一个状态 p，计算 $G_K(p)$；然后，在 $G_K(p)$ 已知的情况下，可以通过递归关系，计算 $G_{K-1}(p)$，$\forall p \in S$。反复应用递归关系，即可得出 $G_0(s^0)$ 的值。这种从最后阶段逐渐向前计算决策过程最优指标的方法称为后向法，对应的递归关系称为后向递归（Backward Recursion）。

8.3　应用随机模型

在实际系统中，存在很多不受控的随机因素，如机器故障、材料质量变化、人员操作失误、订单具体需求等。人们采用随机模型这一数学工具来描述其变化规律，并基于这些规律进行系统的优化和决策。本节介绍常见的应用随机模型。

8.3.1　离散时间马尔可夫模型

讨论离散参数 $T = \{0, 1, 2, \cdots\}$，状态空间 $S = \{1, 2, \cdots\}$ 可列的马尔可夫过程，通常称为马尔可夫链（Markov Chains）。马尔可夫链最初由 Markov 于 1906 年研究而得名，至今它的理论已经发展得较为系统和深入，在自然科学、工程技术及经济管理各领域中都有广泛的应用。

1. 定义与转移概率矩阵

马尔可夫过程作为最重要的随机过程，在计算数学、金融经济、管理科学乃至人文科学中都有广泛的应用。本章中的所有随机变量都定义在相同的概率空间上，设 $\{X_n\} = \{X_n\}$

$n = 0,1,\cdots$} 是随机序列，且每个 X_n 都在空间 S 中取值，则称 S 是 {X_n} 的状态空间，称 S 中的元素为状态。

定义 8.1 如果随机序列 {$X_n, n \geq 0$} 对任意 $i_0, i_1, \cdots, i_n, i_{n+1} \in S$，$n \in \mathbf{N}$ 及 $P\{X_0 = i_0, X_1 = i_1, \cdots, X_n = i_n\} > 0$，有

$$P\{X_{n+1} = i_{n+1} | X_0 = i_0, X_1 = i_1, \cdots, X_n = i_n\} = P\{X_{n+1} = i_{n+1} | X_n = i_n\} \tag{8-53}$$

则称其为马尔可夫链，简称为马氏链。式（8-53）刻画了马尔可夫链的特性，即未来系统状态只与现在状态有关，与过去状态无关，称为马尔可夫性（或无后效性），简称为马氏性。马尔可夫链的一个常见应用便是随机游走问题，下一时刻的位置只与当前时刻有关，与之前所处位置无关。基于马尔可夫的定义 8.1，可定义相邻时刻间的状态转移概率。

定义 8.2 $\forall i, j \in S$，称 $P\{X_{n+1} = j | X_n = i\} \underset{=}{\mathrm{def}} p_{ij}(n)$ 为 n 时刻的一步转移概率。若对 $\forall i, j \in S$，$p_{ij}(n) \equiv p_{ij}$，即 p_{ij} 与 n 无关，则称 {$X_n, n \geq 0$} 为齐次马尔可夫链。记 $\boldsymbol{P} = (p_{ij})$，称 $\boldsymbol{P}$ 为 {$X_n, n \geq 0$} 的一步转移概率矩阵，简称为转移矩阵（Transition Matrix）。接着，定义 n 时刻 X_n 的概率分布向量 $\boldsymbol{\pi}(n)$ 为：

$$\pi_i(n) = P(X_n = i), \boldsymbol{\pi}(n) = (\pi_1(n), \pi_2(n), \cdots, \pi_i(n), \cdots)$$

称 {$\pi_i(0), i \in S$} 为马尔可夫链的初始分布，则对于任意 $i_0, i_1, \cdots, i_n \in S$，计算有限维联合分布 $P(X_0 = i_0, X_1 = i_1, \cdots, X_n = i_n)$。由概率的乘法公式及马尔可夫性可知

$$P(X_0 = i_0, X_1 = i_1, \cdots, X_n = i_n) = \pi_{i_0}(0) p_{i_0 i_1} \cdots p_{i_{n-1}, i_n} \tag{8-54}$$

即 $P(X_0 = i_0, X_1 = i_1, \cdots, X_n = i_n)$ 完全由 $\boldsymbol{\pi}(0)$ 和 $\boldsymbol{P}$ 决定，这说明对于任意一个马尔可夫链，其特性由初始分布和状态转移矩阵唯一确定。类似地可以证明任意 n 时刻的联合分布也完全由 $\boldsymbol{\pi}(0)$ 及 $\boldsymbol{P}$ 决定。

定理 8.1

$$\boldsymbol{\pi}(n+1) = \boldsymbol{\pi}(n)\boldsymbol{P} \tag{8-55}$$

$$\boldsymbol{\pi}(n) = \boldsymbol{\pi}(0)\boldsymbol{P}^n \tag{8-56}$$

式中，$\boldsymbol{P}^n$ 是 $\boldsymbol{P}$ 的 n 次幂。

定理 8.1 表明，马尔可夫链 {$X_n, n > 0$} 的概率性质完全由 $\boldsymbol{\pi}(0)$ 和 $\boldsymbol{P}$ 的代数性质决定。为了下述定理书写方便，记 $p_{ij}^{(m)} = P(X_{n+m} = j | X_n = i)$ 为 m 步的转移概率，$\boldsymbol{P}^{(m)} = (p_{ij}^{(m)})$ 为 m 步转移概率矩阵，则任意 $(m+n)$ 步的转移概率为：

定理 8.2 切普曼-柯尔莫哥洛夫（Chapman-Kolmogorov）方程，简称 K-C 方程

$$p_{ij}^{(m+n)} = \sum_{k \in S} p_{ik}^{(m)} p_{kj}^{(n)} \tag{8-57}$$

或

$$\boldsymbol{P}^{(m+n)} = \boldsymbol{P}^{m+n} = \boldsymbol{P}^m \boldsymbol{P}^n = \boldsymbol{P}^{(m)} \boldsymbol{P}^{(n)} \tag{8-58}$$

2. 状态的分类与分解

在定义完马尔可夫链和转移概率矩阵后，便可对其状态空间进行分类和分解。

定义 8.3 设 S 是马氏链的 {$X_n, n > 0$} 状态空间，则有：

1）如果 $p_{ii} = 1$，则称状态 $i \in S$ 为吸收态，无法从该状态跳转到其他状态。

2）如果存在 $n \geq 1$ 使得 $p_{ij}^{(n)} > 0$，则称从状态 i 出发可达状态 j，即 i 通 j，记为 $i \to j$。

3）如果 $i \to j$ 且 $j \to i$，则称状态 i 和 j 相通（互通），记为 $i \leftrightarrow j$。

4）如果一个马尔可夫链的任意两个状态都相通，则称该链为不可约链。

直观上符号"→"具有传递性：如果 $i{\rightarrow}j$ 和 $j{\rightarrow}k$，则 $i{\rightarrow}k$。互通关系"↔"还有对称性：如果 $i{\leftrightarrow}j$，则 $j{\leftrightarrow}i$。如果状态 i 通状态 j，接下来便需要研究定义 8.4。

定义 8.4 首达时间为

$$T_{ij} = \min\{n : n \geq 1, X_n = j, X_0 = i\}$$

若右边为空集，则令 $T_{ij} = \infty$。式中，T_{ij} 表示从状态 i 出发首次到达状态 j 的时间；T_{ii} 表示从状态 i 出发首次回到 i 的时间。

定义 8.5 首达概率为

$$f_{ij}^{(n)} = P\{T_{ij} = n \mid X_0 = i\} = P\{X_n = j, X_k \neq j, 1 \leq k \leq n-1 \mid X_0 = i\}$$

式中，$f_{ij}^{(n)}$ 表示从 i 出发经 n 步首次到达 j 的概率。而 $f_{ij} = \sum\limits_{n=1}^{\infty} f_{ij}^{(n)}$ 表示由 i 出发，经有限步首次到达 j 的概率。

基于上述定义，可利用首达概率同样可以完成对转移概率的计算：

$$p_{ij}^{(n)} = \sum_{k=1}^{n} f_{ij}^{(k)} p_{jj}^{(n-k)} \tag{8-59}$$

以随机游走问题为例，在两边都是反射壁的简单随机游走（即碰到两端会返回中间状态）中，所有状态都互通，质点从某一状态出发必然能回到该状态，这样质点从 i 出发一定会回到 i 无穷次，这种状态称为常返状态；在两边都是吸收壁的简单随机游走（即碰到两端会停止移动）中，除两端外其余状态互通，中间状态可通两端，但两端不通中间状态，因此质点从其中的 i 出发只能回到 i 有限次，人们将这种状态称为非常返状态。

基于首达时间和首达概率的定义，可将马尔可夫链的状态进一步分类：

定义 8.6 若 $f_{ii} = 1$，称 i 为常返状态；若 $f_{ii} < 1$，称 i 为非常返状态（或称为瞬时状态）。

定理 8.3 对于马氏链 $\{X_n\}$ 有以下结果：

1）i 是常返状态的充分必要条件是 $\sum\limits_{n=0}^{\infty} p_{ii}^{(n)} = \infty$。

2）如果 i 是常返状态，$i{\rightarrow}j$，则 $i{\leftrightarrow}j$，并且 j 也是常返的。

引入条件 $X_0 = i$ 下，令 T_i 表示首次到达状态 i 的跳转次数，则其数学期望为

$$\mu_i = E(T_i \mid X_0 = i) = \sum_{n=1}^{\infty} nP_i(T_i = n) = \sum_{n=1}^{\infty} nf_{ii}^{(n)} \tag{8-60}$$

式中，μ_i 是质点返回状态 i 所需要的平均转移次数；μ_i 为状态 i 的平均回转时间或期望回转时间。平均回转时间 μ_i 越小，表明质点返回 i 越频繁。当 $\mu_i = \infty$ 时，说明质点平均转移无穷次才能回到 i，因此引入如下定义。

定义 8.7 设 i 是常返状态。如果 i 的平均回转时间 $\mu_i < \infty$，则称 i 是正常返状态或积极常返状态。如果 i 的平均回转时间 $\mu_i = \infty$，则称 i 是零常返状态或消极常返状态。

定义 8.8 设 i 是常返状态，则

1）i 是零常返状态的充分必要条件是 $\lim\limits_{n \to \infty} p_{ii}^{(n)} = 0$。

2）当 i 是零常返状态，$i{\rightarrow}j$ 时，j 也是零常返的。

3）当 i 是正常返状态，$i{\rightarrow}j$ 时，j 也是正常返的。

定义 8.9 如果集合 $\{n : n \geq 1, p_{ii}^{(n)} > 0\} \neq \varnothing$，称该数集的最大公约数 $d(i)$ 为状态 i 的周期。若 $d(i) > 1$，称 i 为周期的；若 $d(i) = 1$，称 i 为非周期的。若状态 i 为正常返和非周

期的，则称 i 是遍历状态。

下面讨论如何利用转移概率矩阵 P 来判断各状态是否为常返状态。

定理 8.4 状态 i 为常返状态，当且仅当

$$\sum_{n=0}^{\infty} p_{ii}^{(n)} = \infty \tag{8-61}$$

状态 i 为非常返状态，当且仅当

$$\sum_{n=0}^{\infty} p_{ii}^{(n)} = \frac{1}{1-f_{ii}} < \infty \tag{8-62}$$

定义 8.10 设 I 是马氏链 $\{X_n\}$ 的状态空间，$i \in I$。把和 i 互通的状态放在一起，得到集合

$$C = \{j \mid j \leftrightarrow i, j \in I\} \tag{8-63}$$

1）称 C 是一个等价类。

2）如果 I 是一个等价类（所有状态互通），则称马氏链$\{X_n\}$或状态空间 I 不可约。

3）设 B 是 I 的子集，如果质点不能从 B 中的状态到达 $\bar{B}=I-B$ 的状态，则称 B 是闭集。

3. P^n 的极限性态与平稳分布

8.1 节提到在实际应用中，人们常常关心的问题有两个：①当 $n \to \infty$ 时，$P(X_n = i) = \pi_i(n)$ 的极限是否存在？②在什么条件下，一个马尔可夫链是一个平稳序列？对于①，由于 $\pi_j(n) = \sum_{i \in S} \pi_i(0) p_{ij}^{(n)}$，故可转化为研究 $p_{ij}^{(n)}$ 的渐进性质，即 $\lim_{n \to \infty} p_{ij}^{(n)}$ 是否存在，若存在，其极限是否与 i 有关？对于②，实际上是一个平稳分布是否存在的问题。这两个问题密切联系。

$p_{ij}^{(n)}$ 的渐进性态，这里分两种情形进行讨论：

1）j 为非常返状态或零常返状态，则对任意 $i \in S$，有 $\lim_{n \to \infty} p_{ij}^{(n)} = 0$。因此有限马尔可夫链中不存在零常返状态，不可约的有限马尔可夫链只有正常返状态。

2）j 为正常返状态，这时情况比较复杂，$\lim_{n \to \infty} p_{ij}^{(n)}$ 不一定存在，即使存在可能与 i 有关。但有以下结论：若 j 为正常返状态，周期为 d，则 $\lim_{n \to \infty} p_{ij}^{(nd+r)}$ 存在；若一个不可约马尔可夫链的状态都是常返状态，则 $\lim_{n \to \infty} \frac{1}{n} \sum_{l=1}^{n} p_{ij}^{(l)} = \frac{1}{\mu_j}$。

定义 8.11 一个定义在 S 上的概率分布 $\boldsymbol{\pi} = \{\pi_1, \pi_2, \cdots, \pi_i, \cdots\}$ 称为马尔可夫链的平稳分布，有

$$\boldsymbol{\pi} = \boldsymbol{\pi} P \tag{8-64}$$

平稳分布也称马尔可夫链的不变概率测度。对于一个平稳分布 $\boldsymbol{\pi}$，显然有

$$\boldsymbol{\pi} = \boldsymbol{\pi} P = \boldsymbol{\pi} P^2 = \cdots = \boldsymbol{\pi} P^n \tag{8-65}$$

定理 8.5 设 $\{X_n, n \geq 0\}$ 是马尔可夫链，则 $\{X_n, n \geq 0\}$ 为平稳过程的充要条件是 $\boldsymbol{\pi}(0) = (\pi_i(0), i \in S)$ 是平稳分布，即

$$\boldsymbol{\pi}(0) = \boldsymbol{\pi}(0) P$$

$\lim_{n \to \infty} \pi_j(n)$ 的存在性问题可基于以下的定义和定理得到解释：

定义 8.12 若 $\lim_{n \to \infty} \pi_j(n) = \pi_j^* (j \in S)$ 存在，则称 $\boldsymbol{\pi}^* = \{\pi_1^*, \cdots, \pi_j^*, \cdots\}$ 为马尔可夫链

的极限分布。

定理 8.6 非周期不可约链是正常返的充要条件是它存在平稳分布，且此时平稳分布就是极限分布。

8.3.2 连续时间马尔可夫模型

上一小节介绍了离散情况下常见的随机模型，但是在生活中，更常见的是连续时间、参数情况下的随机问题，因此本小节主要介绍连续情况下常见的随机模型。

1. 连续时间随机过程

针对随机变量，在极限定理中通常考虑无穷多个随机变量的情况，但研究内容局限于它们之间是相互独立的情况。如果将该问题加以推广，研究一族无穷多个、相互有关的随机变量，便是随机过程。

定义 8.13 设对每一个参数 $t \in T$，$X(t, \omega)$ 是一随机变量，称随机变量族 $X_T = \{X(t, \omega), t \in T\}$ 为一随机过程（Stochastic Process）或称随机函数。其中 $T \subset \mathbf{R}$ 是一实数集，称为指标集。

用映射来表示 X_T，

$$X(t, \omega): T \times \Omega \to \mathbf{R}$$

即 $X(\cdot, \cdot)$ 是定义在 $T \times \Omega$ 上的二元单值函数，固定 $t \in T$，$X(t, \cdot)$ 是定义在样本空间 Ω 上的函数，即为一随机变量。对于 $\omega \in \Omega$，$X(\cdot, \omega)$ 是参数 $t \in T$ 的一般函数，通常称 $X(\cdot, \omega)$ 为样本函数，或称随机过程的一个实现，或说是一条轨道。记号 $X(t, \omega)$ 有时也写为 $X_t(\omega)$ 或简记为 X_t 或 $X(t)$。

参数 $t \in T$ 一般表示时间或空间，当参数及 T 为连续空间时，对应随机过程即为连续时间随机过程，X_t（$t \in T$）可能取值的全体所构成的集合称为状态空间，记作 S。S 中的元素称为状态。

设 $\{X(t), t \in T\}$ 是一随机过程，为了刻画它的概率特征，通常用到随机过程的均值函数、方差函数、协方差函数、相关函数以及有限维分布族及特征函数族等概念。

（1）均值函数 随机过程 $\{X(t), t \in T\}$ 的均值函数定义为

$$m(t) \underset{=\!=}{\mathrm{def}} E(X(t))$$

（2）方差函数 随机过程 $\{X(t), t \in T\}$ 的方差函数定义为

$$D(t) \underset{=\!=}{\mathrm{def}} E\{[X(t) - m(t)]^2\}$$

（3）协方差函数 随机过程 $\{X(t), t \in T\}$ 的协方差函数定义为

$$R(s, t) \underset{=\!=}{\mathrm{def}} \mathrm{cov}(X(s), X(t)) = E\{[X(s) - m(s)][X(t) - m(t)]\}$$

（4）相关函数 随机过程 $\{X(t), t \in T\}$ 的相关函数定义为

$$\rho(s, t) \underset{=\!=}{\mathrm{def}} \frac{\mathrm{cov}(X(s), X(t))}{\sqrt{D(t)D(s)}}$$

（5）有限维分布族 设 $t_i \in T$，$1 \leqslant i \leqslant n$（$n$ 为任意正整数），记

$$F(t_1, t_2, \cdots, t_n; x_1, x_2, \cdots, x_n) = P(X(t_1) \leqslant x_1, X(t_2) \leqslant x_2, \cdots, X(t_n) \leqslant x_n)$$

其全体

$$\{F(t_1, t_2, \cdots, t_n, x_1, x_2, \cdots, x_n), t_1, t_2, \cdots, t_n \in T, n \geqslant 1\}$$

称为随机过程的有限维分布族。它具有以下两个性质：

1）对称性。对 $(1, 2, \cdots, n)$ 的任意排列 $(j_1, j_2, \cdots, j_n)$，有

$$F(t_{j_1}, t_{j_2}, \cdots, t_{j_n}; x_{j_1}, x_{j_2}, \cdots, x_{j_n}) = F(t_1, t_2, \cdots, t_n; x_1, x_2, \cdots, x_n)$$

2）相容性。对 $m<n$，有

$$F(t_1, \cdots, t_m, t_{m+1}, \cdots, t_n; x_1, \cdots, x_m, \infty, \cdots, \infty) = F(t_1, \cdots, t_m; x_1, \cdots, x_m)$$

一个随机过程的概率特性完全由其有限维分布族决定。

（6）特征函数族　记

$$\boldsymbol{\Phi}(t_1, t_2, \cdots, t_n; \theta_1, \theta_2, \cdots, \theta_n) = E\{\exp\{i[\theta_1 X(t_1) + \cdots + \theta_n X(t_n)]\}\}$$

$$= \int_{-\infty}^{+\infty} \cdots \int_{-\infty}^{+\infty} \exp\{i[\theta_1 x_1 + \cdots + \theta_n x_n]\} \times F(t_1, \cdots, t_n; \mathrm{d}x_1, \cdots, \mathrm{d}x_n)$$

称 $\{\boldsymbol{\Phi}(t_1, \cdots, t_n; \theta_1, \cdots, \theta_n), n \geq 1, t_1, \cdots, t_n \in T\}$ 为随机过程 $\{X(t), t \in T\}$ 的有限维特征函数族。

2. 连续时间马尔可夫链

本小节将介绍连续时间可列状态空间的马尔可夫过程。设 I 是状态空间，$\{X(t)\} = \{X(t) | t \geq 0\}$ 是以 I 为状态空间的连续时间随机过程。

定义 8.14　如果对任何正整数 n，$t_0 < t_1 < \cdots < t_{n+1}$ 和 $i, j, i_0, i_1, \cdots, i_{n-1} \in I$，有

$$P[X(t_{n+1}) = j | X(t_n) = i, X(t_{n-1}) = i_{n-1}, \cdots, X(t_0) = i_0]$$
$$= P[X(t_{n+1}) = j | X(t_n) = i] \tag{8-66}$$

则称 $\{X(t)\}$ 是连续时间离散状态的马尔可夫链，简称为连续时间马氏链。

定义 8.14 中的"链"表明状态空间 I 是离散的，和离散时间马氏链情况相同，将具有性质

$$P[X(t+s) = j | X(s) = i] = P[X(t) = j | X(s) = i], s, t \geq 0$$

的马氏链称为时齐马氏链。时齐性表明转移概率

$$p_{ij}(t) = P[X(t+s) = j | X(s) = i] \tag{8-67}$$

与起始时间 s 无关。

无特别说明时，以后的马氏链都是时齐马氏链，并且简称为马氏链。

连续时间马氏链的性质式（8-66）和离散时间马氏链的性质在形式上是相同的，因此对离散时间马氏链得到的许多结论对于现在的马氏链仍然有效，列举如下：

1）对于 $t>0$，已知 $X(t) = i$ 的条件下，将来 $\{X(u) | u>t\}$ 与过去 $\{X(v) | 0 \leq v<t\}$ 独立。也就是说，在概率 $P_i(\cdot) = P(\cdot | X(t) = i)$ 下，随机过程 $\{X(u) | u>t\}$ 与 $\{X(v) | 0 \leq v<t\}$ 独立。

2）K-C 方程：对任何 $t, s \geq 0$，有

$$p_{ij}(t + s) = \sum_{k \in I} p_{ik}(t) p_{kj}(s) \quad \text{或} \quad \boldsymbol{P}(t + s) = \boldsymbol{P}(t)\boldsymbol{P}(s)$$

式中，$\boldsymbol{P}(t) = (p_{ij}(t))_{i,j \in I}$，称为马氏链 $\{X(t)\}$ 的转移概率矩阵。

3）$X(t)$ 的概率分布由转移概率矩阵和 $X(0)$ 的概率分布 $\boldsymbol{p}(0) = (p_1(0), p_2(0), \cdots)$ 唯一决定。

$$\boldsymbol{p}(t) = \boldsymbol{p}(0)\boldsymbol{P}(t)$$

式中，$\boldsymbol{p}(t) = (p_1(t), p_2(t), \cdots)$，$t \geq 0$，$p_i(t) = P(X(t) = i)$，$i \in I$。

离散时间马氏链的一步转移概率矩阵 $\boldsymbol{P}$ 可以唯一决定 n 步转移概率矩阵。对于连续时

间马氏链的转移概率矩阵 $\boldsymbol{P}(t)$，没有最小的正数 t 使得类似的公式成立。但是对于任何 $\varepsilon>0$，知道 $\{\boldsymbol{P}(s), 0<s\le\varepsilon\}$ 可以决定所有的 $\boldsymbol{P}(t)$，于是 $\{(\boldsymbol{P}(s)-\boldsymbol{P}(0))/s, s\in(0,\varepsilon]\}$ 也可以决定所有的 $\boldsymbol{P}(t)$。这说明，$\boldsymbol{P}(t)$ 可能被 $\boldsymbol{P}'(0)=\lim\limits_{s\to0}(\boldsymbol{P}(s)-\boldsymbol{P}(0))/s$ 唯一决定。

定理8.7 对于状态空间为 I 的马氏链 $\{X(t)\}$，$p_{ij}(t)$ 在 $t=0$ 有导数（右导数）

$$\lim_{t\to0}\frac{p_{ij}(t)-p_{ij}(0)}{t}=q_{ij}$$

式中，$-\infty\le q_{ij}\le0$，当 $i\ne j$ 时，$q_{ij}\ge0$。

由于 $p_{ij}(t)$ 是马氏链从 i 出发，t 时处于 j 的概率，所以称 $q_{ij}=p_{ij}'(0)$ 是质点从 i 出发，下一步向 j 转移的速率或强度，称 $\boldsymbol{Q}=(q_{ij})_{i,j\in I}=\boldsymbol{P}'(0)$ 为马氏链的转移速率矩阵或转移强度矩阵。由于 q_{ij} 是转移概率 $p_{ij}(t)$ 在 $t=0$ 的导数，所以又称 $\boldsymbol{Q}$ 为马氏链的无穷小矩阵，或简单地称为 $\boldsymbol{Q}$ 矩阵。若转移率矩阵 $\boldsymbol{Q}$ 满足：$\forall i\in S$，$\sum\limits_{j\ne i}q_{ij}=q_i<\infty$，称 $\boldsymbol{Q}$ 为保守 $\boldsymbol{Q}$ 矩阵。

在连续时间马尔可夫过程中，q_i 决定了过程 $\{X(t), t\ge0\}$ 停留在 $X(0)=i$ 的平均逗留时间，它刻画了过程从 i 出发的转移速率。分以下3种情况：

1）$q_i=0$，称 i 为吸收状态，这是因为从 i 出发，过程以概率1永远停留在 i 状态。

2）$q_i=\infty$，称 i 为瞬时状态，此时 X 在 i 状态几乎不停留，立刻跳转到别的状态。

3）$0<q_i<\infty$，称 i 为逗留状态，这时过程停留在状态 i，若干时间后跳到别的状态，停留时间服从指数分布。

由于马尔可夫链的转移概率矩阵 $\boldsymbol{P}$ 可以确定其转移速率矩阵 $\boldsymbol{P}'(0)=\boldsymbol{Q}$。很自然地要问，如果给定转移速率矩阵 $\boldsymbol{Q}$，是否可以确定转移概率矩阵 $\boldsymbol{P}(t)$。

定理8.8 （柯尔莫哥洛夫方程）

设 $\boldsymbol{Q}$ 是马氏链 $\{X(t)\}$ 的转移速率矩阵，$q_i=|q_{ii}|$，则有

1）向后方程。$\boldsymbol{P}'(t)=\boldsymbol{Q}\boldsymbol{P}(t)$，或等价地写成

$$p_{ij}'(t)=\sum_{k\in I}q_{ik}p_{kj}(t), i,j\in I$$

2）向前方程。当 $q=\sup\{q_i\,|\,i\in I\}<\infty$ 时，有 $\boldsymbol{P}'(t)=\boldsymbol{P}(t)\boldsymbol{Q}$，或等价地写成

$$p_{ij}'(t)=\sum_{k\in I}p_{ik}(t)q_{kj}, i,j\in I$$

3. 泊松过程

泊松过程（Poisson Process）最早是由法国人 Poisson 于1837年引入的。泊松过程也是一个马氏链。$N(t)$ 表示 $[0, t]$ 时间随机事件发生的个数，可用于刻画"顾客流""粒子流"等的概率特性。

定义8.15 随机过程 $\{N(t), t\ge0\}$ 称为时齐泊松过程，若满足：

1）是计数过程，且 $N(0)=0$；

2）是独立增量过程，即任取 $0<t_1<t_2<\cdots<t_n$，则 $N(t_1), N(t_2)-N(t_1), \cdots, N(t_n)-N(t_{n-1})$ 相互独立；

3）增量具备平稳性，即 $\forall s, t\ge0, n\ge0, P[N(s+t)-N(s)=n]=P[N(t)=n]$；

4）对任意 $t>0$ 和充分小的 $\Delta t>0$，有

$$\begin{cases}P[N(t+\Delta t)-N(t)=1]=\lambda\Delta t+o(\Delta t)\\P[N(t+\Delta t)-N(t)\ge2]=o(\Delta t)\end{cases}$$

式中，$\lambda > 0$ 称为强度函数；$o(\Delta t)$ 为高阶无穷小。

时齐泊松过程（有时简称为泊松流）是一种既典型又简单的应用极其广泛的随机过程。泊松分布的概率函数为：

$$P_n(t) = \frac{(\lambda t)^n}{n!}e^{-\lambda t}$$

泊松过程 $\{N(t)\}$ 是马氏链，有初始分布 $P[N(0)=0]=1$ 和转移概率

$$p_{ij}(t) = P[N(t)=j-i] = \begin{cases} \dfrac{(\lambda t)^{j-i}}{(j-i)!}e^{-\lambda t}, & j \geq i \\ 0, & j < i \end{cases}$$

容易看出 $p_{ij}(t)$ 是连续函数，在 $t=0$ 有右导数

$$q_{ij} \equiv p'_{ij}(0) = \begin{cases} -\lambda, & j=i \\ \lambda, & j=i+1 \\ 0, & \text{otherwise} \end{cases}$$

泊松过程在排队论中被广为应用，例如，到达电话总机的呼叫数目，到达某服务设施的顾客数量都可以用泊松过程来描述。

8.3.3 广义马尔可夫模型

除了离散时间马尔可夫模型和连续时间马尔可夫模型外，还有很多常见的随机过程模型具备一定的马尔可夫性，通常将这类模型归类为广义马尔可夫模型。

广义马尔可夫模型（Generalized Semi-Markov Model）指的是连续时间上的随机过程，在一系列时间点 $0 = S_0 \leq S_1 \leq \cdots$ 上满足马尔可夫特性。这一概念最早由 Matthes 于 1962 年提出，常见的广义马尔可夫模型包括更新过程、累积过程、半马尔可夫过程等。

1. 更新过程

由泊松过程的定义可知，若一个计数过程相邻时间达到的时间间隔 X_n 是指数分布，则此过程为泊松流。现在考虑 X_n 是一般分布时的情形，这便是更新过程。

定义 8.16　设 $\{X_k, k \geq 1\}$ 是独立同分布，取值非负的随机变量，分布函数为 $F(x)$，且 $F(0) < 1$。令 $S_0 = 0, S_n = \sum_{k=1}^{n} X_k$，对 $\forall t \geq 0$，记

$$N(t) = \sup\{n : S_n \leq t\}$$

或者

$$N(t) = \sum_{n=1}^{\infty} I_{(S_n \leq t)}$$

称 $\{N(t), t \geq 0\}$ 为更新过程，它记录了 t 时间内事件发生的次数。

显然，更新过程是一个计数过程，并且有

$$\{N(t) \geq n\} = \{S_n \leq t\} \tag{8-68}$$

$$\{N(t) = n\} = \{S_n \leq t < S_{n+1}\} = \{S_n \leq t\} - \{S_{n+1} \leq t\} \tag{8-69}$$

更新过程可以看作一般化的泊松过程，事件发生不再服从泊松分布，而是任意分布即可。寿命问题是最常见的更新过程之一，考虑灯泡的使用寿命，不同灯泡的寿命独立同分布，当灯泡发生损坏时，更换灯泡，一段时间内更换的数量就是一个更新过程。

2. 累积过程

考虑一个随着时间的推移不断产生成本、获得奖励的系统。将奖励视作负的成本，令 $C(t)$ 表示系统在 $(0,t]$ 区间内产生的净成本（成本−奖励），由于 $C(t)$ 可能随时间增加或减少，将 $\{C(t),t \geq 0\}$ 视为一个状态空间为 $\mathbf{R}$ 上的连续时间随机过程。

现假设将时间划分为连续的间隔，称为周期（Cycles），令 T_n 表示第 n 个周期的长度（随机且非负）。现定义 $S_0 = 0$，且有

$$S_n = \sum_{i=1}^{n} T_i, n \geq 1$$

因此，第 n 段区间为 $(S_{n-1}, S_n]$。定义 C_n 为

$$C_n = C(S_n) - C(S_{n-1}), n \geq 1$$

因此 C_n 代表第 n 个周期内的净成本，而 S_n 表示最后一次事件发生所产生的总成本。

定义 8.17 （累积过程）如果满足 $\{(T_n, C_n), n \geq 1\}$ 是独立同分布的二元随机变量序列，则称随机过程 $\{C(t), t \geq 0\}$ 是一个累积过程。

因此，如果当连续的间隔长度独立同分布，并且在每个间隔产生的成本独立同分布，则总成本过程是累积过程，累积过程也被称为更新奖励过程。复合泊松过程便是一个特殊的累积过程。

库存管理中的 (s, S) 策略就是一个经典的累积过程，其中库存量是系统状态，库存消耗或补充时进入下一个状态，当库存小于 s 时进行补货，成本由持货成本、固定成本、货物售价等组成。

3. 半马尔可夫过程

考虑状态空间为 $\{1, 2, \cdots, N\}$ 的系统。假设系统在时间 $S_0 = 0$ 时进入初始状态 X_0，并在停留一段时间后，在 S_1 时刻跳转到另一个状态 X_1（可能与 X_0 相同），并以这种方式持续运行。设 X_n 是第 n 个状态，S_n 是第 n 次状态转移发生的时刻，$X(t)$ 是系统在 t 时刻的状态，则有 $X(S_n) = X_n$。

定义 8.18 一个上述的随机过程 $\{X(t), t \geq 0\}$ 被称为半马尔可夫过程，如果其每个状态转移时刻 S_n 都具有马尔可夫性，也即从时间 $t = S_n$ 开始的状态转移是不受过去状态的直接影响，只依赖于当前的状态。

换句话说，如果 $\{X(t), t \geq 0\}$ 是一个半马尔可夫过程，则在给定整个历史记录 $\{X(t), 0 \leq t \leq S_n\}$ 和 $X(S_n) = i$，$\{X(t+S_n), t \geq 0\}$ 与 $\{X(t), 0 \leq t < S_n\}$ 独立，并且在概率上与给定 $X(0) = i$ 的 $\{X(t), t \geq 0\}$ 相同。同时半马尔可夫过程的定义也解释了为什么此类过程被称为半马尔可夫：它们仅在过渡时期具有马尔可夫性质，而不是始终具有马尔可夫性质。对于半马尔可夫过程，不仅需要知道它在各个状态之间的转移概率，还希望得到已经停留在各状态的时间，即逗留时间 $w_i = E\{S_1 | X_0 = i\}$。

对于半马尔可夫过程，考虑一个简单案例：一只青蛙在荷叶之间跳动，每个荷叶代表一个状态，下一次跳动的位置只取决于当前位置。如果只考虑青蛙跳跃的时间序列，则对应了离散时间马尔可夫过程；如果考虑青蛙在荷叶上停留一段时间，停留时间服从指数分布，则整个过程就是连续时间马尔可夫过程；如果停留时间是非指数分布的，那么整个过程就是半马尔可夫过程。

8.3.4　排队模型

排队论是数学的一个分支，研究的是等待队伍或队列现象。排队论起源于 20 世纪初，现已成为运筹学、计算机科学、电信和许多其他领域的重要工具。排队理论的核心目标是为提供服务的系统建模，并了解等待时间、队列长度和资源利用率等性能指标的动态变化，从而优化性能。

排队理论的核心是解决以下问题：客户等待服务的时间有多长？在任何给定时间内会有多少顾客在等待？引入另一个服务站对等待时间有何影响？这些问题对于设计从超市收银台到网络交换机数据包路由等各种领域的高效公平系统至关重要。通过应用数学模型来解决这些问题，排队理论可以帮助企业提高服务效率，降低成本并提升客户满意度。它允许对服务能力和等待时间之间的权衡进行分析，使决策者能够有效地分配资源。

1. 基本概念

排队模型是排队系统的数学表示，需要定义几个关键部分和假设才能进行有效分析。排队模型的核心是队列、提供服务的工作台以及客户的概念。

队列：一排需要服务器提供服务的等待客户（或工作、任务、数据包）。队列可以是物理的（排队等候的人），也可以是虚拟的（等待计算机处理的任务）。

工作台：为客户提供所需服务的资源。例如，一些实际例子中的工作台可以是收银台、咖啡师、网络链接或 CPU 等。

客户：需要服务的实体。虽然传统上认为顾客是人，但在排队理论中，顾客也可以是任何需要服务的东西，如计算机程序或数据包。

队列的特点在于其排队规则，这决定了客户获得服务的顺序，主要的排队规则如下：

1）先进先出（First In First Out，FIFO）：最常见、最直观的排队规则，即排在队伍第一位的客户最先得到服务。

2）后进先出（Last In First Out，LIFO）：最后到达的客户先得到服务，常用于堆栈式数据处理。

3）随机顺序服务（Service In Random Order，SIRO）：无论顾客到达时间长短，都随机为其提供服务。

4）优先级（Priority）：根据客户的优先级别而不是到达时间为其提供服务。

到达过程则描述了客户到达队列的方式，通常以随机过程建模。最常见的模型是泊松过程，即到达是独立的，并以恒定的平均速率出现。服务过程则描述了如何为客户提供服务。一般指服务一个客户所需要的时间，它可以是随机的，在简单的模型中，服务时间通常被模拟为指数分布。

2. 单站位排队

在排队理论中，单站位排队模型是最基本也是最常见的一种情况，其中只有一个服务台或服务器为客户提供服务。这种模型适用于许多实际场景，如银行柜台、快餐店的订单窗口或计算机系统中的单一处理器。其中 M/M/1 模型是单站位排队模型中最著名的一个，其名称源于模型的三个基本特征：马尔可夫到达过程、马尔可夫服务过程以及单一服务站。具体而言，M/M/1 假设顾客到达过程遵循泊松分布，服务时间遵循指数分布，服务台数量为 1。利用到达强度、平均服务时间等参数，可以推导出一系列系统的关键性能指标，一般包括平均队列长度、系统中平均客户数、平均等待时间和平均系统时间等。M/M/1 模型虽然基于简化的假设，但它提供了对排队系统分析的基础框架，可以适用于或被扩展到许多实际情况中。例如，理解顾客在银行等待服务的平均时间，或计算在网络路由器中处理数据包所需的平均时间。

3. 生灭过程

生灭过程在排队理论中是一种用来描述顾客流入和流出系统的基本数学模型。这一模型通过"出生"来表示新顾客的到达，通过"死亡"来表示顾客接受服务完成并离开系统。该过程适合于分析具有一个或多个固定服务台的排队系统。

在生灭过程中，系统的状态被定义为系统内顾客的数量。该过程假设在任一特定时间点，顾客的到达是随机的，且服务时间亦具有随机性。这种随机性导致系统状态之间的转换也是随机发生的，从而形成了一个随机过程。对于排队系统来说，理解和计算系统从一个状态转移到另一个状态的概率是至关重要的，因为它直接关系到排队系统性能指标的计算，如平均等待时间和队列长度等。

出生率（λ）和死亡率（μ）是描述生灭过程的两个关键参数。出生率指的是单位时间内新顾客到达的平均数目，而死亡率则是单位时间内服务完成并离开系统的顾客的平均数目。在最简单的 M/M/1 排队模型中，假设系统中只有一个服务台，且到达过程和服务过程均遵循泊松分布，此时生灭过程可以被简化并精确地分析。

生灭过程的核心在于其能够描述系统达到稳定状态时的行为。所谓稳定状态，指的是在长时间运行后，系统中顾客数量分布不再发生显著变化的状态。通过计算不同顾客数下的稳态概率，能够预测在任意给定时刻，系统处于某一特定状态的可能性。

为了达到这一目的，系统状态的变化可以用一组平衡方程来描述，这些方程基于状态之间的转移概率，反映了系统在任一稳定状态下的平衡条件。假设系统的状态由在系统中的顾客数量表示，状态 i 对应系统中有 i 个顾客。以下是这些方程的基本形式。

对于状态 0（系统为空，没有顾客）的平衡方程：

$$\lambda_0 P_0 = \mu_1 P_1 \tag{8-70}$$

式中，λ_0 是出生率（当系统为空时的到达）；P_0 是系统处于 0 状态（即空系统）的概率；μ_1 是死亡率（从状态 1 到状态 0 的服务完成率）；P_1 是系统处于 1 个顾客的概率。

对于状态 i（系统中有 i 个顾客，$i>1$）的平衡方程：

$$\lambda_{i-1} P_{i-1} + \mu_{i+1} P_{i+1} = (\lambda_i + \mu_i) P_i \tag{8-71}$$

该公式的实际含义为，单位时间内进入该状态的平均次数和单位时间内离开该状态的平均次数应该相等，表明了系统在统计平衡下的"流入 = 流出"原理。

达到稳态时，系统中任一状态的概率可以通过解这些方程来找到，从而得到系统的稳态概率分布。这一分布对于理解系统的长期行为模式至关重要，能够帮助设计更为高效和公平的服务系统。

生灭过程是排队理论中一个极其重要的概念，它不仅提供了一种分析和理解复杂排队系统动态行为的方法，还能够在设计和优化服务系统时，提供有根据的决策。通过精确地计算不同状态的稳态概率，可以预测系统的性能，并据此调整服务策略，以提高整体服务质量和效率。

4. 其他经典排队模型

在排队理论中，除了广为人知的 M/M/1 模型之外，还存在多种其他经典的排队模型，每个模型都针对不同的服务场景和顾客到达及服务过程的假设进行设计。这些模型有助于更精确地分析和理解在各种实际环境中排队现象的性质，从而能够针对性地设计和优化服务系统以提升效率和顾客满意度。本小节将简要介绍几种经典排队模型，包括它们的基本特点、应用场景以及如何在特定情况下选择合适的模型来解决实际问题。

（1）M/M/c 多服务台模型　M/M/c 模型是排队理论中的一个经典模型，它将 M/M/1 模型的单服务台扩展到了多个并行服务台。在 M/M/c 模型中，顾客到达系统后，如果有空闲的服务台，则立即开始接受服务；如果所有服务台都忙碌，则顾客将在队列中等待，直到有服务台可用。该模型假定服务台之间是相互独立的，每个服务台的服务时间都服从相同的指数分布，且独立于到达过程。

M/M/c 模型适用于许多现实世界场景，如医院的急诊室、银行柜台服务、呼叫中心等，它有助于理解如何通过增加服务台数量来缩短顾客的平均等待时间和提高系统的服务效率。

（2）M/G/1 模型与一般服务时间　M/G/1 模型在顾客到达过程遵循泊松分布的前提下，放宽了对服务时间的限制，允许服务时间遵循一般分布。在 M/G/1 模型中，虽然服务时间的分布可以是任意形式，但通常情况下，人们会关注服务时间的平均值和方差，这两个参数在评估系统性能时尤为重要。利用泊松流的性质和服务时间的分布特性，可以计算出系统的关键性能指标，如平均队列长度、平均等待时间和系统的利用率等。

M/G/1 模型在服务时间不确定性较大的场合表现出极好的适用性和灵活性。例如，在汽车维修场所，不同的维修任务可能需要完全不同的时间；在医疗诊疗服务中，不同病人的诊疗时间也会有很大差异。M/G/1 模型允许这些服务时间遵循任意分布，提供了一种有效的方法来评估这类服务系统的性能。

（3）优先级排队模型　优先级排队模型在排队系统设计中引入了服务优先级的概念，使得不同优先级的顾客可以根据其紧急程度得到不同级别的服务。在优先级排队模型中，高优先级的顾客会被优先服务，即使他们在低优先级顾客之后到达。这种模型通常需要额外的规则来决定如何在不同优先级之间分配服务资源。优先级排队模型特别适用于紧急服务和关键任务处理领域，例如紧急医疗服务、网络数据包的优先传输等。通过为不同的服务请求分配不同的优先级，可以确保关键任务在最短的时间内得到处理，从而提高整体系统的效率和响应能力。

这些典型排队模型为决策者提供了有力的分析工具，以科学的方式分析和设计服务系统，无论是提高效率、缩短等待时间，还是确保关键服务的优先级，都有其独特的价值和应用场景。通过理解和应用这些模型，能够更好地规划和优化服务系统，以满足不同场景下的需求。

5. 排队网络

排队网络是排队理论中一个复杂且强大的分支，它通过将多个排队模型相互连接，构建起能够模拟现实世界中更为复杂的服务系统网络。这种网络能够反映各种服务系统内部的动态交互和流程管理，如制造流程、交通系统等，提供了一种分析和优化这些系统的有效方法。

排队网络中的每个节点都可以看作是一个独立的排队系统，具有自己的到达过程、服务过程和队列规则。节点间的路由规则定义了顾客（或任务、数据包等）如何在不同节点之间流动，这些规则可以是确定性的也可以是概率性的，反映了系统内部复杂的交互逻辑。在排队网络中，同样可以使用平衡方程来描述网络在稳态条件下的行为，即长时间运行后网络达到一种平衡状态，其中每个节点的到达率、服务率和队列长度等性能指标保持不变。

考虑一个使用排队网络来模拟制造流程的例子。一个制造工厂中的生产线可以建模成一个排队网络。在这个网络中，每个生产环节（如原材料加工、组件装配、质检打包等）都可以视为一个服务节点，而产品在不同生产环节之间的流转则遵循特定的路由规则。例如，原材料到达加工节点后，按照 FIFO 的原则等待加工；加工完成的半成品根据生产需求被送往不同的装配线；最终，装配完成的产品需要经过质量检测才能进入打包环节。在这一过程中，某些节点可能成为瓶颈，导致整个生产线的效率下降。

通过对排队网络的数学分析，可以识别出生产过程中的瓶颈节点，评估不同生产环节的服务能力和资源配置是否合理。比如，如果某个装配线的等待时间过长，可能需要增加服务台（即装配工位）或优化装配工艺，以提高整个生产线的流动性和效率。进一步，排队网络模型还可以用于模拟生产计划变更、原材料供应波动等情况对生产效率的影响，为生产管理提供科学的决策支持。通过调整网络中的节点配置、服务策略或路由规则，可以有效地优化整个制造流程，实现生产成本的降低和产能的提升。

8.3.5 最优设计及控制

在系统设计中，最优设计旨在确定一套参数或决策规则，以使系统性能达到最佳。这通常涉及在不确定性条件下做出一系列决策，以实现诸如成本最低化、效率最大化、风险最小化等目标。控制理论则关注如何动态调整系统的输入，以使系统达到或维持在某个期望的状态。在不确定性环境中，控制策略需要适应环境变化，保证系统稳定性和性能优化。在最优设计及控制问题当中，马尔可夫决策过程（Markov Decision Processes，MDP）提供了一套数学框架，用于模拟和分析在不确定性条件下的决策问题。使用这一框架，可以清晰地定义系统的状态、可能的行动以及行动所带来的后果（奖励或成本）。与此同时，马尔可夫决策过程适用于不确定性环境，因为它们构建了对随机事件的处理机制。这使得在设计和控制过程中，可以明确考虑到各种潜在的未来状态和事件，以及它们对系统性能的影响。在动态系统中，决策需要根据系统状态的变化而不断调整。马尔可夫决策模型能够模拟这种动态决策过程，为每个可能的系统状态提供最佳行动指南。本小节介绍两类重要的马尔可夫决策过程：离散马尔可夫决策过程以及半马尔可夫决策过程。

1. 离散马尔可夫决策过程

离散马尔可夫决策过程提供了一个数学框架，用于在结果部分随机、部分受决策者控制的情况下建立决策模型，有助于研究通过动态编程和强化学习解决的优化问题。一个离散马尔可夫过程包括如下核心概念：

1）状态空间（S）。系统可能处于的所有状态的集合。一个状态代表系统的当前情况。

2）行动空间（A）。对于每种状态，决策者都可以采取各种行动（决策），可以表示为 $a \in A(s)$，其中 $A(s)$ 表示状态 s 中所有可用行动的集合。

3）转换概率（P）。在 t 时间的状态 s 中，行动 a 将导致 $t+1$ 时间，状态由 s 转移至状态 s' 的概率，可以表示为 $P(s'|s,a)$。

4）奖励函数（R）。状态由 s 转移至状态 s'，由于行动 a 而获得的直接奖励，可以表示为 $R(s, a, s')$。

根据以上概念定义，可以得到 MDP 的目标为，找到一个最优策略 π^*，指定在每个状态 s 中采取的行动 a，以最大化一段时间内的总预期回报。最优策略是一种决策规则，它规定了在每个状态下应采取的最佳行动，以使累积奖励最大化。求解马尔可夫决策过程的复杂性因问题的结构而异，包括状态和行动空间的大小以及奖励函数的性质，主要的求解方法包括值迭代（Value Iteration）、策略迭代（Policy Iteration）。

值迭代是指对每个状态的值进行迭代计算，该方法会循环更新每个状态的值，直到这些值收敛到一个很小的 ε 阈值内，表明已接近最优值。其主要的迭代原理基于贝尔曼最优方程（Bellman Optimality Equation）：

$$V_{k+1}(s) = \max_a \sum_{s'} P(s' \mid s, a) \left[R(s, a, s') + \gamma V_k(s') \right] \tag{8-72}$$

式中，$V_k(s)$ 为第 k 次迭代当中状态 s 的值；γ 为折现率。可以看出，值迭代的更新目标正是最优价值函数。

策略迭代包括两个主要步骤：策略评估和策略改进。该方法对策略进行迭代评估与改进，直到收敛到最优策略。与值迭代不同的是，策略迭代将假设一个初始的策略，说明在每个状态下应该如何行动，但并不一定是最优策略。因而策略迭代将从某个随机的初始策略开始，针对每个状态，计算在该状态执行当前的策略的收益。策略改进则是基于当前的收益，检查是否需要改变其中一些状态的行为。对于每种状态，如果新行为可以带来更好的结果，就更新策略。之后重复这一过程，重新评估更新后的策略，再进行改进，直到它不再改变，这样就得到了一个最优策略。可以看出两种方法的主要区别在于，值迭代并不关注具体的策略本身，只是希望逼近最优的目标函数值；而策略迭代则侧重于得到最终的最优策略。

此外，强化学习算法也可以用于求解 MDP，例如，Q-learning 是一种无模型强化学习算法，可学习特定状态下的行动值。它不需要环境模型（转移概率和奖励），因此更适用于模型未知的问题。

虽然 MDP 是在不确定条件下进行决策的强大工具，但它也有局限性。状态和行动空间的大小会随着问题的复杂程度呈指数增长，从而导致"维度诅咒"。为了解决这个问题，人们开发了一些近似算法，例如近似动态规划、蒙特卡洛树、函数逼近等，使 MDP 能够应用于更复杂、更高维度的问题。

MDP 在机器人、自动控制、经济学、制造业等各个领域都有广泛的应用。例如，在机器人控制中，MDP 可以为机器人在动态环境中导航的决策过程建模，机器人必须在每个点上决定是向前移动、拾取物体还是避开障碍物，目标是高效完成任务，同时将损坏风险降至最低。

2. 半马尔可夫决策过程

半马尔可夫决策过程（Semi-Markov Decision Processes，SMDP）扩展了离散马尔可夫决策过程框架，纳入了有持续时间的行动，即允许行动持续一个随机时间长度，而不仅仅是单个时间步。这使得 SMDP 能够更加准确地模拟那些行动随着时间变化的系统。

因而 SMDP 区别于 MDP 的一个关键特征即为停留时间。对于在状态 s 中采取的每个行动 a，$T(s, a)$ 给出了状态转移发生前的时间分布，这也使得 SMDP 的转移概率与在当前状态下停留的时间有关。其余概念，包括状态空间、行动、转移概率、奖励函数等都与 MDP 一致。然而在 SMDP 中，决策不像 MDP 那样在固定的时间步长内做出，而是在决策时刻（Decision Epoch）内做出。当转移到一个新状态后，就会出现一个决策时刻，在这个时刻基于当前状态选择一个新的行动。到下一个决策时刻的时间将取决于当前所选行动的停留时间。换言之，SMDP 的策略 π 是为每个状态和停留时间都指定一个行动。

SMDP 的目标为找到一个能够最大化所有决策时刻上的期望总奖励现值的策略。考虑到行动的持续时间，折现因子也可能是时间的函数，反映了由于进一步延迟而导致未来奖励价值的降低。由于 SMDP 是 MDP 的一个拓展模型，因此 SMDP 的求解算法均与 MDP 类似，值迭代和策略迭代的扩展版本可应用于 SMDP，其中的值函数或策略评估会根据行动的预期停留时间进行调整。

在实际应用层面，由于 SMDP 模拟非固定时间间隔的决策过程，因此能够广泛应用于对行动的时间和持续时间至关重要的问题和领域，包括制造系统、医疗保健、机器人等。以制造和生产系统为例，一个生产流程涉及多个步骤，每个步骤的持续时间因任务复杂程度和机器效率而异。SMDP 可以对这些流程进行有效建模，帮助管理人员在任务调度、机器维护和工作流程优化方面做出决策，从而最大限度地减少停机时间，提高生产率。在供应链和物流领域，库存管理、订单执行和运输路线的决策十分重要。SMDP 可以模拟一段时间内的供需动态，帮助企业优化库存水平，降低持有成本，提高客户满意度。它们还可以帮助规划最有效的运输路线和时间表，同时考虑到运输和交付过程的可变持续时间，以确保货物的及时交付。

通过精确建模决策过程中的不确定性，马尔可夫决策过程能够帮助决策者在复杂环境中做出更加合理和高效的决策。尽管它们的应用需要较强的计算能力，问题求解存在一定的规模与效率问题，但随着计算技术的进步，马尔可夫决策过程在解决实际复杂系统中的控制与调度问题中的应用变得日益广泛和深入。

8.4 智能优化

面对大规模的复杂问题，传统的数学优化方法常常难以有效求得精确解，此时人们通常会采用智能优化算法寻求近似最优解。智能算法受自然生物或社会行为等启发，从历史经验和群体经验中进行学习，来解决各种优化、搜索和决策问题。这些算法通常模拟了自然系统中的智能机制，如模拟生物进化过程的遗传算法，模拟蚁群觅食过程中通过释放信息素进行路径选择的蚁群算法，模拟金属在高温下的冷却过程的模拟退火算法等，以期能够应对复杂的、高维度的求解空间，并寻找到问题的最优解或近似最优解。

智能算法的发展源于对自然界中复杂系统运行规律的认知和理解，它们不仅提供了解决各种现实世界问题的有效工具，也对人工智能和计算科学领域的发展产生了深远影响。

8.4.1 智能优化概述

智能优化是一种高级的启发式算法，它们受人类智能、生物群体社会性或自然现象规律的启发，采用智能的搜索策略，在全域搜索与区域搜索中取得权衡，从而高效地找到接近最优的解决方案。

智能优化具有简单、通用、便于并行处理等特点，应用广泛，尤其适用于信息不完备或者计算能力受限时的最优化问题。智能优化能够帮助解决各种复杂的优化问题，在许多领域（如工程、制造、金融、物流等）中发挥作用，为各个领域带来了巨大的改进。

1. 智能算法的发展

智能算法的发展历程可以追溯到 20 世纪 50 年代和 60 年代，以 Alan Turing 为代表的科学家创新性地提出了启发式搜索的学术思想来解决优化问题，Warren McCulloch 与 Walter Pitts 提出的神经元模型为进化计算和人工智能的发展注入了新的活力。在此阶段，尽管人们开始重视启发式算法并提出了贪婪算法、分支定界等算法，然而，受当时计算条件和理论发展的限制，对于解决较大规模的优化问题还是无能为力。智能算法真正开始引起广泛关注和应用是在 20 世纪后期以及 21 世纪初期。随着计算机技术的不断进步和对优化问题的需求增长，智能优化算法将发挥重要的作用，并为科学研究、工程设计、金融建模等领域的发展提供重要支持。

智能优化算法在智能制造系统中的应用非常广泛，包括生产计划与调度，资源优化分配，供应链管理优化，设备维护保养计划等。尤其是在面对大规模的、有时效性要求的问题时，相较于精确算法，智能优化算法能够在较短时间内求出近似最优解，为企业提供决策支持，降低决策风险，帮助管理者制订生产计划和资源配置方案。

2. 智能算法的优缺点

相较于传统算法，智能算法具有以下优势：

1) 适用性广泛，能处理复杂问题。智能算法对问题形式没有特别的要求，不需要具体的知识，通常也不需要导数信息，因此可以适用于各种类型的优化、搜索和决策问题，尤其是可以处理高度非线性的问题和具有不连续性的问题。智能算法的应用包括但不限于生产制造、金融建模、物流供应链等领域。

2) 灵活性高。与传统方法相比，智能算法更容易将特定问题的知识整合到求解过程中。非标准的目标和约束等可以更容易地纳入算法的构建中，使得算法具有高度的灵活性。

3) 全局搜索能力强。智能算法通常被设计成全局优化器，其目标是在整个搜索空间中寻找最优解，而不是仅仅停留在局部最优解。智能算法采用启发式搜索策略，能够通过模拟生物进化、群体行为等自然机制来引导搜索过程，这些启发式策略能够帮助算法更加有效地探索搜索空间，并有可能找到全局最优解。

4) 自适应调整能力强。许多智能算法具有自适应调整的能力，可以动态地调整搜索策略和参数设置，如模拟退火算法就可以根据温度的设置，在迭代过程中逐渐降低对劣解的接受概率。这种自适应性使得算法能够更灵活地适应不同的问题，并更有效地进行搜索。

5) 高度并行化。智能算法通常具有较高的并行化能力，能够利用并行计算、分布式计算等技术来提高计算效率。这使得它们能够处理大规模问题和大量数据，并在较短的时间内找到解决方案。

但同时，智能算法也具有其局限性和不足：

1) 计算资源需求较高。智能算法需要进行多次迭代，因此在处理复杂、高维度的问题时，可能需要大量的资源和时间来计算目标函数，计算成本较高。

2）参数选择困难。智能算法通常涉及一些参数的设置和调整，而这些参数的选择可能会对算法的性能产生较大影响，参数调优相对困难。

3）局部最优解问题。尽管智能算法具有全局搜索能力，但有时仍然可能陷入局部最优解，特别是在问题具有多模态或非凸性的情况下。

4）不稳定性。一些智能算法在不同问题和不同参数设置下可能表现出较大的不稳定性，算法的性能受到问题特性的影响较大。

5）理论分析困难。智能算法通常具有较强的启发式和经验性质，其理论分析相对困难。

因此，在求解问题时，必须要根据问题的特征以及目标需求，充分考虑智能算法的优势和不足，判断是否应当使用智能算法以及如何选择、设计合适的算法。

8.4.2 典型智能优化算法

智能优化算法可分为生物种群进化机制的进化类算法，主要有遗传算法、差分进化算法、免疫算法等；模仿生物群体行为社会性的群体智能算法，主要有蚁群优化算法、粒子群优化算法、人工蜂群优化算法、人工鱼群算法等；模拟某些物理过程规律的算法，主要有模拟退火算法、烟花算法、禁忌搜索算法等。目前，遗传算法、模拟退火算法、粒子群优化算法得到了较多的研究与应用，同时也有许多其他的超启发式算法不断涌现。本小节将围绕这些典型的智能优化算法展开，介绍其主要思想。

1. 遗传算法

遗传算法（Genetic Algorithm，GA）是一种启发式搜索和优化算法，受到自然选择和遗传学原理的启发。其基本思想是模拟自然选择的过程，通过种群中个体的优胜劣汰，逐步进化出能够解决问题的更优秀个体。它借鉴了达尔文的进化论和孟德尔的遗传学说，最早由John Holland提出，在20世纪70年代，John Holland和他的学生们对遗传算法进行了深入研究，并取得了一系列成果。到了20世纪80年代，遗传算法开始引起广泛关注，在DeJong、Goldberg等人的拓展研究和归纳下，形成了一系列的改进和变种，如遗传规划、多目标优化等，并确定了遗传算法的基本原理和流程。20世纪90年代以后，遗传算法得到了更多学者和工程师的认可和应用，成为解决实际问题的有效工具。

遗传算法是模拟自然界生物进化过程的计算模型。它以一种群体中的所有个体为对象，并随机对一个被编码的参数空间进行高效搜索。其基本思想是：

1）根据问题的目标函数构造适应度函数（Fitness Function）；

2）产生一个初始种群；

3）根据适应度函数的好坏，不断选择繁殖；

4）经过若干代后得到适应度函数最好的个体，即最终解。

其中，选择（Selection）、交叉（Crossover）和变异（Mutation）构成了算法中的遗传操作；参数编码、初始种群设定、适应度函数设计、遗传操作设计和控制参数设定这5个要素是遗传算法的核心内容。作为一种全局优化搜索算法，遗传算法以其简单通用，鲁棒性强，适于并行处理，高效、实用等显著特点，在各个领域得到了广泛应用。

遗传算法存在很多变种与改进。在上面所提到的基本流程的基础上，可以在其中的各个环节进行有针对性的调整，例如优化其中的控制参数，调整编码策略，也可以自行设计演化的策略，采用非标准的遗传操作算子等，从而可以根据自己的需要自行设计一个最适合当前问题的遗传算法。

2. 模拟退火算法

模拟退火算法（Simulated Annealing，SA）受到了热力学中固体物质的退火过程的启发。该算法的关键在于其跳出局部最优解的能力，增强了搜索的灵活性。1953 年，Metropolis 提出了一种以概率来接受新状态的采样方法，即 Metropolis 准则。准则的表述为：在温度为 t，系统当前状态为 i，能量为 E_i，经过扰动，产生了一个新的状态 j，能量为 E_j，如果 $E_i > E_j$，则直接接受状态 j；否则，将以一定的概率 $p_{i,j} = \exp[-(E_j - E_i)/kt]$ 接受状态 j，其中 k 为玻耳兹曼常量。系统按照此准则经过大量的状态转移，将趋近于能量较低的平衡态。

这一思想被应用于优化中，便得到了模拟退火算法。在模拟退火算法中，当前的解 i 对应物理过程中的状态，当前的解对应的目标函数值 $f(i)$ 对应着物理过程中的能量，而最优解 x^* 有着系统的最低能量状态，即 $f(x^*) = \min_{i \in S} f(i)$，其中的 S 为可行域。与其他的优化算法最为不同的一点是，在模拟退火算法中引入了“温度”这一指标，初始阶段，温度设置得足够高，能够进行广域搜索，避免陷入局部最优；随着迭代的进行，温度逐步降低，优化过程逐步收敛到一个稳定的状态。

模拟退火算法实现简单，但十分高效、实用，受到业界的广泛应用。在进行实践时，要结合问题的具体情况灵活设计邻域的搜索方式，妥善选择相关参数，以此实现高效的优化。

3. 粒子群优化算法

粒子群优化算法（Particle Swarm Optimization，PSO）逻辑简单，易于实现，灵感来源于对鸟群或鱼群群体行为的观察，由美国电气工程师 Eberhart 和心理学家 Kennedy 于 1995 年提出，是一种典型的群体智能优化算法，以种群为单位进化。

粒子群优化算法模拟了自然界中鸟群搜索食物的行为。假设有一群鸟在随机搜寻食物，它们通常会遵循两个非常简单的规则：①搜寻目前距离食物最近的那只鸟周围的区域；②通过自己的飞行经验判断飞行的位置。

这类规律可以启发优化过程，如果将优化问题的搜索空间看作鸟群的飞行空间，将候选解看作鸟群中的鸟，将最优解看作食物的位置，那么便可以将最优解的求解与鸟类寻找食物的过程相关联。

假设解空间中存在一群粒子，每个粒子分别有自己的位置向量 $\boldsymbol{x}_i = (x_{i1}, \cdots, x_{in})$、速度向量 $\boldsymbol{v}_i = (v_{i1}, \cdots, v_{in})$ 与适应值 $f(x_i)$，其中速度向量决定粒子的移动方向与移动距离远近，适应值可以评估每个粒子在解空间中的表现，为粒子群的演化提供指导。粒子们跟踪着两种最优位置，分别为自己所经过的迭代中寻得最优解，即个体最优位置，记为 $\boldsymbol{P}_i = (p_{i1}, \cdots, p_{in})$；另一个是所有粒子当前找到的最优解，即全局最优位置，记为 $\boldsymbol{G} = (g_1, \cdots, g_n)$。在每次迭代中，粒子们做出移动，并分别根据这两种位置调整自己的速度向量，如同大自然中跟随旁人一同趋利避害的鸟群鱼群。位置的更新公式为 $X_i^{t+1} = X_i^t + V_i^t$，速度的更新公式为 $V_i^{t+1} = V_i^t + c_1 r_1 (P_i^t - X_i^t) + c_2 r_2 (G^t - X_i^t)$，其中 c_1，c_2 为加速系数，c_1 决定了粒子向个体最优位置移动的最大步长，c_2 决定了粒子向全局最优位置移动的最大步长。r_1，$r_2 \sim U(0, 1)$ 是用于提升搜索随机性的随机数。为了确保解的合理性，应当给位置与速度均设置一个合理范围，即 $x_{ij} \in [x_{j\min}, x_{j\max}]$，$v_{ij} \in [v_{j\min}, v_{j\max}]$，当更新过程中有粒子超出范围时，可以直接将其值设置为边界值。

粒子群优化算法思路简单清晰，执行容易，在连续空间优化中有非常广泛的应用。但其的劣势包括缺乏种群多样性以及难以解决离散问题。多样性缺失源自所有粒子都会倾向于奔向当前最优解，而移动的连续性本身就阻止了该算法在离散空间的运用。

4. 超启发式算法

有如此多的启发式算法，在解决具体问题的时候，应当如何去选择一个具体的启发式算法？每个启发式算法中都有许多由用户自己定义的参数，有很多可以自己添加、删除的操作，这些参数应当如何设置，操作应当如何组合才能获得最好的表现？针对这些问题，人们希望能够自动化地完成启发式算法的寻找、设计与参数调整。超启发式算法（Hyper-Heuristic Algorithm）就是为了解决这样的需求产生的。

超启发式算法可以理解为一种自动搜索方法，它探索低级启发式算法（Low-Level Heuristics，LLH）或启发式组件构成的搜索空间，它探索出的解是一种具体的启发式算法。也就是说，超启发式算法是一种用于寻找最优启发式算法的启发式算法。

这个过程可以分成两个层面。首先在具体应用层面，应用领域专家提供问题的定义和一系列 LLH 算法；而在高层启发式算法层面上，智能计算专家设计高效的管理操作机制，运用应用领域所提供的 LLH 算法库和问题的具体定义构造出新的启发式算法。这两个层面中需要实现领域屏蔽（Domain Barrier），以此实现高层算法的设计不会过分依赖具体问题的特征，从而能够使得超启发式算法可以更方便地移植到新的问题上，提高算法的通用性。

以动态作业车间调度问题为例，可以以遗传算法作为高层启发式算法，将各类基本调度规则（例如 SPT、LPT、FCFS 等启发式规则）作为低层启发式算法，通过遗传算法和基本调度规则来产生新的调度规则，然后根据调度规则生成调度方案，根据调度方案计算个体的适应度值。基于适应度值选择合适的个体作为父代，再通过遗传操作算子繁殖子代，最终能够得到适合当前场景的最优解。

Burke 依据高层控制策略在选择低层启发式算法时反馈信息的来源与搜索空间的性质，将超启发式算法分为选择式和生成式两大类，如图 8-3 所示。

超启发式算法根据反馈信息来源可分为三类：①在线学习（Online Learning），通过实时调整，在每次迭代中利用历史信息对启发式算法进行优化；②离线学习（Offline Learning），基于先前问题实例经验数据优化启发式算法；③无学习（No Learning），仅依靠随机方法确定低层启发式算法的组合方式和执行顺序。

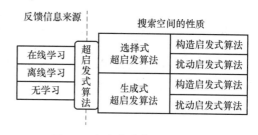

图 8-3　超启发式算法分类方法

超启发式算法根据搜索空间的性质可分为选择式超启发算法（Heuristic Selection）和生成式超启发算法（Heuristic Generation）。选择式超启发算法从预定义的低层启发式算法中进行选择，而生成式超启发算法则通过组合启发式算法组件在求解过程中生成新的启发式算法。低层启发式算法可分为构造启发式算法（Construction Heuristics）和扰动启发式算法（Perturbation Heuristics）。构造启发式算法旨在逐步建立可行解，而扰动启发式算法则尝试在解的邻域空间中找到更优质的解。

8.4.3　智能优化算法评估与设计

如前所述，优化算法繁多，每种算法均有自己擅长解决的问题，那么对智能算法的效果进行评估在实际问题的解决中便变得十分重要。

1. 蒙特卡洛模拟与统计评估

许多智能优化算法在运行过程中受随机性的影响，因此通过单次实验对一个算法进行评估是不合理的，需要通过更科学的方式综合评判一个算法的表现。最为常见的评估智能优化算法表现的方法是通过蒙特卡洛模拟（Monte Carlo Simulation）进行实验。蒙特卡洛模拟是一种基于随机抽样的模拟方法，用于模拟复杂系统的行为并评估系统的性能。在蒙特卡洛模拟中，通过大量的随机抽样来模拟系统中各种可能的情况和决策路径，从而获取对系统行为和性能的统计信息。在智能优化算法的评估中，同样可以通过多次随机重复实验的方式评估各个算法的表现。数值实验的流程如下：

1）确定问题和目标，明确问题设定和算法评估标准。

2）明确算法细节，保障在多次实验中不会出现漏洞，导致算法无法运行。

3）运行蒙特卡洛实验，通过多次运行算法以统计平均性能和稳定性，每次运行可以使用不同的随机种子。

4）收集和分析数据，对数据进行统计分析，比较不同算法的表现。

从单个算法的运行效果而言，可以从多次实验的均值、方差、最好情况、最差情况表现和成功率（对于用于寻找可行解的算法）来评估。

对不同算法表现的对比可以通过假设检验的方式完成。典型的两样本假设检验方式均可用于算法的对比，比如两样本 t-test 等方式。下面是一个例子，假设在一组重复实验中，算法 A 与算法 B 的表现见表 8-7。

表 8-7　算法对比示例数据

算法	次数					
	1	2	3	4	5	6
A	30.02	29.99	30.11	29.97	30.01	29.99
B	29.89	29.93	29.72	29.98	30.02	29.98

根据数据，算法 A 的表现均值为 30.015，样本方差为 0.0025；算法 B 的表现均值为 29.920，样本方差为 0.0116。假设 A 算法与 B 算法无明显差异，假定显著性水平为 0.1。此时的假设统计量为

$$t = \frac{|\bar{f}_A - \bar{f}_B|}{\sqrt{(\sigma_A^2 + \sigma_B^2)/M}} = 1.959$$

式中，M 为样本规模。查 t 分布表可知，在样本规模为 6，显著度水平为 0.1 的前提下，$t_{6+6-2, 0.1} = t_{10, 0.1} = 1.812 < 1.959$，可以认为原假设不成立。

假设检验的有关原理以及其他可用的假设检验手段可以查看统计学的有关书籍，本书不作进一步展开。

2. NFL 原理

没有免费的午餐（No Free Lunch，NFL）原理是算法设计领域的一个非常重要的定理。

它的描述如下：

All optimization algorithms perform equally well when averaged over all possible problems.

所有优化算法在所有可能问题上的平均表现是相同的。

这一定理说明，没有哪一个算法能够在抛开具体问题设定的前提下好于另一个算法。需注意的是，这一定理不是经验性的陈述，不是经验规律，而是一个能够被严格证明的数学定理。因此，如果不引入对具体问题特征的分析，即支付午餐的费用（Pay for Lunch），任何的智能优化算法都无法在所有的目标函数下强于随机搜索。

这一定理的实际意义在于，在脱离实际问题的前提下，谈论两个算法好与坏毫无意义，算法的研究必须在具体的问题背景下进行。

8.5 总结

本章主要介绍了智能制造系统优化的相关内容，包括数学规划、应用随机模型以及智能优化算法等方面。在数学规划部分，介绍了基本的规划原理和方法，为制造系统的优化提供了重要的数学工具。在应用随机模型部分，讨论了离散时间马尔可夫模型、连续时间马尔可夫模型、广义马尔可夫模型以及排队模型等，这些模型为分析和优化制造系统提供了重要的理论支持。在智能优化部分，介绍了几种常用的智能优化算法，包括遗传算法、模拟退火算法和粒子群算法等，这些算法能够有效地解决制造系统优化中的复杂问题，提高了系统的效率和性能。

通过本章的学习，读者可以了解掌握智能制造系统优化的基本理论和方法，运用所学知识解决实际的制造系统优化问题。在未来的工作中，读者还可以进一步深入研究智能制造系统优化的相关内容，探索更多的优化方法和技术。

8.6 拓展阅读材料

1）LINDO 求解器介绍 http：//www. lindochina. com/moxing01. html。

2）Gurobi 求解器介绍 https：//www. gurobi. com/。

3）Gurobi 求解器帮助文档 http：//www. gurobi. cn/picexhview. asp？ id=100。

4）杉树求解器介绍 https：//www. shanshu. ai/solver。

5）书籍 *Modeling，Analysis，Design，and Control of Stochastic Systems* https：//link. springer. com/book/10. 1007/978-1-4757-3098-2。

6）书籍 *Probability：Theory and Examples* https：//services. math. duke. edu/%7Ertd/PTE/PTE5_011119. pdf。

7）书籍《隐马尔可夫链、马尔可夫状态转换模型及在量化投资中的应用》http：//www. tup. tsinghua. edu. cn/upload/books/yz/071891-01. pdf。

8）马尔可夫模型的介绍 https：//www. wikiwand. com/en/Markov_model。

9）书籍 *Fundamentals of Queueing Theory* https：//onlinelibrary. wiley. com/doi/book/10. 1002/9781118625651。

10）书籍 *Stochastic Modeling and the Theory of Queues* https：//www. semanticscholar. org/paper/Stochastic-Modeling-and-the-Theory-of-Queues-Wolff/f8aa7ea1d264c24ed7d44b5e1658a072c280797a。

11）书籍《排队论基础》https：//book. sciencereading. cn/shop/book/Booksimple/show. do?id=BCDAB9DF633464B7288140C651568691B000。

12）书籍 *Semi-Markov Processes* https：//www. oreilly. com/library/view/semi-markov-processes/9780128005187/。

13）书籍 *Semi-Markov Processes*，*a primer* https：//www. rand. org/pubs/research_memoranda/RM5803. html。

14）书籍 *Applied probability models with optimization applications* https：//www. doc88. com/p-9025159737426. html。

15）基于大规模领域搜索和深度强化学习的菜鸟物流路径规划算法 https：//www. qbitai. com/2021/01/21208. html。

16）智能优化算法——第四次工业革命的重要引擎 https：//mp. weixin. qq. com/s/ixyR-RM566avwy2bKuOcQhg。

17）联想供应链智能决策技术白皮书 https：//www. sgpjbg. com/baogao/70710. html。

18）MATLAB 介绍遗传算法 https：//ww2. mathworks. cn/help/gads/what-is-the-genetic-algorithm. html。

19）MATLAB 介绍模拟退火算法 https：//www. mathworks. com/help/gads/what-is-simulated-annealing. html。

20）MATLAB 介绍粒子群算法 https：//www. mathworks. com/help/gads/particle-swarm-optimization-algorithm. html。

21）关于 NFL 原理的介绍 https：//www. jianshu. com/p/1705306f6a3。

22）关于蒙特卡洛模拟的介绍 https：//www. jianshu. com/p/bd0bc6775da6。

23）关于假设检验的介绍 https：//www. jianshu. com/p/92d6ecdf73d5。

💡 习题

1）某设备制造公司要优化其产品线，以便在满足市场需求的同时最大化利润。该公司生产两种设备：A 和 B。每种设备的生产都需要消耗供应商提供的某种特殊零件和包装材料。生产每个设备 A 需要消耗特殊零件 2 个和包装盒 1 个，设备 B 需要消耗特殊零件 1 个和包装盒 1 个。公司的目标是在不超过每日供应商可提供的特种零件和包装材料的限制下，确定每种设备的生产数量，以实现利润的最大化。具体来说，A 的销售利润为每个 300 元，B 为每个 250 元。供应商每天可为公司提供 500 个特种零件和 300 个包装盒。此外，为了保持生产效率和市场需求的平衡，公司希望生产的设备 A 不少于设备 B 数量的一半。

通过建立一个线性规划模型，公司可以确定在给定的资源限制和市场需求条件下，每种设备的最佳生产数量。这个模型的目标是总利润最大化，同时满足特种零件、包装材料的数量限制以及设备 A 和 B 生产比例的要求。通过求解这个模型，公司可以得到一个最优的生产计划，指导其日常生产活动，从而在资源有限的情况下实现最大的经济效益。

2）想象一下，你是一家电子产品制造公司的运营经理，面临着如何分配有限的生产资源以最大化利润的挑战。你的工厂主要生产两种产品：智能手机和平板计算机。每台智能手机的生产需要消耗 3h 的工作台时间、2 个单位的塑料部件和 1 个单位的电子元件，而每台平板计算机则需要消耗 2h 的工作台时间、1 个单位的塑料部件和 1.5 个单位的电子元件。每台智能手机可以带来 500 元的利润，而每台平板计算机的利润为 400 元。

你每天有 24h 的工作台时间可用，塑料部件的库存上限为 200 个，电子元件的库存上限为 150 个。你需要在这些限制条件下，决定每天生产多少台智能手机和平板计算机，以实现最大的总利润。

3）尝试 $\alpha = 0.01$，0.1，1 作为行进步长，从给定的初始点 $x = 0$ 进行梯度下降法迭代，求解如下无约束非线性规划问题：

$$\min f(x) = 6x^2 - 9x - 21$$

观察每次迭代目标函数值的变化和最终收敛的步数，你发现了什么现象？

4）用 Y 表示以天计算的某高端装备一种部件的寿命，一个寿终后马上换一个。用 X_n 表示第 n 天服役的该部件的年龄。设该部件的寿命是来自总体 Y 的随机变量，有概率分布

$$p_k = P(Y = k) > 0, k = 1, 2, \cdots$$

① 验证 $\{X_n\}$ 是以 $I = \{1, 2, \cdots\}$ 为状态空间的马氏链。

② 写出转移概率 p_{ij}。

③ 马氏链的状态是互通的吗？

④ 计算 $f_{11}^{(n)}$。

⑤ 给出 i 是正常返的充分必要条件。

5）一个设备维修部门需要管理其维修服务设施，以处理随机到达的维修请求。服务时间和到达时间都是随机的，构成一个半马尔可夫决策过程。维修部门的目标是最小化顾客的平均等待时间和服务设施的空闲时间。

① 为什么该问题可以用 SMDP 来建模，而不是标准的 MDP？

② 描述该 SMDP 模型的状态集合、决策集合以及决策对状态转移的影响。

6）旅行商问题（Traveling Salesman Problem，TSP）在智能制造系统中的物料配送路径规划中有着广泛应用。对以下 TSP 问题进行建模，并给出求解思路。旅行商问题是著名的 NP 难问题，制造业中的很多实际应用，如仓库拣选路径优化问题、装配线上的螺母问题和产品的生产安排等工程问题，其理论模型最终都可以归结为 TSP 问题。TSP 问题可以描述为：已知 n 个城市相互之间的距离，旅行商从某个城市出发访问其他城市，每个城市只能访问一次，最后回到出发城市。如何找出一条巡回路径，使得旅行商行走的距离最短。其中，d_{ij} 为城市 i 与城市 j 间的距离。

7）以下表格为两个算法在同一个问题上的多次试验中取得的表现。

算法	次数					
	1	2	3	4	5	6
A	10. 02	9. 99	10. 11	9. 97	10. 01	9. 99
B	9. 89	9. 93	9. 72	9. 98	10. 02	9. 98

A 算法与 B 算法相比存在显著优势吗？请尝试通过不同的检验方式给出答案。

参 考 文 献

[1] BELLMAN R. A Markovian decision process [J]. Journal of mathematics and mechanics, 1957, 17 (56): 679-684.

[2] HILLIER F S, LIEBERMAN G J. Introduction to operations research [M]. New York: McGraw-Hill, 2015.

[3] 孙荣恒, 李建平. 排队论基础 [M]. 北京: 科学出版社, 2002.

[4] CRUZ F R B, SMITH J M G, QUEIROZ D C. Service and capacity allocation in M/G/c/c state-dependent queueing networks [J]. Computers & operations research, 2005, 32 (6): 1545-1563.

[5] 刘克, 曹平. 马尔可夫决策过程理论与应用 [M]. 北京: 科学出版社, 2015.

[6] SUTTON R S, BARTO A G. Reinforcement learning: an introduction [M]. Cambridge: MIT press, 2018.

[7] TOVEY C A. Nature-inspired heuristics: overview and critique [M]. //Recent advances in optimization and modeling of contemporary problems. Cambridge: Cambridge university press, 2018: 158-192.

[8] ANSARI Z N, DAXINI S D. A state-of-the-art review on meta-heuristics application in remanufacturing [J]. Archives of computational methods in engineering, 2022, 29 (1): 427-470.

[9] YI J, LU C, LI G. A literature review on latest developments of harmony search and its applications to intelligent manufacturing [J]. Mathematical biosciences and engineering, 2019, 16 (4): 2086-2117.

[10] SOLER-DOMINGUEZ A, JUAN A A, KIZYS R. A survey on financial applications of metaheuristics [J]. ACM computing surveys (CSUR), 2017, 50 (1): 1-23.

[11] DEROUSSI L. Metaheuristics for logistics [M]. Hoboken: John Wiley & Sons, 2016.

[12] DE Jong, KENNETH A. Learning with genetic algorithms: an overview [J]. Machine learning, 1988, 3 (2): 121-138.

[13] GOLDBERG D E. The genetic algorithm approach: why, how, and what next [M] //Adaptive and learning systems: theory and applications. Boston: Springer US, 1986: 247-253.

[14] METROPOLIS, NICHOLAS, et al. Simulated annealing [J]. Journal of chemical physics, 1953, 21 (161-162): 1087-1092.

[15] KENNEDY J, EBERHART R C. Particle swarm optimization [C]. Proceedings of the IEEE international conference on neural networks. Perth: IEEE, 1995.

[16] BURKE E K, HYDE M R, KENDALL G, et al. A classification of hyper-heuristic approaches [M] // Handbook of metaheuristics. 2nd ed. Berlin: Springer, 2010: 449-468.

[17] WOLPERT D H, MACREADY W G. No free lunch theorems for optimization [J]. IEEE transactions on evolutionary computation, 1997, 1 (1): 67-82.

后记：总结与展望

在智能制造浪潮中，系统工程作为确保产品质量和生产效率的关键学科，正面临前所未有的发展机遇与挑战。从高端装备的复杂性管理到产品全生命周期的精益运营，再到智能制造的数字化转型，系统工程的理论和实践都在不断地演进和深化。本书探讨的核心议题是如何将系统工程的理念、方法和工具有效地融入智能制造，以帮助生产者和管理者解决所面临的迫切需求。对此，本书着重强调系统思维在智能制造系统工程中的重要性，打造了全面的智能制造系统工程知识体系，通过理论与实践案例相结合的方式，鼓励读者进一步探索和应用所学知识。

本书第 1 章通过介绍不同视角下的制造和生产系统，展示了制造和生产系统的丰富性和多样性，便于读者了解智能制造新模式的发展。第 2 章关注高端装备中系统工程的理论与实践，旨在提供一种系统的视角，以理解和解决复杂产品从概念到实现的全过程问题。第 3 章阐述基于模型的系统工程的背景、基本概念和原理，介绍基于模型的系统工程方法论和建模技术的最新发展。第 4 章介绍高端装备全生命周期管理中的主流工具和技术，并分析它们如何帮助组织更好地理解和控制产品生命周期。第 5 章阐述高端复杂装备智能制造中面临的系统架构与集成挑战，介绍系统架构与集成的理论方法、最新技术以及智能制造领域的主要参考架构。第 6 章阐述高端复杂装备智能制造中面临的体系问题挑战，介绍系统工程新的研究方向——体系工程的发展、流程方法和建模与仿真技术等。第 7 章从数字工程的权威指导文件出发，在介绍数字工程基本概念的基础上深入剖析全球数字工程战略规划的核心内容与实践案例，阐述数字工程在智能制造中的角色及其创新推动力。第 8 章介绍数学规划、随机模型和智能优化算法的基本模型和算法，以及在智能制造系统优化中的应用。

面对制造行业不断出现的新技术、新标准、新业态等要求，在学习完本书后，如何将智能制造系统工程知识体系应用于实践，针对实践中遇到的相关问题，思考基于系统工程的解决方法，还需要结合具体情况进行分析，采用适合的方法、技术和工具。在此我们抛砖引玉地提出一些战略性问题与思考，与读者进行研讨和展望。

1. 如何构建适用于高端装备的系统工程理论框架？

在构建高端装备的系统工程理论框架时，首先需明确系统工程的核心概念和原则，如系统思维、整体优化、跨学科整合等。这些概念和原则是确保复杂产品开发效率和质量的关键。系统工程理论框架的构建应当基于对高端装备特性的深入理解，包括其技术密集度高、系统复杂、研发成本高等特点。

高端装备通常涉及多个技术领域的集成，如机械、电子、控制、计算机科学等，因此理论框架需要促进这些不同领域的有效融合和协同工作。这要求系统工程师具备广泛的技术知识和强大的整合能力，以确保各个子系统和组件能够协同工作，达到整体性能的最优化。

此外，理论框架还应包含项目管理和风险管理。高端装备项目往往周期长、投资大、风险高，因此在理论框架中融入有效的项目管理和风险控制机制，是确保项目成功的关键。这包括项目规划、进度控制、成本管理、风险评估和应对策略等。理论框架还应当考虑创新和灵活性。高端装备的快速发展要求系统工程理论框架能够适应新技术、新材料和新工艺的应用，支持持续创新和改进。

2. 如何理解体系工程是智能制造的新视角？

随着互联网、赛博物理系统、人工智能等技术的快速发展，原来孤立的系统之间实现了紧密互联，一系列具有智能性、自主性的系统进行动态组合，构成了智能的复杂体系。体系的概念正是在这种背景下孕育而生的，它是系统工程领域对复杂系统内涵的进一步发展。产品系统、服务系统或复杂组织系统的定义一般从所感兴趣之系统的成员系统、系统层次结构、系统背景环境所包含的外部系统、系统生命周期等几方面进行。而体系是相互协作的成员系统为实现一定目标而集成所得，同时这些成员系统至少应具备两种额外属性，即运行的自主性与管理的自主性。

智能制造具有明显的体系特征，而体系因其独特特征为针对这一类系统对象的系统工程活动提出了新的挑战。体系工程是对系统工程方法的扩展，将体系独特的生命周期特征考虑在内，支持体系的开发、管理和演进的全生命周期活动，为智能制造中的复杂工程问题提供了新的视角和解决思路。针对指挥型和公认型体系，基于能力的规划方法、任务工程方法有助于实现体系自顶向下的正向创新与开发；而针对合作型和虚拟型体系，博弈论方法则为其提供了合作机制设计的理论依据。在智能制造的复杂工程问题中应用体系工程原理和方法有助于从更广阔的视角认知和管理复杂性，进而提升解决方案的全面性和系统性。

3. 如何构建一个全面且高效的数字工程战略以支持智能制造的快速发展？

数字工程战略是智能制造成功实施的关键。一个有效的战略需要综合考虑技术、人员、流程和信息等方面。首先，技术层面需要确保有足够的技术支持，包括云计算、大数据物联网、人工智能等，这些技术是实现智能制造的基础。其次，人员层面需要培养具备跨学科知识和技能的人才，他们能够理解并应用数字工程的概念和工具。

此外，流程层面需要优化现有的生产流程，使之与数字化转型相匹配，包括设计、生产、销售等各个环节的数字化。信息层面则需构建一个统一的数据平台，确保数据的准确性、一致性和可访问性，以便在整个组织中实现信息共享和协同工作。

在构建数字工程战略时，还需要考虑如何整合现有的系统和工具，以及如何确保数据安全和隐私保护。同时，战略应该具有灵活性，能够适应技术进步和市场变化。最后，持续的评估和改进机制也是必不可少的，以确保战略能够持续有效地支持智能制造的发展。

4. 数字工程在智能制造中的基本理论如何与现有的系统工程理论相融合？

数字工程的基本理论与现有的系统工程理论之间存在许多共通之处，但也有其独特性。系统工程理论强调系统的分析、设计和优化，而数字工程则在此基础上增加了数字化元素，如数字模型、数字孪生和数字线索。

融合这两种理论的关键在于理解它们的核心原则和方法，并找到它们之间的联系点。例如，系统工程中的模块化设计可以与数字工程中的数字模型相结合，以实现更高效的设计和测试。同时，系统工程中的风险管理可以与数字工程中的数据驱动决策相结合，以实现更准确的风险预测和缓解。

此外，数字工程中基于模型的系统工程方法可以与系统工程的需求工程和功能分析相融合，以实现更全面和精确的系统描述。数字孪生技术可以用于模拟和验证系统工程中的设计方案，而数字线索则可以用于追踪系统全生命周期中的数据和信息。

为了实现这些理论的融合，需要开发新的工具和方法，以支持跨学科的协作和知识的整合。同时，教育和培训也是关键，需要培养能够理解和应用这些融合理论的工程师和研究人员。

智能制造作为制造业的未来发展方向，其系统工程领域的研究与应用正日益深入。通过高端装备的系统工程管理、产品全生命周期的精益运营以及智能制造的数字化转型，可以看到系统工程在实现制造自动化、智能化和绿色化方面的巨大潜力。未来，随着技术的不断进步和创新，系统工程将继续推动制造业的变革，为实现更加高效、可持续和智能的生产模式提供坚实的理论和实践基础。期待系统工程能够在智能制造领域发挥更大的作用，引领制造业走向更加美好的未来。